高校入試

超効率問題集

数学

文英堂

目次

特長と使い方 …… 4

〘数と式〙

出るとこチェック …… 6

▼出題率

1 100% 正負の数の計算 …… 8
2 96.9% 平方根 …… 12
3 91.7% 式の計算 …… 16
4 68.8% 数と式の利用 …… 20
5 51.0% 式の展開 …… 24
6 41.7% 因数分解 …… 26
7 29.2% 規則性 …… 28

〘方程式〙

出るとこチェック …… 32

▼出題率

1 90.6% 2次方程式 …… 34
2 79.2% 連立方程式 …… 38
3 51.0% 連立方程式の利用 …… 40
4 42.7% 1次方程式 …… 44
5 28.1% 1次方程式の利用 …… 46
6 25.0% 2次方程式の利用 …… 50

〘関数〙

出るとこチェック …… 54

▼出題率

1 99.0% 比例と反比例 …… 56
2 97.9% 関数$y=ax^2$ …… 60
3 74.0% 1次関数 …… 66
4 64.6% 放物線と直線に関する問題 …… 68
5 43.8% 1次関数の利用 …… 72
6 10.4% 関数$y=ax^2$の利用 …… 76
7 9.4% 直線と図形に関する問題 …… 80

〔平面図形〕

出るとこチェック …… 84

▼出題率
1 93.6% 平面図形と三平方の定理 …… 86
2 92.7% 円の性質 …… 90
3 87.5% 図形の相似 …… 96
4 71.9% 三角形 …… 102
5 68.8% 作図 …… 106
6 45.8% 平行線と比 …… 110
7 41.7% 四角形 …… 114
8 35.4% 平面図形の基本性質 …… 117

〔空間図形〕

出るとこチェック …… 122

▼出題率
1 86.5% 空間図形の基礎 …… 124
2 35.5% 空間図形と三平方の定理 …… 130

〔データの活用と確率〕

出るとこチェック …… 136

▼出題率
1 100% データの活用と標本調査 …… 138
2 96.9% 確率 …… 143

| 模擬テスト |

第1回 …… 148

第2回 …… 150

特長と使い方

本書は，入試分析をもとに，各分野の単元を出題率順に並べた問題集です。
よく出る問題から解いていくことができるので，“超効率”的に入試対策ができます。

step 1 『出るとこチェック』

各分野のはじめにある一問一答で，自分の実力を確認できるようになっています。
答えられない問題があったら優先的にその単元を学習して，自分の弱点を無くしていきましょう。

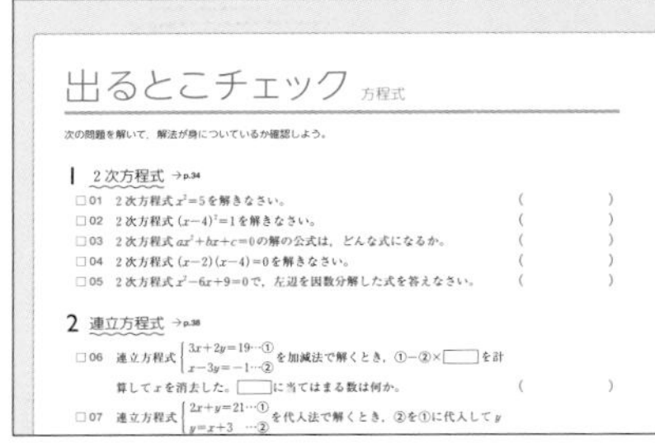
出るとこチェック 方程式

次の問題を解いて，解法が身についているか確認しよう。

1 2次方程式 →p.34

□01 2次方程式 $x^2=5$ を解きなさい。 (　　)
□02 2次方程式 $(x-4)^2=1$ を解きなさい。 (　　)
□03 2次方程式 $ax^2+bx+c=0$ の解の公式は，どんな式になるか。 (　　)
□04 2次方程式 $(x-2)(x-4)=0$ を解きなさい。 (　　)
□05 2次方程式 $x^2-6x+9=0$ で，左辺を因数分解した式を答えなさい。 (　　)

2 連立方程式 →p.38

□06 連立方程式 $\begin{cases}3x+2y=19\cdots① \\ x-3y=-1\cdots②\end{cases}$ を加減法で解くとき，①−②×□を計算して x を消去した。□に当てはまる数は何か。 (　　)
□07 連立方程式 $\begin{cases}2x+y=21\cdots① \\ y=x+3\cdots②\end{cases}$ を代入法で解くとき，②を①に代入して y

step 2 『まとめ』

入試によく出る大事な内容をまとめています。
さらに，出題率が一目でわかるように示しました。

出題率 75.3%　細かい項目ごとの出題率も載せているので，出やすいものを選んで学習できます。

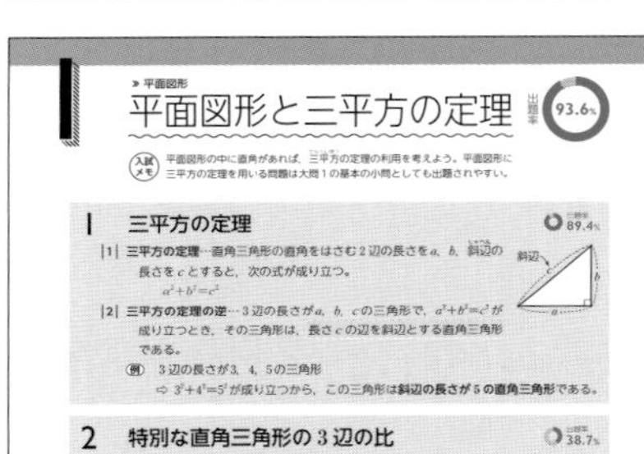
平面図形

平面図形と三平方の定理　出題率 93.6%

入試メモ　平面図形の中に直角があれば，三平方の定理の利用を考えよう。平面図形に三平方の定理を用いる問題は大問1の基本の小問としても出題されやすい。

1 三平方の定理　出題率 89.4%

[1] 三平方の定理…直角三角形の直角をはさむ2辺の長さを a，b，斜辺の長さを c とすると，次の式が成り立つ。
$a^2+b^2=c^2$

[2] 三平方の定理の逆…3辺の長さが a，b，c の三角形で，$a^2+b^2=c^2$ が成り立つとき，その三角形は，長さ c の辺を斜辺とする直角三角形である。

例 3辺の長さが3，4，5の三角形
⇨ $3^2+4^2=5^2$ が成り立つから，この三角形は斜辺の長さが5の直角三角形である。

2 特別な直角三角形の3辺の比　出題率 38.7%

step 3 『実力アップ問題』

入試によく出るタイプの過去問を載せています。
わからなかったら，『まとめ』に戻って復習しましょう。
さらに，出題率・正答率の分析をもとにマークをつけました。目的に応じた問題を選び解くこともできます。

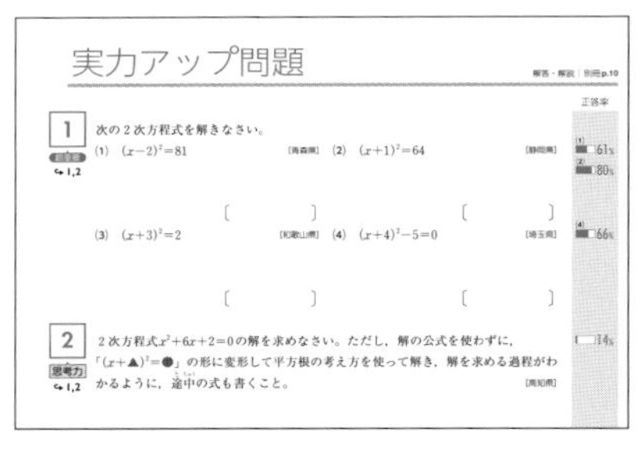
実力アップ問題　解答・解説 別冊p.10　正答率

1 次の2次方程式を解きなさい。（超重要 →1,2）
(1) $(x-2)^2=81$ [青森県]　(2) $(x+1)^2=64$ [静岡県]　61%　80%
(3) $(x+3)^2=2$ [和歌山県]　(4) $(x+4)^2-5=0$ [埼玉県]　66%

2 2次方程式 $x^2+6x+2=0$ の解を求めなさい。ただし，解の公式を使わずに，「$(x+▲)^2=●$」の形に変形して平方根の考え方を使って解き，解を求める過程がわかるように，途中の式も書くこと。[高知県]（思考力 →1,2）　14%

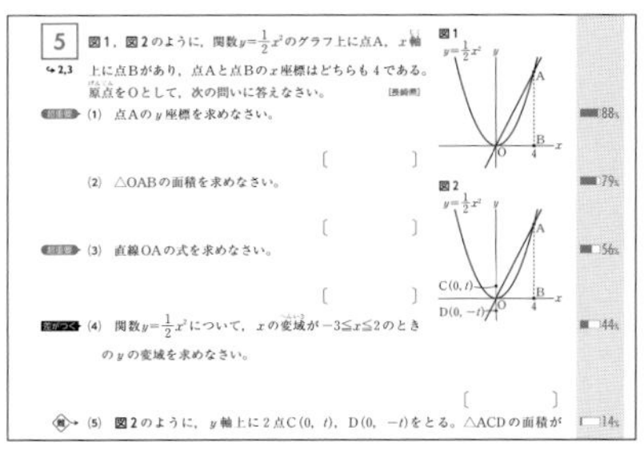
5 図1，図2のように，関数 $y=\frac{1}{2}x^2$ のグラフ上に点A，x 軸上に点Bがあり，点Aと点Bの x 座標はどちらも4である。原点をOとして，次の問いに答えなさい。[長崎県] →2,3

超重要 (1) 点Aの y 座標を求めなさい。　88%
(2) △OABの面積を求めなさい。　79%
超重要 (3) 直線OAの式を求めなさい。　56%
差がつく (4) 関数 $y=\frac{1}{2}x^2$ について，x の変域が $-3≦x≦2$ のときの y の変域を求めなさい。　44%
難 (5) 図2のように，y 軸上に2点C(0, t)，D(0, $-t$)をとる。△ACDの面積が　14%

超重要　正答率がとても高い，よく出る問題です。確実に解けるようになりましょう。

差がつく　正答率が少し低めの，よく出る問題です。身につけてライバルに差をつけましょう。

正答率がとても低い問題です。ここまで解ければ，入試対策は万全です。

思考力　いろんな情報を組み合わせて解く問題や自由記述式の問題です。慣れておきましょう。

『模擬テスト』で本番にそなえましょう！

入試直前の仕上げとして，巻末の模擬テストに取り組みましょう。時間内に解答して，めざせ70点以上！

〔数と式〕

出るとこチェック …… 6

▼出題率

1 100% 正負の数の計算 …… 8

2 96.9% 平方根 …… 12

3 91.7% 式の計算 …… 16

4 68.8% 数と式の利用 …… 20

5 51.0% 式の展開 …… 24

6 41.7% 因数分解 …… 26

7 29.2% 規則性 …… 28

出るとこチェック 数と式

次の問題を解いて，解法が身についているか確認しよう。

1 正負の数の計算 →p.8

□ 01 0より3.6小さい数を，負の符号(ふごう)を使って答えなさい。 (　　)
□ 02 数直線上で，0が対応している点を何というか。 (　　)
□ 03 −19の絶対値を答えなさい。 (　　)
□ 04 +6，0，−9の大小を，不等号を使って表しなさい。 (　　)
□ 05 $(+10)+(-2)$ を計算しなさい。 (　　)
□ 06 $(+3)-(+8)$ を計算しなさい。 (　　)
□ 07 $(+2)\times(-6)$ を計算しなさい。 (　　)
□ 08 $(-7)^2$ を計算しなさい。 (　　)
□ 09 $(+18)\div(-3)$ を計算しなさい。 (　　)
□ 10 12を素因数分解しなさい。 (　　)

2 平方根 →p.12

□ 11 ある数 x を2乗すると a になるとき，x を a の何というか。 (　　)
□ 12 7の平方根を答えなさい。 (　　)
□ 13 $\sqrt{7}$ と4の大小を，不等号を使って表しなさい。 (　　)
□ 14 近似値を表す数字のうち，信頼(しんらい)できる数字を何というか。 (　　)
□ 15 測定値350gの有効数字が3，5のとき，
(整数部分が1けたの数)×(10の累乗(るいじょう))の形で表しなさい。 (　　)
□ 16 $\sqrt{5}\times\sqrt{2}$ を計算しなさい。 (　　)
□ 17 $\sqrt{48}\div\sqrt{3}$ を計算しなさい。 (　　)
□ 18 $\dfrac{2}{\sqrt{5}}$ の分母を有理化しなさい。 (　　)
□ 19 $2\sqrt{6}+5\sqrt{6}$ を計算しなさい。 (　　)
□ 20 $5\sqrt{2}-6\sqrt{2}$ を計算しなさい。 (　　)
□ 21 $\sqrt{3}(\sqrt{6}+2)$ を計算しなさい。 (　　)

3 式の計算 →p.16

□ 22 $2x\times(-3y)$ を計算しなさい。 (　　)
□ 23 $(-4a)^2$ を計算しなさい。 (　　)
□ 24 $15ab\div(-5ab)$ を計算しなさい。 (　　)
□ 25 $2(x-y)$ を計算しなさい。 (　　)
□ 26 $5x+y=10$ を，y について解きなさい。 (　　)
□ 27 $a=5$ のとき，$2a-6$ の値(あたい)を求めなさい。 (　　)

4 数と式の利用 →p.20

- □ 28　$x\times2\times a$を，文字式の表し方にしたがって表しなさい。（　　）
- □ 29　$x\div(-8)$を，文字式の表し方にしたがって表しなさい。（　　）
- □ 30　1個200円のケーキをa個と，1本120円の缶コーヒーをb本買ったときの代金の合計を，文字式で表しなさい。（　　）
- □ 31　「xに3を加えた数はyに等しい」を，等式で表しなさい。（　　）
- □ 32　「分速xmで10分間走ったら，進んだ道のりはym未満である」を不等式で表しなさい。（　　）

5 式の展開 →p.24

- □ 33　$(6ab-9b)\div3b$を計算しなさい。（　　）
- □ 34　$(x+2)(x+5)$を展開しなさい。（　　）
- □ 35　$(x+9)^2$を展開しなさい。（　　）
- □ 36　$(x-4)^2$を展開しなさい。（　　）
- □ 37　$(x+6)(x-6)$を展開しなさい。（　　）

6 因数分解 →p.26

- □ 38　$10ab-8a$の共通因数は何か。（　　）
- □ 39　x^2+5x+6を因数分解しなさい。（　　）
- □ 40　x^2+2x+1を因数分解しなさい。（　　）
- □ 41　x^2-4x+4を因数分解しなさい。（　　）
- □ 42　x^2-49を因数分解しなさい。（　　）

7 規則性 →p.28

右の図で，同じ大きさの正三角形のタイルをある規則ですき間なく並べて，順に1番目，2番目，3番目，…とする。

- □ 43　5番目のタイルの枚数を求めなさい。（　　）
- □ 44　n番目のタイルの枚数を求めなさい。（　　）

1番目　2番目　3番目　…

出るとこチェックの答え

1　01 −3.6　02 原点　03 19　04 $-9<0<+6$　05 8　06 −5　07 −12　08 49　09 −6　10 $2^2\times3$

2　11 平方根　12 $\pm\sqrt{7}$　13 $\sqrt{7}<4$　14 有効数字　15 3.5×10^2g　16 $\sqrt{10}$　17 4　18 $\frac{2\sqrt{5}}{5}$　19 $7\sqrt{6}$　20 $-\sqrt{2}$　21 $3\sqrt{2}+2\sqrt{3}$

3　22 $-6xy$　23 $16a^2$　24 −3　25 $2x-2y$　26 $y=10-5x$　27 4

4　28 $2ax$　29 $-\frac{x}{8}$　30 $200a+120b$（円）　31 $x+3=y$　32 $10x<y$

5　33 $2a-3$　34 $x^2+7x+10$　35 $x^2+18x+81$　36 $x^2-8x+16$　37 x^2-36

6　38 $2a$　39 $(x+2)(x+3)$　40 $(x+1)^2$　41 $(x-2)^2$　42 $(x+7)(x-7)$

7　43 25枚　44 n^2枚

» 数と式

正負の数の計算

入試メモ　加減乗除の混じった計算がねらわれやすい。計算の順序に気をつけ，特に，符号(ふごう)や累乗(るいじょう)の計算ではミスをしやすいので注意しよう。

1 正負の数

出題率 13.5%

|1| **正の数**…0より大きい数　例　$+3$，$+0.6$，$+\frac{1}{5}$など。（正の符号「＋」をつけて表す）

|2| **負の数**…0より小さい数　例　-1，-2.7，$-\frac{7}{3}$など。（負の符号「－」をつけて表す）

|3| **絶対値**

数直線上で，ある数に対応する点と原点との距離(きょり)のこと。

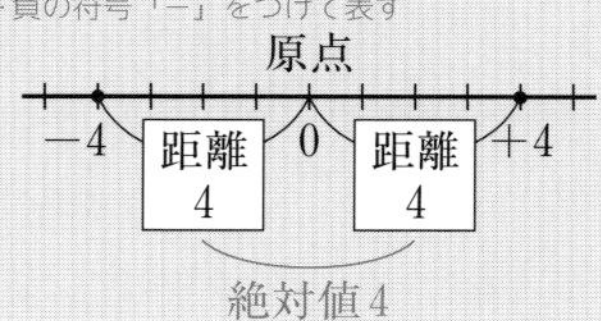

|4| **数の大小**　(負の数)＜0＜(正の数)　例　$-4<0<+6$

2 加法・減法

出題率 52.1%

|1| **同符号の2数の和**　例　$(-7)+(-2)=-(7+2)=-9$　（共通の符号／絶対値の和）

|2| **異符号(いふごう)の2数の和**　例　$(-7)+(+2)=-(7-2)=-5$　（絶対値の大きいほうの符号／絶対値の差）

|3| **減法**　例　$(-7)-(-2)=(-7)+(+2)=-5$　（減法を加法に／符号を変える）

3 乗法・除法

出題率 27.1%

|1| **同符号の2数の積・商**　例　$(-6)\times(-3)=+18=18$，$(-6)\div(-3)=+2=2$　（いつも「＋」／省略可／絶対値の積／絶対値の商）

|2| **異符号の2数の積・商**　例　$(+6)\times(-3)=-18$，$(+6)\div(-3)=-2$　（いつも「－」／絶対値の積／絶対値の商）

|3| **累乗**…同じ数をいくつかかけ合わせたもの。　例　$3^{⑤}=3\times3\times3\times3\times3$　（指数／3を⑤個かけ合わせる）

4 四則の混じった計算

出題率 58.3%

計算の順序は，①累乗　②かっこの中　③乗法・除法　④加法・減法

例
$6-3^2\times(5-1)=6-9\times(5-1)$　①
$=6-9\times4$　②
$=6-36$　③
$=-30$　④

5 素因数分解

出題率 11.5%

自然数を素数の積として表すこと。　例　$56=2\times2\times2\times7=2^3\times7$　（同じ数の積は累乗の指数を使って表す）

（素数：1とその数以外に約数をもたない数。ただし，1は素数ではない。）

実力アップ問題

解答・解説｜別冊p.2

正答率

1

↪2

次の計算をしなさい。

(1) $-8+2$ ［兵庫県］

〔　　　　〕

(2) $13+(-8)$ ［山梨県］

〔　　　　〕

(3) $1-(-7)$ ［山口県］

〔　　　　〕

(4) $-4-6$ ［徳島県］

〔　　　　〕

(5) $\frac{1}{6}-\frac{2}{3}$ ［福島県］

〔　　　　〕

(6) $\frac{3}{4}-\frac{8}{9}$ ［神奈川県］

〔　　　　〕

(7) $8+(-5)-6$ ［広島県］

〔　　　　〕

(8) $7-(-5+3)$ ［秋田県］

〔　　　　〕

(1) 100%
(2) 97%
(5) 85%
(6) 91%
(7) 91%
(8) 82%

2

↪3

次の計算をしなさい。

(1) $7\times(-6)$ ［岡山県］

〔　　　　〕

(2) $4\times\left(-\frac{5}{12}\right)$ ［佐賀県］

〔　　　　〕

(3) $9\div(-3)$ ［徳島県］

〔　　　　〕

(4) $\left(-\frac{5}{6}\right)\div\left(-\frac{2}{3}\right)$ ［愛媛県］

〔　　　　〕

(5) $-3^2\times5$ ［奈良県］

〔　　　　〕

(6) $(-2)^3\div2$ ［山口県］

〔　　　　〕

(7) $9\div(-6)\times(-2)$ ［島根県］

〔　　　　〕

(8) $3\div\left(-\frac{3}{4}\right)\times(-2)$ ［宮城県］

〔　　　　〕

(1) 99%
(4) 89%
(5) 95%
(8) 78%

正答率

超重要 ↪4

次の計算をしなさい。

(1) $2-(-6)\times 3$ [福井県]

(2) $(-2)\times 4+1$ [埼玉県]

(3) $6-9\times\left(-\dfrac{1}{3}\right)$ [東京都]

(4) $83-45\div 9$ [鹿児島県]

(5) $-\dfrac{8}{9}\div\dfrac{2}{3}+\dfrac{5}{6}$ [山形県]

(6) $-5+(-3)^2\times 2$ [宮城県]

(7) $8\times\dfrac{5}{2}-3^2$ [香川県]

(8) $6-(-2)^2\div\dfrac{4}{9}$ [千葉県]

正答率：(2) 97%　(3) 93%　(4) 95%　(5) 86%　(6) 92%　(8) 87%

超重要 ↪4

次の計算をしなさい。

(1) $2+3\times(1-4)$ [愛知県]

(2) $10+(6-9)\times 5$ [熊本県]

(3) $-20\div 5-(3-5)$ [秋田県]

(4) $5\times(-3)-20\div(-2)$ [大阪府]

(5) $\left(\dfrac{1}{4}-\dfrac{1}{3}\right)\times 12$ [香川県]

(6) $\left(\dfrac{2}{3}-\dfrac{3}{4}\right)\div\dfrac{1}{3}$ [山形県]

(7) $(-5)\times(-3)+(-2)^2\div 4$ [茨城県]

(8) $(-2)^3-(-3^2)\times(-4)$ [京都府]

正答率：(3) 87%　(4) 94%　(6) 85%

正答率

5

↪ 1,5

次の問いに答えなさい。

(1) −4，＋5，−3の大小を，不等号を使って次のように表した。

$-4 < +5 > -3$

それぞれの数の大小がわかるように，上の表し方をなおしなさい。 [岩手県]

〔　　　　　　　　〕

(2) 今日の午前6時の琵琶湖（びわこ）の水位は−4cmであった。これは，昨日の午前6時の水位より2cm低い水位である。
昨日の午前6時の水位を求めなさい。 [滋賀県]

83%

〔　　　　　　　　〕

(3) 「a，bがともに正の数　ならば　積abは正の数である。」ということがらは正しい。ところが，このことがらの逆「積abが正の数　ならば　a，bはともに正の数である。」は正しくない。このことを示す反例を1つ書きなさい。 [岩手県]

〔　　　　　　　　〕

超重要 (4) $\frac{252}{n}$の値が，ある自然数の2乗となるような，もっとも小さい自然数nの値を求めなさい。 [茨城県]

〔　　　　　　　　〕

6

↪ 1

次の表は，ある店の月曜日から金曜日までの5日間のお客の人数を，40人を基準にして，それより多い場合を正の数，少ない場合を負の数で表したものである。
このとき，次の各問いに答えなさい。 [三重県]

曜日	月	火	水	木	金
基準との差（人）	＋5	−7	＋2	−3	＋13

超重要 (1) お客の人数が最も多い日は，最も少ない日より何人多いか，求めなさい。

89%

〔　　　　　　　　〕

差がつく (2) 5日間のお客の人数の平均を求めなさい。

79%

〔　　　　　　　　〕

» 数と式

平方根

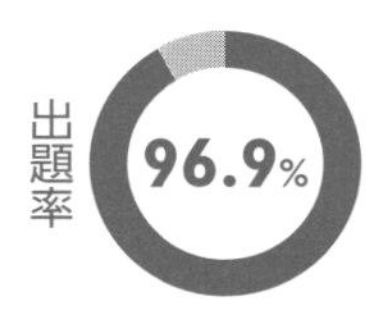

入試メモ　四則の混じった計算や分母の有理化をともなう式の計算がねらわれやすい。
平方根は方程式や関数，図形の問題でよく使われる。

1　平方根　($a>0$，$b>0$とする)

出題率 31.3%

|1| aの平方根

2乗（平方）してaになる数。正の数aの平方根は正と負の2つあり，$\sqrt{a}$と$-\sqrt{a}$
（正のほう　負のほう）

|2| 平方根の大小

$a<b$ならば，$\sqrt{a}<\sqrt{b}$　例　$3<6$だから，$\sqrt{3}<\sqrt{6}$

|3| 有理数と無理数

有理数…$6=\frac{6}{1}$，$0.8=\frac{4}{5}$のように，分数で表すことができる数。

無理数…$\sqrt{3}$やπのように，分数で表すことができない数。

2　近似値と有効数字

出題率 1.0%

|1| **近似値**（きんじち）…測定値や四捨五入して得られた値など，真の値ではないが，それに近い値。

|2| **誤差**…近似値から真の値をひいた値。（誤差）＝（近似値）－（真の値）

|3| **有効数字**…近似値を表す数字のうち，信頼（しんらい）できる数字。

3　根号をふくむ式の乗法・除法　($a>0$，$b>0$とする)

出題率 84.4%

|1| 乗法…$\sqrt{a}\times\sqrt{b}=\sqrt{ab}$　例　$\sqrt{3}\times\sqrt{5}=\sqrt{15}$

|2| 除法…$\sqrt{a}\div\sqrt{b}=\sqrt{\frac{a}{b}}$　例　$\sqrt{8}\div\sqrt{2}=\sqrt{\frac{8}{2}}=\sqrt{4}=2$

|3| 根号のついた数の変形

$a\sqrt{b}=\sqrt{a^2b}$

例1　$5\sqrt{6}=\sqrt{5^2\times6}=\sqrt{150}$ …根号の外の数を根号の中へ

例2　$\sqrt{18}=\sqrt{3^2\times2}=3\sqrt{2}$ …根号の中の数を根号の外へ

4　分母の有理化　($a>0$，$b>0$とする)

出題率 27.1%

分母に根号がある数を，分母と分子に同じ数をかけて，分母に根号がない数に変形すること。

$\frac{b}{\sqrt{a}}=\frac{b\times\sqrt{a}}{\sqrt{a}\times\sqrt{a}}=\frac{b\sqrt{a}}{a}$　例　$\frac{3}{\sqrt{2}}=\frac{3\times\sqrt{2}}{\sqrt{2}\times\sqrt{2}}=\frac{3\sqrt{2}}{2}$

5　根号をふくむ式の加法・減法　($a>0$，$b>0$とする)

出題率 70.8%

|1| 加法…$m\sqrt{a}+n\sqrt{a}=(m+n)\sqrt{a}$　例　$5\sqrt{2}+3\sqrt{2}=(5+3)\sqrt{2}=8\sqrt{2}$

|2| 減法…$m\sqrt{a}-n\sqrt{a}=(m-n)\sqrt{a}$　例　$7\sqrt{3}-2\sqrt{3}=(7-2)\sqrt{3}=5\sqrt{3}$

|3| かっこがある計算…分配法則を使ってかっこをはずす。　例　$\sqrt{2}(\sqrt{3}+\sqrt{5})=\sqrt{6}+\sqrt{10}$

実力アップ問題

解答・解説｜別冊p.3

正答率

超重要 ↪3,5

次の計算をしなさい。

(1) $\sqrt{2}+\sqrt{18}$ ［福島県］ ［　　　　］

(2) $\sqrt{24}+5\sqrt{6}$ ［大阪府］ ［　　　　］

(1) 92%　(2) 67%

(3) $\sqrt{48}-\sqrt{3}$ ［福島県］ ［　　　　］

(4) $\sqrt{27}-6\sqrt{3}$ ［群馬県］ ［　　　　］

(5) $2\sqrt{3}-4\sqrt{3}+7\sqrt{3}$ ［山口県］ ［　　　　］

(6) $\sqrt{18}+\sqrt{50}-3\sqrt{8}$ ［島根県］ ［　　　　］

(7) $3\sqrt{5}-\sqrt{80}+\sqrt{20}$ ［千葉県］ ［　　　　］

(8) $\sqrt{27}+4\sqrt{3}-3\sqrt{12}$ ［宮崎県］ ［　　　　］

(7) 90%　(8) 83%

超重要 ↪3,4,5

次の計算をしなさい。

(1) $\dfrac{30}{\sqrt{5}}+\sqrt{20}$ ［福岡県］ ［　　　　］

(2) $\sqrt{8}+\dfrac{2}{\sqrt{2}}$ ［埼玉県］ ［　　　　］

(1) 91%　(2) 72%

(3) $\sqrt{48}-\dfrac{9}{\sqrt{3}}$ ［宮城県］ ［　　　　］

(4) $\dfrac{30}{\sqrt{6}}-\sqrt{24}$ ［和歌山県］ ［　　　　］

(3) 83%

(5) $3\sqrt{20}-\dfrac{25}{\sqrt{5}}$ ［長崎県］ ［　　　　］

(6) $\sqrt{3}+\sqrt{27}-\dfrac{6}{\sqrt{3}}$ ［福井県］ ［　　　　］

(5) 94%

(7) $\sqrt{54}-4\sqrt{6}+\dfrac{12}{\sqrt{6}}$ ［大阪府］ ［　　　　］

(7) 91%

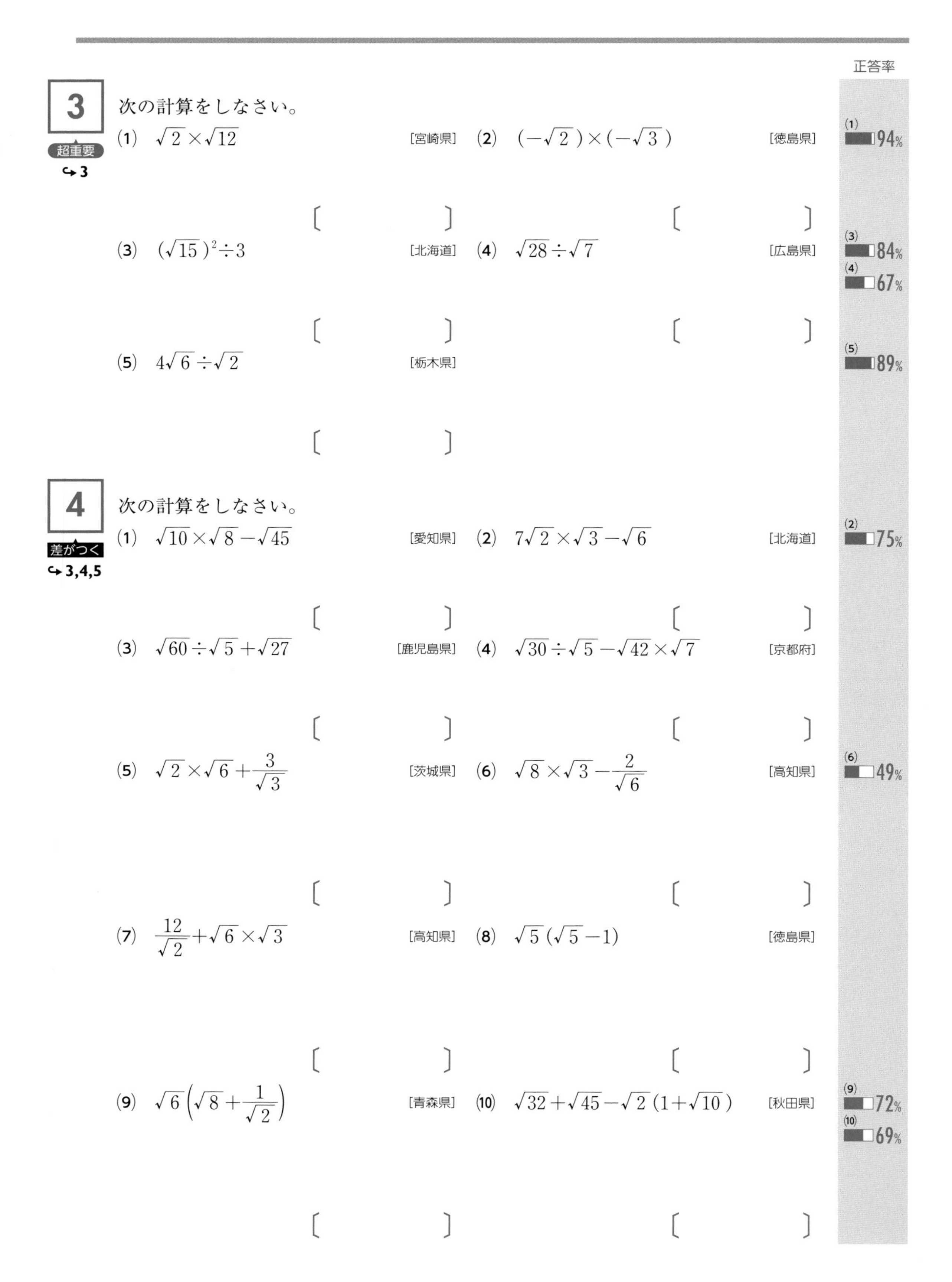

正答率

3

超重要 ↪3

次の計算をしなさい。

(1) $\sqrt{2}\times\sqrt{12}$ ［宮崎県］

［　　　　］

(2) $(-\sqrt{2})\times(-\sqrt{3})$ ［徳島県］

［　　　　］

(3) $(\sqrt{15})^2\div 3$ ［北海道］

［　　　　］

(4) $\sqrt{28}\div\sqrt{7}$ ［広島県］

［　　　　］

(5) $4\sqrt{6}\div\sqrt{2}$ ［栃木県］

［　　　　］

(1) 94%　(3) 84%　(4) 67%　(5) 89%

4

差がつく ↪3,4,5

次の計算をしなさい。

(1) $\sqrt{10}\times\sqrt{8}-\sqrt{45}$ ［愛知県］

［　　　　］

(2) $7\sqrt{2}\times\sqrt{3}-\sqrt{6}$ ［北海道］

［　　　　］

(3) $\sqrt{60}\div\sqrt{5}+\sqrt{27}$ ［鹿児島県］

［　　　　］

(4) $\sqrt{30}\div\sqrt{5}-\sqrt{42}\times\sqrt{7}$ ［京都府］

［　　　　］

(5) $\sqrt{2}\times\sqrt{6}+\dfrac{3}{\sqrt{3}}$ ［茨城県］

［　　　　］

(6) $\sqrt{8}\times\sqrt{3}-\dfrac{2}{\sqrt{6}}$ ［高知県］

［　　　　］

(7) $\dfrac{12}{\sqrt{2}}+\sqrt{6}\times\sqrt{3}$ ［高知県］

［　　　　］

(8) $\sqrt{5}(\sqrt{5}-1)$ ［徳島県］

［　　　　］

(9) $\sqrt{6}\left(\sqrt{8}+\dfrac{1}{\sqrt{2}}\right)$ ［青森県］

［　　　　］

(10) $\sqrt{32}+\sqrt{45}-\sqrt{2}(1+\sqrt{10})$ ［秋田県］

［　　　　］

(2) 75%　(6) 49%　(9) 72%　(10) 69%

正答率

5 ↪1

次の問いに答えなさい。

(1) 次の**ア**～**エ**で正しいものは［　　］である。**ア**～**エ**の記号で答えなさい。 ［沖縄県］

ア 7の平方根は$\sqrt{7}$である。

イ $\sqrt{(-3)^2}=3$である。

ウ $\sqrt{25}$は±5に等しい。

エ $\sqrt{5}$は4より大きい。

［　　　　］

(2) 8の平方根を求めなさい。 ［群馬県］

［　　　　］

(3) 次の**ア**～**エ**の数の中で，無理数はどれか。記号で答えなさい。 ［広島県］ 60%

ア $-\frac{3}{7}$　**イ** 2.7　**ウ** $\sqrt{\frac{9}{25}}$　**エ** $-\sqrt{15}$

［　　　　］

(4) 絶対値が$\sqrt{3}$より小さい整数nをすべて求めなさい。 ［愛知県］

［　　　　］

6 超重要 ↪2

次の問いに答えなさい。

(1) ある長さを測定して得た値(あたい)7.3 cmが，小数第2位を四捨五入した近似値(きんじち)であるとする。この長さの真の値をa cmとするとき，aの範囲(はんい)を不等号を使って表しなさい。 ［群馬県］

［　　　　］

(2) 理科の授業で月について調べたところ，月の直径は，3470 kmであることがわかった。この直径は，一の位を四捨五入して得られた近似値である。
月の直径の真の値をa kmとして，aの範囲を不等号を使って表しなさい。また，月の直径を，四捨五入して有効数字を2けたとして，整数部分が1けたの小数と10の累乗(るいじょう)の形で表しなさい。 ［静岡県］

aの範囲［　　　　］　月の直径［　　　　］

数と式

» 数と式

式の計算

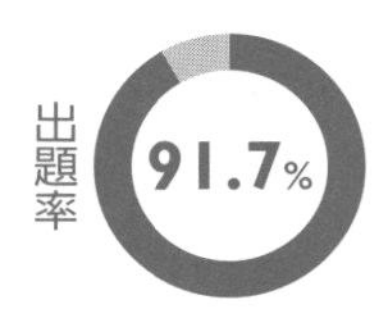

入試メモ　式の計算では，「符号(ふごう)」，「次数」，「分数の約分」などにミスが起こりやすい。検算することを習慣づけ，ケアレスミスを防ごう。

1　単項式の乗法・除法

出題率 50.0%

|1| 乗法

係数の積と文字の積をかけ合わせる。　例　$(-3x)\times2y=\underbrace{(-3)\times2}_{\text{係数の積}}\times\underbrace{x\times y}_{\text{文字の積}}=\mathbf{-6xy}$

|2| 除法

分数の形にして約分するか，わる数を逆数にして，乗法の形になおして計算する。

例　$-10x^2\div\frac{2}{3}x^3\times6x=-10x^2\times\frac{3}{2x^3}\times6x=\mathbf{-90}$　（$\frac{2}{3}x^3$ → 逆数）

2　多項式の加法・減法

出題率 82.3%

|1| 加法・減法

加法…そのままかっこをはずし，同類項(どうるいこう)をまとめる。

例　$(2a-6b)+(4a+8b)=2a-6b+4a+8b=\mathbf{6a+2b}$

減法…ひくほうの各項の符号を変えてたす。

例　$(5x-7y)-(\ominus3x\boxplus2y)=5x-7y\oplus3x\boxminus2y=\mathbf{8x-9y}$

|2| 数を多項式にかける計算

分配法則 $\boldsymbol{a(b+c)=ab+ac}$ を使って，かっこをはずす。

例　$5(2a-3b)=5\times2a+5\times(-3b)=\mathbf{10a-15b}$

|3| 分数の形の式の加減

通分してから，かっこをはずして計算する。

例　$\frac{x-y}{3}+\frac{x+3y}{2}=\frac{2(x-y)}{6}+\frac{3(x+3y)}{6}=\frac{2(x-y)+3(x+3y)}{6}=\frac{2x-2y+3x+9y}{6}=\mathbf{\frac{5x+7y}{6}}$　（通分する）（かっこをはずす）

3　等式の変形

出題率 5.2%

x について解く場合，式を「$x=\sim$」の形に変形する。

例　$y=\frac{2x+3}{5}$ $\xrightarrow[\text{を入れかえる}]{\text{左辺と右辺}}$ $\frac{2x+3}{5}=y$ $\xrightarrow[\text{はらう}]{\text{分母を}}$ $2x+3=5y$ $\xrightarrow{\text{移項する}}$ $2x=5y-3$ $\xrightarrow[\text{係数でわる}]{\text{両辺を }x\text{ の}}$ $\mathbf{x=\frac{5y-3}{2}}$

4　式の値

出題率 8.3%

式を簡単にしてから，数を代入すると，式の値が求めやすい場合がある。

例　$x=3$，$y=-2$ のとき，$4(x-2y)-3(x+2y)$ の値

$4(x-2y)-3(x+2y)=4x-8y-3x-6y=x-14y=3-14\times(-2)=\mathbf{31}$　（負の数はかっこをつけて代入する）

実力アップ問題

解答・解説｜別冊p.5

正答率

次の計算をしなさい。

(1) $(-3x)^2$ ［大阪府］ (2) $x^2y\times(-3xy)$ ［沖縄県］

［　　　］ ［　　　］

(3) $\frac{2}{5}a\times\left(-\frac{15}{7}b\right)$ ［山口県］ (4) $\frac{1}{3}ab^3\times9a^2b$ ［栃木県］

［　　　］ ［　　　］

(5) $32a^2b\div4ab$ ［神奈川県］ (6) $(-6xy)\div\frac{3}{2}x$ ［石川県］

［　　　］ ［　　　］

(7) $(-4ab)^2\div(-8a^2b)$ ［新潟県］ (8) $(-8xy)^2\div\frac{4}{3}x^2y$ ［愛知県］

［　　　］ ［　　　］

(1) 86%
(4) 88%
(5) 99%
(7) 83%

次の計算をしなさい。

(1) $(-2)^3\times(ab)^2\times6b$ ［熊本県］ (2) $12xy^2\div3y\div(-2x)$ ［愛媛県］

［　　　］ ［　　　］

(3) $3a^2\times6ab^2\div(-9ab)$ ［山梨県］ (4) $(2ab)^2\div6ab\times3a$ ［奈良県］

［　　　］ ［　　　］

(5) $(-2x)^2\div3xy\times(-6x^2y)$ ［秋田県］ (6) $(-a^2b)\times10b^2\div5a$ ［高知県］

［　　　］ ［　　　］

(7) $8a^2b\div(-3a)\times\frac{3}{4}ab$ ［福井県］ (8) $4ab^2\times\left(-\frac{3a}{2}\right)^2\div3a^2b$ ［大阪府］

［　　　］ ［　　　］

(2) 88%
(3) 80%
(4) 85%
(5) 68%
(6) 77%
(8) 75%

数と式

正答率

3

超重要 ↪2

次の計算をしなさい。

(1) $6x-3y-4x+7y$ [大阪府] 〔　　〕

(2) $(24a-20b)\div4$ [福島県] 〔　　〕

(3) $(3x+2)-(x-4)$ [沖縄県] 〔　　〕

(4) $8a+b-(a-7b)$ [東京都] 〔　　〕

(5) $-4(3-2x)+(-6x+9)$ [佐賀県] 〔　　〕

(6) $2(a-3b)+3(a+b)$ [栃木県] 〔　　〕

(7) $(2x^2-5x)-(3x^2-2x)$ [青森県] 〔　　〕

(8) $5(3a+2)-3(4a+6)$ [福岡県] 〔　　〕

(9) $4(2a-3b)-7(a-2b)$ [和歌山県] 〔　　〕

(10) $a^2-5a-1+3(a^2+2a-4)$ [北海道] 〔　　〕

(1) 93%
(2) 96%
(4) 95%
(6) 90%
(7) 87%
(8) 93%
(10) 69%

4

超重要 ↪2

次の計算をしなさい。

(1) $\frac{3}{4}x-\frac{1}{2}x$ [栃木県] 〔　　〕

(2) $\frac{1}{2}(6a+4)$ [三重県] 〔　　〕

(3) $6\left(\frac{2x}{3}-\frac{y}{4}\right)-2(2x-y)$ [愛知県] 〔　　〕

(4) $\frac{5x+7y}{2}+x-4y$ [熊本県] 〔　　〕

(5) $\frac{x-3y}{4}+\frac{-x+y}{6}$ [大分県] 〔　　〕

(6) $2x+3y-\frac{x+5y}{2}$ [千葉県] 〔　　〕

(7) $\frac{2x-1}{3}-\frac{3x+1}{5}$ [愛知県] 〔　　〕

(8) $\frac{5x+y}{4}-\frac{x-2y}{2}$ [長野県] 〔　　〕

(1) 93%
(2) 92%
(6) 52%
(8) 81%

正答率

5 次の等式を［　］の中の文字について解きなさい。

↪3

(1) $3a+5b=1$ ［b］ ［香川県］

［　　　　］

(2) $y=\dfrac{x-7}{5}$ ［x］ ［栃木県］ (2) 66%

［　　　　］

(3) $c=\dfrac{1}{3}ab$ ［a］ ［青森県］ (3) 63%

［　　　　］

(4) $\ell=2(a+b)$ ［b］ ［埼玉県］ (4) 49%

［　　　　］

6 次の問いに答えなさい。

↪4

(1) $a=2$のとき，$-5a+4$の値を求めなさい。 ［大阪府］ 87%

［　　　　］

(2) $a=-2$，$b=\dfrac{1}{3}$のとき，$2a+9b$の値を求めなさい。 ［山口県］

［　　　　］

(3) $a=-2$，$b=3$のとき，$-2a^2+7b$の値を求めなさい。 ［福岡県］ 93%

［　　　　］

(4) $x=3$，$y=2$のとき，$(-6xy^2)\div 3y$の値を求めなさい。 ［長崎県］ 70%

［　　　　］

差がつく (5) $x=\dfrac{1}{3}$，$y=0.6$のとき，$3x^2\div 12xy\times(-2y)^2$の値を求めなさい。 ［秋田県］ 68%

［　　　　］

(6) $x=3$，$y=-2$のとき，$-2(x+2y)+3(x+y)$の値を求めなさい。 ［青森県］ 85%

［　　　　］

» 数と式

数と式の利用

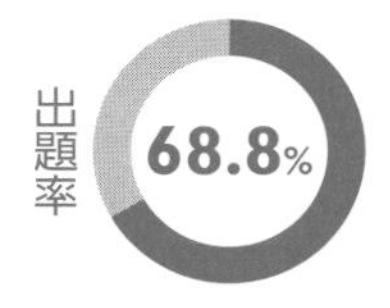

入試メモ　数の性質を説明する問題では，文章中の数量を文字で表し，式を計算し，結論の式を導く，という解法の流れをつかんでおこう。

1　文字式の表し方

出題率 54.2%

|1| 積の表し方

① 記号「×」ははぶく。　例　$x \times y = \boldsymbol{xy}$

② 数と文字の積では，数は文字の前に書く。　例　$b \times 7 \times a = \boldsymbol{7ab}$　↑文字はふつうアルファベット順に書く

③ 同じ文字の積は，累乗（るいじょう）の指数を使って表す。

例　$p \times p \times q \times q \times q = \boldsymbol{p^2q^3}$

|2| 商の表し方

記号「÷」は使わないで，分数の形で表す。　例　$x \div 12 = \boldsymbol{\frac{x}{12}}$

2　数量の表し方

出題率 54.2%

|1| 個数や代金の関係…(代金) = (1個の値段) × (個数)

|2| 平均の関係…(平均) = (合計) ÷ (個数)

|3| 速さの関係…・(道のり) = (速さ) × (時間)　・(速さ) = (道のり) ÷ (時間)

・(時間) = (道のり) ÷ (速さ)

|4| 割合の関係…(割合) = (比べる量) ÷ (もとにする量)

a% ⇨ $\frac{a}{100}$，b割 ⇨ $\frac{b}{10}$，x%増 ⇨ $1+\frac{x}{100}$，y割減 ⇨ $1-\frac{y}{10}$

|5| いろいろな数

・m，nを整数としたとき偶数（ぐうすう） ⇨ $2m$，奇数（きすう） ⇨ $2n+1$（または$2n-1$）

・a，nを整数としたときaの倍数 ⇨ an　例　3の倍数は$3n$

・nを整数としたとき連続する3つの整数 ⇨ n，$n+1$，$n+2$（または$n-1$，n，$n+1$）

・十の位の数をa，一の位の数をbとする2けたの自然数 ⇨ $10a+b$

3　等式と不等式

出題率 28.1%

|1| 等式

等号「=」を使って，2つの数量が等しい関係を表した式。　例　等式 $a=b+3$（左辺 a，右辺 $b+3$，両辺）

|2| 不等式

不等号を使って，2つの数量の大小関係を表した式。　例　不等式 $2x-1>y+5$（左辺 $2x-1$，右辺 $y+5$，両辺）

・aはb以上 ⇨ $a \geqq b$　・aはb以下 ⇨ $a \leqq b$

・aはbより大きい ⇨ $a>b$

・aはbより小さい（aはb未満） ⇨ $a<b$

実力アップ問題

解答・解説｜別冊p.6

正答率

数と式

1

→1,2

次の問いに答えなさい。

(1) 家から図書館に向かって自転車で一定の速さでx分間走ったが，図書館に到着(とうちゃく)しなかった。家から図書館までの道のりがym，自転車で進む速さが毎分210mであるとき，残りの道のりは何mか。x，yを使った式で表しなさい。 ［愛知県］

〔　　　　　〕

超重要 (2) ある店に買い物に行ったところ，a円の品物が3割引きになっていた。このとき，割引き後の値段を表す式として最も適するものを次の**ア**～**エ**の中から1つ選び，記号で答えなさい。 ［神奈川県］ 68%

ア $\frac{3}{100}a$円　**イ** $\frac{3}{10}a$円　**ウ** $\frac{7}{10}a$円　**エ** $\frac{97}{100}a$円

〔　　　　　〕

(3) 次の**ア**～**エ**のうち，$a+b$という式で表されるものはどれか。1つ選びなさい。 ［大阪府］ 79%

ア 縦の長さが$a$cm，横の長さが$b$cmである長方形の面積(cm^2)

イ 長さがamのひもをb人で同じ長さに分けたときの1人当たりのひもの長さ(m)

ウ 重さがagのカバンの中に1冊の重さがbgの本を1冊入れたときの全体の重さ(g)

エ 玉がa個入っている袋(ふくろ)からb個の玉を取り出したときに袋の中に残っている玉の個数(個)

〔　　　　　〕

(4) ある中学校の生徒の人数はa人で，そのうちの3％の生徒がバス通学をしている。このとき，バス通学をしている生徒の人数を，文字を使った式で表しなさい。 ［岩手県］

〔　　　　　〕

差がつく (5) ある中学校では，毎年，多くの生徒が，夏に行われるボランティア活動に参加している。昨年度の参加者は男子がa人，女子がb人であった。今年度の参加者は，昨年度の男女それぞれの参加者と比べて，男子は9％増え，女子は7％減った。今年度の，男子と女子の参加者の合計を，a，bを用いて表しなさい。 ［静岡県］ 49%

〔　　　　　〕

正答率

2

次の問いに答えなさい。

↪ 2,3

(1) 1500mの道のりを毎分xmの速さで歩くとき，出発してから到着(とうちゃく)するまでにかかる時間をy分とする。yをxの式で表しなさい。 [埼玉県]

77%

〔　　　　　　〕

超重要 (2) 1個xgのトマト6個をygの箱に入れると，重さの合計が900gより軽かった。この数量の関係を不等式で表しなさい。 [栃木県]

〔　　　　　　〕

(3) 水が200L入った浴槽(よくそう)から，毎分aLの割合で水を抜(ぬ)く。水を抜き始めてから3分後の浴槽の水の量はbLより少なかった。この数量の関係を不等式で表しなさい。 [茨城県]

〔　　　　　　〕

(4) ある生徒の3教科のテストのそれぞれの点数が70点，80点，a点で，その平均点はb点であった。このとき，aをbを用いた式で表しなさい。 [秋田県]

54%

〔　　　　　　〕

3

超重要

↪ 2

「連続する3つの整数の和は，3の倍数になる」ことを，次のように説明した。このとき，［ア］，［イ］，［ウ］に当てはまる式を答えなさい。 [鳥取県]

ア，イ 82%

ウ 62%

> 連続する3つの整数のうち，最も小さい整数をnとすると，残りの2数は小さいほうから［ア］，［イ］と表すことができる。この3つの連続する整数の和は，
>
> $n+$［ア］$+$［イ］$=3n+3=$［ウ］
>
> ［ア］は整数だから，［ウ］は3の倍数である。
>
> つまり，連続する3つの整数の和は，3の倍数になる。

ア〔　　　　　　〕　イ〔　　　　　　〕　ウ〔　　　　　　〕

正答率

4 差がつく ↪2　54%

「連続する3つの奇数(きすう)で，最も小さい奇数と最も大きい奇数の和は，中央の奇数の2倍になる」ことを，次のように説明した。［説明］が正しくなるように，**ア**，**イ**には式を，**ウ**には式をつくって計算の過程を書き，完成させなさい。［秋田県］

［説明］

nを整数として，連続する3つの奇数のうち，最も小さい奇数を$2n+1$と表すとき，連続する3つの奇数は小さい順に，$2n+1$，**ア**，**イ**となる。
このうち，最も小さい奇数と最も大きい奇数の和を計算すると，

ウ

したがって，連続する3つの奇数で，最も小さい奇数と最も大きい奇数の和は，中央の奇数の2倍になる。

ア［　　　　］　**イ**［　　　　］

ウ［　　　　］

5 思考力 ↪2　26%

優花(ゆうか)さんは，千の位の数と一の位の数，百の位の数と十の位の数がそれぞれ等しい4桁(けた)の自然数が11の倍数であることを，下のように説明した。

【優花さんの説明】

千の位の数と一の位の数，百の位の数と十の位の数がそれぞれ等しい4桁の自然数は，千の位の数と一の位の数をx，百の位の数と十の位の数をyとすると，$1000x+100y+10y+x$と表すことができる。

したがって，千の位の数と一の位の数，百の位の数と十の位の数がそれぞれ等しい4桁の自然数は，11の倍数である。

【優花さんの説明】の□に説明の続きを書き，説明を完成させなさい。［広島県］

［　　　　］

数と式

» 数と式

式の展開

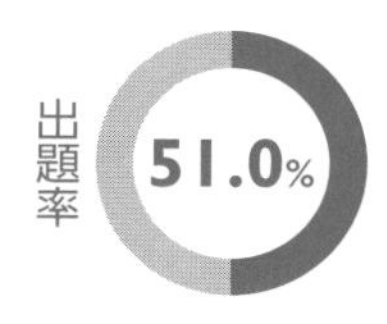

入試メモ　複雑な形の展開の問題が多く出題されている。乗法公式を利用する平方根の計算は，どの公式を使うかを手早く判断できるようにしておこう。

1　式の展開

出題率 34.4%

単項式(たんこうしき)や多項式(たこうしき)の積の形の式を，かっこをはずして単項式の和の形に表すこと。

|1| 単項式×多項式，多項式×多項式

分配法則を使って，かっこをはずす。

例1　$2x(3x-4y)=\underset{①}{\underline{2x\times 3x}}-\underset{②}{\underline{2x\times 4y}}=\boldsymbol{6x^2-8xy}$

例2　$(3x+y)(x-2y)=\underset{①}{\underline{3x\times x}}-\underset{②}{\underline{3x\times 2y}}+\underset{③}{\underline{y\times x}}-\underset{④}{\underline{y\times 2y}}=\boldsymbol{3x^2-5xy-2y^2}$

|2| 多項式÷単項式

乗法になおしてから，分配法則を使って計算する。

例　$(6a^2b-15ab)\boxed{\div 3a}=(6a^2b-15ab)\boxed{\times\frac{1}{3a}}=6a^2b\times\frac{1}{3a}-15ab\times\frac{1}{3a}=\boldsymbol{2ab-5b}$

逆数に

2　乗法公式による展開

出題率 19.8%

|1| $x+a$ と $x+b$ の積

$(x+a)(x+b)=x^2+(a+b)x+ab$

例　$(x+\underset{a}{3})(x+\underset{b}{4})=x^2+(3+4)x+\boxed{3\times 4}=\boldsymbol{x^2+7x+12}$

|2| 和の平方，差の平方

$(x+a)^2=x^2+2ax+a^2$，$(x-a)^2=x^2-2ax+a^2$

例1　$(x+\underset{a}{7})^2=x^2+(2\times 7)\times x+\boxed{7^2}=\boldsymbol{x^2+14x+49}$

例2　$(x-\underset{a}{3})^2=x^2-(2\times 3)\times x+\boxed{3^2}=\boldsymbol{x^2-6x+9}$

|3| 和と差の積

$(x+a)(x-a)=x^2-a^2$

例　$(x+\underset{a}{8})(x-\underset{a}{8})=x^2-(8^2)=\boldsymbol{x^2-64}$

3　乗法公式の利用

出題率 31.3%

根号のついた数を１つの文字とみて，乗法公式にあてはめて計算する。

例1　$(\underset{x}{\sqrt{5}}+\underset{a}{2})(\underset{x}{\sqrt{5}}+\underset{b}{3})=(\underset{x}{\sqrt{5}})^2+(\underset{a}{2}+\underset{b}{3})\underset{x}{\sqrt{5}}+\underset{a}{2}\times\underset{b}{3}=5+5\sqrt{5}+6=\boldsymbol{11+5\sqrt{5}}$

例2　$(\underset{x}{\sqrt{3}}+\underset{a}{\sqrt{2}})^2=(\underset{x}{\sqrt{3}})^2+2\times\underset{a}{\sqrt{2}}\times\underset{x}{\sqrt{3}}+(\underset{a}{\sqrt{2}})^2=3+2\sqrt{6}+2=\boldsymbol{5+2\sqrt{6}}$

実力アップ問題

正答率

超重要 ↪ 1,2

次の計算をしなさい。

(1) $(x-2y)\times(-4x)$ ［山口県］

［　　　　］

(2) $(9a^2b-15a^3b)\div3ab$ ［滋賀県］

［　　　　］

(3) $(x+5)(x-4)$ ［徳島県］

［　　　　］

(4) $(x-5)(x-7)$ ［栃木県］

［　　　　］

(5) $(a-3)^2$ ［群馬県］

［　　　　］

(6) $(x+3y)(x-3y)$ ［大阪府］

［　　　　］

正答率：(4) 93%　(6) 65%

2 ↪ 2

次の計算をしなさい。

(1) $(x+5)(x+9)-(x+6)^2$ ［神奈川県］

［　　　　］

(2) $(x-1)^2-(x+2)(x-6)$ ［青森県］

［　　　　］

(3) $(2x+1)(2x-1)+(x+2)(x-3)$ ［愛媛県］

［　　　　］

(4) $(2x+3)^2-4(x+1)(x-1)$ ［愛知県］

［　　　　］

正答率：(1) 88%　(2) 74%　(3) 82%

3 超重要 ↪ 3

次の計算をしなさい。

(1) $(\sqrt{3}+1)^2$ ［青森県］

［　　　　］

(2) $(\sqrt{2}-\sqrt{5})^2$ ［千葉県］

［　　　　］

(3) $(\sqrt{13}+2)(\sqrt{13}-2)$ ［広島県］

［　　　　］

(4) $(6+\sqrt{2})(1-\sqrt{2})$ ［東京都］

［　　　　］

(5) $(\sqrt{3}-2)(\sqrt{3}+1)$ ［岩手県］

［　　　　］

(6) $\dfrac{9}{\sqrt{3}}+(\sqrt{3}-1)^2$ ［愛媛県］

［　　　　］

正答率：(1) 77%　(2) 70%　(3) 78%　(4) 71%　(6) 82%

» 数と式

因数分解

出題率 41.7%

入試メモ　因数分解は公式が理解できていれば解ける問題が多く出題されている。答えの式を展開すると，もとの式にもどるかどうかの確かめを忘れずに。

1　因数分解

出題率 41.7%

多項式（たこうしき）をいくつかの因数の積で表すこと。

$ax+ay-2az=a(x+y-2z)$　（→因数分解，←展開）

多項式の各項に共通な因数があるとき，それをかっこの外にくくり出す。

例　$2ab-4b=2b\times a-2b\times 2=\mathbf{2b(a-2)}$　（$2b$が共通な因数）

2　公式による因数分解

出題率 34.4%

|1| $x+a$と$x+b$の積

$x^2+(a+b)x+ab=(x+a)(x+b)$

例　$x^2+7x+12=x^2+(3+4)x+3\times 4=\mathbf{(x+3)(x+4)}$

|2| 和の平方，差の平方

$x^2+2ax+a^2=(x+a)^2$，$x^2-2ax+a^2=(x-a)^2$

例1　$x^2+18x+81=x^2+2\times 9\times x+9^2=\mathbf{(x+9)^2}$

例2　$x^2-6x+9=x^2-2\times 3\times x+3^2=\mathbf{(x-3)^2}$

|3| 和と差の積

$x^2-a^2=(x+a)(x-a)$

例　$x^2-64=x^2-8^2=\mathbf{(x+8)(x-8)}$

〈参考〉乗法公式（p.24参照）
- $(x+a)(x+b)=x^2+(a+b)x+ab$
- $(x+a)^2=x^2+2ax+a^2$
- $(x-a)^2=x^2-2ax+a^2$
- $(x+a)(x-a)=x^2-a^2$

3　いろいろな因数分解

出題率 10.4%

例1　$(x-2)(x+2)-3x$
（展開する）
$=x^2-4-3x$
（式を整理する）
$=x^2-3x-4$
$=\mathbf{(x+1)(x-4)}$

例2　$(x-5)^2-2(x-5)+1$
（共通部分をAとおく）
$=A^2-2A+1$
$=(A-1)^2$
（Aを$x-5$にもどす）
$=\{(x-5)-1\}^2$
$=\mathbf{(x-6)^2}$

4　式の値

出題率 15.6%

式を因数分解してから，数を代入すると，式の値が求めやすい場合がある。

例　$x=5$，$y=-6$のとき，$x^2+2xy+y^2$の値

$\rightarrow x^2+2xy+y^2=(x+y)^2=\{5+(-6)\}^2=(-1)^2=\mathbf{1}$

実力アップ問題

解答・解説｜別冊p.8

正答率

数と式

1 次の式を因数分解しなさい。

超重要 ↪ 1,2

(1) $6a^2b-4ab^2+8ab$ [和歌山県]

〔　　　　〕

(2) $a^2+2a-15$ [鳥取県]

〔　　　　〕

(3) $x^2-13x+36$ [埼玉県]

〔　　　　〕

(4) $x^2+3x-28$ [佐賀県]

〔　　　　〕

(5) $x^2-14x+49$ [鳥取県]

〔　　　　〕

(6) x^2-25 [愛媛県]

〔　　　　〕

正答率 (3) 78% (5) 92% (6) 81%

2 次の式を因数分解しなさい。

差がつく ↪ 2,3

(1) $(x+2)(x-6)-9$ [千葉県]

〔　　　　〕

(2) $(x-4)^2+2(x-2)-3$ [愛知県]

〔　　　　〕

(3) $(a+b)^2-16$ [兵庫県]

〔　　　　〕

(4) $2xy^2-18x$ [香川県]

〔　　　　〕

(5) $2x^2+2x-24$ [高知県]

〔　　　　〕

(6) $(a-4)^2+4(a-4)-12$ [群馬県]

〔　　　　〕

正答率 (1) 82% (3) 44% (5) 43%

3 次の問いに答えなさい。

↪ 4

(1) $a=37$, $b=12$のとき，a^2-9b^2の式の値を求めなさい。 [静岡県]

正答率 83%

〔　　　　〕

差がつく (2) $x=\sqrt{5}+\sqrt{2}$, $y=\sqrt{5}-\sqrt{2}$のとき，x^2-y^2の値を求めなさい。 [大分県]

〔　　　　〕

(3) $x=3+\sqrt{3}$, $y=2\sqrt{3}$のとき，x^2-xyの値を求めなさい。 [茨城県]

〔　　　　〕

» 数と式

規則性

出題率 29.2%

入試メモ　ある規則で数を表の形に並べたものや，図形を順番に並べたものが題材となることが多い。規則にしたがって，n番目の数などはどう表されるかを考えよう。

1　図形に関する規則性

出題率 16.7%

(例題) 1辺の長さが1cmの正方形のタイルがたくさんある。このタイルを使って，下の図のように，すき間がないように上下左右にある規則で並べていく。このようにして並べた図形を1番目，2番目，3番目，4番目，…とする。7番目の図形では，何枚のタイルが使われているか，求めなさい。

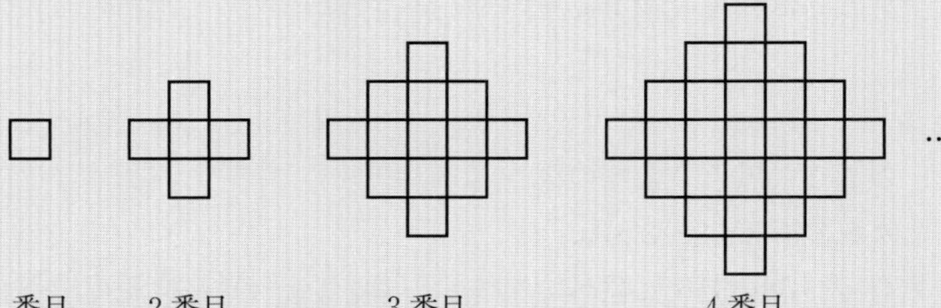

(解答) 番号が1つ増えると，タイルの枚数は何枚増えるかを考えると，

1番目…1枚，　2番目…1+4=5(枚)，　3番目…1+4+8=13(枚)　（↑4×2）

4番目…1+4+8+12=25(枚)　（↑4×3）

この規則にしたがって求めると，

7番目…1+4+8+12+16+20+24=**85(枚)**…(答)　（↑4×6）

2　数に関する規則性

出題率 13.5%

(例題) 右の図は，ある月のカレンダーである。このカレンダーで

9	
16	17
	24

のように囲んだ4つの数の組

a	
b	c
	d

について，$bc-ad$の値はつねに56となることを証明しなさい。

日	月	火	水	木	金	土
	1	2	3	4	5	6
7	8	9	10	11	12	13
14	15	16	17	18	19	20
21	22	23	24	25	26	27
28	29	30	31			

(解答) 4つの数a，b，c，dについて，aを基準として，b，c，dをaを用いて表すと，

$$b=a+7,\ c=b+1=a+8,\ d=c+7=a+15$$

このとき，$bc-ad=(a+7)(a+8)-a(a+15)=a^2+15a+56-a^2-15a=56$

よって，**$bc-ad$の値はつねに56となる。**

ここに注目！　a，b，c，dを具体的な数に置きかえて大小を比較(ひかく)するとよい。
最も小さい数はaであることから，他の文字をaを用いて表すことを考える。

実力アップ問題

正答率

1

↪1

下の図のように，1辺の長さが1cmの立方体をすき間なく並べて，n番目は底面が1辺$n$cmの正方形となるように立体を作っていく。このとき，次の問いに答えなさい。

［福井県］

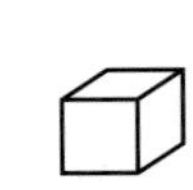

1番目

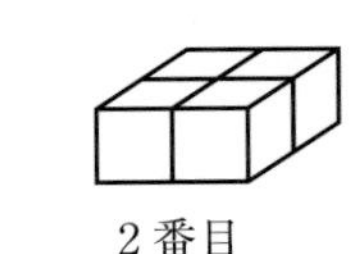

2番目

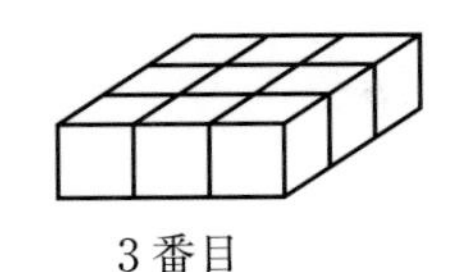

3番目

……

(1)　4番目の立体の表面積を求めなさい。

［　　　　　］

(2)　n番目の立体の表面積をnを用いて表しなさい。

［　　　　　］

2

↪1

43%

右の図1のような黒色と白色の同じ大きさの正方形のタイルがたくさんある。下の図2のように，黒色のタイルと白色のタイルをすき間なく交互(こうご)に並べて模様を作っていくとき，15番目の模様における黒色のタイルの枚数と白色のタイルの枚数をそれぞれ求めなさい。

［鳥取県］

図1

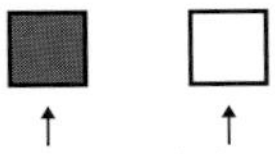

黒色のタイル　白色のタイル

図2

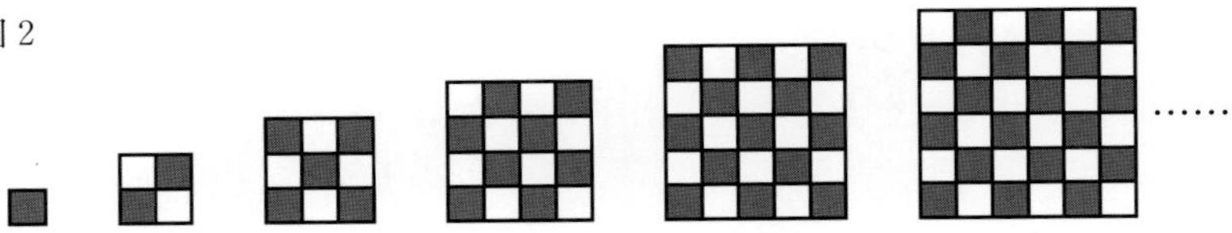

1番目の模様

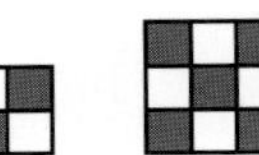

2番目の模様

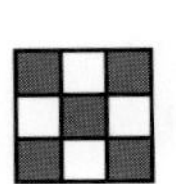

3番目の模様

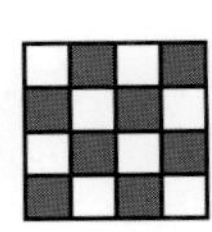

4番目の模様

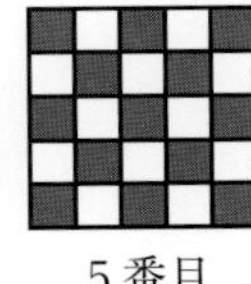

5番目の模様

6番目の模様

……

黒色のタイル［　　　　　］

白色のタイル［　　　　　］

3

差がつく

↪2

50%

右の図は，あるクラスの出席番号を表したものである。

この図中の

13	8
14	9

のような4つの整数の組

c	a
d	b

について考える。

このとき，$bc-ad$の値はつねに5になることを，aを用いて表しなさい。

［栃木県］

教卓

26	21	16	11	6	1
27	22	17	12	7	2
28	23	18	13	8	3
29	24	19	14	9	4
30	25	20	15	10	5

［　　　　　］

正答率 22%

4

難 ↪2

右の表は，小学校で学習したかけ算九九の表である。優花(ゆうか)さんは，この表の数の並びについて，どのような性質が成り立つかを調べようと思い，表中の太線で囲んでいる左上から右下に並んだ3つの数，12，20，30について考え，下のことに気がついた。

かける数（横）／かけられる数（縦）

	1	2	3	4	5	6	7	8	9
1	1	2	3	4	5	6	7	8	9
2	2	4	6	8	10	12	14	16	18
3	3	6	9	12	15	18	21	24	27
4	4	8	12	16	20	24	28	32	36
5	5	10	15	20	25	30	35	40	45
6	6	12	18	24	30	36	42	48	54
7	7	14	21	28	35	42	49	56	63
8	8	16	24	32	40	48	56	64	72
9	9	18	27	36	45	54	63	72	81

太線で囲まれた，左上，中央，右下の3つの数のうち，左上と右下の数の和は，中央の数の2倍より2だけ大きい。

$$12+30=2\times20+2$$

さらに，優花さんは，表中の太線で囲んだ数のように，左上から右下に並んだ3つの数についていくつかの場合を調べると，いずれの場合においても「左上から右下に並んだ3つの数のうち，左上と右下の数の和は，中央の数の2倍より2だけ大きい。」ことが成り立った。そこで，優花さんは，この性質がいつでも成り立つと考え，下のように説明した。

【優花さんの説明】

左上から右下に並んだ3つの数のうち，中央の数について，かけ算九九のかけられる数をa，かける数をbとすると，中央の数はabと表すことができる。

［　　　　　　　　］

したがって，左上から右下に並んだ3つの数のうち，左上と右下の数の和は，中央の数の2倍より2だけ大きい。

【優花さんの説明】の［　　］に説明の続きを書き，説明を完成させなさい。　［広島県］

［　　　　　　　　］

方程式

出るとこチェック ………… 32

▼出題率

1 90.6% 2次方程式 ………… 34

2 79.2% 連立方程式 ………… 38

3 51.0% 連立方程式の利用 ………… 40

4 42.7% 1次方程式 ………… 44

5 28.1% 1次方程式の利用 ………… 46

6 25.0% 2次方程式の利用 ………… 50

出るとこチェック 方程式

次の問題を解いて，解法が身についているか確認しよう。

1 2次方程式 →p.34

□ 01　2次方程式 $x^2=5$ を解きなさい。　(　　　)

□ 02　2次方程式 $(x-4)^2=1$ を解きなさい。　(　　　)

□ 03　2次方程式 $ax^2+bx+c=0$ の解の公式は，どんな式になるか。　(　　　)

□ 04　2次方程式 $(x-2)(x-4)=0$ を解きなさい。　(　　　)

□ 05　2次方程式 $x^2-6x+9=0$ で，左辺を因数分解した式を答えなさい。　(　　　)

2 連立方程式 →p.38

□ 06　連立方程式 $\begin{cases} 3x+2y=19 \cdots ① \\ x-3y=-1 \cdots ② \end{cases}$ を加減法で解くとき，①−②×$\square$を計算して x を消去した。$\square$に当てはまる数は何か。　(　　　)

□ 07　連立方程式 $\begin{cases} 2x+y=21 \cdots ① \\ y=x+3 \quad \cdots ② \end{cases}$ を代入法で解くとき，②を①に代入して y を消去した式をつくると，$2x+(\square)=21$ になる。$\square$に当てはまる式は何か。　(　　　)

□ 08　連立方程式 $\begin{cases} 3x+4y=15 \qquad \cdots ① \\ 0.2x+0.8y=2.6 \cdots ② \end{cases}$ を解くとき，②の両辺に10をかけて，係数が整数になるようにした式をつくると，$2x+\square y=26$ になる。$\square$に当てはまる数は何か。　(　　　)

3 連立方程式の利用 →p.40

□ 09　1枚60円のせんべいと1枚70円のクッキーを合わせて13枚買ったときの代金の合計は830円であった。せんべいの枚数を x 枚，クッキーの枚数を y 枚として，連立方程式をつくると次のようになる。$\square$に当てはまる式は何か。

$$\begin{cases} x+y=13 \\ \square=830 \end{cases}$$

(　　　)

□ 10　600m離(はな)れた公園まで行くのに，はじめは分速60mで歩き，途中(とちゅう)からは分速120mの速さで走ったら，全部で8分かかった。分速60mで歩いた道のりを x m，分速120mで走った道のりを y mとして，連立方程式をつくると次のようになる。$\square$に当てはまる式は何か。

$$\begin{cases} x+y=600 \\ \square=8 \end{cases}$$

(　　　)

4　1次方程式 →p.44

□ **11**　$5x+7=x-1$ を $ax=b$ の形に変形すると，$\boxed{}=-8$ になる。$\boxed{}$ に当てはまる式は何か。　（　　　　）

□ **12**　方程式 $2x-3(x-2)=5$ を解くとき，かっこをはずすと，$2x-\boxed{}+6=5$ になる。$\boxed{}$ に当てはまる式は何か。　（　　　　）

□ **13**　方程式 $\frac{1}{4}x-3=\frac{1}{6}x$ を係数が全部整数になるようにしてから解くには，両辺にどんな数をかければよいか。　（　　　　）

□ **14**　$x:9=4:6$ を比例式の性質を使って変形すると，$\boxed{}=36$ になる。$\boxed{}$ に当てはまる式は何か。　（　　　　）

5　1次方程式の利用 →p.46

□ **15**　ノートを5冊と90円の消しゴムを1個買ったときの代金の合計は690円だった。ノート1冊の値段を x 円として方程式をつくると，$\boxed{}+90=690$ になる。$\boxed{}$ に当てはまる式は何か。　（　　　　）

□ **16**　妹が600m離れた駅に向かって家を出発し，分速50mで歩いた。その3分後に姉は家を出発して分速80mで歩いて妹を追いかけた。姉が家を出発してから x 分後に妹に追いつくとして方程式をつくると，$50(\boxed{})=80x$ になる。$\boxed{}$ に当てはまる式は何か。　（　　　　）

6　2次方程式の利用 →p.50

□ **17**　長方形の縦（たて）の長さが横の長さより2cm長く，その面積が $24\,\mathrm{cm}^2$ の長方形の縦の長さを求めたい。横の長さを x cmとして方程式をつくりなさい。　（　　　　）

□ **18**　関数 $y=x+1$ のグラフ上を動く点Pと，PO＝PQが成り立つような点Qが x 軸（じく）上にある。△POQの面積が30となるときの点Pの座標を求めるために，点Pの x 座標を t として方程式を次のようにつくった。$\boxed{}$ に当てはまる式は何か。

$\frac{1}{2}\times 2t\times(\boxed{})=30$

y
P
O
Q
x

（　　　　）

出るとこチェックの答え

1　01 $x=\pm\sqrt{5}$　02 $x=5,\ 3$　03 $x=\frac{-b\pm\sqrt{b^2-4ac}}{2a}$　04 $x=2,\ 4$　05 $(x-3)^2$

2　06 3　07 $x+3$　08 8

3　09 $60x+70y$　10 $\frac{x}{60}+\frac{y}{120}$

4　11 $4x$　12 $3x$　13 12　14 $6x$

5　15 $5x$　16 $x+3$

6　17 $x(x+2)=24$　18 $t+1$

» 方程式

2次方程式

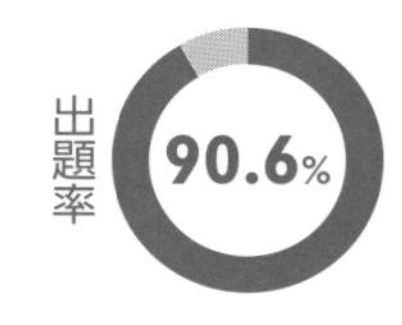

入試メモ　解の公式で解く問題がねらわれやすい。近年，答えだけではなく，解く過程を記述させる形式の出題も増えているので対策を立てておこう。

1　2次方程式

出題率 90.6%

|1|　2次方程式

移項(いこう)して整理すると，$ax^2+bx+c=0\ (a \neq 0)$ の形に変形できる方程式のこと。

|2|　2次方程式の解

2次方程式を成り立たせる文字の値。2次方程式の解をすべて求めることを2次方程式を解くという。2次方程式の解はふつう2個である。

(例)　2次方程式 $x^2-4x+3=0$ の解は，$\boldsymbol{x=1,\ 3}$

2　平方根の考えを使った解き方

出題率 10.4%

|1|　$\boldsymbol{ax^2=b\ (a \neq 0)}$ の形…両辺を a でわり，平方根を求める。

(例)　$9x^2=5$→両辺を9でわると，$x^2=\dfrac{5}{9}$ より，$\boldsymbol{x=\pm\dfrac{\sqrt{5}}{3}}$

|2|　$\boldsymbol{(x+m)^2=n}$ の形…$x+m$（n の平方根）を求めて，m を移項する。

(例)　$(x+3)^2=6$→$x+3$（6の平方根）を求めて，$x+3=\pm\sqrt{6}$ より，$\boldsymbol{x=-3\pm\sqrt{6}}$

|3|　$\boldsymbol{x^2+px+q=0}$ の形…q を移項し，両辺に $\left(\dfrac{p}{2}\right)^2$ を加えると，|2|と同じ形になる。

3　解の公式による解き方

出題率 50.0%

2次方程式 $ax^2+bx+c=0\,(a \neq 0)$ の解は，$x=\dfrac{-b\pm\sqrt{b^2-4ac}}{2a}$（解の公式）で求められる。

(例)　$x^2+5x-1=0$

→解の公式に $a=1,\ b=5,\ c=-1$ を代入して，$\boldsymbol{x}=\dfrac{-5\pm\sqrt{5^2-4\times1\times(-1)}}{2\times1}=\boldsymbol{\dfrac{-5\pm\sqrt{29}}{2}}$

4　因数分解による解き方

出題率 30.2%

$(x-m)(x-n)=0$ の形に変形すると，$x-m=0$ または $x-n=0$ より，$x=m,\ n$

(例)　$x^2+7x+12=0$→左辺を因数分解して，$(x+3)(x+4)=0$ より，$\boldsymbol{x=-3,\ -4}$

5　2次方程式の解と係数

出題率 2.1%

係数に文字をふくむ2次方程式では，与えられた解を代入してできる方程式を解けばよい。

(例)　$x^2+ax-15=0$ の解の1つが3のときの a の値

→$x=3$ を方程式に代入して，$3^2+a\times3-15=0$ より，これを解いて，$\boldsymbol{a=2}$

実力アップ問題

解答・解説 | 別冊 p.10

正答率

1 超重要 ↪ 1,2

次の2次方程式を解きなさい。

(1) $(x-2)^2=81$ [青森県] 61%

[　　　]

(2) $(x+1)^2=64$ [静岡県] 80%

[　　　]

(3) $(x+3)^2=2$ [和歌山県]

[　　　]

(4) $(x+4)^2-5=0$ [埼玉県] 66%

[　　　]

2 思考力 ↪ 1,2

2次方程式 $x^2+6x+2=0$ の解を求めなさい。ただし，解の公式を使わずに，「$(x+▲)^2=●$」の形に変形して平方根の考え方を使って解き，解を求める過程がわかるように，途中(とちゅう)の式も書くこと。 [高知県] 14%

[　　　]

3 超重要 ↪ 1,3

次の2次方程式を解きなさい。

(1) $x^2+5x-3=0$ [岡山県] 84%

[　　　]

(2) $x^2-x-3=0$ [石川県，長崎県]

[　　　]

(3) $x^2-3x-5=0$ [広島県] 78%

[　　　]

(4) $x^2+8x+6=0$ [茨城県]

[　　　]

(5) $2x^2+5x+1=0$ [愛媛県]

[　　　]

(6) $3x^2+4x-1=0$ [埼玉県] 71%

[　　　]

(7) $2x^2+6x+3=0$ [秋田県] 63%

[　　　]

(8) $4x^2-5x-1=0$ [京都府]

[　　　]

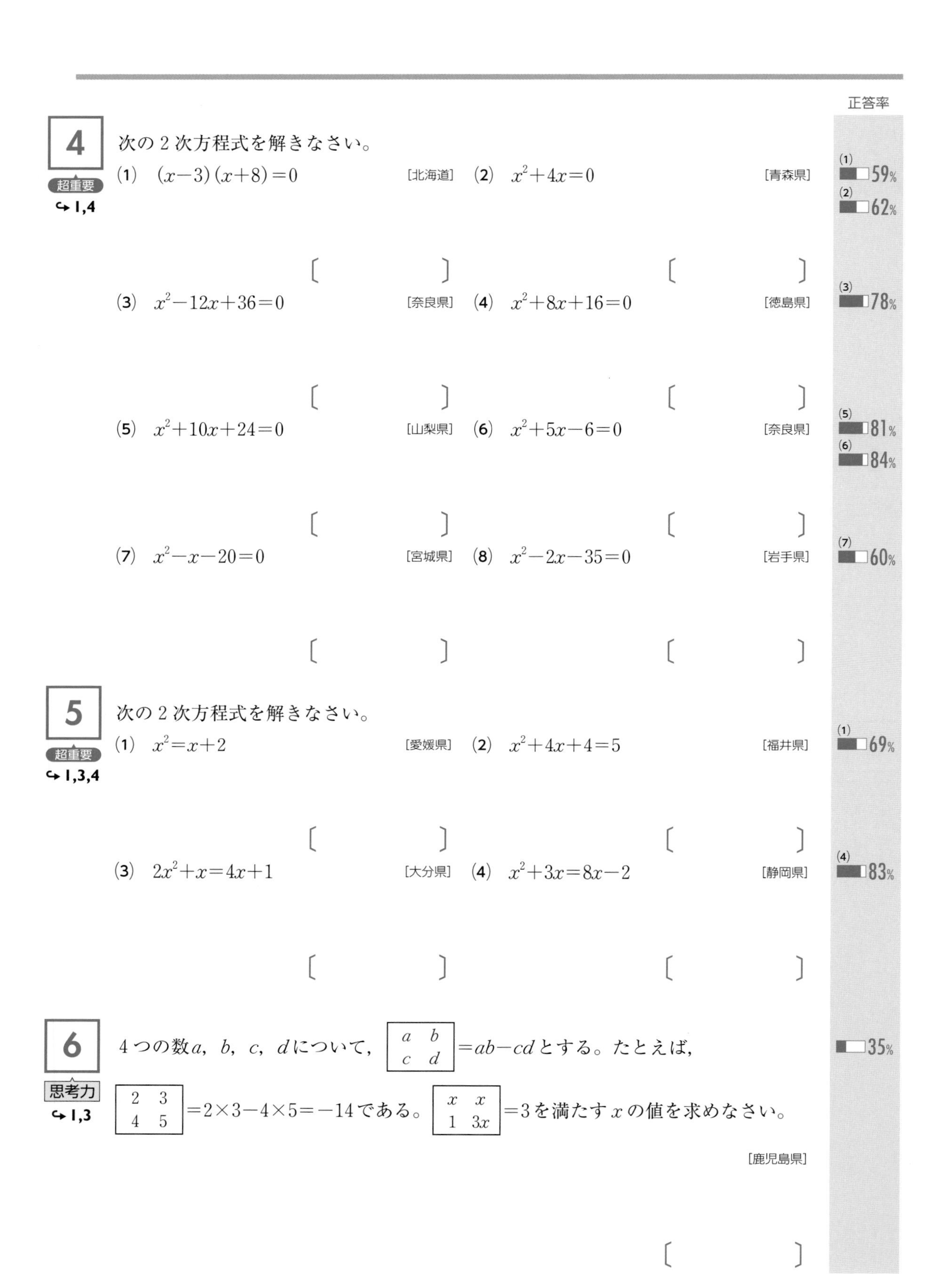

正答率

4

超重要　↪ 1,4

次の 2 次方程式を解きなさい。

(1)　$(x-3)(x+8)=0$　[北海道]　　正答率 59%

(2)　$x^2+4x=0$　[青森県]　　正答率 62%

(3)　$x^2-12x+36=0$　[奈良県]　　正答率 78%

(4)　$x^2+8x+16=0$　[徳島県]

(5)　$x^2+10x+24=0$　[山梨県]　　正答率 81%

(6)　$x^2+5x-6=0$　[奈良県]　　正答率 84%

(7)　$x^2-x-20=0$　[宮城県]　　正答率 60%

(8)　$x^2-2x-35=0$　[岩手県]

5

超重要　↪ 1,3,4

次の 2 次方程式を解きなさい。

(1)　$x^2=x+2$　[愛媛県]　　正答率 69%

(2)　$x^2+4x+4=5$　[福井県]

(3)　$2x^2+x=4x+1$　[大分県]

(4)　$x^2+3x=8x-2$　[静岡県]　　正答率 83%

6

思考力　↪ 1,3

4 つの数a，b，c，dについて，$\begin{array}{|cc|}\hline a & b \\ c & d \\ \hline\end{array}=ab-cd$とする。たとえば，$\begin{array}{|cc|}\hline 2 & 3 \\ 4 & 5 \\ \hline\end{array}=2\times3-4\times5=-14$である。$\begin{array}{|cc|}\hline x & x \\ 1 & 3x \\ \hline\end{array}=3$を満たす$x$の値を求めなさい。

[鹿児島県]　　正答率 35%

正答率

7 ↪ 1,3,4

次の2次方程式を解きなさい。

(1) $(x+1)^2=x+13$ [福岡県]　(1) 81%

〔　　　〕

(2) $x(x+4)=5$ [青森県]　(2) 75%

〔　　　〕

(3) $(x+3)(x-5)=5x-24$ [愛知県]

〔　　　〕

(4) $(x+2)(x-2)=2(3x-2)$ [大分県]

〔　　　〕

(5) $x(x+6)=5(2x+1)$ [福岡県]　(5) 88%

〔　　　〕

(6) $(x-1)(x+2)=7(x-1)$ [大分県]

〔　　　〕

(7) $(2x-1)(x+8)=7x+4$ [山形県]
(解き方も書くこと。)

〔　　　〕

(8) $(x-7)(x+4)=4x-10$ [秋田県]　(8) 77%
(計算の過程も書きなさい。)

〔　　　〕

8 差がつく ↪ 1,5

次の問いに答えなさい。

(1) xについての2次方程式$(x+1)(x-2)=a$(aは定数)の解の1つが4である。 [熊本県]

① aの値を求めなさい。

〔　　　〕

② この方程式のもう1つの解を求めなさい。

〔　　　〕

(2) 2次方程式$x^2-5x-6=0$の大きいほうの解が，2次方程式$x^2+ax-24=0$の解の1つになっている。このときのaの値として正しいものを次の**ア**〜**エ**の中から1つ選び，記号で答えなさい。 [神奈川県]　71%

ア $a=-2$　**イ** $a=5$　**ウ** $a=10$　**エ** $a=23$

〔　　　〕

方程式

» 方程式

連立方程式

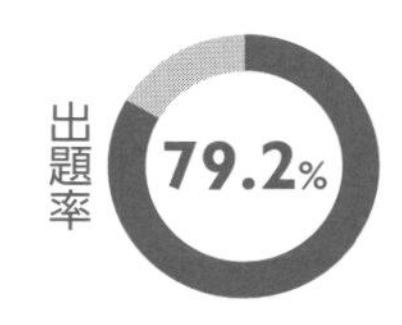

入試メモ　連立方程式は，計算問題だけでなく，文章題やグラフの交点を求める問題としても出題されやすい。計算問題では，出題のほとんどを加減法が占めている。

1　連立方程式

出題率 79.2%

|1| 連立方程式

$\begin{cases} 4x+3y=11 \\ 2x+y=5 \end{cases}$ のように，2つ以上の方程式を組み合わせたもの。

|2| 連立方程式の解

どの方程式も成り立たせる文字の値の組。解を求めることを連立方程式を解くという。

2　加減法による解き方

出題率 59.4%

左辺どうし，右辺どうしをたしたりひいたりして，1つの文字を消去して解く。

例1　$\begin{cases} 2x-y=4 \cdots ① \\ 5x+y=17 \cdots ② \end{cases}$

①＋②を計算して，y を消去すると，

$$\begin{array}{rl} & 2x-y=4 \\ +) & 5x+y=17 \\ \hline & 7x \quad =21 \\ & x=3 \end{array}$$

$x=3$ を①に代入すると，

$2\times3-y=4$

$y=2$

よって，$\boldsymbol{x=3,\ y=2}$

例2　$\begin{cases} 5x-3y=-1 \cdots ① \\ x-y=-3 \cdots ② \end{cases}$

①－②×3を計算して，y を消去すると，

$$\begin{array}{rl} & 5x-3y=-1 \\ -) & 3x-3y=-9 \\ \hline & 2x \quad =8 \\ & x=4 \end{array}$$

$x=4$ を②に代入すると，

$4-y=-3$

$y=7$

よって，$\boldsymbol{x=4,\ y=7}$

3　代入法による解き方

出題率 18.8%

一方の式を他方の式に代入して，1つの文字を消去して解く。

例　$\begin{cases} y=x+1 \cdots ① \\ x+2y=-4 \cdots ② \end{cases}$ ⇨ ①を②に代入すると，$x+2(x+1)=-4$ ⇨ これを解くと，$x=-2$　$x=-2$ を①に代入すると，$y=-1$

よって，$\boldsymbol{x=-2,\ y=-1}$

4　いろいろな連立方程式

出題率 34.4%

|1| 係数に分数や小数をふくむ連立方程式

係数が全部整数になるようにしてから解く。

例　$\begin{cases} 0.3x-0.1y=-0.2 \cdots ① \\ 0.7x+0.4y=2.7 \cdots ② \end{cases}$ ⇨（①×10，②×10）$\begin{cases} 3x-y=-2 \\ 7x+4y=27 \end{cases}$

|2| $A=B=C$ の形の連立方程式

$\begin{cases} A=B \\ A=C \end{cases}$　$\begin{cases} A=B \\ B=C \end{cases}$　$\begin{cases} A=C \\ B=C \end{cases}$ の，どれかの組み合わせをつくって解く。

実力アップ問題

解答・解説｜別冊p.12

正答率

1

超重要 ↪ 1,2,4

次の連立方程式を解きなさい。

(1) $\begin{cases} x+y=7 \\ 4x-y=8 \end{cases}$ [東京都]

(2) $\begin{cases} 2x+y=8 \\ 3x-2y=5 \end{cases}$ [長崎県]

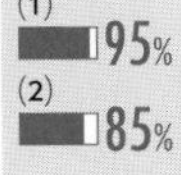
(1) 95%
(2) 85%

(3) $\begin{cases} 2x+y=11 \\ 8x-3y=9 \end{cases}$ [滋賀県]

(4) $\begin{cases} 2x+3y=-2 \\ x-2y=6 \end{cases}$ [茨城県]

(5) $\begin{cases} x+2y=-5 \\ 8x+3y=-1 \end{cases}$ [秋田県]

(6) $\begin{cases} 4x+3y=1 \\ 3x-2y=-12 \end{cases}$ [京都府]

(5) 78%

(7) $\begin{cases} 4x+5=3y-2 \\ 3x+2y=16 \end{cases}$ [愛知県]

(8) $\begin{cases} x+2y=-5 \\ 0.2x-0.15y=0.1 \end{cases}$ [滋賀県]

(8) 56%

2

超重要 ↪ 1,3

次の連立方程式を解きなさい。

(1) $\begin{cases} 2x+3y=9 \\ y=3x+14 \end{cases}$ [千葉県]

(2) $\begin{cases} 3x+4y=5 \\ x=1-y \end{cases}$ [福島県]

(1) 82%
(2) 87%

3

差がつく ↪ 1,4

次の方程式を解きなさい。

(1) $3x-4y=5x-y=17$ [佐賀県]

(2) $2x+y=x-5y-4=3x-y$ [奈良県]

(2) 51%

方程式

» 方程式

連立方程式の利用

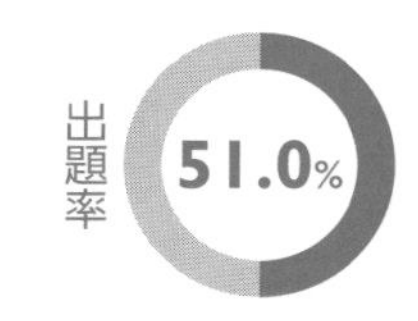

入試メモ　連立方程式の利用の問題は，個数と代金に関するものが出題されやすい。近年，図や表を読み取り，方程式を立てる問題も増加傾向(けいこう)にある。

1　個数・代金・数の問題

出題率 32.3%

例題　1本70円の鉛筆(えんぴつ)と1本120円のボールペンを合わせて13本買ったら，代金の合計は1260円だった。鉛筆とボールペンをそれぞれ何本買ったか求めなさい。

解答　鉛筆をx本，ボールペンをy本買ったとすると，

本数の関係から，$x+y=13$ ……①

代金の関係から，$70x+120y=1260$ ……②

（1本の値段）×（本数）

⇨ ①，②を解くと，$x=6$，$y=7$　問題に合っている

よって，**鉛筆を6本，ボールペンを7本を買った。**…答

2　速さ・時間・道のりの問題

出題率 7.3%

例題　A地点から峠(とうげ)をこえて14 km離(はな)れたB地点まで，A地点から峠までは時速3 km，峠からB地点までは時速4 kmで歩くと全体で4時間かかる。A地点から峠までと，峠からB地点までの道のりをそれぞれ求めなさい。

解答　A地点から峠までの道のりをx km，峠からB地点までの道のりをy kmとすると，

道のりの関係から，$x+y=14$ ……①

時間の関係から，$\frac{x}{3}+\frac{y}{4}=4$ ……②

（時間）＝（道のり）÷（速さ）

⇨ ①，②を解くと，$x=6$，$y=8$　問題に合っている

よって，**A地点から峠までは6 km，峠からB地点までは8 km**…答

3　割合の問題

出題率 11.5%

例題　ある店で，くつ下とスニーカーを1足ずつ買った。定価どおりだと代金の合計は3500円となるところ，その日は特売日で，くつ下は2割引き，スニーカーは3割引きだったので，代金の合計は2520円になった。くつ下1足とスニーカー1足の定価をそれぞれ求めなさい。

解答　くつ下1足の定価をx円，スニーカー1足の定価をy円とすると，

定価の関係から，$x+y=3500$ ……①

割引き後の代金の関係から，$\frac{8}{10}x+\frac{7}{10}y=2520$ ……②

●割引き ⇨ $1-\frac{●}{10}$

⇨ ①，②を解くと，$x=700$，$y=2800$　問題に合っている

よって，**くつ下1足の定価は700円，スニーカー1足の定価は2800円**…答

実力アップ問題

解答・解説｜別冊p.13

正答率

1 超重要 ↪1

1個200円のケーキと1個130円のシュークリームを合わせて14個買ったところ，代金の合計が2380円になった。
このとき，次の問いに答えなさい。 [富山県]

(1) 買ったケーキの個数をx個，シュークリームの個数をy個として，連立方程式をつくりなさい。

[　　　　]

(2) 買ったケーキとシュークリームの個数をそれぞれ求めなさい。

[　　　　]

2 ↪1

ある水族館の入館料は，大人3人と子ども2人で入ると4020円かかり，大人1人と子ども3人で入ると2600円かかる。大人1人，子ども1人の入館料をそれぞれ求めなさい。ただし，入館料は税込みとする。 [群馬県]

[　　　　]

3 ↪1

花子(はなこ)さんは友だちの誕生会のために，家にある材料を使って，マドレーヌとシュークリームをつくることにした。今，家には小麦粉120gとバター90gがあり，すべて使い切ることにする。マドレーヌとシュークリームをそれぞれ1個つくるために必要な小麦粉とバターの分量は，表のとおりとし，他の材料はすべてあるものとする。(1)，(2)に答えなさい。 [岡山県]

(1) マドレーヌをx個，シュークリームをy個つくることができるとして，連立方程式をつくりなさい。 64%

	小麦粉	バター
マドレーヌ	12g	10g
シュークリーム	6g	4g

表

[　　　　]

(2) マドレーヌとシュークリームをそれぞれ何個つくることができるかを求めなさい。 68%

[　　　　]

正答率

4

超重要

↪1

十の位の数と一の位の数の和が10である2けたの自然数がある。この自然数の十の位の数と一の位の数を入れかえた自然数は，もとの自然数より36大きくなる。もとの自然数を求めなさい。

［群馬県］

〔　　　　　〕

5

↪2

38%

あおいさんの自宅からバス停までと，バス停から駅までの道のりの合計は3600mである。ある日，あおいさんは自宅からバス停まで歩き，バス停で5分間待ってから，バスに乗って駅に向かったところ，駅に到着したのは自宅を出発してから20分後であった。あおいさんの歩く速さは毎分80m，バスの速さは毎分480mでそれぞれ一定とする。このとき，あおいさんの自宅からバス停までの道のりをxm，バス停から駅までの道のりをymとして連立方程式をつくり，自宅からバス停までとバス停から駅までの道のりをそれぞれ求めなさい。ただし，途中(とちゅう)の計算も書くこと。

［栃木県］

〔　　　　　〕

6

差がつく

↪2

ひろ子さんとユリさんは，学校を午後3時30分に出発して図書館に向かった。ひろ子さんは，学校から図書館までの道のりを歩き，午後4時2分に着いた。一方，ユリさんは，まず，学校から自宅まで歩き，自宅から図書館までは自転車で進んだ。ユリさんの歩いた道のりと自転車で進んだ道のりを合わせると，ひろ子さんの歩いた道のりよりも960m長くなったが，ユリさんはひろ子さんよりも12分早く図書館に着いた。学校からユリさんの自宅までの道のりと，ユリさんの自宅から図書館までの道のりは，それぞれ何mであるか，方程式をつくって求めなさい。ただし，2人の歩く速さは毎分60m，ユリさんの自転車の速さは毎分300mとする。なお，途中の計算も書くこと。

［石川県］

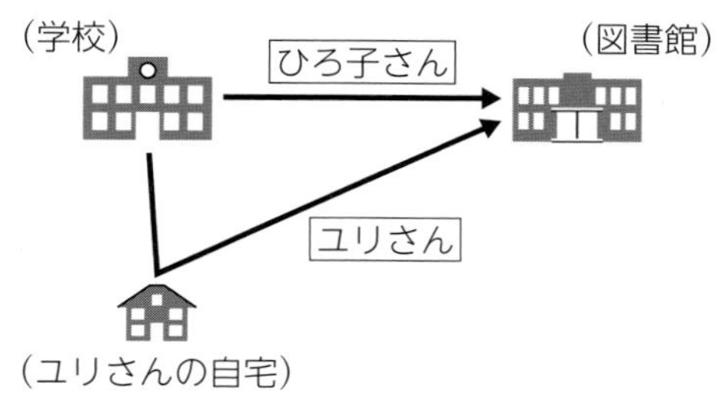

〔　　　　　〕

正答率

7
超重要
↪3

ある中学校の全校生徒数は，男女合わせて300人である。そのうち，男子の5％と女子の15％が吹奏楽部(すいそうがくぶ)に所属しており，吹奏楽部の部員数は31人である。このとき，(1)，(2)の問いに答えなさい。 ［佐賀県］

(1) この中学校の男子の生徒数をx人，女子の生徒数をy人として，数量の関係を表にすると次のようになった。
このとき，表の中の①に当てはまる式を，xを用いて表しなさい。

	男子	女子	合計
生　徒　数（人）	x	y	□
吹奏楽部の部員数（人）	①	□	31

［　　　　］

(2) この中学校の，男子の生徒数と女子の生徒数をそれぞれ求めなさい。

［　　　　］

8
↪3

健太(けんた)さんは，ある店で，セーターとズボンをそれぞれ1枚ずつ買った。定価で買うと代金の合計は5300円であるが，セーターは定価の30％引き，ズボンは定価の40％引きになっていたため，代金の合計は3430円であった。このセーターとズボンの値引き後の値段はそれぞれ何円か。 ［広島県］

25%

［　　　　］

9
難
↪3

ある中学校の図書委員会では，図書室の本の貸し出し状況(じょうきょう)を調査した。6月の調査では，本を借りた生徒の人数は，全校生徒の60％であり，そのうち1冊借りた生徒は33人，2冊借りた生徒は50人であり，3冊以上借りた生徒もいた。4か月後の10月の調査では，6月の調査と比べて，本を借りた生徒は36人増え，1冊借りた生徒は2倍になった。また，2冊借りた生徒は8％減ったが，3冊以上借りた生徒は25％増えた。このとき，10月に本を3冊以上借りた生徒の人数は何人であったか。方程式をつくり，計算の過程を書き，答えを求めなさい。 ［静岡県］

18%

［　　　　］

4

» 方程式

1次方程式

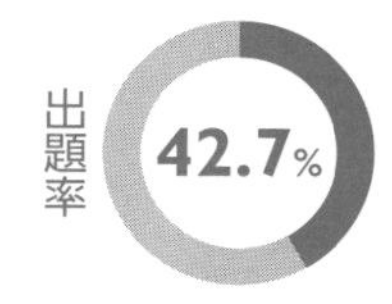

入試メモ　1次方程式の計算問題は，連立方程式の計算問題と比べると出題の頻度は低いが，連立方程式や2次方程式の基礎となるから，しっかりマスターしておこう。

1 方程式

出題率 42.7%

|1| 方程式

式の中の文字にある値を代入すると成り立つ等式のこと。

|2| 方程式の解

方程式を成り立たせる文字の値。解を求めることを方程式を解くという。

例　方程式$3x-2=10$の解は，$\boldsymbol{x=4}$

2 方程式の解き方

出題率 4.2%

|1| 移項

等式の一方の辺の項を，符号を変えて，他方の辺に移すこと。

|2| 1次方程式

移項して整理すると，$ax+b=0\,(a\neq0)$の形に変形できる方程式のこと。

|3| 解く手順

① 文字の項を左辺に，数の項を右辺に移項する。

② $ax=b$の形にする。

③ 両辺をxの係数aでわる。

例
$6x+3=x-7$
① $6x-x=-7-3$
② $5x=-10$
③ $\boldsymbol{x=-2}$

3 いろいろな方程式

出題率 21.9%

|1| かっこのある方程式

分配法則を使ってかっこをはずす。

例　$4x-3(x+1)=-1$ ⇨ $4x-3x-3=-1$，$\boldsymbol{x=2}$

|2| 係数に小数をふくむ方程式

両辺に10，100，…などをかけて，係数が整数になるようにしてから解く。

例　$0.6x-0.7=1.1$ ⇨(×10) $6x-7=11$，$\boldsymbol{x=3}$

|3| 係数に分数をふくむ方程式

両辺に分母の最小公倍数をかけて，係数が整数になるようにしてから解く。

例　$\frac{1}{3}x-\frac{1}{4}=\frac{1}{6}$ ⇨(×12←3，4，6の最小公倍数) $4x-3=2$，$\boldsymbol{x=\frac{5}{4}}$

|4| 比例式

比例式の性質　$\boldsymbol{a:b=c:d}$ならば$\boldsymbol{ad=bc}$を使って解く。

例　$x:15=2:3$ ⇨ $x\times3=15\times2$，$\boldsymbol{x=10}$

実力アップ問題

解答・解説｜別冊p.16

正答率

1 次の方程式を解きなさい。

超重要 ↪ 1,2

(1) $x=3x-10$ ［岩手県］

〔　　　　〕

(2) $2x-15=-x$ ［佐賀県］

〔　　　　〕

(3) $4x-5=x-6$ ［東京都］

〔　　　　〕

(4) $x-1=3x+3$ ［熊本県］

〔　　　　〕

2 次の方程式を解きなさい。

超重要 ↪ 1,2,3

(1) $3(x+5)=4x+9$ ［東京都］　(1) 91%

〔　　　　〕

(2) $3x-24=2(4x+3)$ ［福岡県］　(2) 92%

〔　　　　〕

(3) $1.3x-2=0.7x+1$ ［熊本県］

〔　　　　〕

(4) $x+3.5=0.5(3x-1)$ ［千葉県］　(4) 74%

〔　　　　〕

(5) $\frac{3x-4}{4}=\frac{x+2}{3}$ ［秋田県］　(5) 64%

〔　　　　〕

(6) $\frac{4}{5}x+3=\frac{1}{2}x$ ［秋田県］　(6) 68%

（計算の過程も書きなさい。）

〔　　　　〕

3 次の問いに答えなさい。

↪ 1,3

(1) 比例式$3:4=(x-6):8$についてxの値を求めなさい。 ［鹿児島県］

〔　　　　〕

差がつく (2) xについての方程式$ax+9=5x-a$の解が6であるとき，aの値を求めなさい。 ［栃木県］　77%

〔　　　　〕

方程式

» 方程式

1次方程式の利用

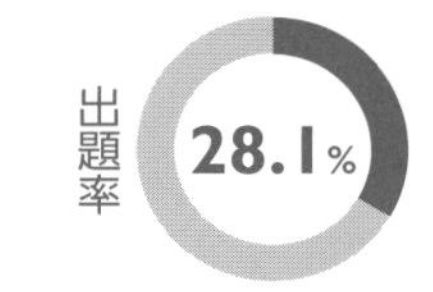

入試メモ　1次方程式の利用の問題は，連立方程式の利用の問題と比べると出題の頻度(ひんど)は低いが，中学数学の基礎(きそ)となるから，しっかりマスターしておくこと。

1　個数・代金・数の問題

出題率 20.8%

例題　クラスで文集を作るのにかかる費用を，1人350円ずつ集めると200円たりないが，1人400円ずつ集めると1400円余るという。このクラスの人数を求めなさい。

解答　クラスの人数をx人とすると，かかる費用は，

1人350円ずつ集めると200円たりないことから，$350x+200$(円)　費用のほうが高いから「＋」

1人400円ずつ集めると1400円余ることから，$400x-1400$(円)　費用のほうが安いから「－」

上の2つの数量は等しいから，$350x+200=400x-1400$ ⇨ これを解くと，$x=32$　問題に合っている

よって，**クラスの人数は32人**…答

2　速さ・時間・道のりの問題

出題率 3.1%

例題　家から900m離(はな)れた学校へ行くのに，はじめは分速60mで歩いていたが，遅れそうになったので，途中(とちゅう)で分速100mで走ったら，家から学校まで全部で14分かかった。分速60mで歩いた道のりを求めなさい。

解答　分速60mで歩いた道のりをxmとすると，分速100mで走った道のりは$900-x$(m)と表される。

時間の関係から，$\frac{x}{60}+\frac{900-x}{100}=14$ ⇨ これを解くと，$x=750$　問題に合っている

(時間)＝(道のり)÷(速さ)

→ 分速100mで走った道のりは，$900-750=150$ (m)

よって，**分速60mで歩いた道のりは750m**…答

3　割合の問題

出題率 4.2%

例題　濃度(のうど)が10％の食塩水が400gある。この食塩水に濃度が15％の食塩水を混ぜたら，濃度が13％の食塩水ができたという。濃度が15％の食塩水を何g混ぜたか求めなさい。

解答　濃度が15％の食塩水をxg混ぜたとすると，

食塩の重さの関係から，$400\times\frac{10}{100}+x\times\frac{15}{100}=(400+x)\times\frac{13}{100}$

（10％の食塩水400gの食塩の重さ／15％の食塩水xgの食塩の重さ／できた食塩水の食塩の重さ）

(濃度％)＝$\frac{(食塩の重さ)}{(食塩水の重さ)}\times100$
⇩
(食塩の重さ)＝(食塩水の重さ)×$\frac{(濃度％)}{100}$

⇨ これを解くと，$x=600$　問題に合っている

よって，**濃度が15％の食塩水を600g混ぜた。**…答

実力アップ問題

解答・解説｜別冊p.16

正答率

1 超重要 ↪1

一の位の数が３である２けたの自然数がある。この数は，十の位の数と一の位の数を入れかえてできる数の２倍から１をひいた数に等しい。このとき，２けたの自然数を求めなさい。 [茨城県]

〔　　　　〕

2 ↪1

重さが異なる３個のおもりA，B，Cと重さが120gのおもりDがある。A，B，Cの３個のおもりの重さは，A，B，Cの順に50gずつ重くなっている。また，A，B，C，Dの重さの合計は540gである。
このとき，Cの重さを求めなさい。 [茨城県]

〔　　　　〕

3 ↪1

花子（はなこ）さんは，ドーナツ店にドーナツを買いに行った。次の(1)，(2)に答えなさい。ただし，消費税は考えないものとする。 [埼玉県]

(1) 花子さんが持っているお金で，チョコレートドーナツを29個買うと410円余るが，33個買うには30円たりない。チョコレートドーナツ１個の値段はいくらか。チョコレートドーナツ１個の値段をx円として方程式をつくり，答えを求めなさい。 56%

方程式〔　　　　〕　答え〔　　　　〕

差がつく (2) 花子さんは，ハニードーナツを買うことにした。ハニードーナツは１個100円で販売（はんばい）されているが，箱入りでも販売されている。１箱には６個入っていて，値段は550円である。また，３箱買うごとに，おまけとしてハニードーナツが１個もらえる。
おまけのハニードーナツをふくめてちょうど40個持ち帰るには，いくら支払（しはら）えばよいか。最も安い金額を，途中の説明も書いて求めなさい。 51%

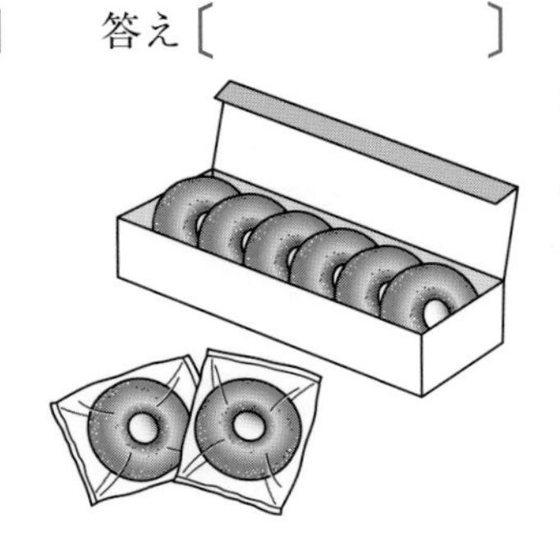

〔　　　　〕

方程式

正答率

4

↪2

あきこさんは，1.8km離(はな)れた駅に向けて家を出発した。それから14分後に，お父さんは自転車で家を出発し，同じ道を通って駅に向かった。あきこさんは分速60m，お父さんは分速200mでそれぞれ一定の速さで進むとすると，お父さんが家を出発してから何分後に追いつくか，求めなさい。 [千葉県]

46%

〔　　　　　〕

5

超重要

↪2

かずよしくんは，自宅から1800m離れた学校に登校するため，午前7時30分に家を出発した。最初は毎分60mの速さで歩いていたが，遅刻しそうになったので，途中から毎分100mの速さで走ったところ，午前7時56分に学校に着いた。
かずよしくんが走った道のりは何mか，求めなさい。 [大分県]

〔　　　　　〕

6

↪3

ある本を，はじめの日に全体のページ数の$\frac{1}{4}$を読み，次の日に残ったページ数の半分を読んだところ，まだ102ページ残っていた。この本の全体のページ数は何ページか，求めなさい。 [愛知県]

〔　　　　　〕

7

↪3

あるシャツを，下の表のように販売(はんばい)する店がある。

21%

【通常2枚買う場合】	定価の合計金額から500円引き
【特別期間に3枚買う場合】	定価の合計金額から40％引き

このシャツを特別期間に3枚買う場合は，通常2枚買う場合よりも300円安くなるという。シャツ1枚の定価はいくらか。ただし，定価をx円として方程式と計算過程も書くこと。なお，消費税は考えないものとする。 [鹿児島県]

〔　　　　　　　　　　　　　　　　　　　　〕

正答率

8

↪3

濃度(のうど)が５％の食塩水Ａがある。
次の(1)〜(3)の問いに答えなさい。　［岐阜県］

(1)　400 g の食塩水Ａにふくまれる食塩の重さは何 g であるかを求めなさい。　74%

〔　　　　〕

(2)　400 g の食塩水Ａに，100 g の水を加えて，食塩水Ｂを作った。食塩水Ｂの濃度を求めなさい。　54%

〔　　　　〕

難 (3)　(2)で作った 500 g の食塩水Ｂに，濃度が９％の食塩水Ｃを混ぜて，濃度が５％の食塩水を作りたい。食塩水Ｃを何 g 混ぜればよいかを求めなさい。　15%

〔　　　　〕

9

↪1

図１のように，底面の２辺が 30 cm，20 cm，高さが x cm の直方体の木材がある。
図２のように，その木材を ■ の面と平行に，10 個の直方体の木材に等しく切り分けた。
切り分けた 10 個の木材の表面積の和が，切る前の木材の表面積の３倍になるとき，x の値を求めなさい。
ただし，切る前の木材の体積と，切り分けた 10 個の木材の体積の和は，等しいものとする。　［和歌山県］

図１

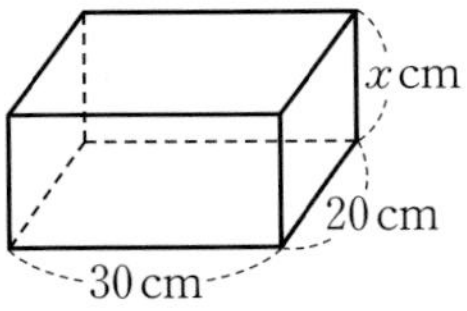

x cm
20 cm
30 cm

図２

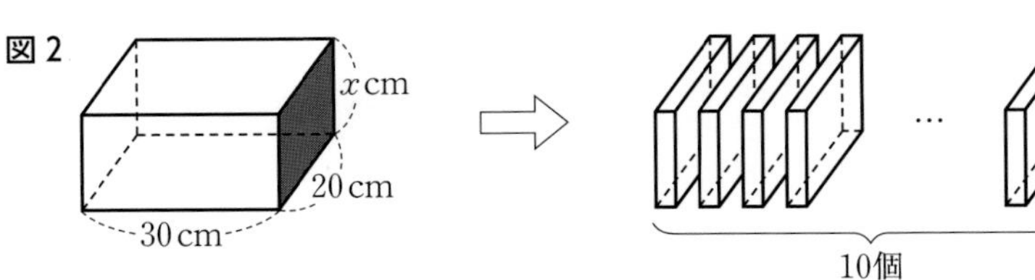

〔　　　　〕

方程式

6

» 方程式

2次方程式の利用

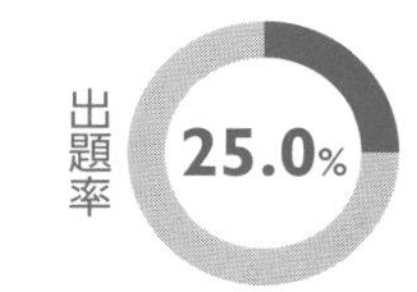

2次方程式の利用の問題は，数に関するものがねらわれやすい。規則性とからめた2次方程式の利用の問題の対策も忘れずにしておくこと。

1 数の問題

（例題）大小2つの正の整数があり，その差は5で，積は36であるという。この2つの正の整数を求めなさい。

（解答）小さいほうの整数をxとすると，大きいほうの整数は$x+5$ ［(大きいほうの整数)−(小さいほうの整数)=5］

2つの整数の積が36であることから，$x(x+5)=36$ ⇨ これを解くと，$x=-9$，4

xは正の整数であるから，$x=4$ ［解の検討をする］

小さいほうの整数が4であるとき，大きいほうの整数は$4+5=9$

よって，**4と9**…答 ［問題に合っている］

2 図形の問題

出題率 10.4%

（例題）縦（たて）が18m，横が24mの長方形の土地に，右の図のように，縦，横に同じ幅（はば）の道路をつくり，残りの部分は花だんにしたい。花だんの面積を352m²にするには，道路の幅を何mにすればよいか，求めなさい。

24m
18m

（解答）道路の部分を端（はし）によせても，花だんの面積は変わらない。

道路の幅をxmとすると，花だんの面積が352m²であることから，$(18-x)(24-x)=352$ ⇨ これを解くと，

$x=2$，40

$0<x<18$であるから，$x=2$ ［解の検討をする　道路の幅は土地の縦の長さよりも短い　$x<18$］

よって，**2m**…答 ［問題に合っている］

18−x(m)
24−x(m)
xm
xm

3 動点の問題

出題率 3.1%

（例題）右の図のような，1辺が10cmの正方形ABCDがある。点Pは点Aを出発して辺AB上を点Bまで動く。点Qは点Pと同時に点Dを出発して点Pと同じ速さで辺DA上を点Aまで動く。AP=QD=$x$cmとするとき，△APQの面積が12cm²となるようなxの値を求めなさい。

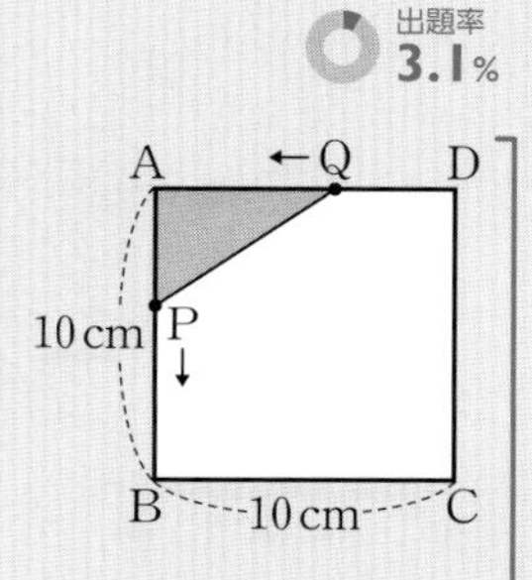

（解答）AP=QD=$x$cmのとき，AQ=$10-x$ (cm)

△APQの面積が12cm²であることから，$\frac{1}{2}\underset{AP}{x}\underset{AQ}{(10-x)}=12$ ⇨ これを解くと，

$x=4$，**6**…答

$0<x<10$だから，どちらも問題に合っている

実力アップ問題

解答・解説｜別冊p.18

正答率

1

超重要 ↪1

次の問いに答えなさい。

(1) ある数xと，xを2乗した数との和は3である。このとき，xについての方程式をつくり，xの値を求めなさい。 ［熊本県］

方程式［　　　　　　　　］　xの値［　　　　］

(2) 連続する2つの自然数があり，それぞれを2乗した数の和が113になるとき，小さいほうの自然数を求めなさい。 ［神奈川県］　65%

［　　　　］

2

差がつく ↪1

下の表は，1段目に，1から20までの自然数を，2段目に，1から20までの自然数を2乗した数を，それぞれ小さい順に左から書いたものの一部である。

1	2	3	4	5	6	…	20	←1段目
1	4	9	16	25	36	…	400	←2段目

この表において，

2	3
4	9

のように並んだ4つの数の組を

x	a
b	c

とする。

4つの数x，a，b，cの和が242となるとき，xについての2次方程式をつくり，xの値を求めなさい。ただし，答えを求めるまでの過程も書きなさい。 ［山口県］

［　　　　　　　　］

3

↪2

下の図のようなAB＝2cm，AD＝$x$cmの長方形ABCDがある。この長方形を，直線ABを軸（じく）として1回転させてできる立体の表面積は96π cm^{2}であった。このとき，xの方程式をつくり，辺ADの長さを求めなさい。ただし，πは円周率とし，途中（とちゅう）の計算も書きなさい。 ［栃木県］

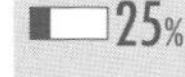
25%

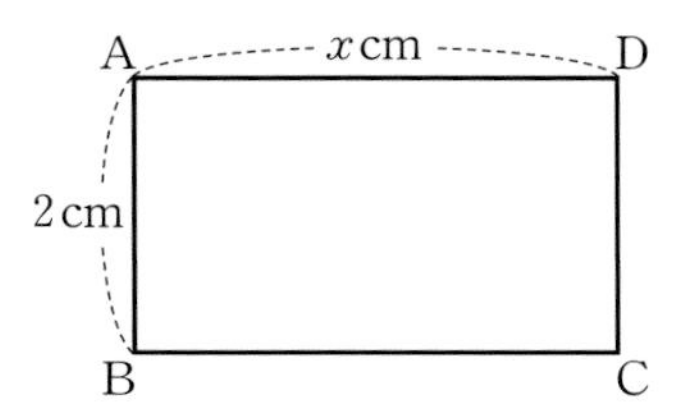

［　　　　　　　　］

方程式

正答率

4 差がつく ↪2

右の図のような，縦の長さが横の長さより短い長方形の紙があり，周の長さは52cmである。この紙の4すみから，1辺の長さが3cmの正方形を切り取り，ふたのない直方体の箱を作ると，その容積は120cm^3になった。もとの長方形の紙の縦の長さを$x$cmとして，xの値を求めなさい。xの値を求める過程も，式と計算をふくめて書きなさい。 [香川県]

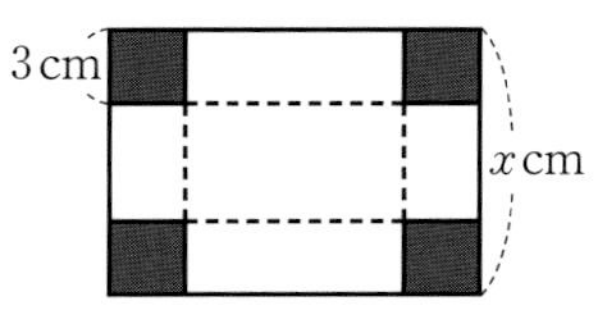

[　　　]

5 ↪3

下の図のように，∠ABC＝90°，AB＝10cm，BC＝20cmの直角三角形ABCがある。四角形PQCRが平行四辺形となるように，辺AB上に点P，辺BC上に点Q，辺CA上に点Rをとる。AP＝$x$cmとするとき，(1)〜(3)の各問いに答えなさい。 [佐賀県]

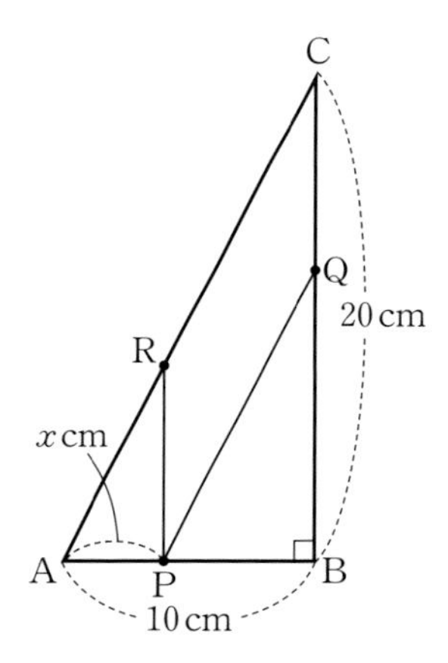

(1) 線分PRの長さをxを用いて表しなさい。

[　　　]

(2) $x=2$のとき，平行四辺形PQCRの面積を求めなさい。

[　　　]

(3) 平行四辺形PQCRの面積が42cm^2になるとき，線分APの長さを求めなさい。ただし，xについての方程式をつくり，答えを求めるまでの過程も書きなさい。

[　　　]

関数

出るとこチェック ……… 54
▼出題率
1 99.0% 比例と反比例 ……… 56
2 97.9% 関数 $y=ax^2$ ……… 60
3 74.0% 1次関数 ……… 66
4 64.6% 放物線と直線に関する問題 ……… 68
5 43.8% 1次関数の利用 ……… 72
6 10.4% 関数 $y=ax^2$ の利用 ……… 76
7 9.4% 直線と図形に関する問題 ……… 80

出るとこチェック 関数

次の問題を解いて，解法が身についているか確認しよう。

1 比例と反比例 →p.56

□ 01 身長がx cmの人の体重がy kgであるとき，yはxの関数であるといえるか。 (　　　　)

□ 02 yはxに比例し，比例定数は12である。yをxの式で表しなさい。 (　　　　)

□ 03 yはxに反比例し，比例定数は6である。yをxの式で表しなさい。 (　　　　)

□ 04 $y=\frac{8}{x}$は比例の式，反比例の式のどちらか。 (　　　　)

2 関数$y=ax^2$ →p.60

□ 05 関数$y=ax^2$において，$x=2$のとき$y=4$である。aの値(あたい)を求めなさい。 (　　　　)

□ 06 関数$y=2x^2$のグラフは原点を通る，□に開いた放物線である。□に当てはまることばは何か。 (　　　　)

□ 07 関数$y=-x^2$において，xの変域が$-3 \leqq x \leqq 1$のときのyの変域を求めなさい。 (　　　　)

□ 08 関数$y=3x^2$において，xの値が1から2まで増加するときの変化の割合を求めなさい。 (　　　　)

3 1次関数 →p.66

□ 09 1次関数$y=5x-7$で，xが1から3まで増加するときのyの増加量を求めなさい。 (　　　　)

□ 10 1次関数$y=-4x-2$のグラフの傾き(かたむ)きを求めなさい。 (　　　　)

□ 11 1次関数$y=x-1$のグラフの切片(せっぺん)を求めなさい。 (　　　　)

□ 12 グラフの傾きが-1で，切片が5となる1次関数の式を求めなさい。 (　　　　)

4 放物線と直線に関する問題 →p.68

右の図は，関数$y=x^2$のグラフと，そのグラフ上にあるx座標がそれぞれ-1，2である2点A，Bを通る直線ℓ：$y=x+2$である。直線ℓとy軸(じく)の交点をCとするとき，

□ 13 点Bの座標を求めなさい。 (　　　　)

□ 14 点Cの座標を求めなさい。 (　　　　)

□ 15 △OABの面積を求めなさい。 (　　　　)

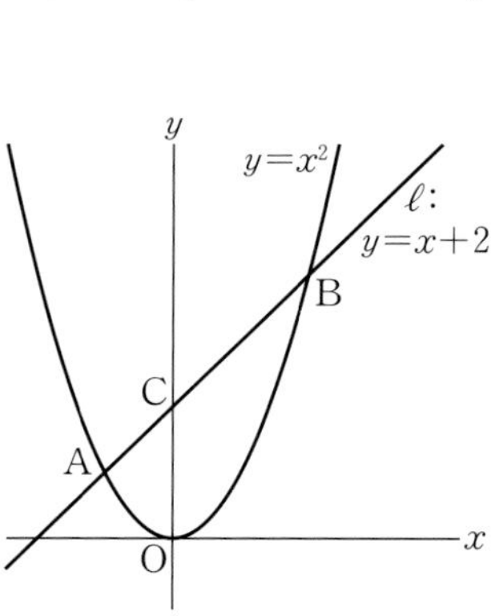

5 1次関数の利用 →p.72

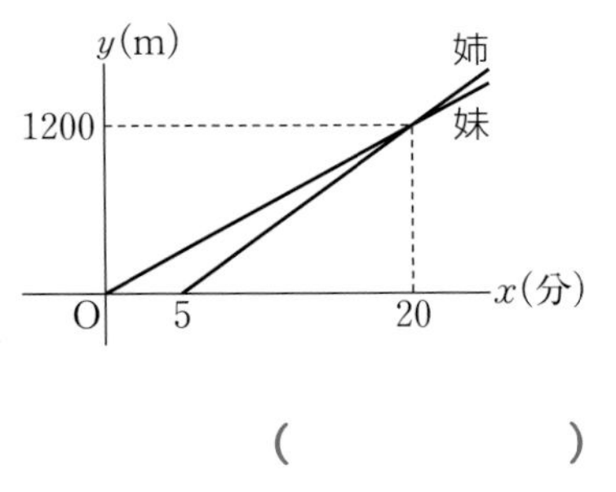

妹が家を出発した。その5分後に姉が家を出発して妹を追いかけた。右の図は2人が家を出発してから進むようすをグラフで表したものである。

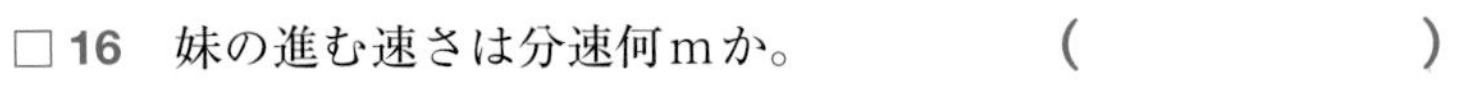

□ **16** 妹の進む速さは分速何mか。 (　　　　)

□ **17** 姉が妹に追いついたのは，姉が出発してから何分後か。 (　　　　)

□ **18** 姉が妹に追いついたのは，家から何mの地点か。 (　　　　)

6 関数$y=ax^2$の利用 →p.76

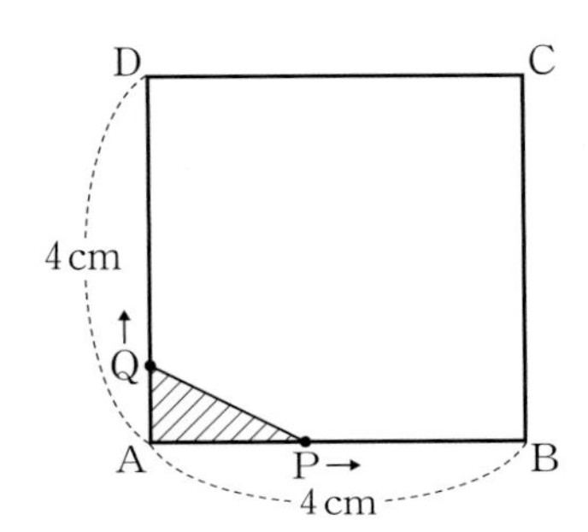

右の図は1辺が4cmの正方形ABCDで，2点P，Qは点Aを同時に出発して，点Pは毎秒2cmの速さで辺上を，Bを通ってCまで動く。点Qは毎秒1cmの速さで辺上をDまで動く。2点P，Qが点Aを出発してからx秒後の△APQの面積をy cm^{2}とする。xの変域が次のとき，xとyの関係を式で表しなさい。

□ **19** $0<x\leqq 2$のとき (　　　　)

□ **20** $2\leqq x\leqq 4$のとき (　　　　)

7 直線と図形に関する問題 →p.80

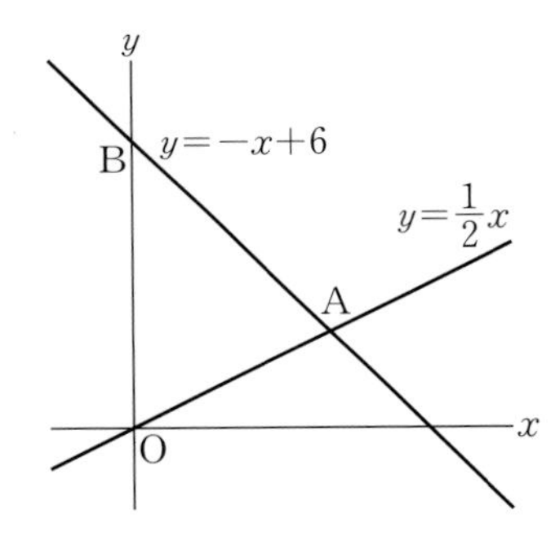

右の図で，直線$y=-x+6$，$y=\frac{1}{2}x$の交点をA，直線$y=-x+6$がy軸と交わる点をBとする。

□ **21** 点Aの座標を求めなさい。 (　　　　)

□ **22** △ABOの面積を求めなさい。 (　　　　)

□ **23** 点Aを通り△ABOの面積を2等分する直線がy軸と交わる点をCとする。点Cの座標を求めなさい。 (　　　　)

出るとこチェックの答え

1　01 いえない　02 $y=12x$　03 $y=\frac{6}{x}$　04 反比例の式

2　05 $a=1$　06 上　07 $-9\leqq y\leqq 0$　08 9

3　09 10　10 -4　11 -1　12 $y=-x+5$

4　13 (2, 4)　14 (0, 2)　15 3

5　16 分速60m　17 15分後　18 1200m

6　19 $y=x^2$　20 $y=2x$

7　21 (4, 2)　22 12　23 (0, 3)

» 関数

比例と反比例

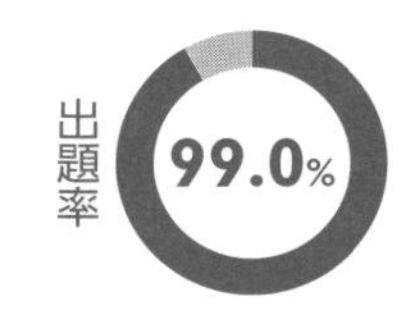

入試メモ　基本的な問題が多い。比例(ひれい)と比べて反比例(はんぴれい)のほうがねらわれやすい。それぞれの式とグラフの形をきちんと区別して覚えておくこと。

1 関数

|1| **関数**(かんすう)…ともなって変わる2つの量x，yがあって，xの値(あたい)を決めると，それに対応してyの値もただ1つ決まるとき，yはxの関数であるという。このようにx，yのように，いろいろな値をとる文字を**変数**(へんすう)という。

(例)　1辺の長さが$x$cmの正方形の面積をy cm^{2}とすると，**yはxの関数である。**

|2| **変域**…変数がとることのできる値の範囲(はんい)。不等号を使って表す。

(例)　xの変域が2以上5未満 ⇨ $2 \leqq x < 5$

2 比例

|1| **比例**…**yがxの関数で，**$y=ax$（aは定数で，$a \neq 0$）の形で表される。

|2| **比例の式**…$y=ax$とおいて，x，yの値を代入してaの値を求める。

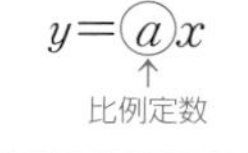

(例)　yはxに比例し，$x=3$のとき$y=-12$となる式

→$y=ax$とおき，$x=3$，$y=-12$を代入して，$-12=a \times 3$，$a=-4$より，$\boldsymbol{y=-4x}$

3 反比例

|1| **反比例**…**yがxの関数で，**$y=\dfrac{a}{x}$（aは定数で，$a \neq 0$）の形で表される。

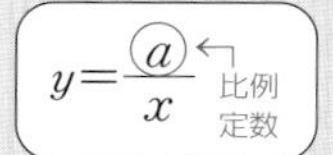

|2| **反比例の式**…$y=\dfrac{a}{x}$とおいて，x，yの値を代入してaの値を求める。

(例)　yはxに反比例し，$x=2$のとき$y=6$となる式

→$y=\dfrac{a}{x}$とおき，$x=2$，$y=6$を代入して，$6=\dfrac{a}{2}$，$a=12$より，$\boldsymbol{y=\dfrac{12}{x}}$

4 比例のグラフ，反比例のグラフ

出題率 24.0%

|1| **比例のグラフ**…原点(げんてん)を通る直線

$a>0$のとき

右上がりの直線

$a<0$のとき

右下がりの直線

|2| **反比例のグラフ**…双曲線(そうきょくせん)

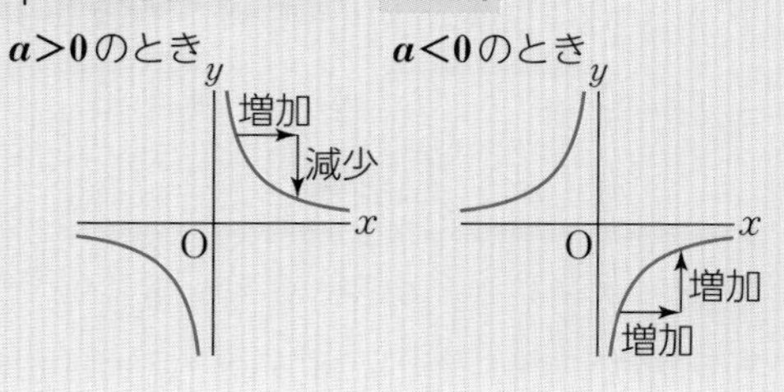

実力アップ問題

解答・解説｜別冊p.19

正答率

1 次の問いに答えなさい。

↪1,2,3

(1) yがxの関数であるものを，下の**ア**～**エ**の中からすべて選び，記号で答えなさい。［広島県］　26%

ア 年齢(ねんれい)の差がx歳である2人の年齢の和はy歳である。

イ 底辺が$x$cmの平行四辺形の面積は$y$cm^{2}である。

ウ 500gの砂糖からxg使ったときの残りの量はygである。

エ 1本100円のボールペンをx本買ったときの代金はy円である。

〔　　　　〕

差がつく (2) yがxに反比例しているものを下の**ア**～**ウ**の中から1つ選び，記号で答えなさい。また，そのときのyをxの式で表しなさい。［鹿児島県］　64%

ア 時速60kmで走る自動車が，x時間走ったときに進む道のり$y$km

イ 1本120円の缶(かん)ジュースをx本買い，1000円払(はら)ったときのおつりy円

ウ 面積が36cm^{2}の平行四辺形で，底辺の長さを$x$cmとしたときの高さ$y$cm

記号〔　　〕　式〔　　　　〕

2 次の問いに答えなさい。

↪1,2

(1) yはxに比例し，$x=-4$のとき$y=6$である。このとき，yをxの式で表しなさい。［高知県］

〔　　　　〕

(2) 右の表で，yがxに比例するとき，□に当てはまる数を求めなさい。［青森県］　60%

x	□	-3	0
y	5	2	0

〔　　　　〕

超重要 (3) yはxに比例し，$x=2$のとき$y=-8$である。$x=-1$のときのyの値を求めなさい。［栃木県］　78%

〔　　　　〕

(4) yはxに比例し，$x=12$のとき$y=-8$である。$x=-3$のときのyの値を求めなさい。［島根県］

〔　　　　〕

正答率

3

次の問いに答えなさい。

↪ 1,3

(1) 下の**ア**～**エ**の x と y の関係を示した表の中から，y が x に反比例(はんぴれい)するものを1つ選び，記号で答えなさい。また，選んだ表に示された関係について，y を x の式で表しなさい。 [愛媛県] 69%

ア

x	1	2	3	4
y	10	9	8	7

イ

x	1	2	3	4
y	12	6	4	3

ウ

x	1	2	3	4
y	1	4	9	16

エ

x	1	2	3	4
y	3	6	9	12

記号〔　　〕　式〔　　　　　〕

超重要 (2) y は x に反比例し，$x=3$ のとき，$y=6$ である。y を x の式で表したときの比例定数を，次の**ア**～**エ**のうちから1つ選び，記号で答えなさい。 [千葉県] 78%

ア 2　**イ** 3　**ウ** 9　**エ** 18

〔　　　　〕

(3) y が x に反比例し，$x=-4$ のとき $y=6$ である。$x=3$ のときの y の値(あたい)を求めなさい。 [兵庫県]

〔　　　　〕

4

次の問いに答えなさい。

↪ 1,2,4

(1) 関数(かんすう) $y=-\frac{3}{5}x$ のグラフをかきなさい。 [広島県] 66%

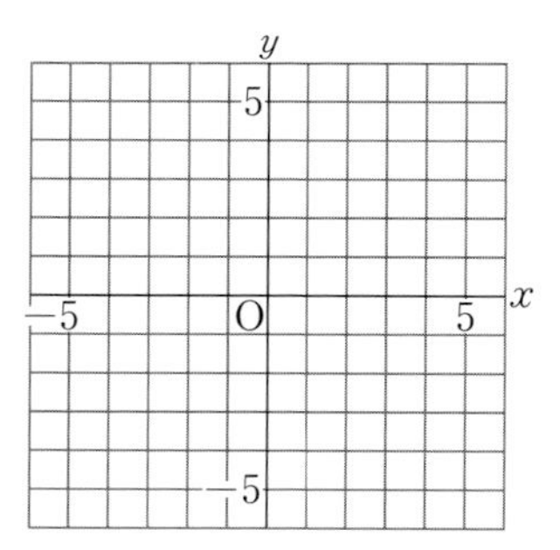

超重要 (2) 比例(ひれい) $y=-3x$ のグラフ上にある点の座標(ざひょう)の1つが，下の**ア**～**エ**の中にある。その座標を選び，記号で答えなさい。 [山梨県] 73%

ア $(-3,\ 0)$　**イ** $(-3,\ 1)$　**ウ** $(0,\ -3)$　**エ** $(1,\ -3)$

〔　　　　〕

正答率

5 次の問いに答えなさい。

↪ 1,3,4

(1) 関数$y=-\dfrac{4}{x}$のグラフを，右の図の座標平面上にかき入れなさい。 [山梨県]

■□63%

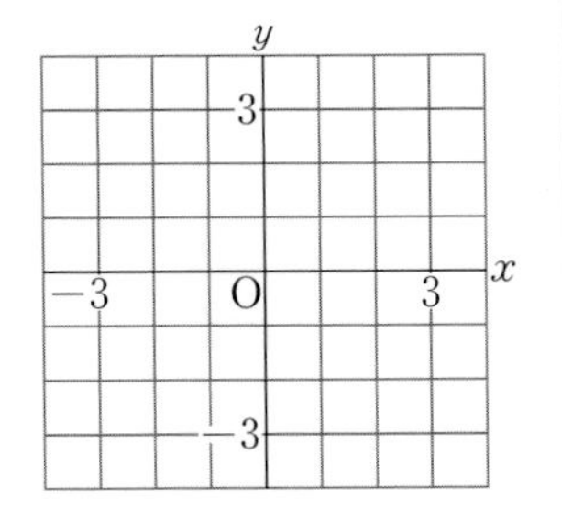

(2) 右の図のように，点A(2, 3)を通る反比例のグラフがあり，このグラフ上にx座標が−4となる点Bをとる。点Bの座標を求めなさい。 [宮城県]

■□65%

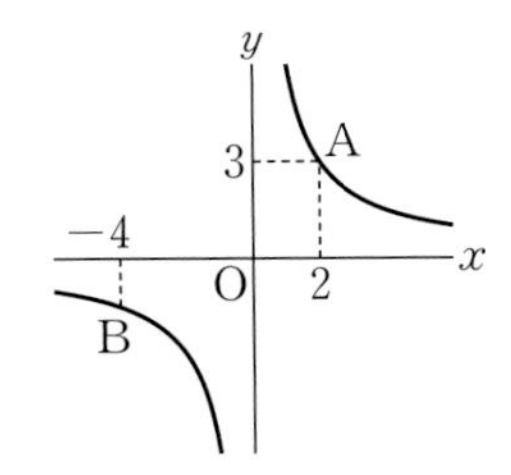

〔　　　　　〕

(3) 右の図は反比例のグラフで，グラフ上の8つの●印は，x座標，y座標の値がともに整数である点を表している。
xの変域が$2 \leqq x \leqq 6$のとき，yの変域を求めなさい。 [岩手県]

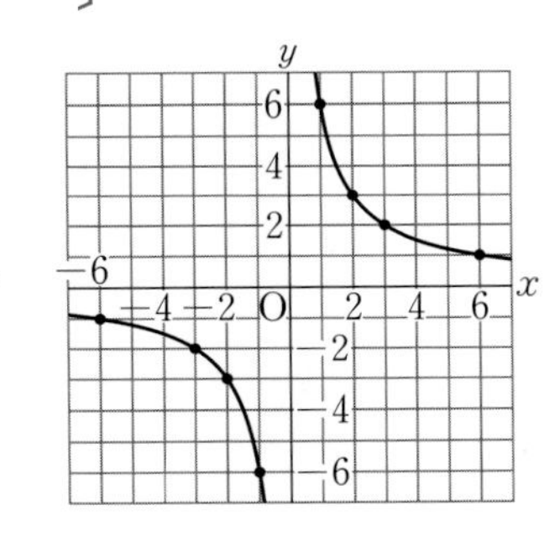

〔　　　　　〕

6 右の図のように，関数$y=\dfrac{18}{x}\ (x>0)$のグラフ上に2点P，Qがあり，点Qのx座標は点Pのx座標の3倍である。また，点Pを通りy軸(じく)に平行な直線とx軸との交点をRとし，線分PRと線分OQの交点をSとする。

↪ 1,3,4

次の(1)，(2)の問いに答えなさい。 [大分県]

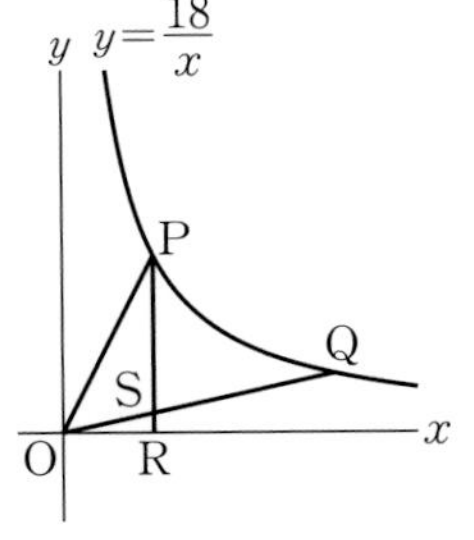

(1) △OPRの面積を求めなさい。

(2) △OPSの面積を求めなさい。

〔　　　　　〕

関数

関数 $y=ax^2$

出題率 97.9%

入試メモ 関数$y=ax^2$の問題は変域や変化の割合を求める問題の出題が目立って多い。変域の問題では，必ずグラフをかいて考えることを心がけよう。

1 関数 $y=ax^2$

出題率 97.9%

|1| 2乗に比例する関数

yがxの関数で，$y=ax^2$（aは定数で$a\neq0$）の形で表される。aを比例定数という。

|2| 関数 $y=ax^2$ の式

例題 yがxの2乗に比例し，$x=3$のとき$y=36$である。yをxの式で表しなさい。

解答 求める式を$y=ax^2$とおく。この式に$x=3$，$y=36$を代入して，

$36=a\times3^2$ ⇨ $a=4$　　よって，$\boldsymbol{y=4x^2}$…答

2 関数 $y=ax^2$ のグラフ

出題率 64.6%

①グラフは原点を通り，y軸について対称な**放物線**。

②$a>0$のとき，上に開き，$a<0$のとき，下に開く。

③aの絶対値が大きいほど，グラフの開き方は小さい。

④aの絶対値が等しく，符号が異なる2つのグラフは，x軸について対称になっている。

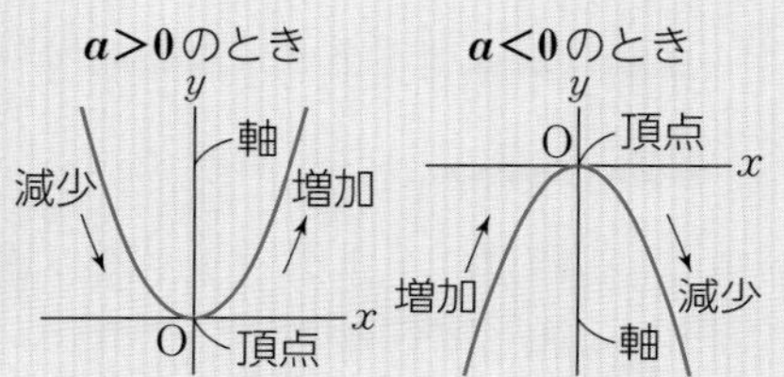

3 関数 $y=ax^2$ の変域

出題率 29.2%

関数$y=ax^2$において，xの変域に0をふくむとき，$\begin{cases} a>0\text{ならば，}x=0\text{で最小値}0 \\ a<0\text{ならば，}x=0\text{で最大値}0 \end{cases}$

例 xの変域が$-1\leqq x\leqq2$のときの，次の関数のyの変域

・$y=x^2$

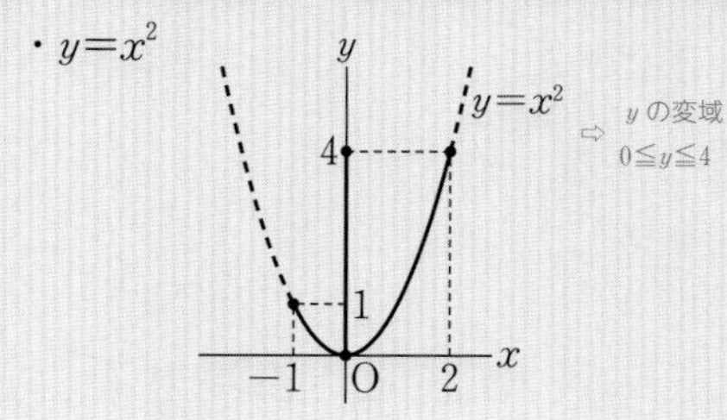

⇨ yの変域 $0\leqq y\leqq4$

・$y=-x^2$

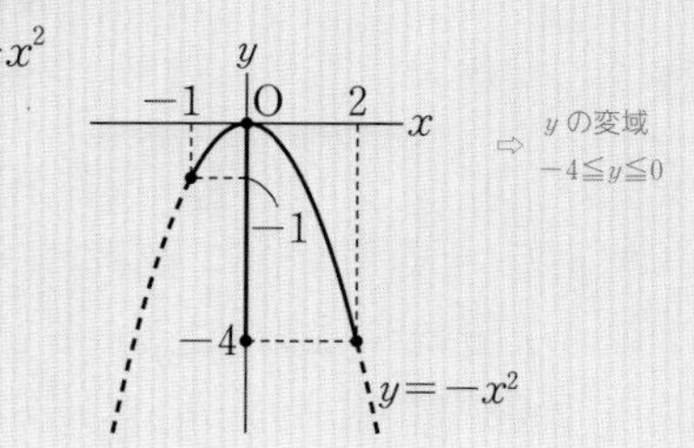

⇨ yの変域 $-4\leqq y\leqq0$

4 関数 $y=ax^2$ の変化の割合

出題率 20.8%

$(\text{変化の割合})=\dfrac{(y\text{の増加量})}{(x\text{の増加量})}$で求められる。2乗に比例する関数の変化の割合は一定ではない。

例 関数$y=2x^2$について，xの値が1から3まで増加するときの変化の割合は，

$$\frac{2\times3^2-2\times1^2}{3-1}=8$$

実力アップ問題

解答・解説｜別冊p.21

正答率

1

差がつく
↪1,2

次の問いに答えなさい。

(1) 関数$y=ax^2$のグラフの特徴(とくちょう)として適切なものを，次の**ア**～**オ**からすべて選び，記号で答えなさい。 ［奈良県］ 49%

ア 原点を通る。

イ x軸について対称な曲線である。

ウ $a>0$のときは上に開き，x軸より下側にはない。

エ $a<0$のとき，xの値が増加すると，$x>0$の範囲(はんい)では，yの値は減少する。

オ aの値の絶対値が大きいほど，グラフの開き方は大きい。

〔　　　　　〕

(2) yの値が正の値をとらない関数を，次の**ア**～**エ**から1つ選び，記号で答えなさい。 ［岐阜県］ 73%

ア $y=-\frac{x}{2}$　　**イ** $y=-\frac{2}{x}$

ウ $y=-2x+3$　　**エ** $y=-2x^2$

〔　　　　　〕

2

↪1

次の問いに答えなさい。

(1) 関数$y=ax^2$について，$x=3$のとき，$y=18$である。このとき，aの値を求めなさい。 ［岡山県］ 93%

〔　　　　　〕

超重要 (2) yはxの2乗に比例し，$x=3$のとき，$y=-36$である。このとき，yをxの式で表しなさい。 ［秋田県］ 79%

〔　　　　　〕

(3) 関数$y=ax^2$は，$x=2$のとき$y=8$である。$x=3$のときのyの値を求めなさい。 ［山口県］

〔　　　　　〕

関数

正答率

3

↪ 1

1往復するのにx秒かかる振り子の長さをymとすると，$y=\frac{1}{4}x^2$という関係が成り立つものとする。1往復するのに2秒かかる振り子を振り子Aとするとき，次の問いに答えなさい。 [群馬県]

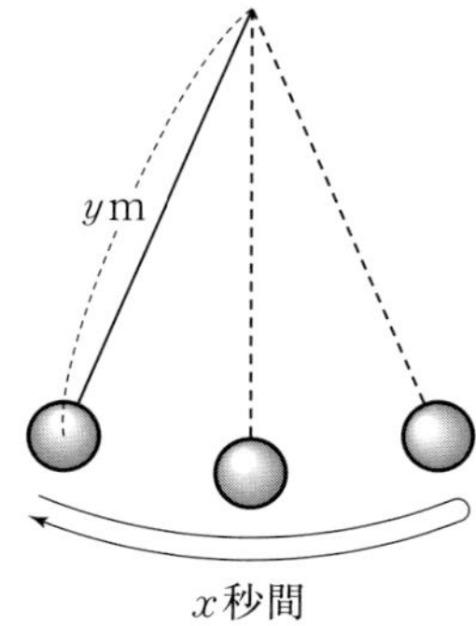

(1) 振り子Aの長さを求めなさい。

〔　　　　〕

差がつく (2) 長さが$\frac{1}{4}$mの振り子Bは，振り子Aが1往復する間に何往復するか，答えなさい。ただし，答えをどのように導いたかを，答えの根拠がわかるように説明すること。

〔　　　　〕

4

関数$y=\frac{3}{4}x^2$に関連して，次の(1)，(2)に答えなさい。 [山口県]

超重要
↪ 1,2,4

(1) 右の図のア～エは，$y=ax^2$の形で表される4つのグラフを，関数$y=\frac{3}{4}x^2$のグラフと同じ座標軸を使ってかいたものであり，そのうちの1つが関数$y=\frac{1}{2}x^2$のグラフである。

関数$y=\frac{1}{2}x^2$のグラフを，ア～エから選び，記号で答えなさい。

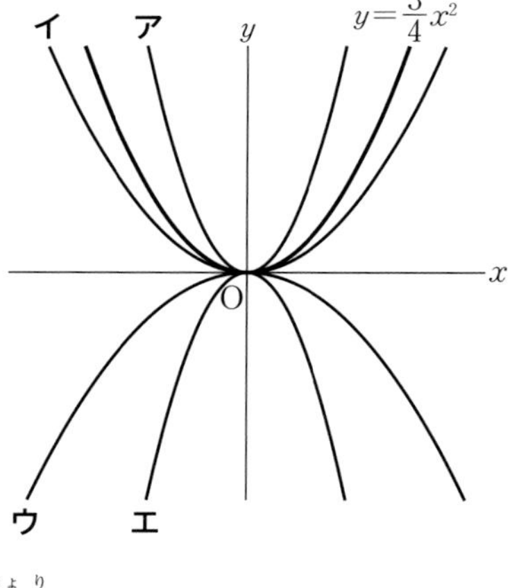

〔　　　　〕

(2) ある自動車が動き始めてからx秒間に進んだ距離をymとするとき，$0 \leqq x \leqq 8$の範囲では$y=\frac{3}{4}x^2$の関係があった。

この自動車が動き始めて1秒後から3秒後までの平均の速さは毎秒何mか，求めなさい。

〔　　　　〕

正答率

5

↪ 1,4

次の問いに答えなさい。

(1) 関数$y=-x^2$について，xの値が1から4まで増加するときの変化の割合を求めなさい。 [栃木県]

〔　　　　　〕

(2) 関数$y=x^2$について，xがaから$a+5$まで増加するとき，変化の割合は7である。このとき，aの値(あたい)を答えなさい。 [新潟県]　27%

〔　　　　　〕

6

↪ 1,2,3,4

関数$y=\frac{1}{2}x^2$について，(1)～(5)の各問いに答えなさい。 [佐賀県]

(1) 次のア～エの中に，関数$y=\frac{1}{2}x^2$のグラフがある。そのグラフとして正しいものを1つ選び，記号で答えなさい。

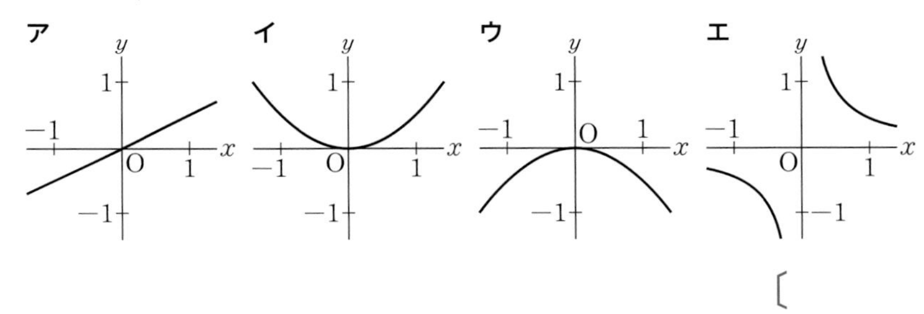

〔　　　　　〕

超重要 (2) $x=2$のとき，yの値を求めなさい。

〔　　　　　〕

(3) xの変域(へんいき)が$-1 \leqq x \leqq 2$のとき，yの変域を求めなさい。

〔　　　　　〕

(4) xの値が2から4まで増加するときの変化の割合を求めなさい。

〔　　　　　〕

思考力 (5) xの値が2から4まで増加するときの変化の割合をm，xの値が52から54まで増加するときの変化の割合をnとする。mとnの大きさを比べるとき，どのようなことがいえるか，次のア～エの中から正しいものを1つ選び，記号で答えなさい。

ア　mとnは等しい。

イ　mのほうが大きい。

ウ　nのほうが大きい。

エ　mとnのどちらが大きいかは，判断できない。

〔　　　　　〕

関数

正答率

7

↪ 1,3

次の問いに答えなさい。

(1) 関数(かんすう)$y=x^2$について，xの変域(へんいき)が$-5 \leqq x \leqq 4$のときのyの変域を，次の**ア**～**エ**の中から選び，記号で答えなさい。 [東京都]　75%

ア　$-25 \leqq y \leqq 16$　　**イ**　$0 \leqq y \leqq 16$

ウ　$0 \leqq y \leqq 25$　　**エ**　$16 \leqq y \leqq 25$

〔　　　　〕

差がつく (2) 関数$y=-2x^2$について，xの変域が$-1 \leqq x \leqq 3$のとき，yの変域を求めなさい。 [新潟県]　59%

〔　　　　〕

(3) 関数$y=ax^2$について，xの変域が$-2 \leqq x \leqq 4$のときのyの変域が$-8 \leqq y \leqq 0$である。このとき，aの値(あたい)を求めなさい。 [福島県]

〔　　　　〕

(4) 関数$y=x^2$について，xの変域を$a \leqq x \leqq a+2$とするとき，yの変域が$0 \leqq y \leqq 4$となるようなaの値を，次の**ア**～**オ**の中からすべて選び，記号で答えなさい。 [埼玉県]　31%

ア　-2　　**イ**　-1　　**ウ**　0　　**エ**　1　　**オ**　2

〔　　　　〕

8

↪ 1,2,3

右の図において，mは$y=\frac{1}{3}x^2$のグラフを表す。Aはm上の点であり，そのx座標(ざひょう)は2である。 [大阪府]

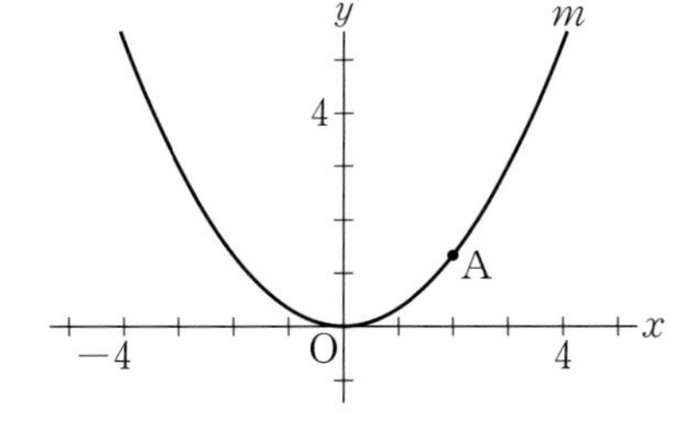

(1) Aのy座標を求めなさい。　46%

〔　　　　〕

(2) 次の文中の **ア** ，**イ** に入れるのに適している数をそれぞれ書きなさい。　ア 24%　イ 10%

> 関数$y=\frac{1}{3}x^2$について，xの変域が$-4 \leqq x \leqq 3$のときのyの変域は **ア** $\leqq y \leqq$ **イ** である。

ア〔　　　　〕　**イ**〔　　　　〕

正答率

9

↪ 1,2,3

右の図のように，関数$y=ax^2$のグラフ上に点(2，3)がある。次の問いに答えなさい。　［兵庫県］

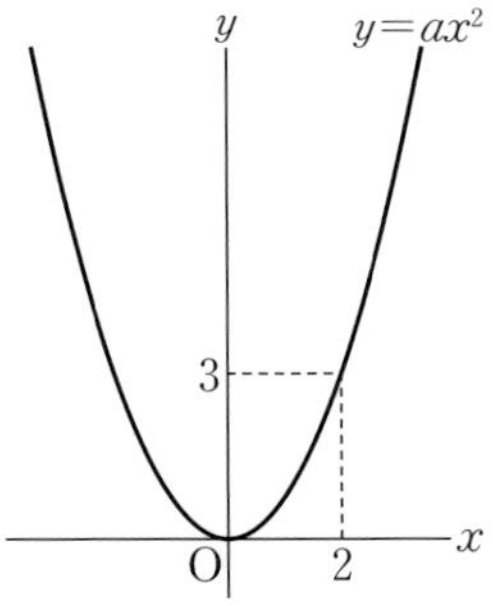

超重要 (1)　aの値を求めなさい。　93%

〔　　　　〕

(2)　次の［ア］と［イ］に当てはまる数をそれぞれ求めなさい。　29%

> 関数$y=ax^2$において，xの変域が$b \leqq x \leqq 2$のときのyの変域は$0 \leqq y \leqq 3$である。このとき，bの値の範囲(はんい)は［ア］$\leqq b \leqq$［イ］である。

ア〔　　　　〕　イ〔　　　　〕

(3)　関数$y=ax^2$において，xの変域が$-4 \leqq x \leqq 3$のときのyの変域と，関数$y=cx^2$において，xの変域が$-2 \leqq x \leqq 3$のときのyの変域とが等しいとき，cの値を求めなさい。　35%

〔　　　　〕

10

思考力

↪ 1,2

a，b，c，dを0でない定数とする。次のア～エの図において，ℓは$ax+by=1$，mは$y=cx^2$，nは$y=\dfrac{d}{x}$のグラフをそれぞれ表す。ア～エのうち，「aとcが同じ符号(ふごう)」であって「bとdが同じ符号」であるときのグラフの一例を示しているものはどれか。1つ選び，記号で答えなさい。　［大阪府］　23%

ア

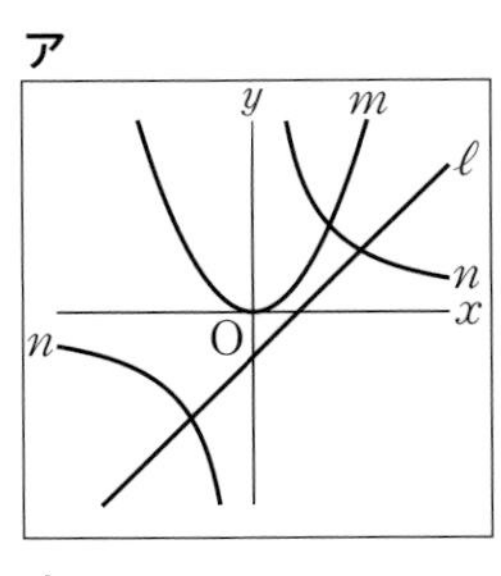

イ

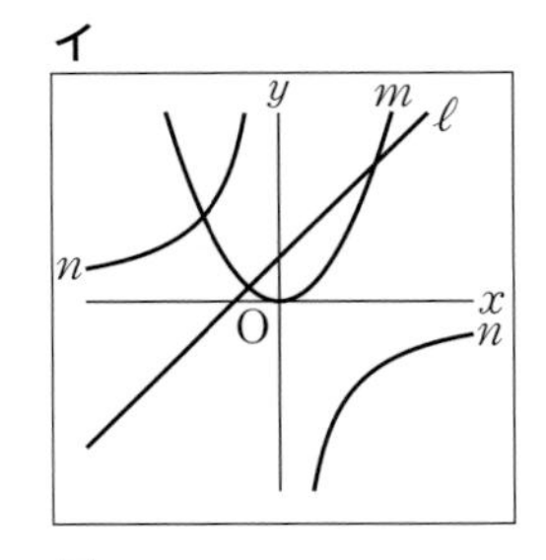

ウ

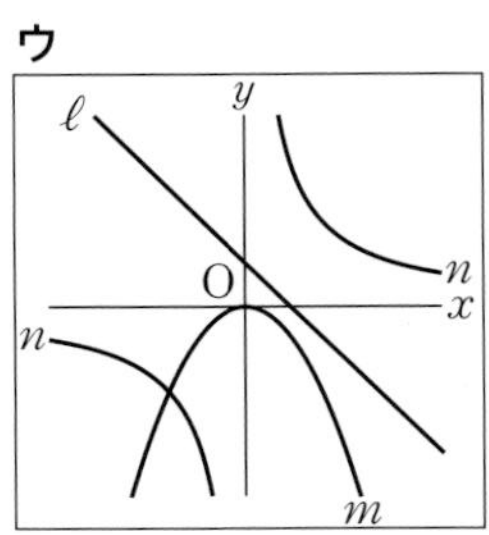

エ

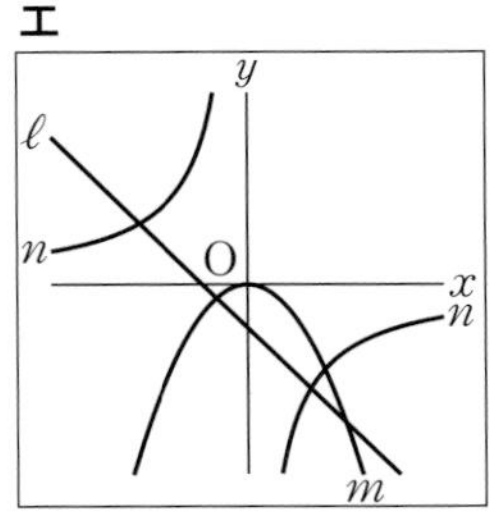

〔　　　　〕

関数

3

» 関数

1次関数

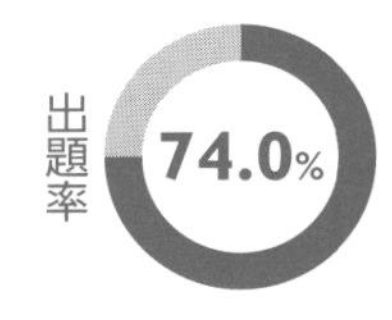

入試メモ　基本的な問題から応用問題まで，まんべんなく出題されている。1次関数の式に関する問題は特にねらわれやすい。

1　1次関数

出題率 74.0%

|1|　1次関数

yがxの関数で，$y=ax+b$（a，bは定数で$a≠0$）の形で表される。

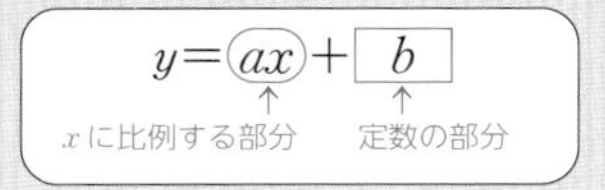

2　1次関数の値の変化

出題率 2.1%

|1|　変化の割合…xの増加量に対するyの増加量の割合。

$$(\text{変化の割合})=\frac{(y\text{の増加量})}{(x\text{の増加量})}=a$$

1次関数$y=ax+b$の変化の割合は一定で，aに等しい。

例　$y=⑥x+3$の変化の割合は，⑥

3　1次関数のグラフ

出題率 58.3%

|1|　1次関数$y=ⓐx+\boxed{b}$のグラフ

…傾き（かたむ）が$ⓐ$，切片（せっぺん）が$\boxed{b}$の直線

xの増加量が1のときのyの増加量

グラフがy軸と交わる点のy座標

$a>0$のとき

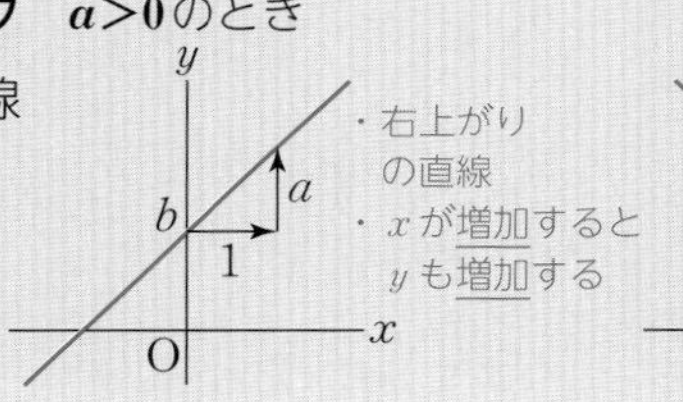

$a<0$のとき

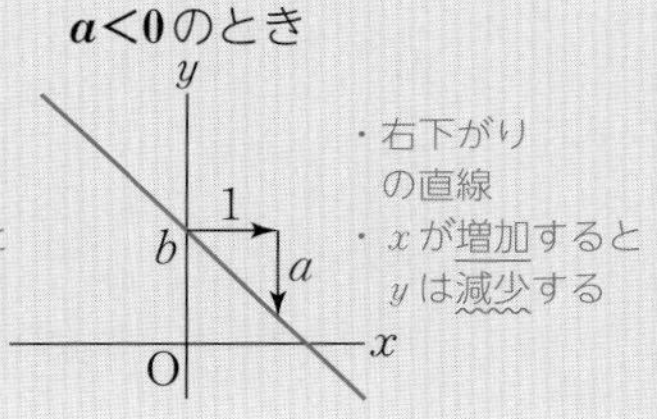

4　1次関数の式

出題率 37.5%

|1|　変化の割合○とx，yの値（あたい）が与えられた場合

$y=○x+b$とおいて，x，yの値を代入してbの値を求める。

例　変化の割合が②で，$x=3$のとき$y=5$となる1次関数の式

→$y=②x+b$とおき，$x=3$，$y=5$を代入して，$b=-1$より，$\boldsymbol{y=2x-1}$

|2|　2組のx，yの値が与えられた場合

$y=ax+b$とおいて，2組のx，yの値を代入し，得られる2つの方程式を連立方程式として解き，a，bの値を求める。

例　$x=1$のとき$y=3$，$x=4$のとき$y=-6$となる1次関数の式

→$y=ax+b$に$x=1$，$y=3$と$x=4$，$y=-6$をそれぞれ代入して，

$\begin{cases}3=a+b\\-6=4a+b\end{cases}$を解き，$a=-3$，$b=6$より，$\boldsymbol{y=-3x+6}$

実力アップ問題

解答・解説｜別冊p.24

正答率

1 次の問いに答えなさい。

↪ 1,2,4

(1)　1次関数$y=6x-4$について，xの増加量が5のときのyの増加量を求めなさい。 ［鳥取県］ 43%

〔　　　　　〕

(2)　yはxの1次関数であり，変化の割合が-2で，そのグラフが点$(3,\ 4)$を通るとき，yをxの式で表しなさい。 ［高知県］ 50%

〔　　　　　〕

超重要 (3)　yがxの1次関数で，$x=-1$のとき$y=5$，$x=3$のとき$y=-7$である。この1次関数の式を求めなさい。 ［群馬県］

〔　　　　　〕

(4)　点$(2,\ 1)$を通り，傾きが-5の直線の式を求めなさい。 ［鹿児島県］ 52%

〔　　　　　〕

差がつく (5)　水が4L入っている大きな水そうに，一定の割合で水を入れる。下の表は，水を入れ始めてからx分後の，水そうの水の量をyLとするとき，xとyの値の関係を表したものである。この表の□に当てはまる数を求めなさい。 ［山口県］

x	0	1	2	3	…	7	…	10
y	4	6	8	10	…	□	…	24

〔　　　　　〕

2 次の問いに答えなさい。

↪ 1,3

(1)　1次関数$y=-\frac{3}{5}x+3$のグラフをかきなさい。 ［京都府］

(2)　方程式$2x+3y=6$のグラフをかきなさい。 ［青森県］ (2) 53%

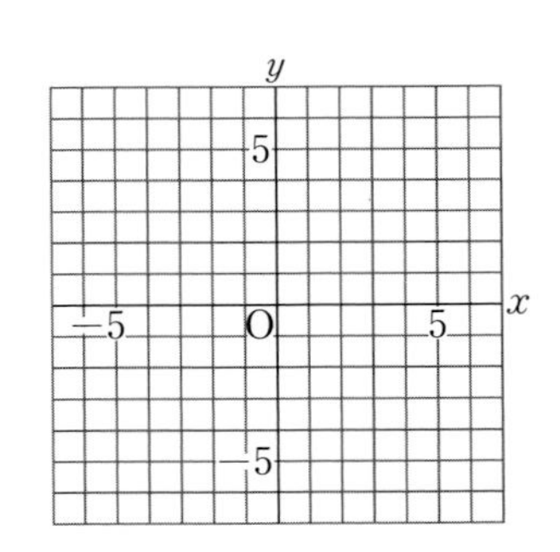

関数

» 関数

放物線と直線に関する問題

出題率  64.6%

入試メモ　放物線(ほうぶつせん)と直線の交点，放物線と直線が交わってできる線分の長さ，図形の面積などがねらわれやすい。問題を通して，解法のパターンを身につけよう。

1 軸に平行な直線と放物線

出題率 25.0%

例題 右の図のように，関数 $y=x^2$ のグラフ上に2点A，Bがあり，関数(かんすう) $y=-2x^2$ のグラフ上に点Cがある。線分ABは x 軸(じく)に平行であり，線分ACは y 軸に平行である。点Aの x 座標(ざひょう)が1のとき，線分ABとACの長さを求めなさい。

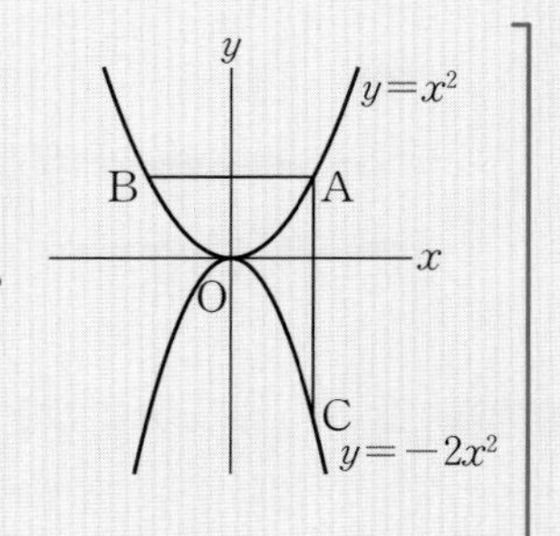

解答 A(1, 1)，B(−1, 1)，C(1, −2)である。

（$y=x^2$ に $x=1$ を代入）（AとBは y 軸について対称）（$y=-2x^2$ に $x=1$ を代入）

よって，$\mathbf{AB}=1-(-1)=\mathbf{2}$，$\mathbf{AC}=1-(-2)=\mathbf{3}$…答

（x 座標の差）（y 座標の差）

2 放物線と交わる直線

出題率 41.7%

例題 右の図のように，関数 $y=\frac{1}{4}x^2$ のグラフ上に2点A，Bがあり，2点A，Bの x 座標はそれぞれ −2，4である。直線ABの式を求めなさい。

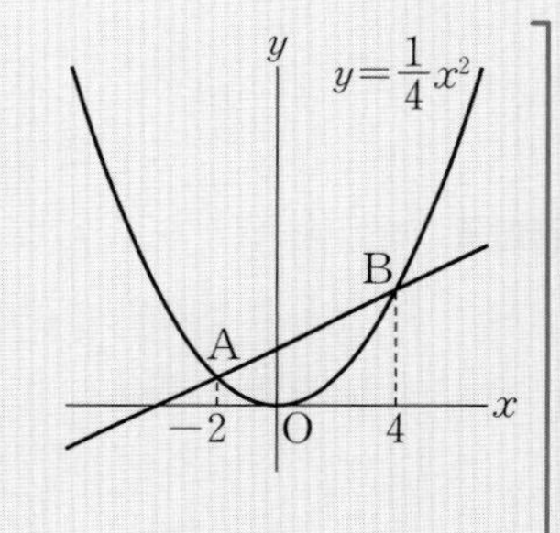

解答 A(−2, 1)，B(4, 4)である。直線ABの式を $y=ax+b$

（$y=\frac{1}{4}x^2$ に $x=-2$ を代入）（$y=\frac{1}{4}x^2$ に $x=4$ を代入）

とすると，$\begin{cases} 1=-2a+b \\ 4=4a+b \end{cases}$ （点A，Bの座標をそれぞれ代入）

これを解くと，$a=\frac{1}{2}$，$b=2$　よって，$\boldsymbol{y=\frac{1}{2}x+2}$…答

3 放物線と図形の面積

出題率 34.4%

例題 右の図のように，関数 $y=2x^2$ のグラフ上に2点A，Bがあり，2点A，Bの x 座標はそれぞれ −2，1である。3点O，A，Bを頂点とする△OABの面積を求めなさい。

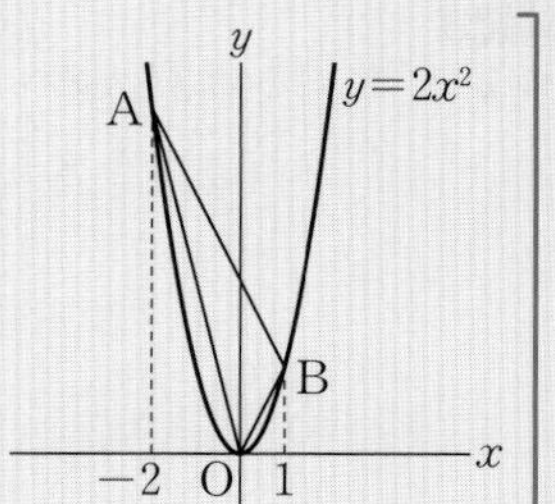

解答 A(−2, 8)，B(1, 2)より，直線ABの式は $y=-2x+4$

直線ABと y 軸の交点をCとすると，C(0, 4)

よって，△OAB＝△OAC＋△OBC

$=\frac{1}{2}\times4\times2+\frac{1}{2}\times4\times1$

（底辺 高さ）（底辺 高さ）

$=\mathbf{6}$…答

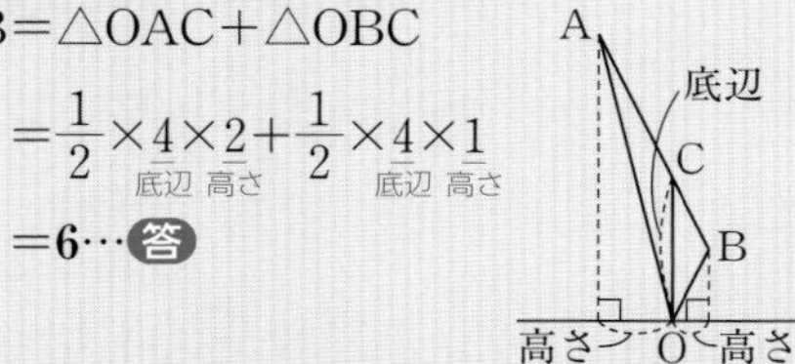

ここに注目！　△OABの面積は，y 軸で2つの三角形に分け，2つの三角形の面積の和として求める。

実力アップ問題

解答・解説｜別冊p.25

正答率

1

超重要

↪1

右の図において，m は $y=\frac{1}{3}x^2$ のグラフを表す。A，Bは m 上にあって，Aの x 座標は正であり，Bの x 座標は負である。Aの y 座標とBの y 座標とは等しい。AとBとを結ぶ。BA＝8cmである。このとき，Aの y 座標を求めなさい。ただし，座標軸の１目もりの長さは１cmであるとする。

［大阪府］

54%

〔　　　　　〕

2

↪1

右の図のように，関数 $y=x^2$ のグラフ上に，x 座標が２である点Aと，点Aと y 座標が等しく x 座標が異なる点Bをとり，点Aと点Bを結ぶ。また，関数 $y=\frac{1}{4}x^2$ のグラフ上に，x 座標が５である点Cをとり，点Cを通り x 軸に平行な直線と関数 $y=x^2$ のグラフとの交点のうち，x 座標が正である点をDとする。線分ABと線分CDの長さの比を求めなさい。

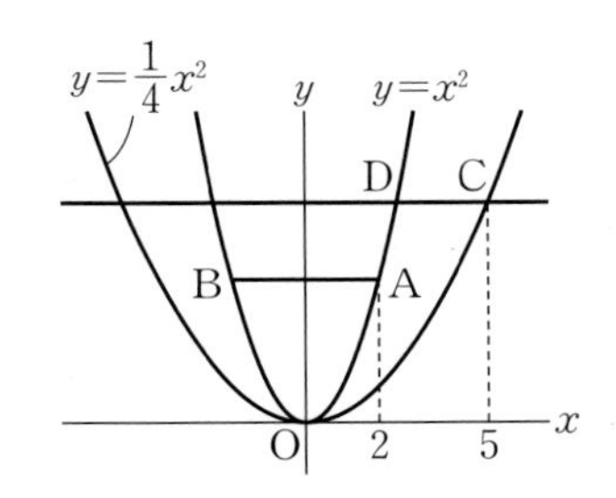

［宮城県］

30%

〔　　　　　〕

3

差がつく

↪2

図で，Oは原点，A，Bはそれぞれ y 軸上，x 軸上の点で，Cは関数 $y=ax^2$（a は定数）のグラフと直線ABとの交点である。点Aの y 座標が６，点Bの x 座標が４，点Cの x 座標が２のとき，a の値を求めなさい。

［愛知県］

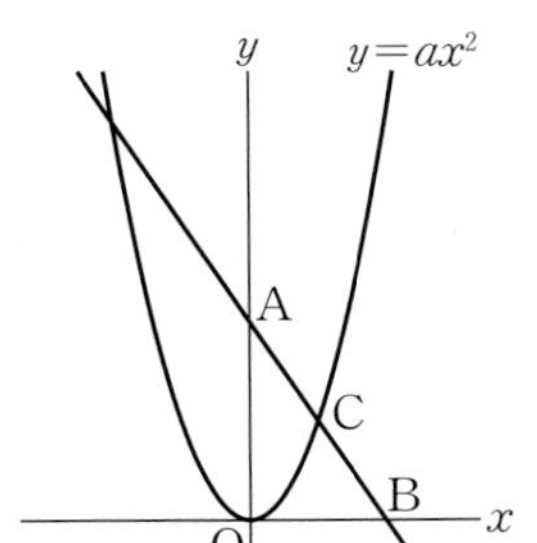

〔　　　　　〕

関数

正答率

4 ↪2

右の図のように，関数(かんすう)$y=ax^2$のグラフ上に点A$(-2,\ -2)$と点Bがあり，点Bのx座標(ざひょう)は4である。
このとき，(1)～(3)の各問いに答えなさい。［佐賀県］

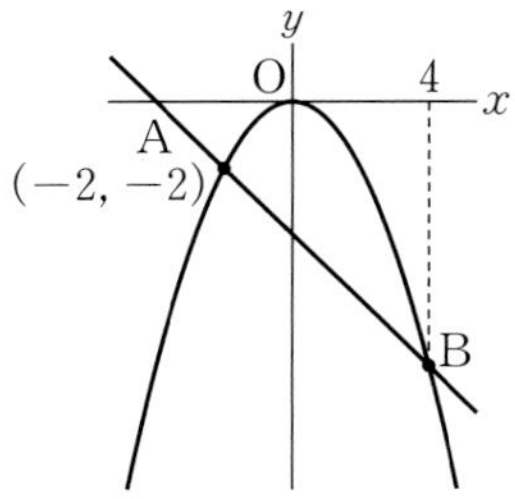

超重要 (1) aの値(あたい)を求めなさい。

〔　　　　〕

超重要 (2) 点Bのy座標を求めなさい。

〔　　　　〕

(3) 直線ABの式を求めなさい。

〔　　　　〕

5 ↪2,3

図1，**図2**のように，関数$y=\frac{1}{2}x^2$のグラフ上に点A，x軸(じく)上に点Bがあり，点Aと点Bのx座標はどちらも4である。原点(げんてん)をOとして，次の問いに答えなさい。［長崎県］

図1

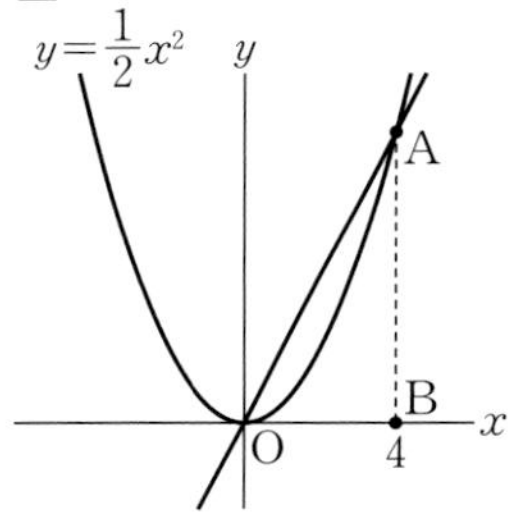

図2

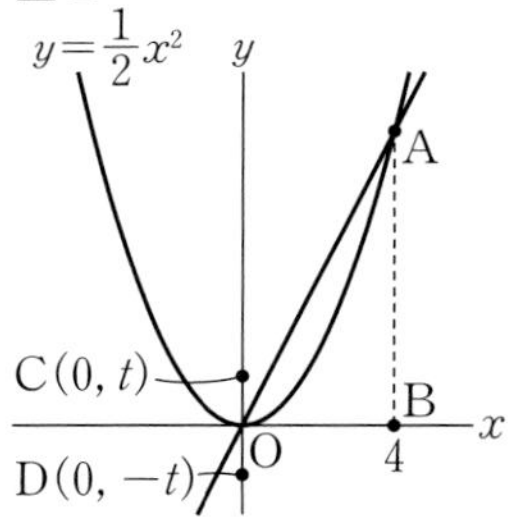

超重要 (1) 点Aのy座標を求めなさい。 88%

〔　　　　〕

(2) △OABの面積を求めなさい。 79%

〔　　　　〕

超重要 (3) 直線OAの式を求めなさい。 56%

〔　　　　〕

差がつく (4) 関数$y=\frac{1}{2}x^2$について，xの変域(へんいき)が$-3 \leqq x \leqq 2$のときのyの変域を求めなさい。 44%

〔　　　　〕

難 (5) **図2**のように，y軸上に2点C$(0,\ t)$，D$(0,\ -t)$をとる。△ACDの面積が△OABの面積の$\frac{1}{3}$倍になるとき，tの値を求めなさい。ただし，$t>0$とする。 14%

〔　　　　〕

正答率

6

↪ 2,3

右の図のように，関数$y=x^2$のグラフ上に3点A$(-3,\ 9)$，B$(-2,\ 4)$，C$(1,\ 1)$があり，四角形ABCDが平行四辺形となるように，y軸上に点Dがある。(1)〜(4)に答えなさい。

［徳島県］

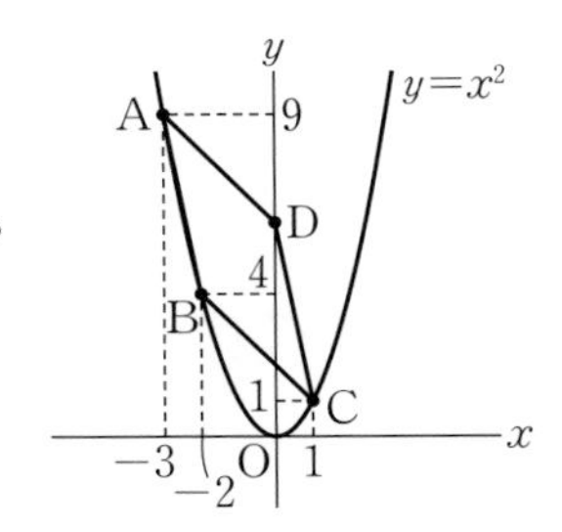

超重要 (1) 点Dの座標を求めなさい。

〔　　　　〕

(2) ▱ABCDの面積を求めなさい。

〔　　　　〕

差がつく (3) 点$(3,\ 3)$を通り，▱ABCDの面積を2等分する直線の式を求めなさい。

〔　　　　〕

難 (4) 点Pを関数$y=x^2$のグラフ上にとる。△OBCの面積と△OAPの面積の比が1：5になるときの点Pの座標を求めなさい。ただし，点Pのx座標は正とする。

〔　　　　〕

7

↪ 1,2,3

右の図において，曲線**ア**は関数$y=2x^2$のグラフであり，曲線**イ**は関数$y=\frac{1}{2}x^2$のグラフである。曲線**ア**上の点でx座標が2，−2である点をそれぞれA，Bとし，曲線**イ**上の点で，x座標が2，−2である点をそれぞれC，Dとする。また，線分CD上の点をEとする。

このとき，次の(1)，(2)の問いに答えなさい。ただし，Oは原点とする。

［茨城県］

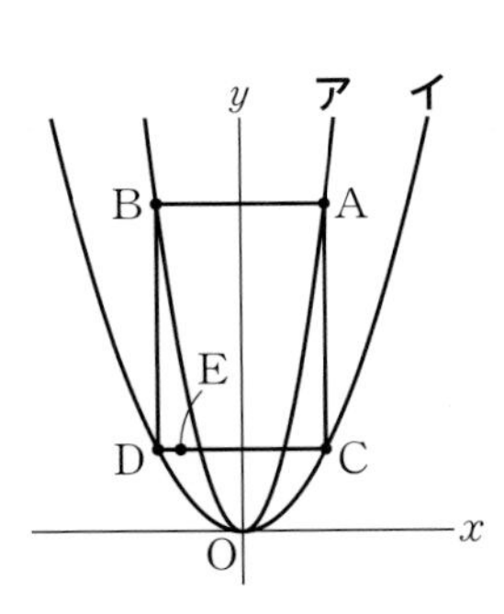

超重要 (1) 2点A，Dを通る直線の式を求めなさい。

〔　　　　〕

(2) △ACEの面積が四角形ABDCの面積の$\frac{2}{5}$倍であるとき，点Eの座標を求めなさい。

〔　　　　〕

関数

5 » 関数 1次関数の利用

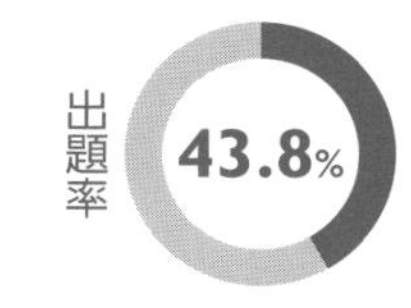

入試メモ 速さ・時間・道のりとグラフの問題，点の移動と図形の問題の出題が多い。できるだけいろいろな形式の問題を解いて，慣れておこう。

1 1次関数の利用とグラフの問題

出題率 35.4%

(例題) 弟が家を午前9時に出発して，1800m離(はな)れた駅に向かって歩いて行った。兄は午前9時7分に家を出発して，同じ道を自転車で走って行った。右の図は，2人のそのときのようすを表したグラフである。兄が弟に追いつくのは9時何分で，家から何m離れた地点か，求めなさい。

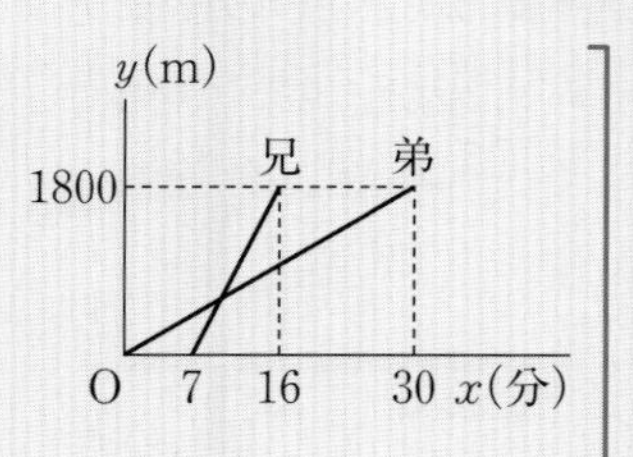

(解答) 弟のグラフの式は，$y=60x$ … 2点(0, 0)，(30, 1800)を通る直線
└ 弟の速さ分速60m

兄のグラフの式は，$y=200x-1400$… 2点(7, 0)，(16, 1800)を通る直線
└ 兄の速さ分速200m

連立方程式 $\begin{cases} y=60x \\ y=200x-1400 \end{cases}$ を解くと，$\begin{cases} x=10 \\ y=600 \end{cases}$ …兄が弟に追いつく時間 …兄が弟に追いつく地点

よって，兄が弟に追いつくのは **9時10分で，家から600m離れた地点**…答

2 動点とグラフの問題

出題率 8.3%

(例題) 右の図はAD=10cm，CD=8cmの長方形ABCDで，点Pは点Aを出発して，辺上をB，Cを通ってDまで動く。点PがAから$x$cm動いたときの△APDの面積をy cm^{2}とする。点Pが辺AB上，BC上，CD上をそれぞれ動くとき，yをxの式で表しなさい。また，点Pが辺AB上，BC上，CD上をそれぞれ動くときの，xとyの関係をグラフで表しなさい。

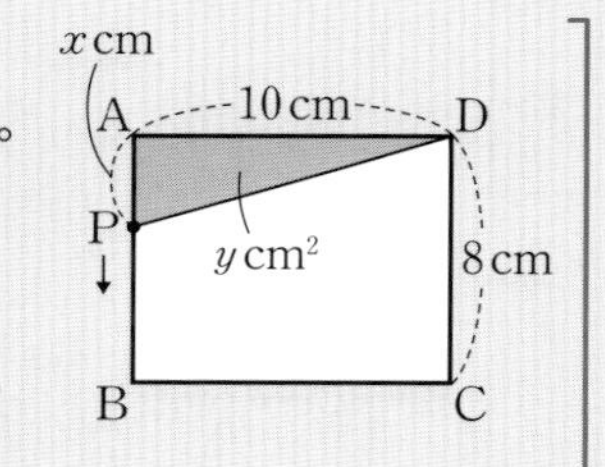

(解答) ①点Pが辺AB上を動くとき，$0 \leqq x \leqq 8$で，AP=$x$cm
（Aにあるとき　Bにあるとき）

$y=\frac{1}{2}\times x\times 10$より，$\boldsymbol{y=5x}$…答
（△APD　底辺AP　高さAD）

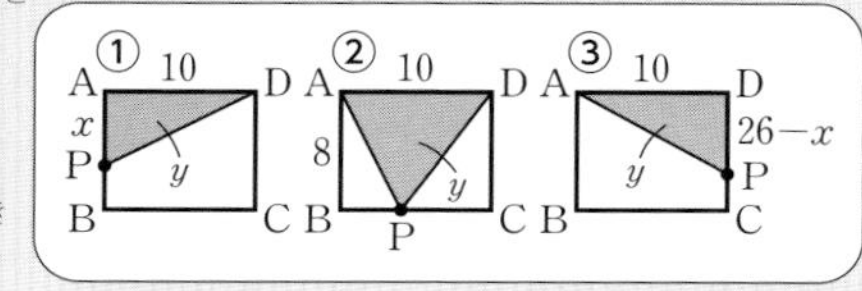

②点Pが辺BC上を動くとき，$8 \leqq x \leqq 18$で，
（Bにあるとき　Cにあるとき）

$y=\frac{1}{2}\times 10\times 8$より，$\boldsymbol{y=40}$…答
（△APD　底辺　高さ）

③点Pが辺CD上を動くとき，$18 \leqq x \leqq 26$で，
（Cにあるとき　Dにあるとき）

PD=$26-x$ (cm)
（AB+BC+CD−AP）

$y=\frac{1}{2}\times(26-x)\times 10$より，$\boldsymbol{y=-5x+130}$…答
（△APD　底辺PD　高さAD）

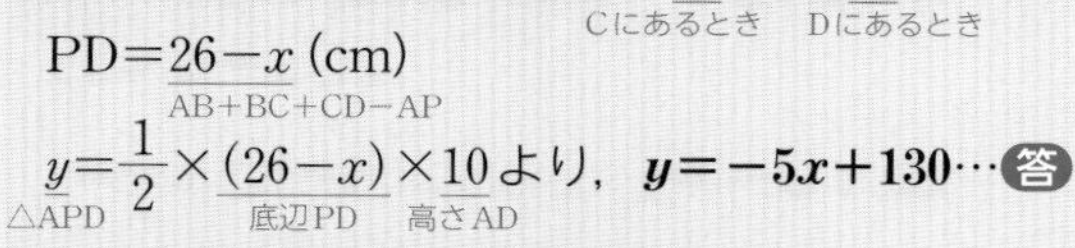

xとyの関係のグラフは右の図のようになる。

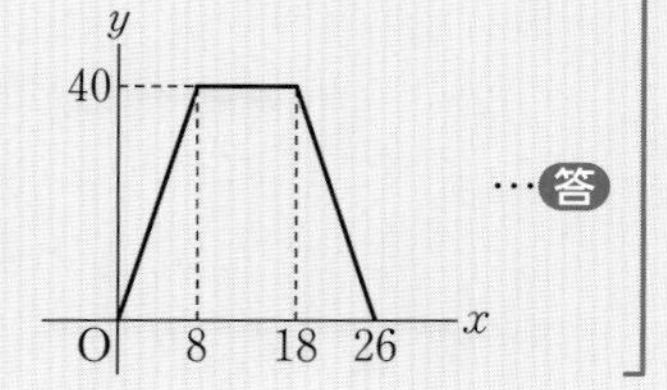

…答

実力アップ問題

解答・解説｜別冊p.28

正答率

1

↪ I

まりさんと妹は，自宅からの道のりが2000mであるおじさんの家に向かって同時に出発し，分速50mで進んだ。まりさんは，12分後に忘れ物に気づいてすぐに，同じ道を分速60mで自宅まで戻(もど)り，妹は，そのまま進んでおじさんの家に着いた。まりさんは，自宅に戻ってすぐに，忘れ物を持って同じ道を分速100mで追いかけ，おじさんの家に着いた。

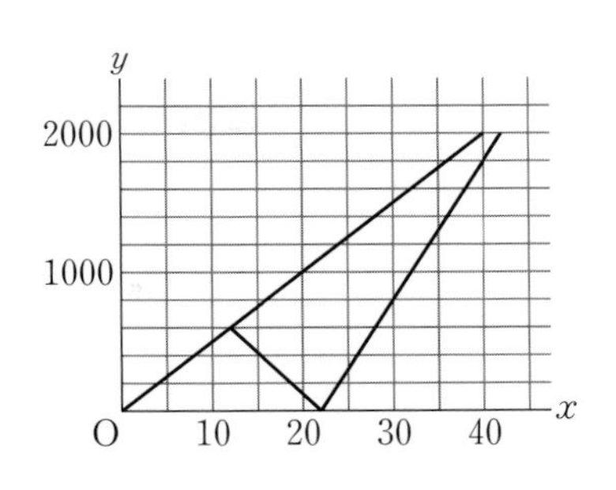

右の図は，まりさんと妹が自宅を出発してからx分後の，自宅からの道のりをymとして，２人の進むようすを表したグラフである。 ［長野県］

(1) まりさんが忘れ物に気づいてから自宅に戻るまでの，まりさんのxとyの関係について考える。

超重要 ① xの変域(へんいき)は$12 \leqq x \leqq$ [あ] である。[あ] に当てはまる数を書きなさい。 60%

［　　　　］

差がつく ② まりさんのxとyの関係を式に表しなさい。 26%

［　　　　］

(2) まりさんと妹のどちらが先におじさんの家に着いたかは，おじさんの家に着くまでにかかったそれぞれの時間を計算しなくても，グラフから判断することができる。その方法を説明しなさい。ただし，実際に時間を求める必要はない。 36%

［　　　　］

(3) 妹がおじさんの家に着くとき，まりさんも同時に着く方法を考える。ただし，まりさんが忘れ物に気づくまでの，まりさんと妹の進むようすは変えないものとする。

① まりさんが忘れ物を持って追いかける速さを変えれば，忘れ物に気づいてから自宅に戻るまでの速さを変えずに，おじさんの家に同時に着くことができる。このときの，まりさんが忘れ物を持ってから一定の速さで進みおじさんの家に着くまでの，まりさんのxとyの関係をグラフに表しなさい。 63%

② まりさんが忘れ物に気づいてから自宅に戻るまでの速さを変えれば，忘れ物を持って追いかける速さを変えずに，おじさんの家に同時に着くことができる。まりさんは，忘れ物に気づいてから分速何mで自宅に戻ればよいか，求めなさい。 33%

［　　　　］

正答率

2

↪ I

春香さんは，水200mLを一定の火力で熱する実験（以下，「実験Ⅰ」とする。）を行った。そして，熱し始めてからのx分後の水温をy℃として，下のように実験Ⅰの結果を表にまとめ，図中にxとyの値の組を座標とする点A～Eをかき入れた。このとき，右の図を見ると，点A～Eのすべての点がほぼ一直線上に並ぶことから，yはxの1次関数とみなすことができる。そのグラフを2点A，Eを通る直線として考えることとし，次の(1)，(2)に答えなさい。［山梨県］

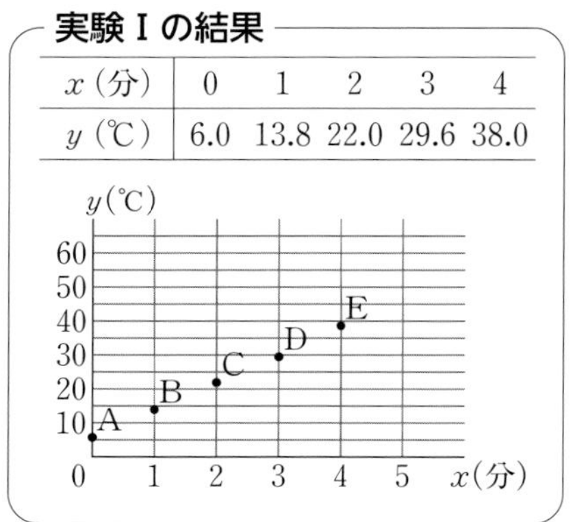

実験Ⅰの結果

x（分）	0	1	2	3	4
y（℃）	6.0	13.8	22.0	29.6	38.0

超重要 (1) 2点A，Eを通る直線の式は，①のように表すことができる。　90%

$y=8x+6$…①

熱し始めてから5分後の水温は何℃になると考えられるか，①を用いて求めなさい。

〔　　　　〕

(2) 良太さんも，水200mLを一定の火力で熱する実験（以下「実験Ⅱ」とする。）を行い，熱し始めてからx分後の水温をy℃として結果をまとめた。右の表は，その結果の一部である。このとき，実験Ⅱの結果についても，yはxの1次関数とみなすこととすると，その直線の式は，②のように表すことができる。

実験Ⅱの結果

x（分）	…	2	…	4	…
y（℃）	…	23.0	…	35.0	…

$y=6x+11$…②

①，②をもとにして，次の(ア)～(ウ)に答えなさい。

(ア) 実験Ⅰと実験Ⅱの水温の変化を考えると，水温が30℃から50℃まで上昇するのにかかる時間は，実験Ⅰのほうが実験Ⅱより短いといえる。その理由を述べた次の**説明**を完成しなさい。　28%

説明

〔　　　　〕

したがって，水温が30℃から50℃まで上昇するのにかかる時間は，実験Ⅰのほうが実験Ⅱより短いといえる。

差がつく (イ) 実験Ⅰと実験Ⅱを同時に始めたとする。熱し始めてからt分後に水温が等しくなるとき，tの値を求めなさい。　52%

〔　　　　〕

難 (ウ) 水温20℃の水200mLを実験Ⅰの火力で熱し始め，n分後に実験Ⅱの火力に変えて熱し続けたところ，熱し始めてから7分後の水温は68℃であった。このとき，nの値を求めなさい。ただし，$0<n<7$とする。　14%

〔　　　　〕

正答率

3

↪2

下の**図1**のように，長方形ABCDと正方形DEFGを組み合わせたL字型の図形ABCEFGと，長方形PQRSが直線ℓ上に並んでおり，点AとSは重なっている。また，AB＝3cm，AD＝4cm，DG＝6cm，PQ＝8cm，PS＝14cmである。
長方形PQRSを固定し，L字型の図形ABCEFGを直線ℓにそって，矢印の方向に頂点GがPに重なるまで移動させる。**図2**のように，線分ASの長さをx cmとするとき，長方形PQRSとL字型の図形ABCEFGが重なってできる図形の面積をy cm^{2}とする。
このとき，あとの問いに答えなさい。 [富山県]

図1

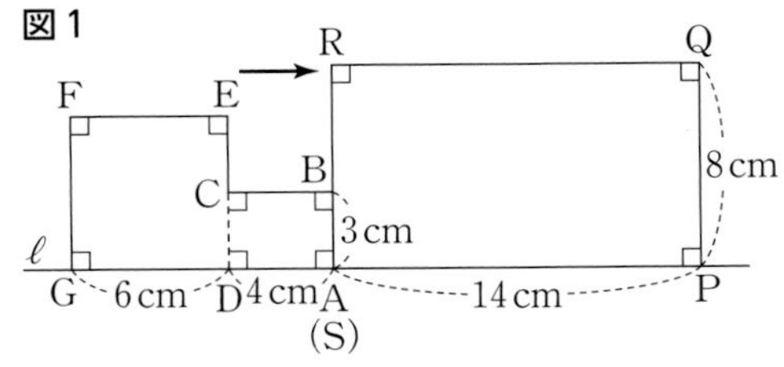

図2

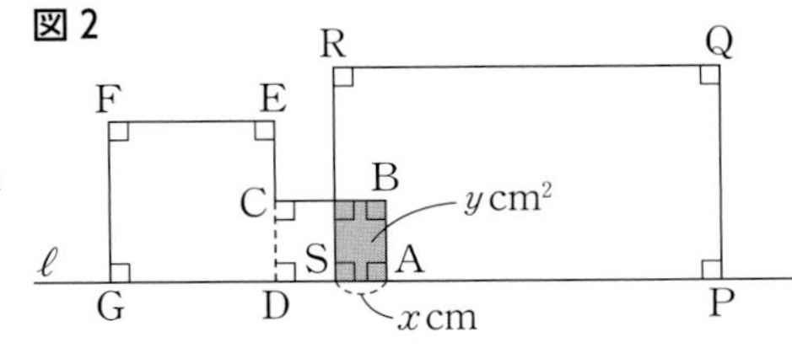

超重要 (1) $x=7$のとき，yの値を求めなさい。

〔　　　　〕

(2) xの変域（へんいき）が$18<x<24$のとき，2つの図形の位置関係を表す図を**ア**～**オ**の中から選び，記号で答えなさい。

ア

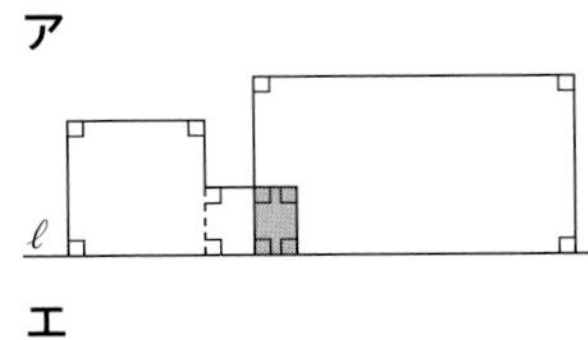

イ

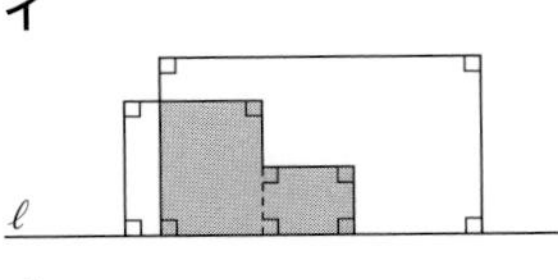

ウ

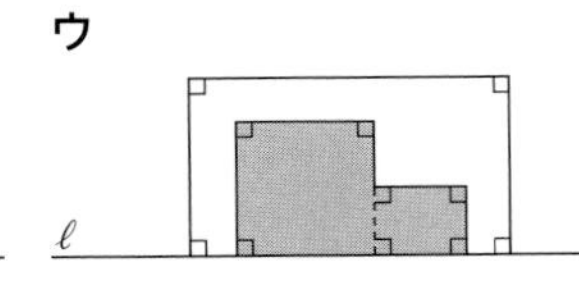

エ

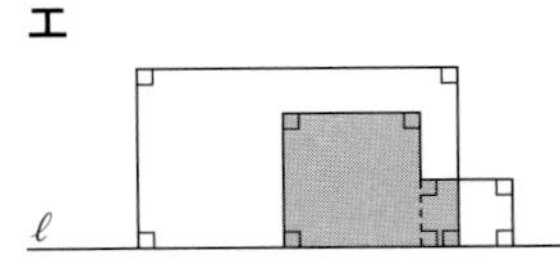

オ

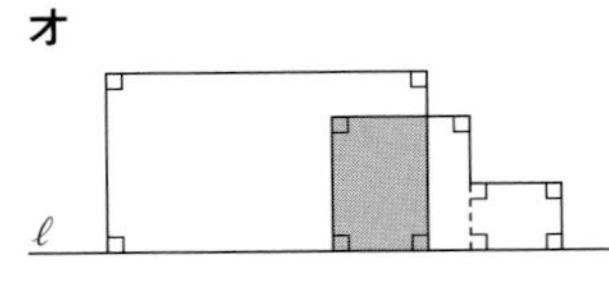

〔　　　　〕

(3) xの変域が$0 \leqq x \leqq 4$のとき，yをxの式で表しなさい。

〔　　　　〕

(4) 右の**図3**はxとyの関係を表すグラフの一部である。このグラフを完成させなさい。

難 (5) 重なってできる図形の面積がL字型の図形ABCEFGの面積の半分となるとき，xの値は2つある。その値をそれぞれ求めなさい。

〔　　　　〕

図3

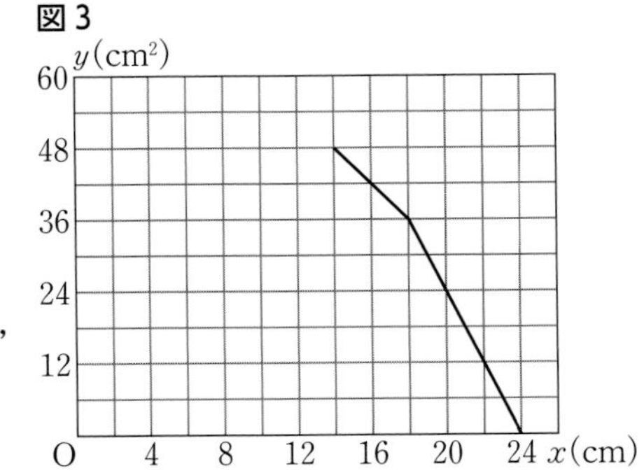

関数

6 関数 $y=ax^2$ の利用

» 関数

入試メモ　物体の運動に関する問題，動点と図形の面積など，関数(かんすう)の総合的な理解をみる出題が多い。小問の前半は比較(ひかく)的解きやすいものが多い。

1 いろいろな関数 $y=ax^2$

出題率 1.0%

例題　ある斜面(しゃめん)でボールを転がすとき，ボールを転がし始めてから x 秒間にボールが y m進んだとすると，ボールが転がるときの時間と距離(きょり)の関係は，距離が時間の 2 乗に比例(ひれい)していて，$x=8$ のとき $y=16$ となった。

(1)　y を x の式で表しなさい。

(2)　ボールを転がし始めてから 6 秒間で，ボールが進む距離を求めなさい。

解答 (1)　距離(y)が時間(x)の 2 乗に比例しているから，$y=ax^2$ とおく。

この式に $x=8$, $y=16$ を代入して，$16=a\times8^2$ ⇨ $a=\frac{1}{4}$　よって，$\boldsymbol{y=\frac{1}{4}x^2}$…答

(2)　$y=\frac{1}{4}x^2$ に $x=6$ を代入して，$y=\frac{1}{4}\times6^2=9$　よって，**9 m**…答

2 動点と面積

出題率 9.4%

例題　右の図は 1 辺の長さが 4 cm の正方形ABCDで，2 点P，Qは点Aを同時に出発して，点Pは毎秒 2 cm の速さで辺上をB，Cを通ってDまで動く。点Qは毎秒 1 cm の速さで辺上をDまで動き，Dに着いたらその場所で止まっているものとする。2 点P，Qが点Aを同時に出発してから x 秒後の△APQの面積を y cm² とする。

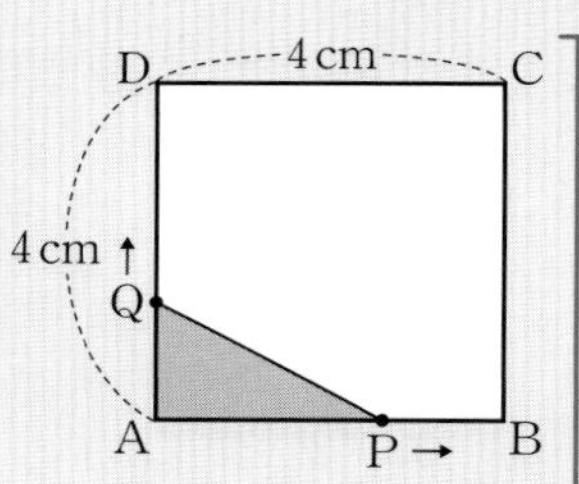

(1)　x と y の関係を表す式を求めなさい。

(2)　$y=6$ となる x の値(あたい)をすべて求めなさい。

解答 (1) ①点Pが辺AB上を動くとき，$0\leqq x\leqq2$ で(Aにあるとき　Bにあるとき)，AP$=2x$ cm，AQ$=x$ cm

よって，y(△APQ)$=\frac{1}{2}\times x$(底辺AQ)$\times 2x$(高さAP) より，$\boldsymbol{y=x^2}$…答

②点Pが辺BC上を動くとき，$2\leqq x\leqq4$ で(Bにあるとき　Cにあるとき)，

y(△APQ)$=\frac{1}{2}\times x$(底辺AQ)$\times4$(高さ) より，$\boldsymbol{y=2x}$…答

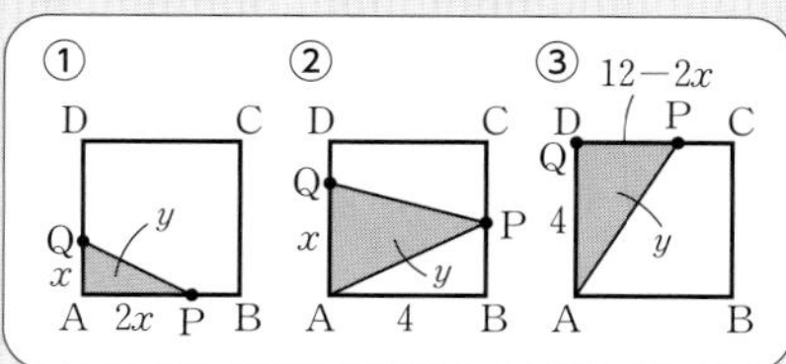

③点Pが辺CD上を動くとき，$4\leqq x\leqq6$ で(Cにあるとき　Dにあるとき)，y(△APQ)$=\frac{1}{2}\times4$(底辺)$\times(12-2x)$(高さDP) より，

$\boldsymbol{y=-4x+24}$…答

(2)　①のとき x の値はない。($6=x^2$, $x=\pm\sqrt{6}$…$0\leqq x\leqq2$ に合わない) ②のとき $6=2x$，$\boldsymbol{x=3}$…答 ($2\leqq x\leqq4$ に合っている)

③のとき $6=-4x+24$，$\boldsymbol{x=\frac{9}{2}}$…答 ($4\leqq x\leqq6$ に合っている)

実力アップ問題

解答・解説｜別冊 p.29

正答率

1 ↪1

右の図のように，東西にのびるまっすぐな道路上に地点Pと地点Qがある。

太郎(たろう)さんは地点Qに向かって，この道路の地点Pより西を秒速3 mで走っていた。

花子(はなこ)さんは地点Pに止まっていたが，太郎さんが地点Pに到着する直前に，この道路を地点Qに向かって自転車で出発した。花子さんは地点Pを出発してから8秒間はしだいに速さを増していき，その後は一定の速さで走行し，地点Pを出発してから12秒後に地点Qに到着した。花子さんが地点Pを出発してからx秒間に進む距離をy mとすると，xとyとの関係は下の表のようになり，$0 \leqq x \leqq 8$の範囲(はんい)では，xとyとの関係は$y=ax^2$で表されるという。

x (秒)	0	…	**ア**	…	8	…	10	…	12
y (m)	0	…	4	…	16	…	24	…	**イ**

次の(1)～(5)の問いに答えなさい。　［岐阜県］

超重要 (1)　aの値を求めなさい。　68%

［　　　　］

超重要 (2)　表中の**ア**，**イ**に当てはまる数を求めなさい。　73%

ア［　　　　］　**イ**［　　　　］

(3)　xの変域を$8 \leqq x \leqq 12$とするとき，xとyとの関係を式で表しなさい。　41%

［　　　　］

差がつく (4)　xとyとの関係を表すグラフをかきなさい。$(0 \leqq x \leqq 12)$　55%

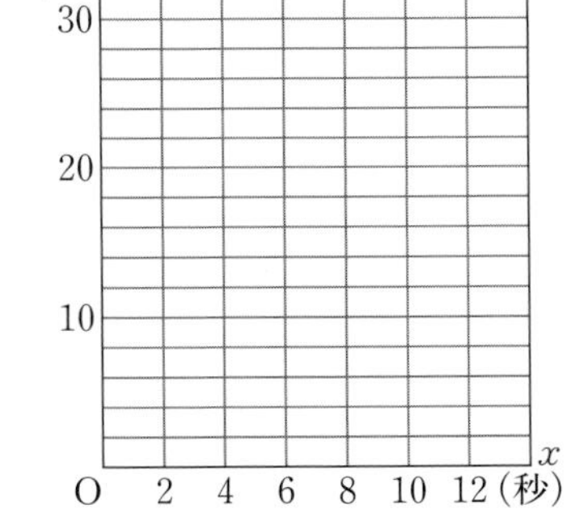

(5)　花子さんは地点Pを出発してから2秒後に，太郎さんに追いつかれた。

①　花子さんが地点Pを出発したとき，花子さんと太郎さんの距離は何mであったかを求めなさい。　23%

［　　　　］

難 ②　花子さんは太郎さんに追いつかれ，一度は追い越されたが，その後，太郎さんに追いついた。花子さんが太郎さんに追いついたのは，花子さんが地点Pを出発してから何秒後であったかを求めなさい。　12%

［　　　　］

正答率

2

↪2

図1の正方形ABCDは，1辺の長さが6 cmである。点P，Qは，同時にそれぞれ点A，Bを出発し，点Pは正方形の辺上を点Bを通って点Cに向かって毎秒 p cm，点Qは正方形の辺上を点C，Dの順に通って点Aまで毎秒1 cmの速さで動くものとする。点P，Qが出発してから，x 秒後の△APQの面積を y cm^{2}とする。また，**図2**は，点Qが点Aまで動いたとき，x と y の関係を表したグラフの一部である。次の(1)～(3)に答えなさい。 ［青森県］

図1

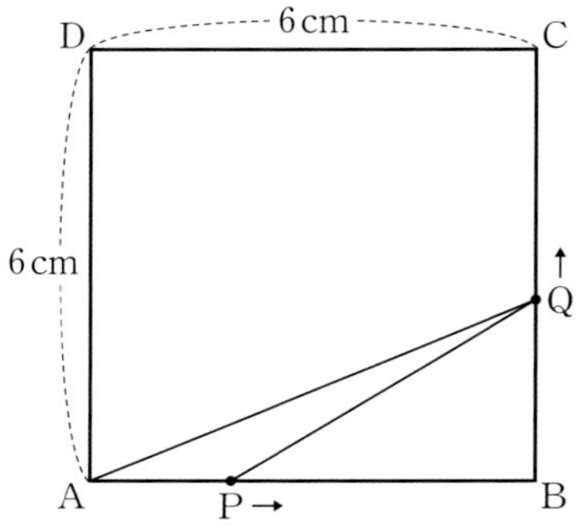

D　6 cm　C

6 cm

Q

A　P→　B

図2

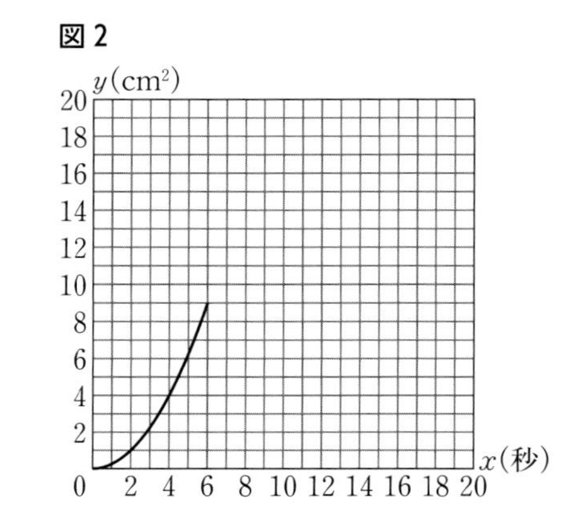

(1)　$0 \leqq x \leqq 6$ のとき，次の①，②に答えなさい。

超重要　①　**図2**は，関数 $y=ax^2$ のグラフである。このとき，a の値を求めなさい。　69%

〔　　　　　〕

②　p の値を求めなさい。　34%

〔　　　　　〕

難　(2)　$6 \leqq x \leqq 12$ のとき，y を x の式で表しなさい。　18%

〔　　　　　〕

難　(3)　点Qが点Aまで動くとき，x と y の関係を表すグラフを**図2**にかき加えなさい。　15%

正答率

3 ↪2

右の図のような，OA//CBである台形OABCがあり，OA=25cm，AB=8cm，BC=21cm，∠OAB=∠ABC=90°である。

点Oを通り，線分OAに垂直な直線をひく。この直線上に，直線OAについて2点B，Cと同じ側にOD=25cmとなる点Dをとる。

点Pは，点Oを出発して，毎秒1cmの速さで，線分OA上を点Aまで動く点である。点Qは，点Oを点Pと同時に出発して，OQ=OPとなるように，線分OD上を動く点である。

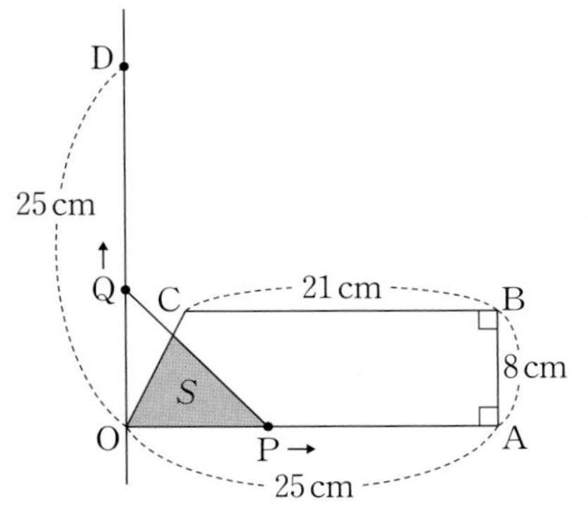

2点P，Qが点Oを出発してからx秒後に，台形OABCを線分PQが分けてできる図形のうち，点Oを含む図形をSとするとき，次の(1)～(3)の問いに答えなさい。

［香川県］

(1) 点Pが点Oを出発してから25秒後にできる図形Sの面積は何cm^2か。

〔　　　　〕

難 (2) $0 \leqq x \leqq 12$，$12 \leqq x \leqq 25$のそれぞれの場合について，図形Sの面積は何cm^2か。それぞれxを使った式で表しなさい。

$0 \leqq x \leqq 12$〔　　　　〕　$12 \leqq x \leqq 25$〔　　　　〕

難 (3) 点Pが点Oを出発してから点Aまで動く途中(とちゅう)の14秒間で，図形Sの面積が6倍になるのは，点Pが点Oを出発してから何秒後から何秒後までの14秒間か。t秒後からの14秒間として，tの値を求めなさい。tの値を求める過程も，式と計算をふくめて書きなさい。

〔　　　　〕

関数

» 関数

7 直線と図形に関する問題

出題率 9.4%

入試メモ 直線どうしが交わってできる線分の長さや，図形の面積，図形の面積を 2 等分する直線，面積が等しくなるときの直線がねらわれやすい。

1 線分の長さ

出題率 3.1%

例題 右の図のように，関数(かんすう) $y=-x+7$，$y=2x-8$ のグラフが直線 $x=t$ と交わる点をそれぞれA，Bとする。ABの長さが 9 となるときの t の値(あたい)を求めなさい。ただし，$t<5$ とする。

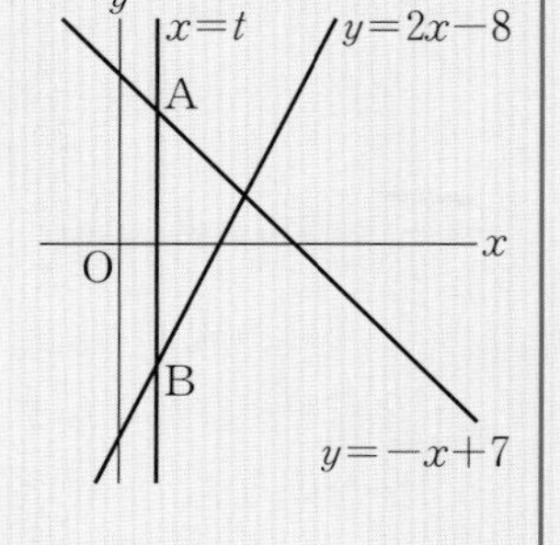

解答 A$(t,\ -t+7)$，B$(t,\ 2t-8)$である。（それぞれの式の x に t を代入）

AB$=(-t+7)-(2t-8)=-3t+15$（y 座標の差）

AB$=9$ より，$-3t+15=9$

これを解くと，$\boldsymbol{t=2}$…答（$t<5$ より問題に合っている）

2 図形の面積を 2 等分する直線

出題率 4.2%

例題 右の図のように，2 直線 $y=2x$，$y=x+4$ の交点をA，直線 $y=x+4$ と y 軸(じく)の交点をBとする。点Aを通り，△ABOの面積を 2 等分する直線の式を求めなさい。

解答 点Aの座標は 2 直線の式を連立方程式として解いて求めると，$(4,\ 8)$（$\begin{cases} y=2x \\ y=x+4 \end{cases}$ を解くと，$x=4$，$y=8$）

線分OBの中点(ちゅうてん)をMとすると，M$(0,\ 2)$（点Bの y 座標が 4 より $\frac{4}{2}=2$）

点Aを通る直線が点Mを通るとき，△ABOの面積を 2 等分する。

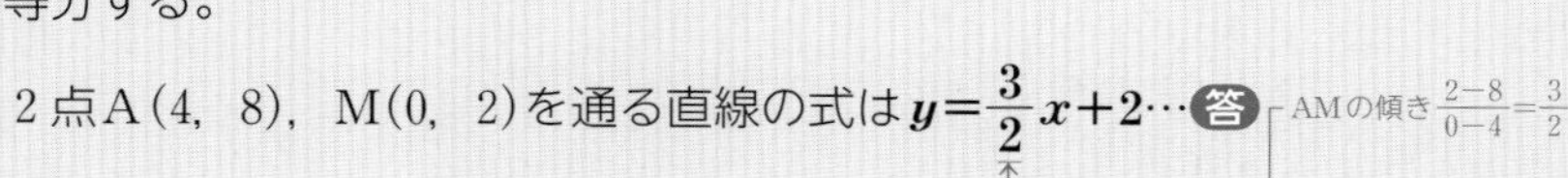
2 点A$(4,\ 8)$，M$(0,\ 2)$を通る直線の式は $\boldsymbol{y=\frac{3}{2}x+2}$…答（AMの傾き $\frac{2-8}{0-4}=\frac{3}{2}$）

3 面積の等しい図形

出題率 3.1%

例題 右の図のように，3 点A$(3,\ 4)$，B$(0,\ 2)$，C$(1,\ 0)$を頂点とする△ABCがある。点Pを x 軸の正の部分に，△ABCと△PBCの面積が等しくなるようにとるとき，点Pの x 座標(ざひょう)を求めなさい。

解答 △ABCと△PBCにおいて，辺BCを共通な底辺とみると，BC∥APのとき，高さが等しく，面積も等しい。

点Aを通り，BCに平行な直線を求めると，$y=-2x+10$（BCの傾き -2；$y=-2x+b$ とおき $x=3$，$y=4$ を代入）

点Pの x 座標は $0=-2x+10$ より，$\boldsymbol{x=5}$…答

実力アップ問題

解答・解説｜別冊p.32

正答率

1

↪1,3

下の図で，直線①，直線②，直線③の式は，それぞれ

$y=2x+1$，$y=\frac{1}{2}x-2$，$y=ax+b$　(a，bは定数，$a<0$)

である。点Aは直線①と直線③の交点で，点Aの座標は(3，7)である。点Bは，直線①と直線②の交点である。点Cは，直線②と直線③の交点である。

次の(1)，(2)は最も簡単な数で，(3)は指示にしたがって答えなさい。　[福岡県]

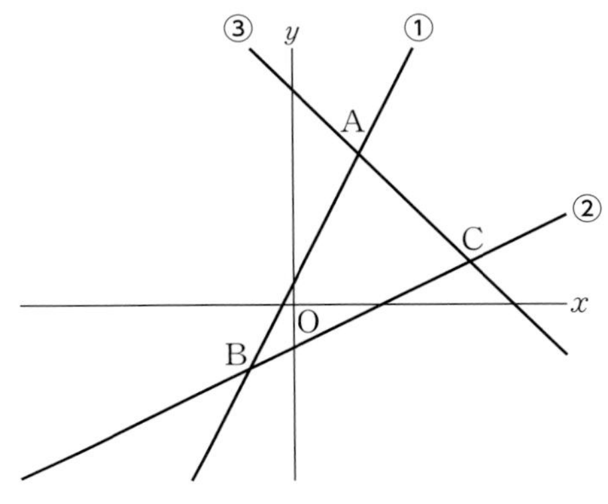

(1)　直線②とx軸の交点をDとし，線分ODの中点をEとする。
y軸上に点FをAF＋FEの長さが最も短くなるようにとるとき，点Fのy座標を求めなさい。　58%

〔　　　　〕

差がつく (2)　x軸上の$x<0$に対応する部分に点Gを，△ABCの面積と△GBCの面積が等しくなるようにとるとき，点Gのx座標を求めなさい。　49%

〔　　　　〕

(3)　点Bから直線③に垂線をひき，直線③との交点をHとする。
AH＝CHとなるとき，点Cのx座標をtとし，方程式をつくって点Cの座標を求めなさい。解答は，解く手順にしたがって書き，答の□には，あてはまる最も簡単な数を記入しなさい。　21%

〔

答　求める点Cの座標は，である。〕

関数

正答率

2 ↪2

下の図のように，関数(かんすう)$y=-\frac{1}{3}x+4$のグラフ上に点A(3, 3)があり，このグラフとy軸(じく)との交点をBとする。また，関数$y=-\frac{1}{3}x$のグラフ上を$x<0$の範囲(はんい)で動く点C，y軸上に点D(0, 3)がある。これについて，あとの(1)，(2)に答えなさい。

[広島県]

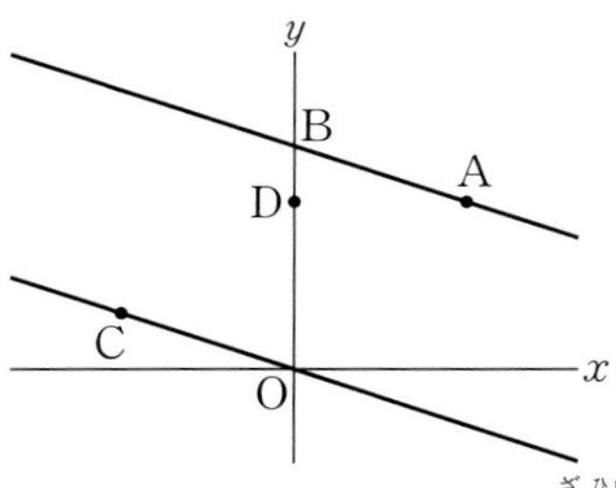

差がつく (1) 四角形ABCOが平行四辺形となるとき，点Cの座標(ざひょう)を求めなさい。　50%

〔　　　　　〕

難 (2) 点Dを通り，△ABOの面積を2等分する直線の式を求めなさい。　12%

〔　　　　　〕

3 超重要 ↪3

下の図のように，3点A(6, 5)，B(−2, 3)，C(2, 1)を頂点とする△ABCがある。このとき，(1)〜(3)の各問いに答えなさい。

[佐賀県]

(1) △ABCの面積を求めなさい。

〔　　　　　〕

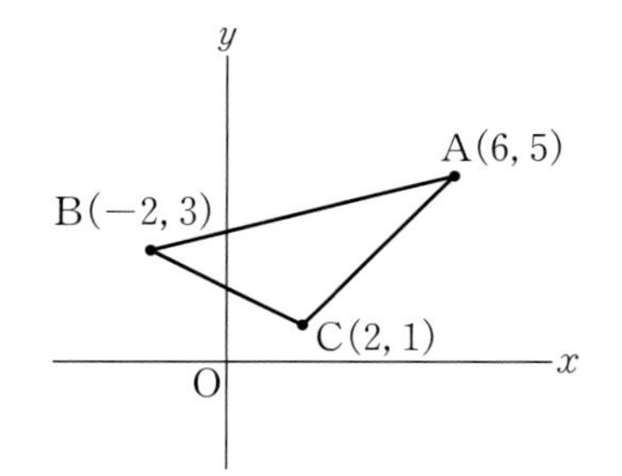

(2) 点Aを通り，直線BCに平行な直線の式を求めなさい。

〔　　　　　〕

(3) 直線OC上に点Pをとり，△OPBと四角形OCABの面積が等しくなるようにする。このとき，点Pの座標を求めなさい。ただし，点Pのx座標は正とする。

〔　　　　　〕

平面図形

出るとこチェック …… 84

▼出題率

1 93.6% 平面図形と三平方の定理 …… 86
2 92.7% 円の性質 …… 90
3 87.5% 図形の相似 …… 96
4 71.9% 三角形 …… 102
5 68.8% 作図 …… 106
6 45.8% 平行線と比 …… 110
7 41.7% 四角形 …… 114
8 35.4% 平面図形の基本性質 …… 117

出るとこチェック 平面図形

次の問題を解いて，解法が身についているか確認しよう。

1 平面図形と三平方の定理 →p.86

□ **01** 下の**図1**，**図2**で，x，yの値（あたい）をそれぞれ求めなさい。

図1

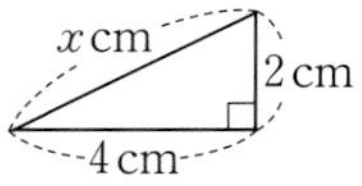

図2

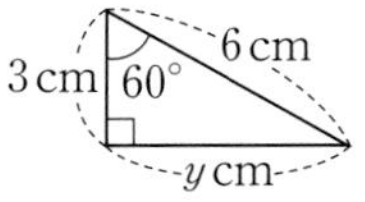

x（　　　　）
y（　　　　）

□ **02** 1辺の長さが5 cmの正方形の対角線の長さを求めなさい。（　　　　）

2 円の性質 →p.90

□ **03** 半径が4 cm，中心角が90°のおうぎ形の弧（こ）の長さは，□ cm，面積は，□ cm^2である。□に当てはまる数は何か。
弧の長さ（　　　　）
面積（　　　　）

□ **04** 右の図で，$\angle x$，$\angle y$の大きさを求めなさい。ただし，点Oは円の中心とする。

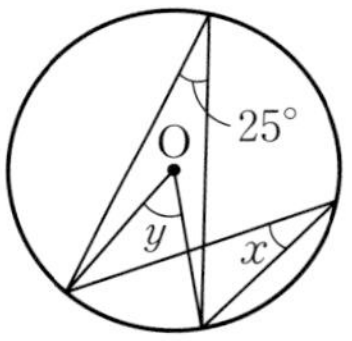

$\angle x$（　　　　）
$\angle y$（　　　　）

3 図形の相似 →p.96

次の□に当てはまるものは何か。

□ **05** 3組の□がすべて等しい2つの三角形は相似（そうじ）である。（　　　　）

□ **06** 2組の□とその間の角がそれぞれ等しい2つの三角形は相似である。（　　　　）

□ **07** 2組の□がそれぞれ等しい2つの三角形は相似である。（　　　　）

□ **08** 半径がa cmとb cmの2つの円の面積の比は□になる。（　　　　）

4 三角形 →p.102

次の□に当てはまることばは何か。

□ **09** 3組の□がそれぞれ等しい2つの三角形は合同である。（　　　　）

□ **10** 2組の□とその間の角がそれぞれ等しい2つの三角形は合同である。（　　　　）

□ **11** 1組の辺とその両端（りょうたん）の□がそれぞれ等しい2つの三角形は合同である。
（　　　　）

5 作図 →p.106

□ **12** 2点A，Bからの距離（きょり）が等しい点は，線分ABの［　　］上にある。［　　］に当てはまることばは何か。（　　　）

□ **13** 1つの角を2等分する半直線を何というか。（　　　）

□ **14** ある直線に垂直に交わる直線を何というか。（　　　）

6 平行線と比 →p.110

□ **15** 右の図で，BC∥DEのとき，AE：ACとDE：BCをそれぞれ求めなさい。

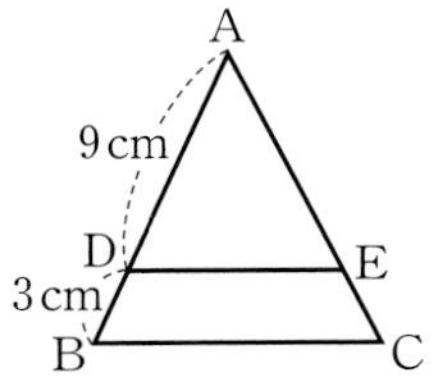

AE：AC（　　　）
DE：BC（　　　）

□ **16** △ABCの辺AB，ACの中点をそれぞれM，Nとするとき，MN∥BC，MN＝$\frac{1}{2}$BCが成り立つ。これを［　　］定理という。［　　］に当てはまることばは何か。（　　　）

7 四角形 →p.114

□ **17** 右の図の平行四辺形で，BC＝［　　］cm，CD＝［　　］cm，∠B＝［　　］°，∠C＝［　　］°である。［　　］に当てはまる数は何か。

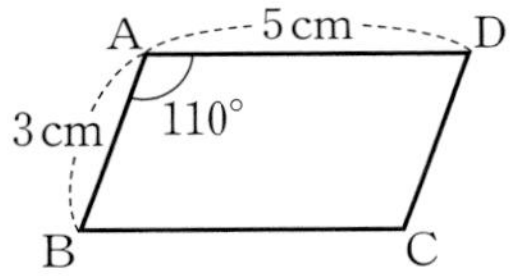

BC（　　　）　CD（　　　）
∠B（　　　）　∠C（　　　）

□ **18** 1組の対辺が平行で，その長さが等しい四角形は何か。（　　　）

□ **19** 平行四辺形ABCDで，∠A＝90°のとき，この平行四辺形は何になるか。（　　　）

8 平面図形の基本性質 →p.117

□ **20** 下の**図1**，**図2**で，∠x，∠y，∠zの大きさはそれぞれ何度か。

図1

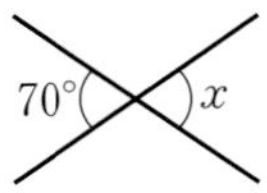

図2

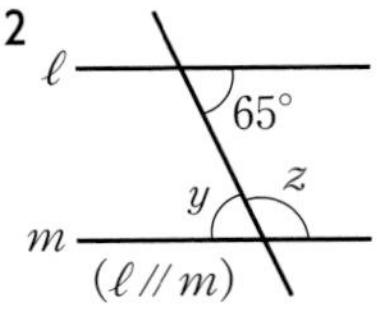

∠x（　　　）
∠y（　　　）
∠z（　　　）

□ **21** 図形を，一定の方向に一定の距離だけずらす移動を何というか。（　　　）

□ **22** 図形をある点Oを中心として回転移動させたとき，この点Oのことを何というか。（　　　）

出るとこチェックの答え

1 01 x…$2\sqrt{5}$，y…$3\sqrt{3}$　02 $5\sqrt{2}$ cm　**2** 03 弧の長さ…2π，面積…4π　04 ∠x…25°，∠y…50°
3 05 辺の比　06 辺の比　07 角　08 $a^2：b^2$　**4** 09 辺　10 辺　11 角
5 12 垂直二等分線　13 角の二等分線　14 垂線　**6** 15 AE：AC…3：4，DE：BC…3：4　16 中点連結
7 17 BC…5，CD…3，∠B…70，∠C…110　18 平行四辺形　19 長方形
8 20 ∠x…70°，∠y…65°，∠z…115°　21 平行移動　22 回転の中心

» 平面図形

平面図形と三平方の定理

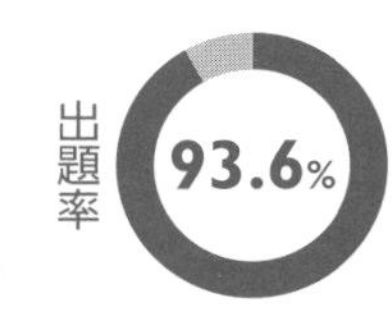

入試メモ　平面図形の中に直角があれば，三平方(さんへいほう)の定理の利用を考えよう。平面図形に三平方の定理を用いる問題は大問１の基本の小問としても出題されやすい。

1　三平方の定理

出題率 89.4%

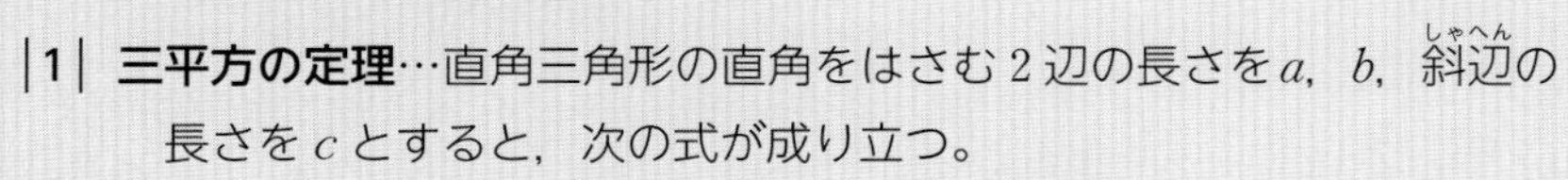

|1| **三平方の定理**…直角三角形の直角をはさむ２辺の長さをa，b，斜辺(しゃへん)の長さをcとすると，次の式が成り立つ。

$$a^2+b^2=c^2$$

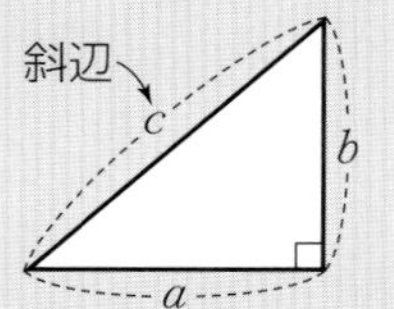

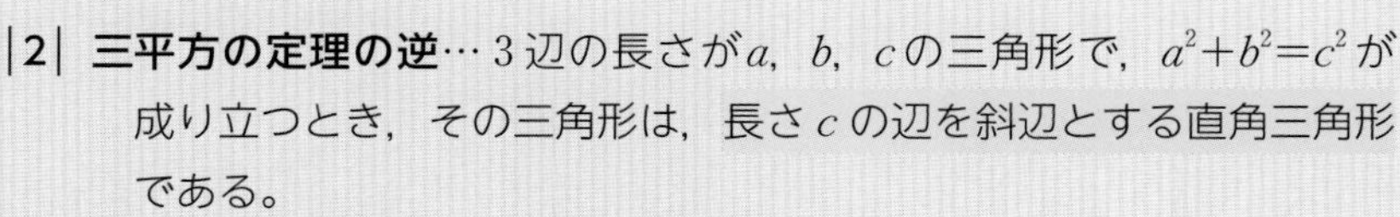

|2| **三平方の定理の逆**…３辺の長さがa，b，cの三角形で，$a^2+b^2=c^2$が成り立つとき，その三角形は，長さcの辺を斜辺とする直角三角形である。

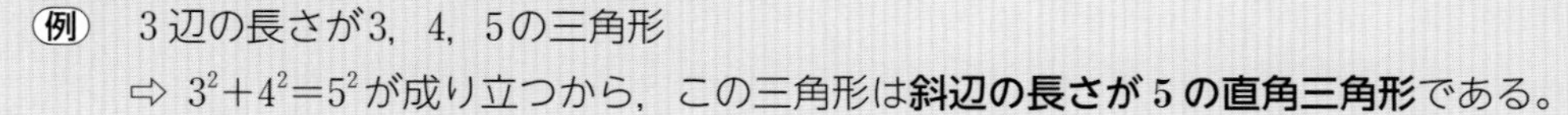

例　３辺の長さが3，4，5の三角形

⇨ $3^2+4^2=5^2$が成り立つから，この三角形は**斜辺の長さが５の直角三角形**である。

2　特別な直角三角形の３辺の比

出題率 38.7%

|1| 直角二等辺三角形の３辺の比は，

$1:1:\sqrt{2}$

|2| 30°，60°，90°の直角三角形の３辺の比は，

$2:1:\sqrt{3}$

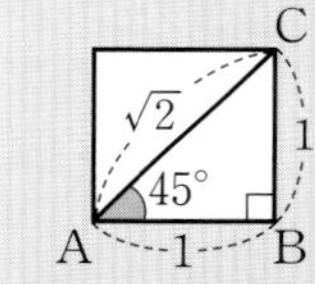

AB：BC：CA
＝1：1：$\sqrt{2}$

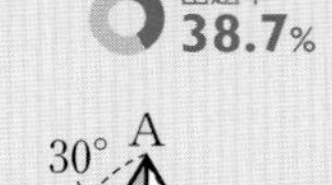

AB：BC：CA
＝2：1：$\sqrt{3}$

3　平面図形への利用

|1| **対角線の長さ**…縦(たて)がa，横がbの長方形の対角線の長さℓは，

$\ell=\sqrt{a^2+b^2}$

|2| **正三角形の高さと面積**…１辺の長さがaの正三角形の高さをh，面積をSとすると，

$h=\dfrac{\sqrt{3}}{2}a$，$S=\dfrac{1}{2}\times a\times\dfrac{\sqrt{3}}{2}a=\dfrac{\sqrt{3}}{4}a^2$

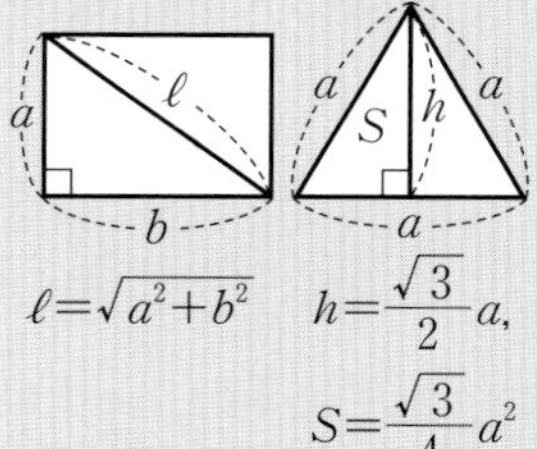

$\ell=\sqrt{a^2+b^2}$　$h=\dfrac{\sqrt{3}}{2}a$，

$S=\dfrac{\sqrt{3}}{4}a^2$

|3| **２点間の距離(きょり)**…座標(ざひょう)平面上の２点P(x_1, y_1)，Q(x_2, y_2)間の距離は，$PQ=\sqrt{(x_2-x_1)^2+(y_2-y_1)^2}$

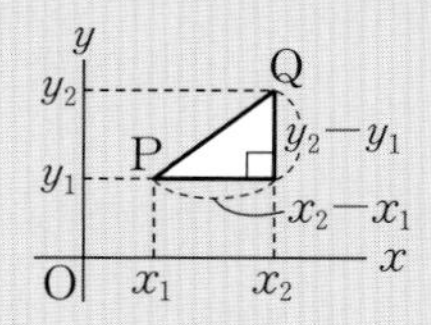

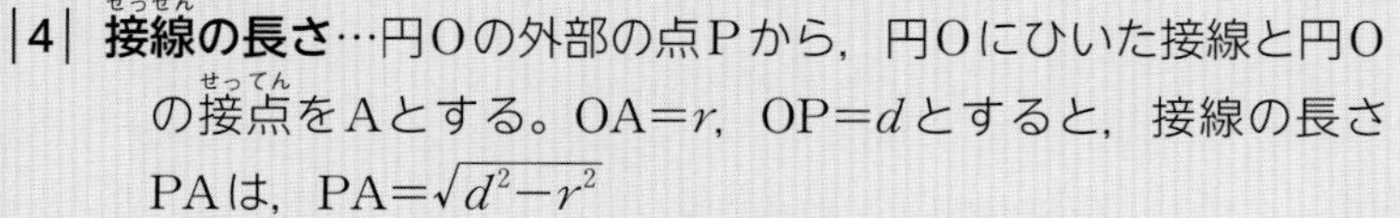

|4| **接線の長さ**…円Oの外部の点Pから，円Oにひいた接線と円Oの接点(せってん)をAとする。OA＝r，OP＝dとすると，接線の長さPAは，PA＝$\sqrt{d^2-r^2}$

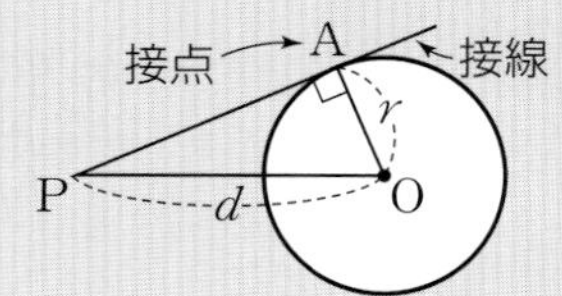

実力アップ問題

解答・解説｜別冊p.34

正答率

1

超重要
↪ 1,3

次の問いに答えなさい。

(1) 下の図のように，AB＝2cm，BC＝3cmの長方形ABCDがある。この長方形の対角線BDの長さを求めなさい。 ［北海道］

58%

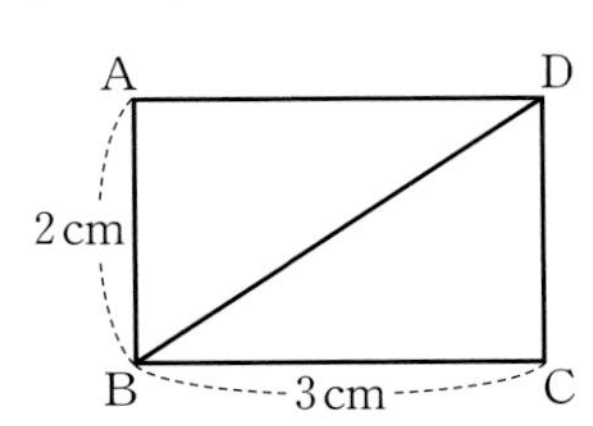

〔　　　　　〕

(2) 右の図の2点A(1，2)，B(7，5)間の距離を求めなさい。 ［栃木県］

67%

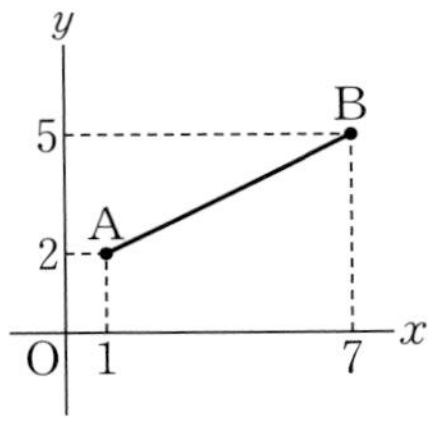

y
B
5
A
2
O 1 7 x

〔　　　　　〕

2

↪ 1,2,3

下の図のように，BC＝2cm，AC＝3cm，∠ACB＝60°の三角形ABCと，DC＝$\sqrt{3}$ cm，∠BDC＝90°の直角三角形BDCがある。点Pが辺BC上を動くとき，(1)～(4)の各問いに答えなさい。 ［佐賀県］

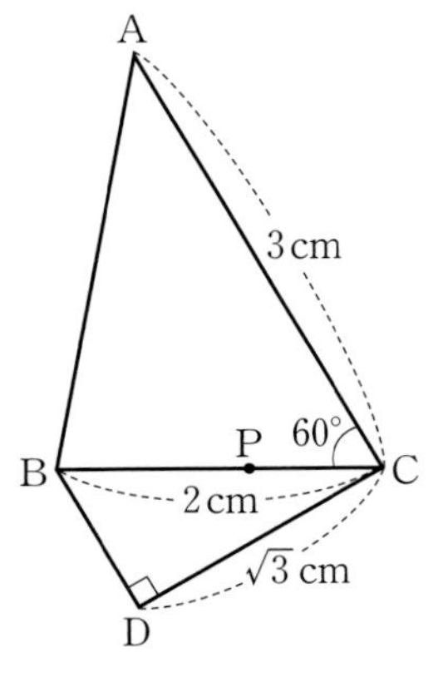

(1) AP＋PDが最も長くなるとき，AP＋PDの長さを求めなさい。

(2) AP＋PDが最も短くなるとき，AP＋PDの長さを求めなさい。

〔　　　　　〕

(3) 点Pが辺BCの中点（ちゅうてん）であるとき，AP＋PDの長さを求めなさい。

難 (4) AP＋PD＝4cmとなるとき，APの長さを求めなさい。

平面図形

正答率

3

難 → 1,2,3

9%

1辺の長さがa cmとb cmの2つの正三角形がある。この2つの正三角形の面積の差を$\frac{49\sqrt{3}}{4}$ cm^{2}とする。このときのaとbの値(あたい)を，次のように求めるとき，[ア]，[イ]には当てはまる数を，[　　]には解答の続きを，それぞれ書き入れて，解答を完成させなさい。ただし，a，bは自然数とし，$a>b$とする。 [北海道]

（解答）

> 2つの正三角形の面積は，それぞれ
>
> [ア] a^2 cm^2，[ア] b^2 cm^2
>
> と表すことができる。
>
> この2つの正三角形の面積の差は$\frac{49\sqrt{3}}{4}$ cm^{2}なので，
>
> [ア] a^2- [ア] $b^2=\frac{49\sqrt{3}}{4}$
>
> $a^2-b^2=$ [イ]
>
> $(a+b)(a-b)=$ [イ] である。
>
> [　　　　　　　　　　　　　　]

ア〔　　　　　〕　イ〔　　　　　〕

〔（解答の続き）

〕

4

→ 1,3

右の図のように，関数(かんすう)$y=\frac{1}{8}x^2$のグラフ上に2点A，Bがあり，2点A，Bのx座標(ざひょう)はそれぞれ-8，4である。2点A，Bを通る直線とy軸(じく)との交点をC，x軸との交点をDとする。また，x軸上に$\angle ACE=90°$となるように点Eをとる。

このとき，次の問い(1)，(2)に答えなさい。 [京都府]

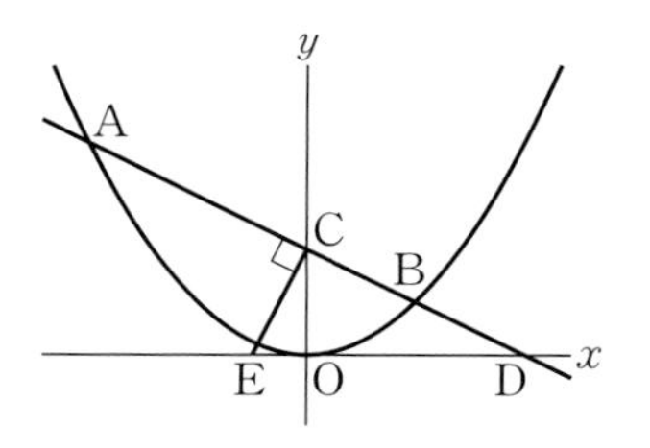

超重要 (1)　2点A，Bを通る直線の式を求めなさい。

〔　　　　　〕

(2)　点Dの座標を求めなさい。また，線分DEの長さを求めなさい。

点Dの座標〔　　　　　〕　DEの長さ〔　　　　　〕

正答率

5

↪ 1,3

右の図において，①は関数$y=x^2$，②は関数$y=-\frac{1}{2}x^2$のグラフである。点Aは①のグラフ上を動き，異なる2点B，Cは②のグラフ上を動く。2点A，Cはx座標が等しく，2点B，Cはy座標が等しい。また，線分AB，ACとx軸との交点をそれぞれD，Eとする。このとき，次の(1)～(3)に答えなさい。ただし，点Aのx座標は正とする。 [石川県]

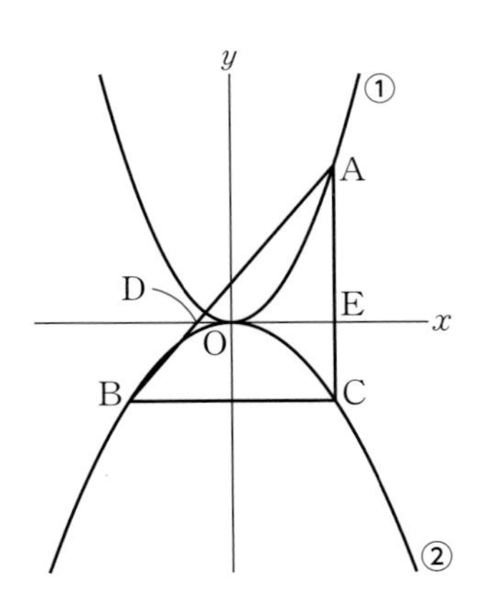

超重要 (1) 点Aのx座標が4のとき，点Cの座標を求めなさい。

〔　　　　〕

(2) △ABCと△ADEの面積の比を，最も簡単な整数の比で表しなさい。

〔　　　　〕

(3) 点Aのx座標を2とする。3点A，B，Cを通る円とx軸との交点のうち，x座標が正の点をPとするとき，点Pのx座標を求めなさい。なお，途中(とちゅう)の計算も書くこと。

〔　　　　〕

6

難 ↪ 1,2,3

1%

右の図の四角形ABCDは，AD∥BC，∠C＝∠D＝90°の台形で，AD＝3cm，BC＝9cmである。この台形の辺CDを直径として円Oをかくと，点Eで辺ABと接(せっ)する。このとき，図のかげ(▭)をつけた部分の面積を求めなさい。
ただし，円周率はπとする。 [埼玉県]

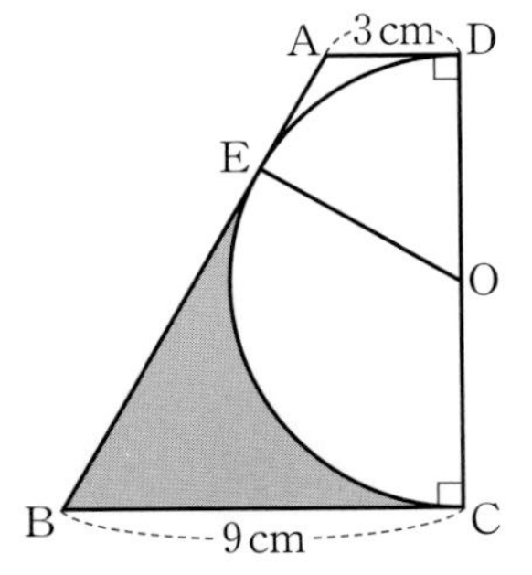

〔　　　　〕

平面図形

» 平面図形

円の性質

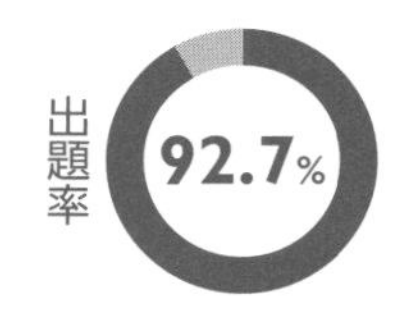

入試メモ　円周角と中心角の関係を利用して角度を求める問題が大半を占めている。角度を求めるだけでなく，相似の証明問題にも広く利用される。

1　円とおうぎ形の計量

出題率 30.2%

|1| 円周の長さと面積

半径 r の円周の長さを ℓ，面積を S とすると，

・円周の長さ $\ell=2\pi r$…（直径）×（円周率）

・面積　$S=\pi r^2$…（半径）×（半径）×（円周率）

ふつう，円周率は π を用いる

|2| おうぎ形の弧（こ）の長さと面積

半径 r，中心角 $a°$ のおうぎ形の弧の長さを ℓ，面積を S とすると，

・弧の長さ $\ell=2\pi r\times\dfrac{a}{360}$　・面積 $S=\pi r^2\times\dfrac{a}{360}$

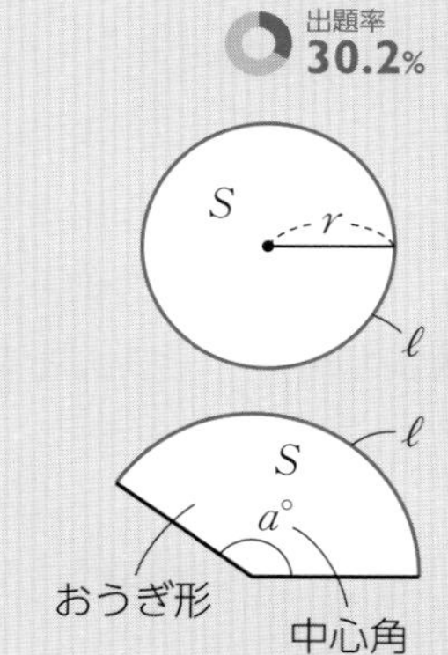

2　円周角の定理

出題率 83.3%

|1| 円周角の定理…1つの弧に対する円周角の大きさは，その弧に対する中心角の大きさの半分である。

⇨ $\angle\mathrm{APB}=\dfrac{1}{2}\angle\mathrm{AOB}$

|2| 半円の弧に対する円周角…半円の弧に対する円周角は90°である。

⇨ $\angle\mathrm{APB}=90°$

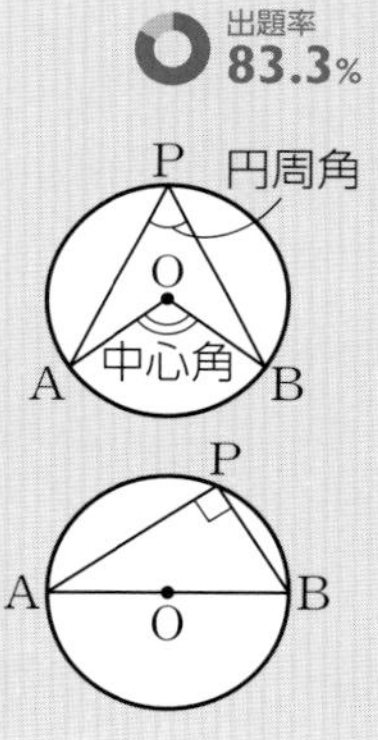

3　弧と円周角

出題率 12.5%

1つの円において，

・等しい円周角に対する弧は等しい。

⇨ $\angle\mathrm{APB}=\angle\mathrm{CQD}$ ならば，$\overset{\frown}{\mathrm{AB}}=\overset{\frown}{\mathrm{CD}}$

・等しい弧に対する円周角は等しい。

⇨ $\overset{\frown}{\mathrm{AB}}=\overset{\frown}{\mathrm{CD}}$ ならば，$\angle\mathrm{APB}=\angle\mathrm{CQD}$

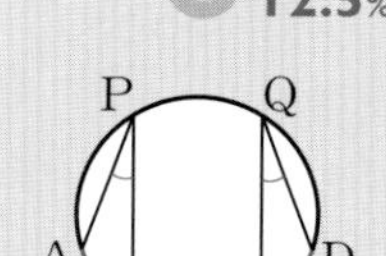

4　円周角の定理の逆

出題率 8.3%

|1| 円周角の定理の逆…2点P，Qが直線ABの同じ側にあり，

$\angle\mathrm{APB}=\angle\mathrm{AQB}$ ならば，4点A，B，P，Qは1つの円周上にある。

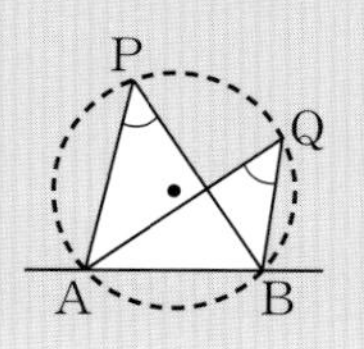

実力アップ問題

解答・解説｜別冊p.36

正答率

1

↪1

次の問いに答えなさい。

(1) 右の図は，半径 3 cm，中心角60°のおうぎ形である。このとき，おうぎ形の弧の長さを求めなさい。
ただし，円周率はπとする。 ［岩手県］

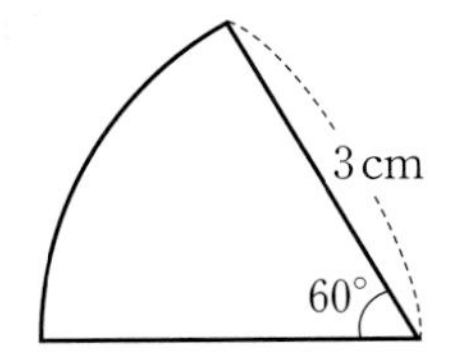

〔　　　　　〕

49%

(2) 右の図のように，半径 4 cm，弧の長さ7π cmのおうぎ形がある。このおうぎ形の面積を求めなさい。 ［埼玉県］

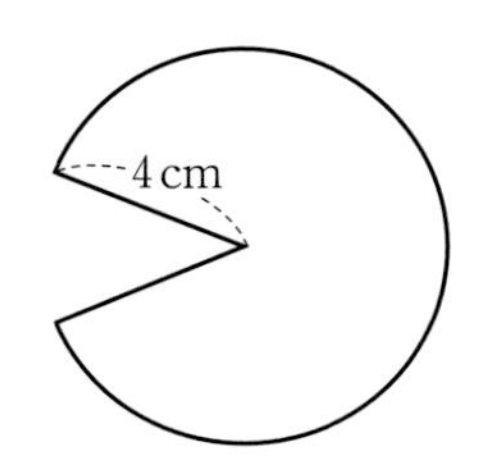

〔　　　　　〕

2

超重要

↪2

次の問いに答えなさい。

85%

(1) 右の図のように，円Oの円周上に3点A，B，Cをとる。$\angle$BAC＝40°のとき，$\angle x$の大きさを求めなさい。 ［北海道］

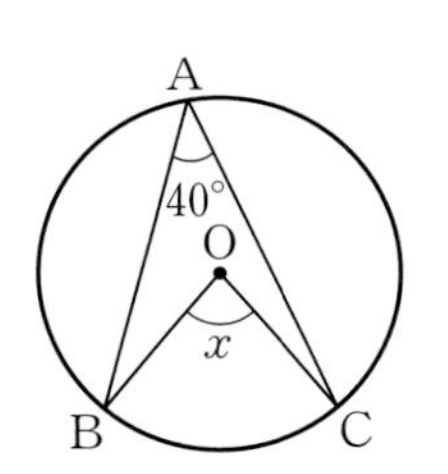

〔　　　　　〕

89%

(2) 右の図のような円Oにおいて，$\angle x$の大きさを求めなさい。 ［長崎県］

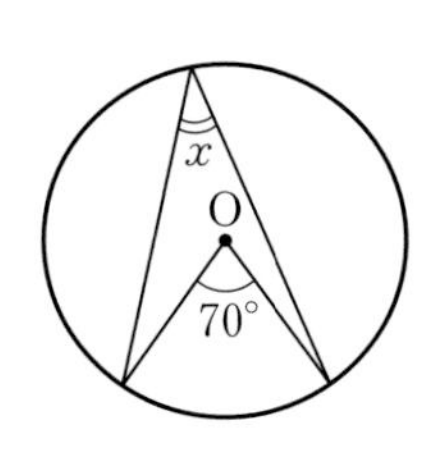

〔　　　　　〕

(3) 右の図の円Oで，$\angle x$の大きさを求めなさい。 ［山口県］

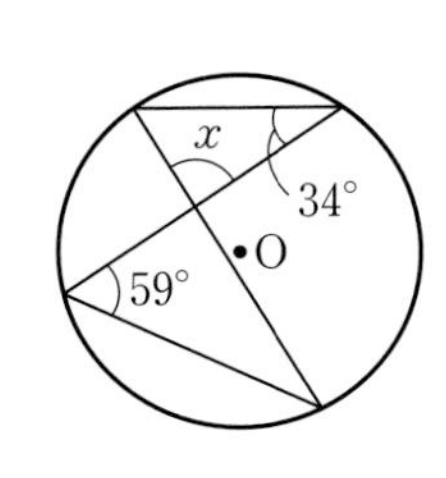

〔　　　　　〕

正答率

3 次の問いに答えなさい。
↪2

(1) 図で，A，B，C，Dは円Oの周上の点であり，線分ACは直径である。
$\angle$ADB＝68°のとき，$\angle$CABの大きさは何度か，求めなさい。 ［愛知県］

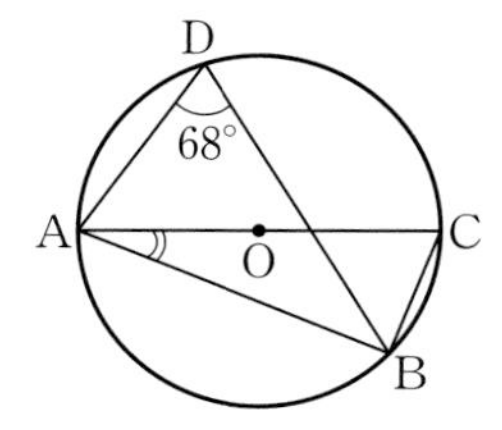

〔　　　　　〕

(2) 右の図は，線分ABを直径とする半円で，点Cは$\overset{\frown}{AB}$上にある。点Dは線分AC上にあって，DC＝BCである。また，点EはBDの延長と$\overset{\frown}{AC}$との交点である。
$\angle$BAD＝28°であるとき，$\angle$DCEの大きさを求めなさい。 ［熊本県］

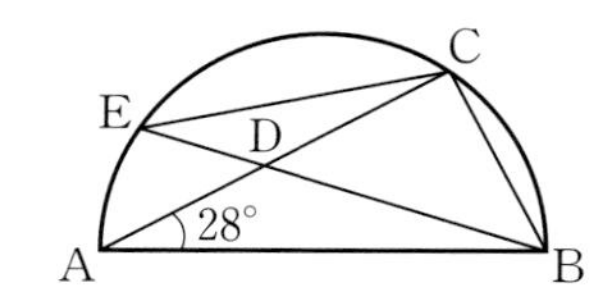

〔　　　　　〕

超重要 (3) 右の図のように，円Oの周上の点A，B，Cがある。このとき，$\angle x$の大きさを求めなさい。 ［富山県］

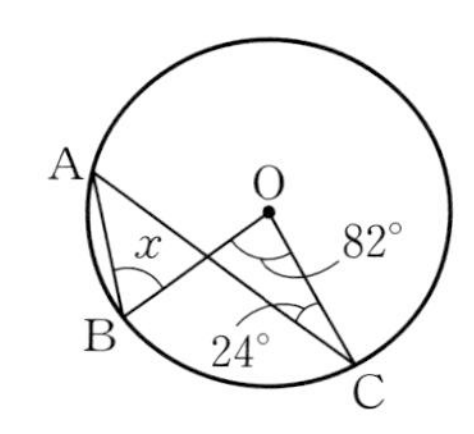

〔　　　　　〕

超重要 (4) 右の図のように，円Oの周上に3点A，B，Cがある。$\angle$OAC＝15°のとき，$\angle x$の大きさを求めなさい。 ［和歌山県］

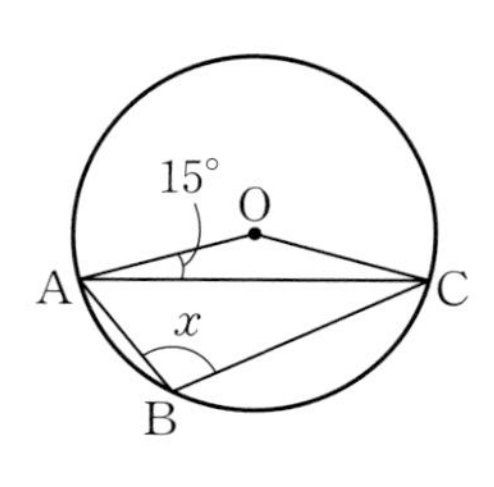

〔　　　　　〕

難 (5) 右の図のように，円Oの円周上に5つの点A，B，C，D，Eがあり，線分ACとBDは円の中心Oで交わっている。$\angle$AED＝134°であるとき，$\angle x$の大きさを答えなさい。 ［新潟県］

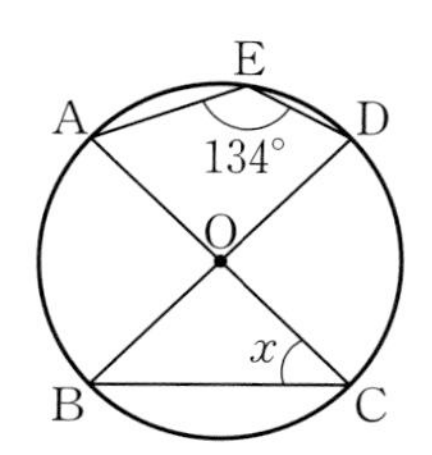

23%

〔　　　　　〕

正答率

4

↪2

次の問いに答えなさい。

(1) 右の図において，3点A，B，Cは円Oの周上の点である。∠ABO＝25°，∠BOC＝134°のとき，∠xの大きさを求めなさい。 ［秋田県］

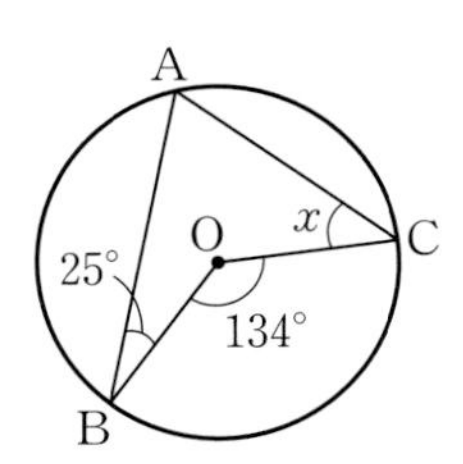

64%

〔　　　　　〕

超重要 (2) 右の図のように，円Oの周上に4点A，B，C，Dがある。点Aと点B，点Aと点D，点Bと点C，点Cと点D，点Oと点B，点Oと点Dをそれぞれ結ぶ。
∠OBC＝40°，∠ODC＝60°のとき，
xで示した∠BADの大きさは何度か。 ［東京都］

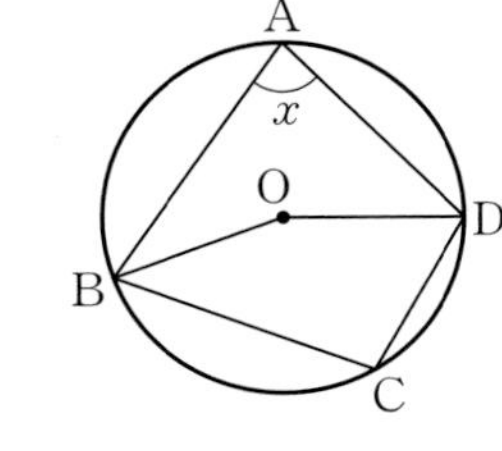

68%

〔　　　　　〕

(3) 右の図において，∠xの大きさを求めなさい。ただし，PA，PBは円Oの接線（せっせん）で，点A，Bはその接点（せってん）である。また，点Cは円Oの周上の点である。 ［鳥取県］

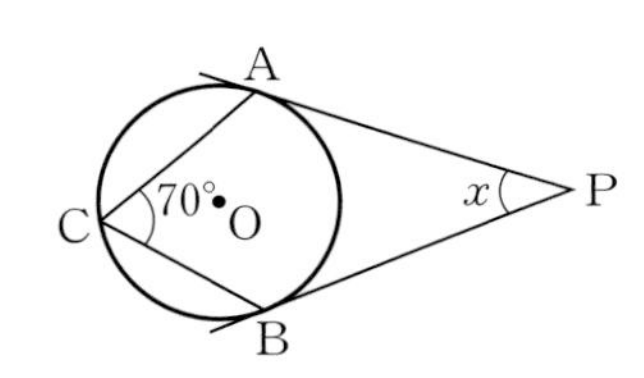

51%

〔　　　　　〕

5

↪2,3

次の問いに答えなさい。

(1) 図において，$\overset{\frown}{AB}=\overset{\frown}{BC}=\overset{\frown}{CD}$とする。
∠xの大きさを求めなさい。ただし，点Oは円の中心とする。 ［沖縄県］

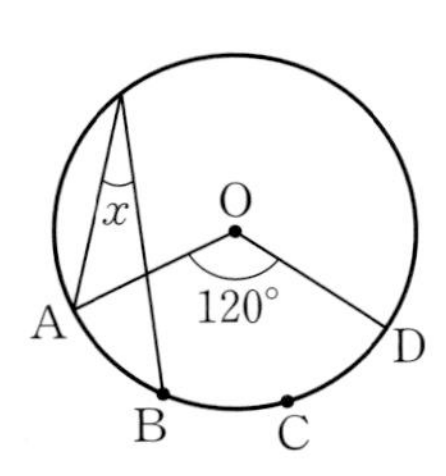

〔　　　　　〕

差がつく (2) 図で，円周上の12点は円周を12等分している。
∠xの大きさを求めなさい。 ［奈良県］

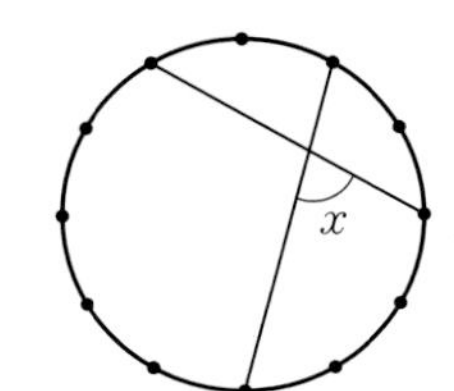

38%

〔　　　　　〕

平面図形

正答率

6

↪4

次の問いに答えなさい。

(1) 右の図において，∠BAC＝46°，∠CBA＝85°とする。このとき，3点A，B，Cと同じ円周上にある点は3点D，E，Fのどれか。 〔鹿児島県〕

83%

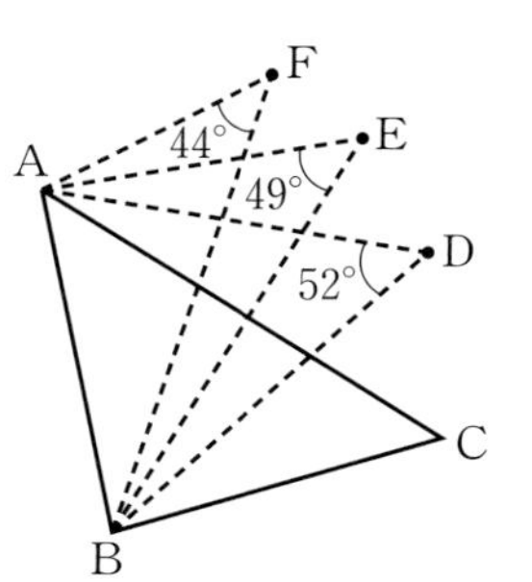

〔　　　　　〕

難 (2) 下の図のように，△ABCの辺AB上に点D，辺AC上に点Eがあり，DE∥BCである。また，線分CD上に点Fがあり，∠AFD＝∠ACBである。このとき，4点A，D，F，Eは1つの円周上にあることを証明しなさい。 〔広島県〕

8%

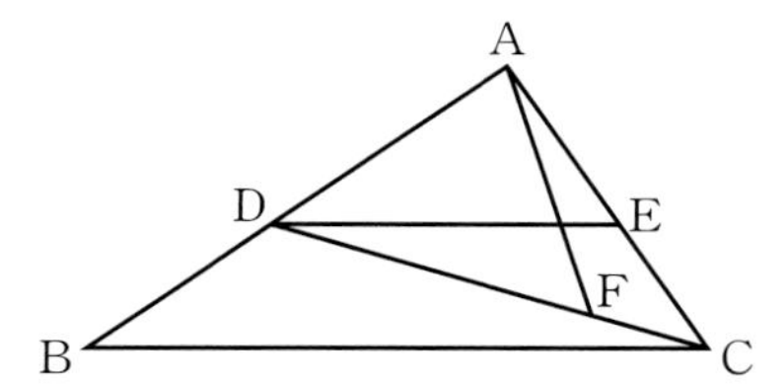

〔　　　　　〕

7

↪2

次の問いに答えなさい。

(1) 右の図で，点Aは，BCを直径とする円Oの周上にあり，∠ACB＝23°である。また，2点O，Aを通る円O′の中心は，線分OB上にある。
このとき，∠BAO′の大きさを求めなさい。 〔茨城県〕

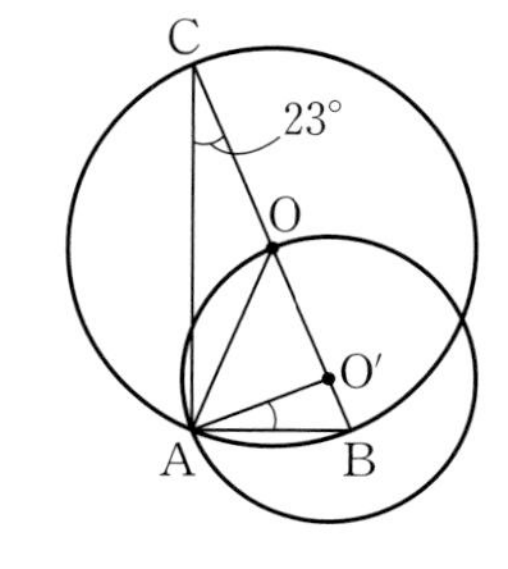

〔　　　　　〕

難 (2) 右の図のように，ABを直径とする円の周上に点Cをとり，直径ABをBのほうに延長した直線上に点Dをとる。

$CD=\frac{1}{2}AB$，∠BCD＝27°のとき，∠CABの大きさxを求めなさい。 〔埼玉県〕

9%

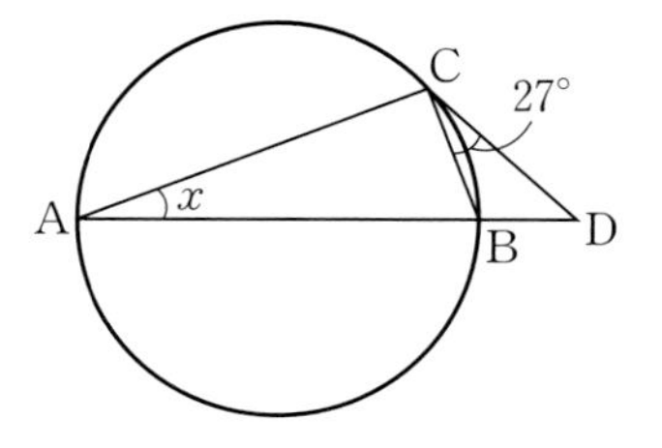

正答率

8

↪ 1,2,3

次の問いに答えなさい。

(1) 図のように，半径10 cmの円Oの周上に3点A，B，Cがある。
$\angle BAC=72°$のとき，斜線(しゃせん)部分の面積を求めなさい。 ［島根県］

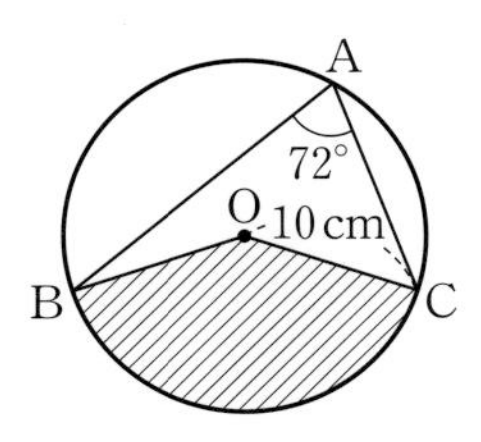

〔　　　　　〕

難 (2) 図のように，線分AB上に点Cがあり，線分AB，BCを直径とする大小2つの半円がある。点Aから小さい半円に接線(せっせん)をひき，その接点(せってん)をD，大きい半円との交点をEとする。
$\overset{\frown}{CD}:\overset{\frown}{DB}=3:10$であるとき，$\overset{\frown}{AE}:\overset{\frown}{EB}$を求めなさい。 ［奈良県］

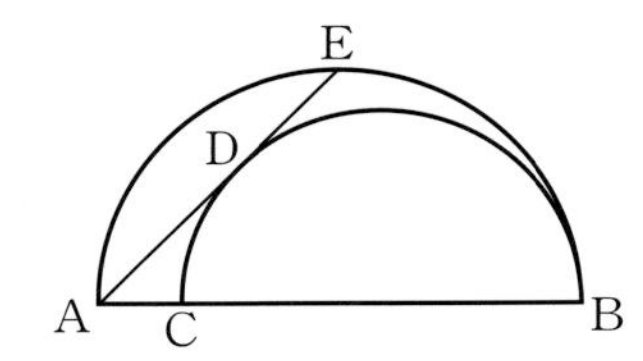

14%

〔　　　　　〕

9

差がつく

↪ 1

図1は，半径4 cmの円を5つ並べた図形で，周を太線で示したものである。この図形では，それぞれ円の中心は直線ℓ上にある。また，となり合う2つの円はどれも，**図2**のように，それぞれの円の半径が交点で垂直に交わっている。このとき，**図1**の図形の周の長さを求めなさい。（円周率はπを用いなさい。） ［岐阜県］

34%

図1

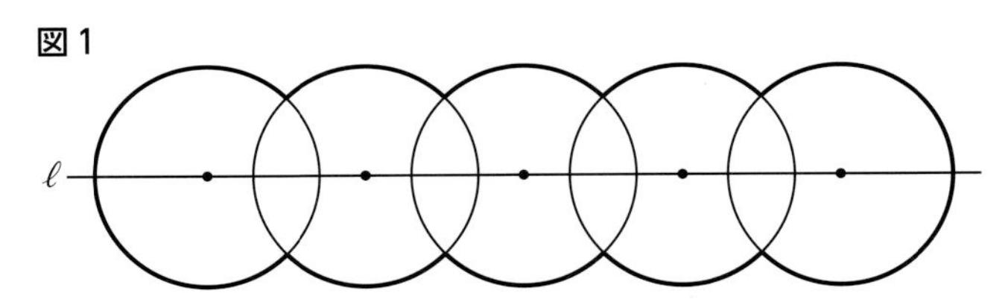

図2

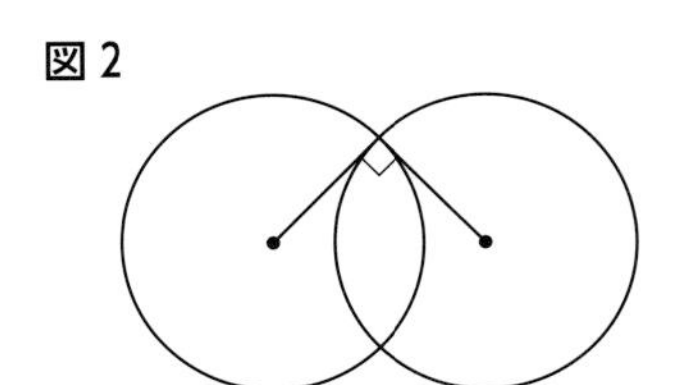

〔　　　　　〕

3 図形の相似

» 平面図形

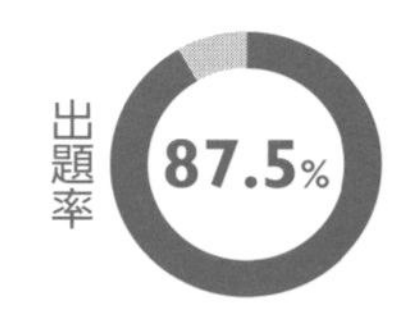

入試メモ　相似(そうじ)の証明問題では，3つある「三角形の相似条件」のうち，「2組の角がそれぞれ等しい」を使う場合が多い。証明問題以外では，線分の長さを求める問題がねらわれやすい。

1 相似な図形

出題率 87.5%

|1| **相似**…ある図形を，形を変えずに一定の割合に拡大または縮小して得られる図形は，もとの図形と**相似**であるという。

例　右の図で，△ABCと△DEFが相似であるとき，

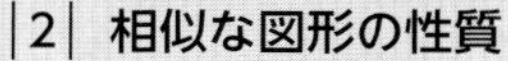

△ABC∽△DEF

相似の記号

A, B, C, D, E, F, 3cm, 4cm

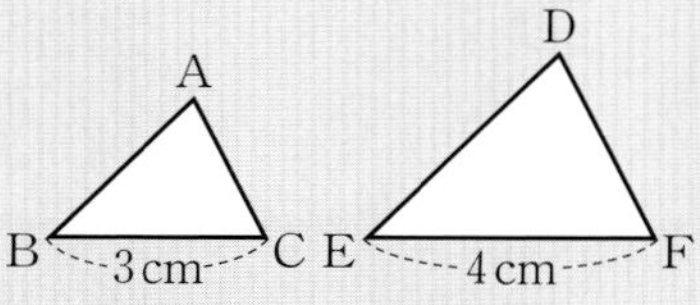

|2| **相似な図形の性質**

・相似な図形では，対応する部分の長さの比はすべて等しい。

例　右上の図で，AB：DE＝BC：EF＝CA：FD

・相似な図形では，対応する角の大きさはそれぞれ等しい。

例　右上の図で，∠A＝∠D，∠B＝∠E，∠C＝∠F

|3| **相似比**…相似な図形の対応する部分の長さの比

例　右上の図で，△ABCと△DEFの相似比は，**3：4**（BC，EF）

2 相似と証明

出題率 55.2%

|1| **三角形の相似条件**…次の①～③のどれかが成り立つとき，2つの三角形は相似である。

① 3組の辺の比がすべて等しい。

② 2組の辺の比とその間の角がそれぞれ等しい。

③ 2組の角がそれぞれ等しい。

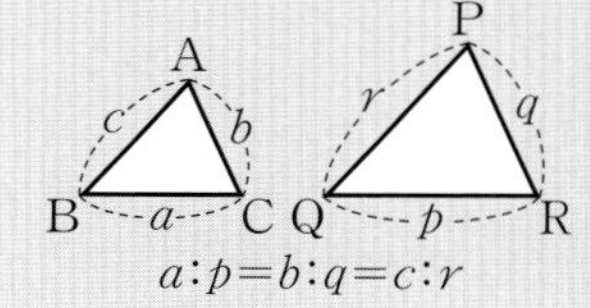

$a:p=b:q=c:r$

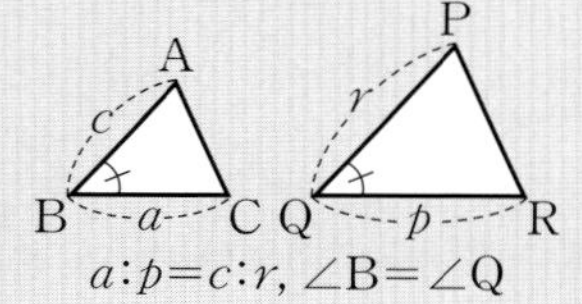

$a:p=c:r$, ∠B＝∠Q

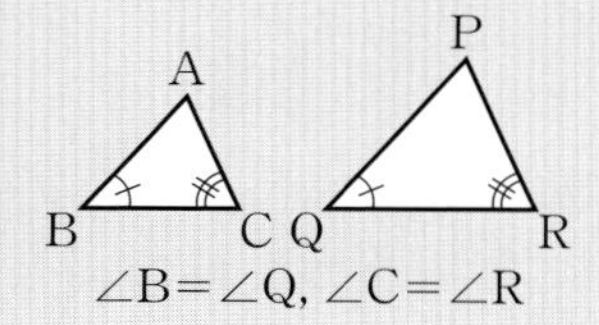

∠B＝∠Q，∠C＝∠R

3 相似な図形の面積の比，相似な立体の表面積の比・体積の比

出題率 28.1%

|1| **相似な図形の面積の比**…相似比が $m：n$ ならば面積の比は $m^{②}：n^{②}$

例　△ABCと△DEFが相似で，相似比が5：2のとき，面積の比は，

$5^{②}：2^{②}$

|2| **相似な立体の表面積の比・体積の比**…相似比が $m：n$ ならば表面積の比は $m^{②}：n^{②}$，体積の比は $m^{③}：n^{③}$

例　1辺が4cmの立方体Aと1辺が5cmの立方体Bについて，

相似比が4：5であるから，表面積の比は **$4^{②}：5^{②}$**，体積の比は **$4^{③}：5^{③}$**

実力アップ問題

解答・解説｜別冊p.39

正答率

1

↪ 1,2,3

次の問いに答えなさい。

(1) 右の図のように，△ABCの辺AB上に点P，辺BC上に点Q，R，辺CA上に点Sを，四角形PQRSが長方形となるようにとる。黒く塗（ぬ）られた２つの三角形が相似になるのは，△ABCについてどのようなことがいえるときか，すべて答えなさい。　[福井県]

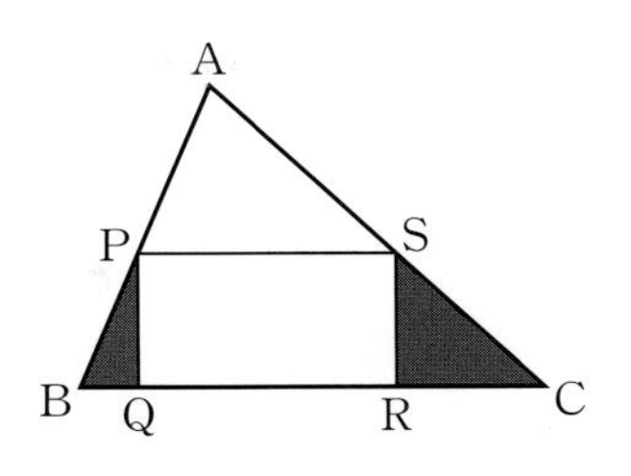

[　　　　　　　　　　]

(2) 図で，四角形ABCDは長方形で，E，Fはそれぞれ辺AB，ADの中点（ちゅうてん）である。また，G，Hはそれぞれ線分FCとDE，DBとの交点である。
AB＝2cm，AD＝4cmのとき，次の①，②の問いに答えなさい。　[愛知県]

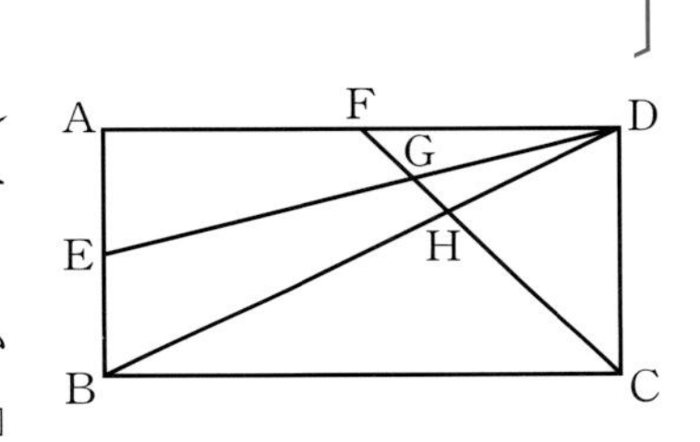

① 線分FHの長さは何cmか，求めなさい。

[　　　　]

② △DGHの面積は四角形ABCDの面積の何倍か，求めなさい。

[　　　　]

難→ (3) 右の図のような平行四辺形があり，辺CDの中点をEとする。
また，辺AD上に点FをAF：FD＝4：3となるようにとり，辺BC上に点GをAB//FGとなるようにとる。線分AEと線分FGとの交点をH，線分BEと線分FGとの交点をＩとする。
このとき，△BGIと△EHIの面積の比を最も簡単な整数の比で表しなさい。　[神奈川県]

8%

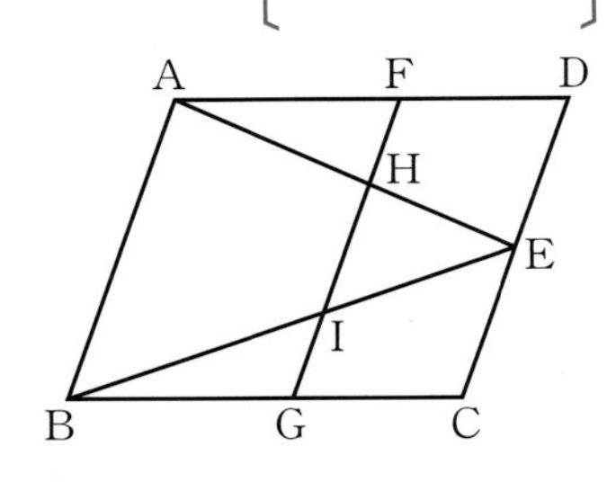

[　　　　]

平面図形

正答率

2

↪ 1,2

下の図のように，∠ABC＝90°，BC＝12 cmの直角三角形があり，辺AB上に点P，辺BC上に点Q，辺CA上に点Rを，四角形PBQRが正方形となるようにとると，AP＝2 cmであった。

このとき，(1)，(2)の問いに答えなさい。 ［佐賀県］

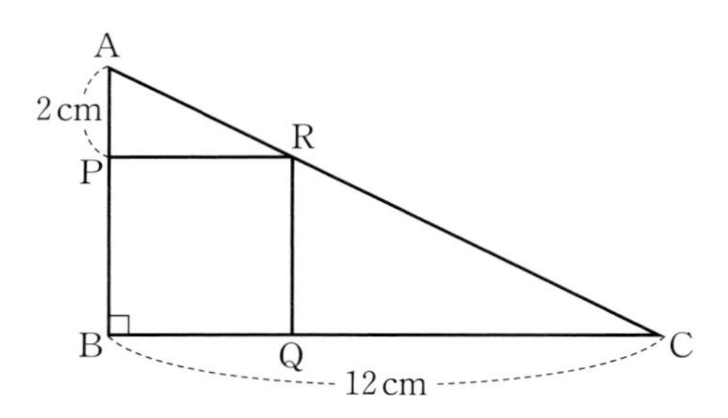

超重要 (1) △APR∽△ABCより，AP：AB＝□が成り立つ。□に当てはまるものを次のア～エの中から１つ選び，記号で答えなさい。

ア AC：AR　**イ** PR：QC　**ウ** PR：BC　**エ** AR：RC

［　　　　］

(2) 正方形PBQRの１辺の長さを求めなさい。

ただし，正方形PBQRの１辺の長さをx cmとしてxについての方程式をつくり，答えを求めるまでの過程も書きなさい。

［　　　　］

3

超重要
↪ 1,3

次の問いに答えなさい。

(1) １辺の長さが3 cmである正三角形の面積をS，１辺の長さが2 cmである正三角形の面積をTとする。２つの正三角形の面積の比S：Tを求めなさい。 ［栃木県］

73%

［　　　　］

(2) 右の図の２つの円錐（えんすい）A，Bは相似（そうじ）で，その相似比は2：3である。円錐Aの体積が40 cm^{3}のとき，円錐Bの体積を求めなさい。 ［滋賀県］

46%

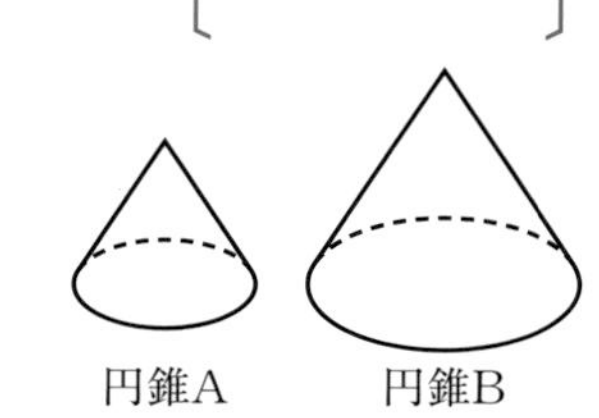

［　　　　］

正答率

4

↪ 1,3

右の図のように，２つの円柱の容器A，Bがある。AとBの底面の半径の比は3：4で，Aの高さは10cm，Bの高さは16cmである。このとき，次の問いに答えなさい。ただし，容器の厚みは考えないものとする。　［福井県］

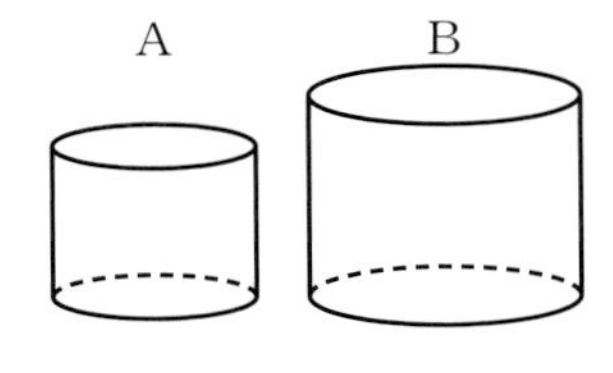

(1)　AとBの底面積の比を求めなさい。

〔　　　　　　〕

思考力 (2)　容器A，Bを同じペンキで満たして，Aは６個セットで3000円，Bは２個セットで3000円で売られている。どちらのセットを買うほうが割安であるか，下の**ア**，**イ**，**ウ**から１つ選び，解答欄の（　　）に書き入れ，言葉や数，式などを使って説明しなさい。

ア　Aのセットを買うほうが割安

イ　Bのセットを買うほうが割安

ウ　どちらも同じ

〔（　　　　）
（説明）
〕

5

差がつく

↪ 1,2

次の図のように，△ABCと△CDEがある。△ABC∽△CDEで，３点A，C，Eは，この順に一直線上にあり，２点B，Dは直線AEに対して同じ側にある。
線分BEと辺CDの交点をPとするとき，△BCP∽△EDPであることを証明しなさい。　［岩手県］

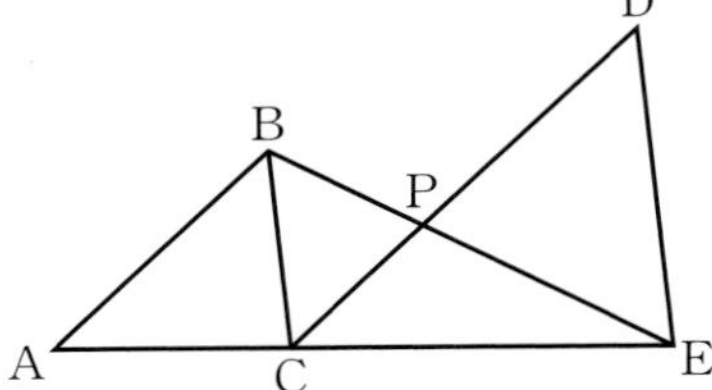

〔　　　　　　〕

正答率

6

超重要

↪ 1,2

右の図のように，円周上に4点A，B，C，Dをとり，線分ACとBDとの交点をPとする。

このとき，PA：PD＝PB：PCであることを証明しなさい。

［埼玉県］

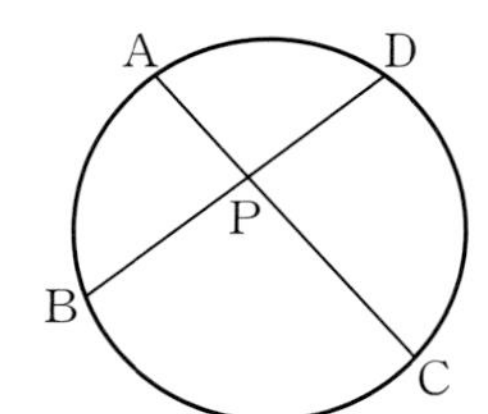

［　　　　］

7

↪ 1,2

下の図のような△ABCがあり，∠ACB＝30°，∠BAC＝90°，BC＝12 cmである。点Dは辺ACの中点（ちゅうてん），点Eは∠CED＝90°となる辺BC上の点である。また，線分AEと線分BDの交点をPとする。次の⑴～⑶の問いに答えなさい。 ［大分県］

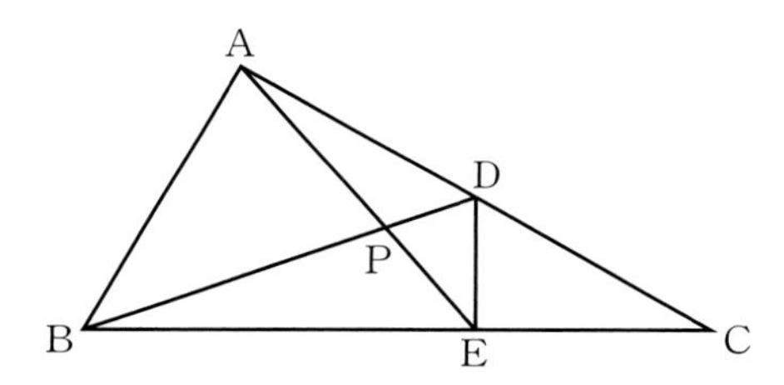

⑴ 線分CDの長さを求めなさい。

［　　　　］

⑵ △ACE∽△BCDであることを証明しなさい。

［　　　　］

 ⑶ 線分BPの長さを求めなさい。

［　　　　］

正答率

8
↪1,2

右の**図1**で，四角形ABCDは，AB＝6cm，BC＝12cmの長方形である。
辺BCを直径とする半円Oの$\overset{\frown}{BC}$は，2つの頂点B，Cを通る直線に対して頂点Aと同じ側にある。
点Pは，辺AD上にある点で，頂点Aに一致しない。
頂点Bと点Pを結んだ線分と，$\overset{\frown}{BC}$との交点のうち，頂点Bと異なる点をQとする。
次の各問いに答えなさい。　[東京都]

図1

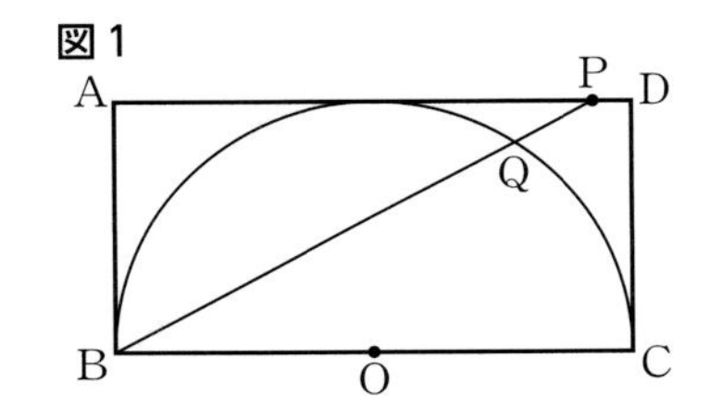

差がつく (1) **図1**において，$\angle PBC = a°$とするとき，$\overset{\frown}{CQ}$の長さを表す式を，次の**ア**～**エ**のうちから選び，記号で答えなさい。
ただし，円周率はπとする。　43%

ア　$12\pi a$cm　**イ**　$6\pi a$cm　**ウ**　$\frac{1}{10}\pi a$cm　**エ**　$\frac{1}{15}\pi a$cm

［　　　　　］

(2) 右の**図2**は，**図1**において，頂点Cと点Qを結んだ場合を表している。
次の①，②に答えなさい。

図2

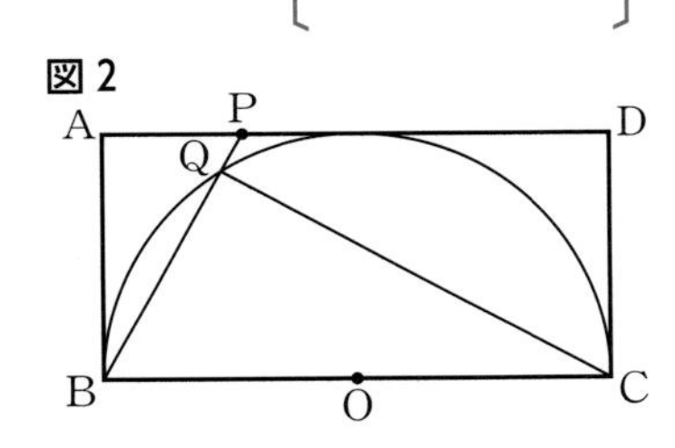

① △ABP∽△QCBであることを証明しなさい。　54%

［　　　　　］

② 次の□の中の「**あ**」「**い**」「**う**」に当てはまる数字をそれぞれ答えなさい。　10%
図2において，AP：PD＝1：3のとき，
線分PQの長さは，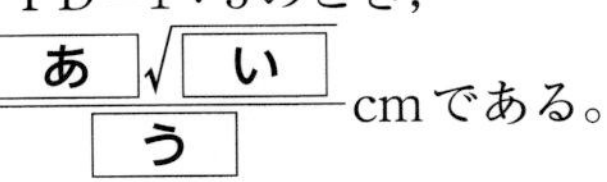cmである。

あ［　　　］　**い**［　　　］　**う**［　　　］

平面図形

» 平面図形

三角形

出題率 71.9%

入試メモ　三角形の角を求める問題では，円がからんだ出題が多い。合同の証明問題では，証明だけではなく，そのことを使って長さや角を求める出題も多い。

1　三角形の内角と外角

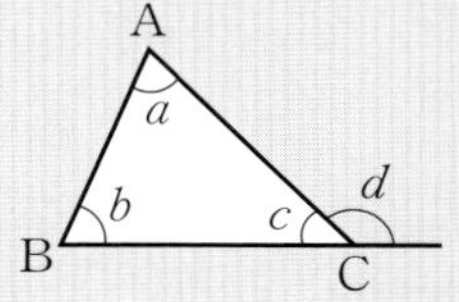

|1| **三角形の内角**…三角形の内角の和は180°である。
右の図の△ABCで，$\angle a+\angle b+\angle c=180°$

|2| **三角形の外角**…三角形の外角は，それととなり合わない2つの内角の和に等しい。右の図で，$\angle d=\angle a+\angle b$

2　合同と証明

出題率 49.0%

|1| **三角形の合同条件**…次の①～③のどれかが成り立つとき，2つの三角形は合同である。

① **3組の辺がそれぞれ等しい。**

② **2組の辺とその間の角がそれぞれ等しい。**

③ **1組の辺とその両端の角がそれぞれ等しい。**

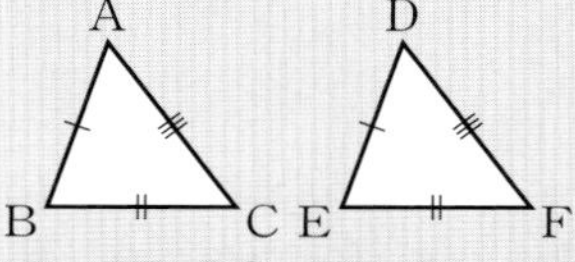

AB＝DE, BC＝EF, CA＝FD

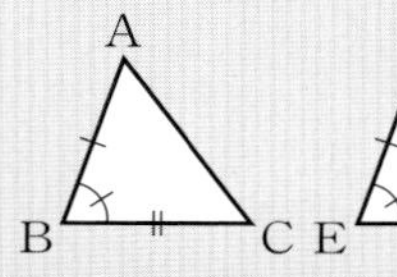

AB＝DE, BC＝EF, ∠B＝∠E

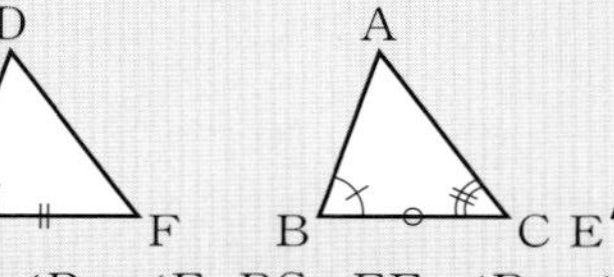

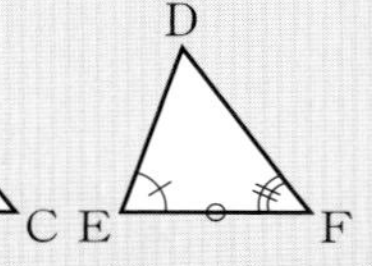

BC＝EF, ∠B＝∠E, ∠C＝∠F

|2| **直角三角形の合同条件**…直角三角形では，次の①，②のどちらかが成り立つとき，2つの三角形は合同である。

① **斜辺と1つの鋭角がそれぞれ等しい。**
∠C＝∠F＝90°,
AB＝DE，∠B＝∠E

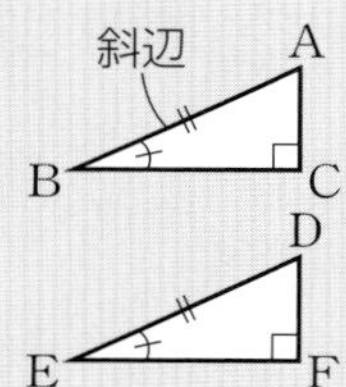

② **斜辺と他の1辺がそれぞれ等しい。**
∠C＝∠F＝90°,
AB＝DE，BC＝EF

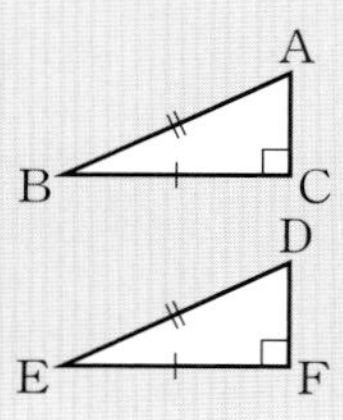

3　二等辺三角形と正三角形

出題率 32.3%

|1| **二等辺三角形の性質**（2辺が等しい三角形）

① 2つの底角は等しい。…∠B＝∠C

② 頂角の二等分線は，底辺を垂直に2等分する。
…AD⊥BC，BD＝DC

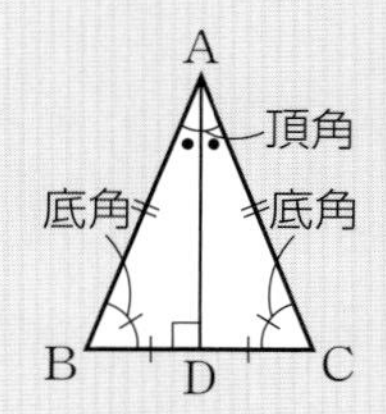

|2| **二等辺三角形になるための条件**
2つの角が等しい三角形は，等しい2つの角を底角とする二等辺三角形である。

|3| **正三角形の性質**（3辺が等しい三角形）
3つの内角は等しい。…∠A＝∠B＝∠C＝60°

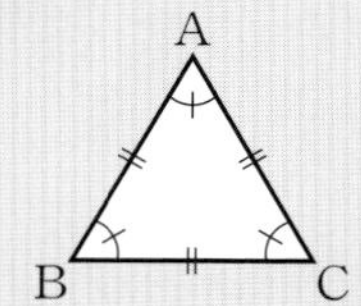

実力アップ問題

解答・解説｜別冊 p.42

正答率

1

超重要
↪ 1,3

次の問いに答えなさい。

(1) 右の図のような△ABCがある。$\angle x$の大きさを求めなさい。 [北海道]

88%

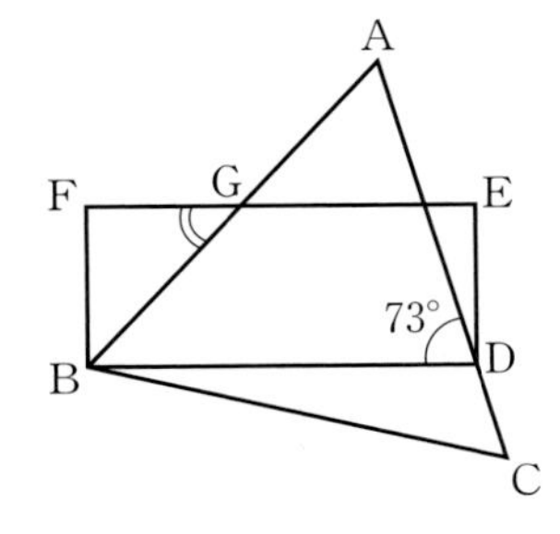

〔　　　　　〕

(2) 右の図のように，正三角形ABCのAC上に点Dをとり，長方形BDEFをつくる。EFとABの交点をGとする。∠ADB＝73°であるとき，∠FGBの大きさを求めなさい。 [青森県]

65%

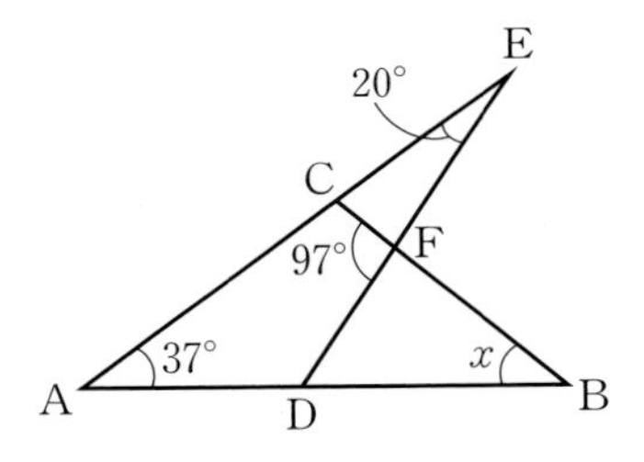

〔　　　　　〕

(3) 右の図のように，∠A＝37°，∠E＝20°，∠CFD＝97°の図形がある。$\angle x$の大きさを求めなさい。 [長野県]

77%

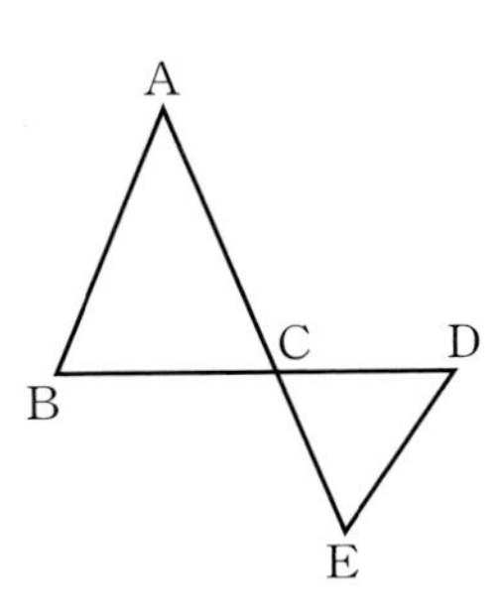

〔　　　　　〕

(4) 右の図のように，線分AEとBDが点Cで交わっており，AB＝AC，CD＝CEである。∠BAC＝44°のとき，∠CDEの大きさは何度か。 [高知県]

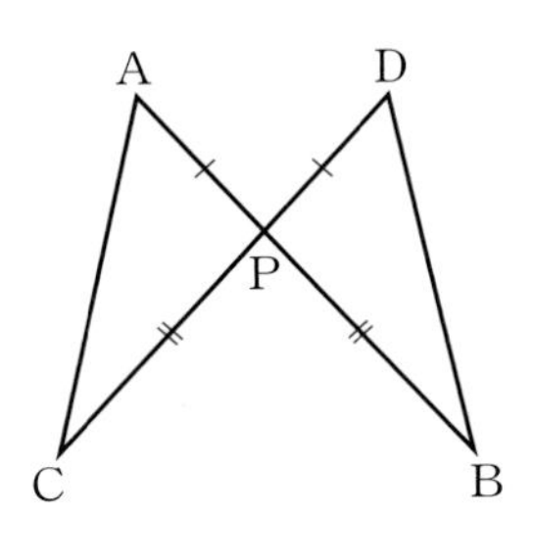

〔　　　　　〕

2

超重要
↪ 2

右の図で，線分ABとCDが，AP＝DP，CP＝BPとなるように，点Pで交わっている。このとき，△APC≡△DPBであることを証明しなさい。 [沖縄県]

A　D
P
C　B

〔　　　　　〕

平面図形

正答率

3
↪ 2,3

右の図のように，AB＝ACの二等辺三角形ABCの辺BC上に，BD＝CEとなるようにそれぞれ点D，Eをとる。ただし，BD<DCとする。
このとき，△ABE≡△ACDであることを証明しなさい。

［栃木県］

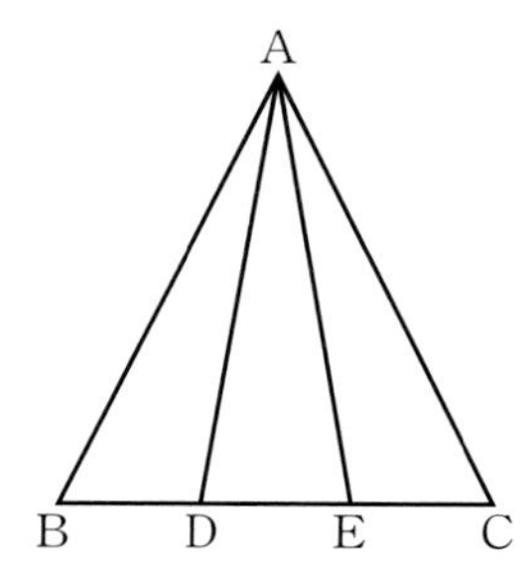

4
↪ 2,3

24%

右の図のような二等辺三角形において，
「AB＝ACならば，∠B＝∠Cである」
ことを，次のように証明した。［　　］に証明の続きを書き，証明を完成させなさい。

［鳥取県］

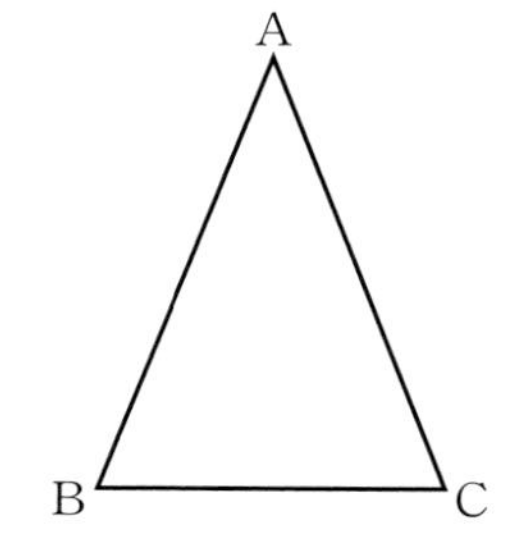

（証明）
点Aから辺BCに垂線をひき，辺BCとの交点をDとする。
△ABDと△ACDで，

［　　　　　　　　　　］

合同な図形では，対応する角は等しいので，
∠B＝∠C　　　　（証明終）

5

↪ 2

17%

右の図のように，線分ABを直径とする円の周上に，２点C，Dを∠BAC＝∠BADとなるようにとる。ただし，AC>BCとする。また，直線ACと直線DBとの交点をE，直線ADと直線CBとの交点をFとする。このとき，BE＝BFとなることを証明しなさい。

［福島県］

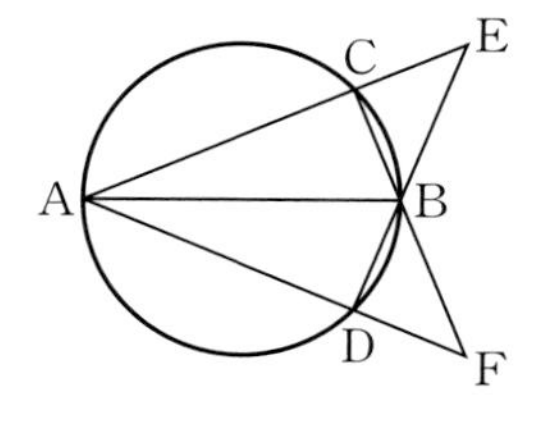

正答率

6

↪ 2,3

右の図で，△BDCと△ACEはともに正三角形である。また，線分ADとBEとの交点をF，ADと辺BCとの交点をGとする。
次の(1)，(2)の問いに答えなさい。 [岐阜県]

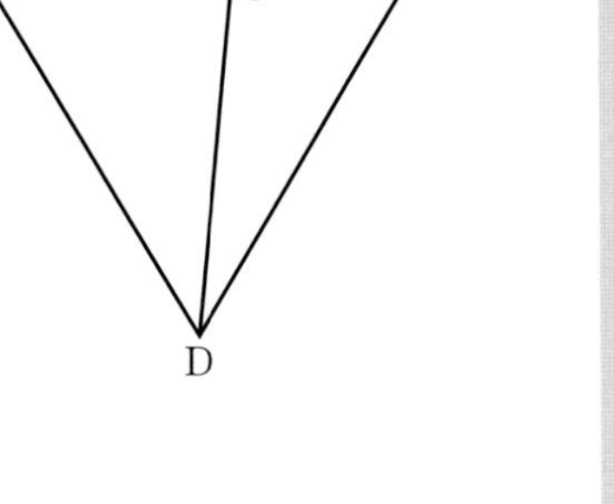

超重要 (1) △ADC≡△EBCであることを証明しなさい。

(2) AB＝4cm，AC＝4cm，BC＝6cmのとき，

① DGの長さを求めなさい。

〔　　　　　〕

難 ② EFの長さを求めなさい。

7

↪ 3

図1のように，4点A，B，C，Dが同一円周上にあり，△BCDは正三角形である。線分AC上にAP＝BPとなる点Pをとるとき，下の(1)〜(3)に答えなさい。 [島根県]

図1

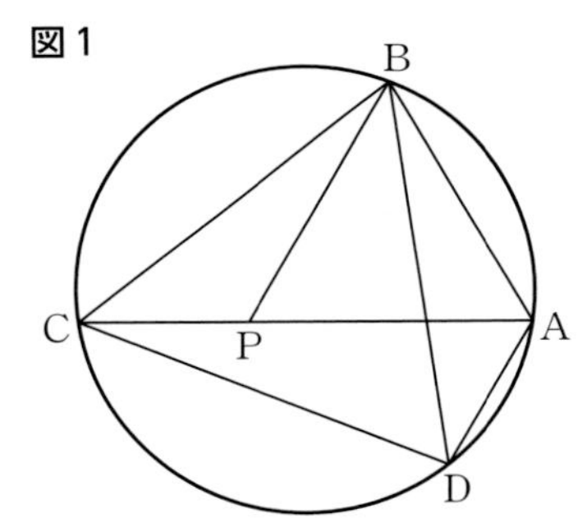

超重要 (1) ∠BADの大きさを求めなさい。

(2) △PABは正三角形であることを証明しなさい。

図2

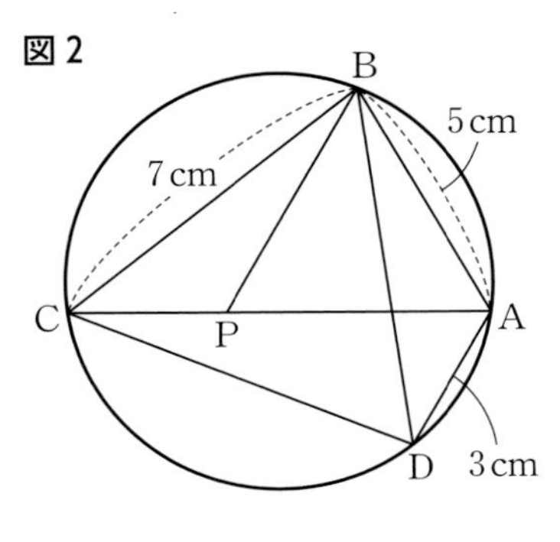

差がつく (3) **図2**のように，AB＝5cm，AD＝3cm，BC＝7cmの関係にある。このとき，四角形ABCDの面積を求めなさい。

〔　　　　　〕

» 平面図形

作図

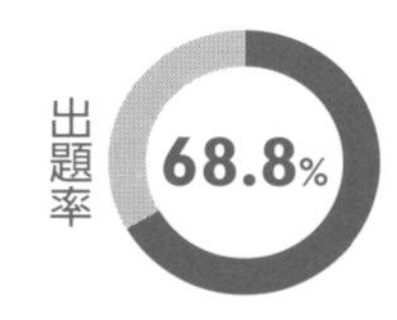

入試メモ　作図では，「垂直二等分線(すいちょくにとうぶんせん)」，「角の二等分線」，「垂線(すいせん)」が基本で，作図の応用では，これらを組み合わせることによって解決できることが多い。

1　垂直二等分線の作図

出題率 42.7%

|1| **垂直二等分線**…線分の中点を通り，その線分と垂直に交わる直線。

|2| **垂直二等分線の作図の手順**

① 点A，Bを中心として，等しい半径の円をかき，その交点をC，Dとする。

② 直線CDをひく。

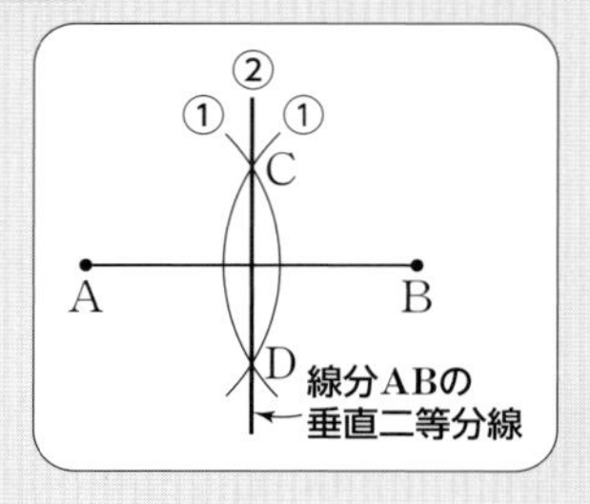

2　角の二等分線の作図

|1| **角の二等分線**…１つの角を２等分する半直線。

|2| **角の二等分線の作図の手順**

① 点Oを中心とする円をかき，２辺OA，OBとの交点をそれぞれC，Dとする。

② 点C，Dを中心として，等しい半径の円をかき，その交点をEとする。

③ 半直線OEをひく。

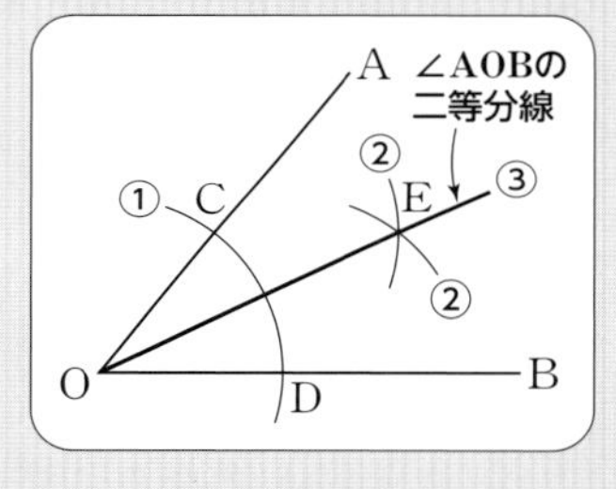

3　垂線の作図

出題率 28.1%

|1| **垂線**…ある直線に垂直に交わる直線。

|2| **垂線の作図の手順**

・直線上にない点を通る垂線の作図

① 点Pを中心として，直線ℓに交わるように円をかき，その交点をA，Bとする。

② 点A，Bを中心として，等しい半径の円をかき，その交点をCとする。

③ 直線PCをひく。

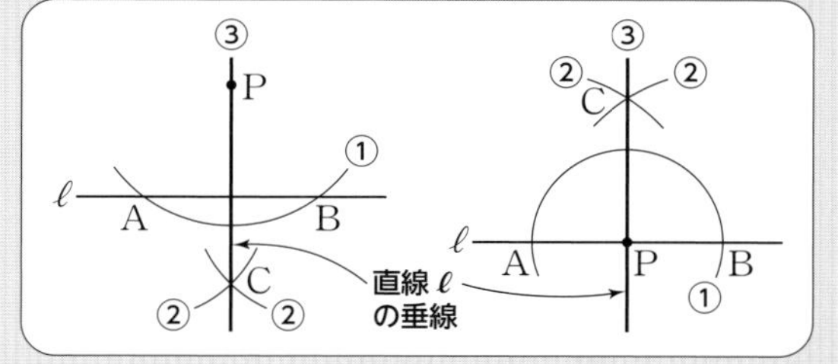

・直線上の点を通る垂線の作図

① 点Pを中心とする円をかき，直線ℓとの交点をA，Bとする。

② 点A，Bを中心として，等しい半径の円をかき，その交点をCとする。

③ 直線CPをひく。

⇨ $\angle APC=\angle BPC=90^\circ$となるから，$180^\circ$の角の二等分線の作図と同じである。

実力アップ問題

解答・解説｜別冊p.45

正答率

1 超重要 ↪1　87%

図において，線分ABの垂直二等分線を定規とコンパスを用いて図に作図しなさい。ただし，作図に用いた線は消さずに残しておくこと。　［長崎県］

A　B

2 超重要 ↪2

右の図のように，△ABCの辺AB上に点Pがある。点Pを通る直線を折り目として，点Aが辺BCに重なるように△ABCを折る。このとき，折り目となる直線をコンパスと定規を使って作図しなさい。ただし，作図するためにかいた線は，消さないでおきなさい。　［埼玉県］

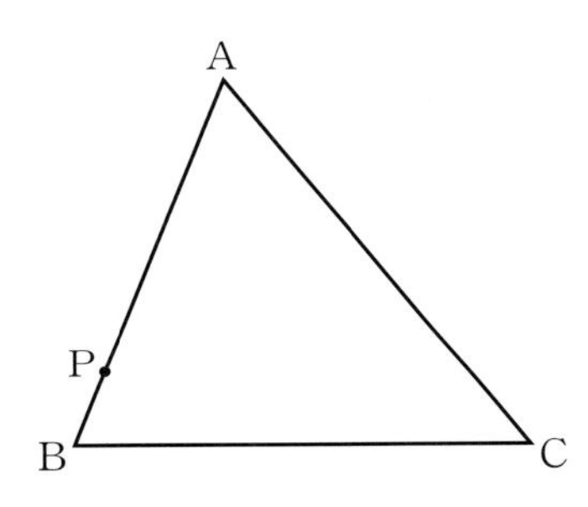

3 ↪1,2　41%

右の図のように，△ABCがある。2点A，Cから等しい距離（きょり）にあって，∠ABCの二等分線上にある点Pを，定規とコンパスを使い，作図によって求めなさい。ただし，定規は直線をひくときに使い，長さを測ったり角度を利用したりしないこととする。なお，作図に用いた線は消さずに残しておくこと。　［高知県］

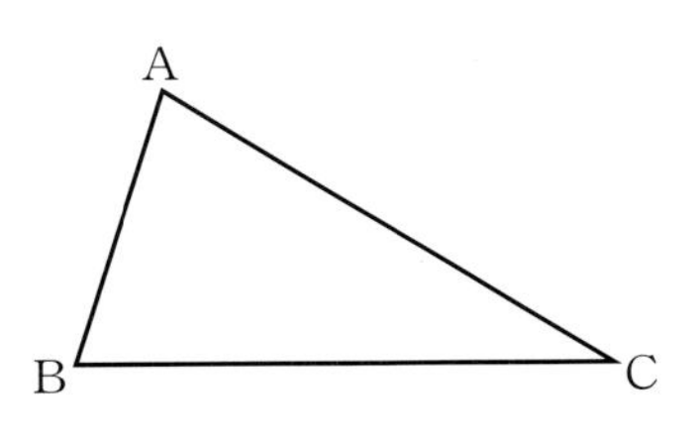

4 ↪1,2　53%

右の図のような，線分ABを直径とする半円がある。この半円の$\overset{\frown}{AB}$上に，$\overset{\frown}{AP}$と$\overset{\frown}{PB}$の長さの比が，$\overset{\frown}{AP}:\overset{\frown}{PB}=3:1$となる点Pを，コンパスと定規を使って作図しなさい。作図に用いた線は消さずに残しておくこと。　［宮崎県］

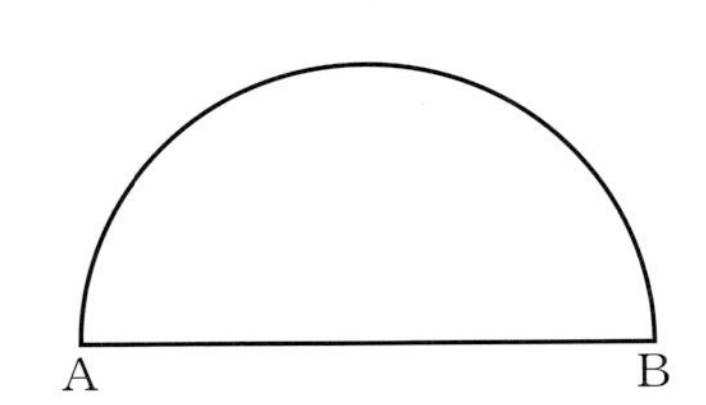

正答率

5

難

↪2

11%

右の図のように，半直線OX，OYがあり，点Aは半直線OY上の点である。半直線OX上に∠OAP＝30°となる点Pを，定規とコンパスを使い，作図によって求めなさい。ただし，定規は直線をひくときに使い，長さを測ったり角度を利用したりしないこととする。なお，作図に用いた線は消さずに残しておくこと。 ［高知県］

6

↪3

66%

右の図のような△ABCがある。辺BCを底辺(ていへん)としたときの高さを表す線分APを，作図によって求めなさい。ただし，作図には定規とコンパスを使い，また，作図に用いた線は消さないこと。 ［栃木県］

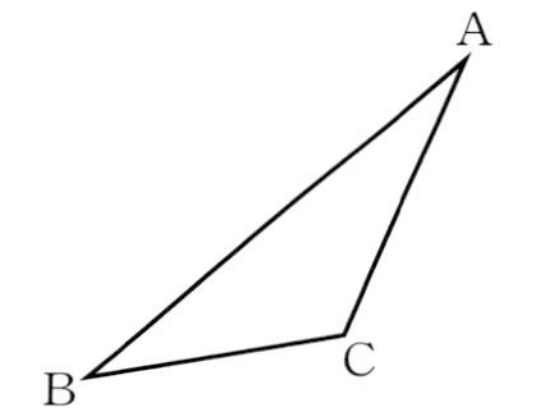

7

差がつく

↪3

47%

正方形の紙の上に点Pがある。この紙から，点Pを中心とする半径が最も大きい円を切り取る。右の図は，正方形の紙と同じ大きさの正方形ABCDをかき，点Pの位置を示したものである。切り取る円を，定規とコンパスを用いて作図しなさい。ただし，作図に用いた線は消さないこと。 ［秋田県］

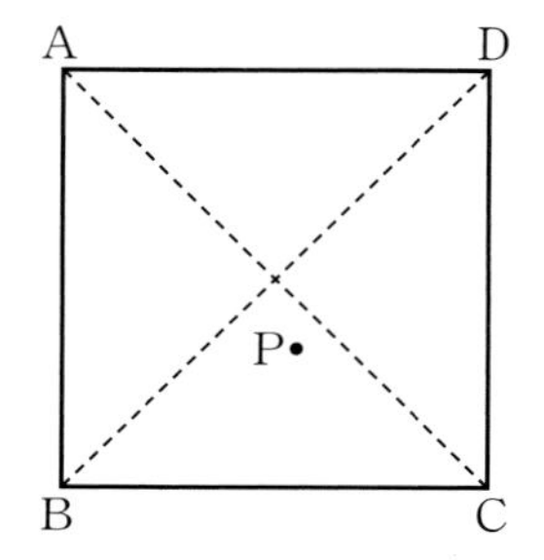

正答率

8 難 ↪1,3

右の図のように，円Oの周上に点Aがあり，円Oの外部に点Bがある。点Aを接点とする円Oの接線上にあり，∠OPA＝∠OPBとなる点Pを，作図によって1つ求めなさい。ただし，作図には定規とコンパスを用い，作図に用いた線は消さないこと。 ［大分県］

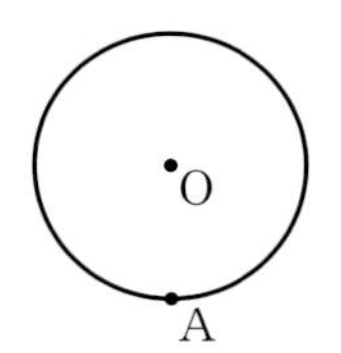

9 ↪1,2,3

37%

右の図のように，∠B＝90°の直角三角形ABCがある。辺AB，BC，CA上にそれぞれ点P，Q，Rをとり，四角形PBQRが正方形となるように3点P，Q，Rを作図によって求めなさい。また，3点の位置を示す文字P，Q，Rも書きなさい。ただし，三角定規の角を利用して平行線や垂線（すいせん）をひくことはしないものとし，作図に用いた線は消さずに残しておくこと。 ［千葉県］

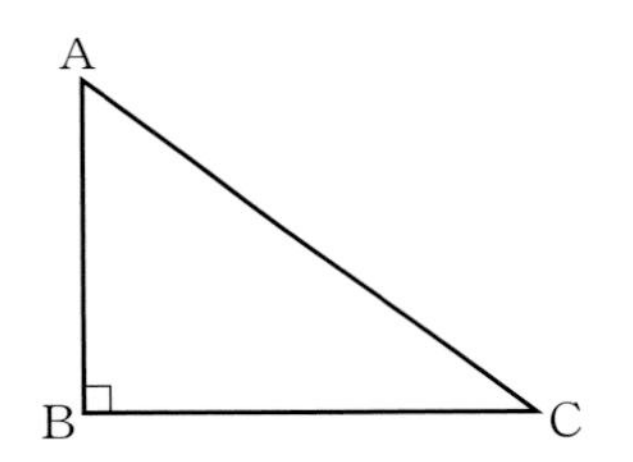

10 差がつく ↪1

右の図のように，△ABCを辺BCと平行な直線ℓで2つに分けたとき，上の三角形をS，下の台形をTとする。SとTの面積比が1：3となるように下の図に，直線ℓを作図しなさい。（作図に用いた線は消さないこと。） ［福井県］

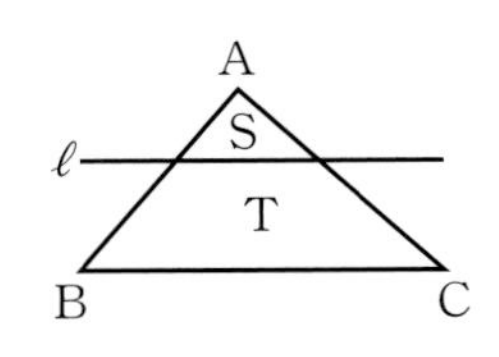

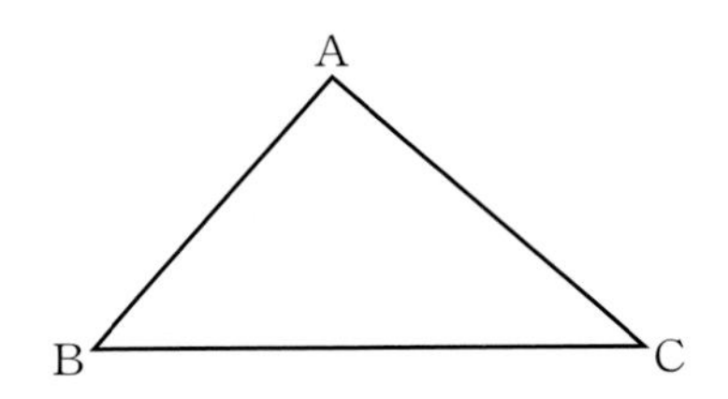

平面図形

» 平面図形

平行線と比

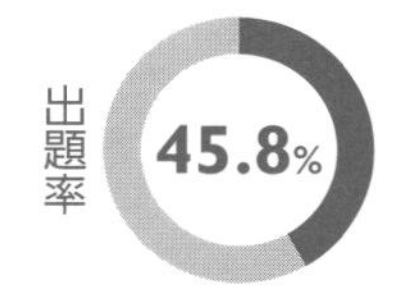

平行線と比の性質や中点連結定理は，線分の長さを求める問題のほかに，図形の証明の問題でもよく使われるので，しっかりおさえておこう。

1 平行線と比

出題率 34.4%

|1| 三角形と比

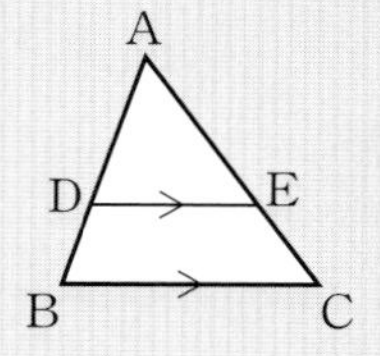

△ABCの辺AB，AC上の点をそれぞれD，Eとするとき，

- DE//BCならば，
  AD：AB＝AE：AC＝DE：BC，AD：DB＝AE：EC
- AD：AB＝AE：ACならば，DE//BC
- AD：DB＝AE：ECならば，DE//BC

|2| 平行線と比

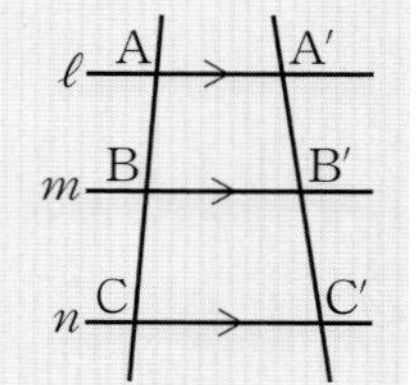

右の図で，直線ℓ，m，nが平行ならば，

AB：BC＝A′B′：B′C′

(AB：A′B′＝BC：B′C′)

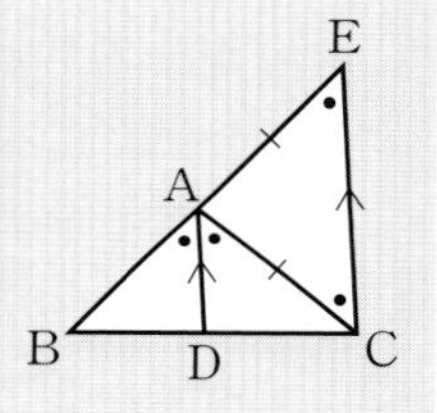

例 △ABCで，∠Aの二等分線と辺BCの交点をDとすると，**AB：AC＝BD：CD**となる。そのわけは，点Cを通り，ADに平行な直線をひき，BAの延長との交点をEとすると，AD//ECより，平行線の性質から，△ACEは二等辺三角形となり，AB：ACはAB：AEと等しくなる。つまり，BD：CDと等しくなる。

2 中点連結定理

△ABCの辺AB，ACの中点をそれぞれM，Nとすると，

MN//BC，MN＝$\frac{1}{2}$BC

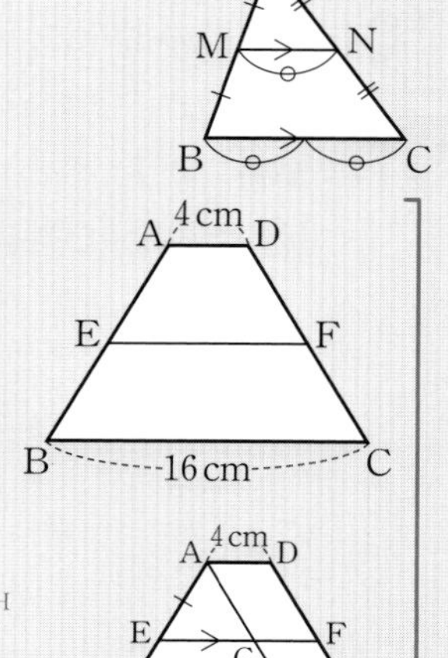

例題 右の図のように，AD//BCの台形ABCDがある。辺ABの中点Eを通り辺BCに平行な直線をひき，辺CDとの交点をFとするとき，線分EFの長さを求めなさい。

解答 点Aを通り辺CDに平行な直線をひき，線分EF，辺BCとの交点をそれぞれG，Hとすると，四角形GHCF，AHCDは平行四辺形であるから，GF＝HC＝AD＝4 cm

EG//BHより，AG：GH＝AE：EB＝1：1 ←AE＝EB，AG＝GH

よって，中点連結定理より，EG＝$\frac{1}{2}$BH＝6 (cm)

したがって，EF＝EG＋GF＝6＋4＝**10 (cm)** …答

実力アップ問題

解答・解説｜別冊p.47

正答率

1

超重要 ↪ 1

次の問いに答えなさい。

(1) 次の図のように，平行な2つの直線ℓ，mに2直線が交わっている。xの値（あたい）を求めなさい。　［栃木県］

(1) 70%

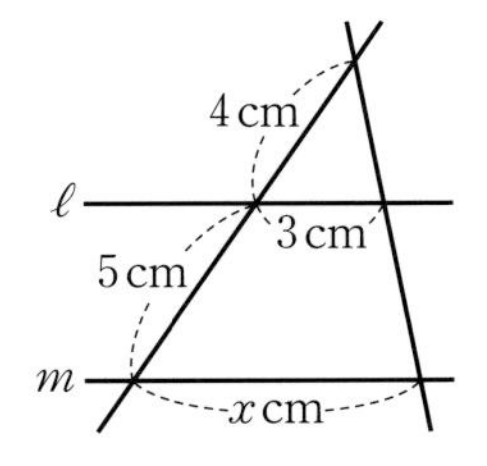

［　　　　］

(2) 次の図において，DE∥BCであるとき，x，yの値をそれぞれ求めなさい。　［群馬県］

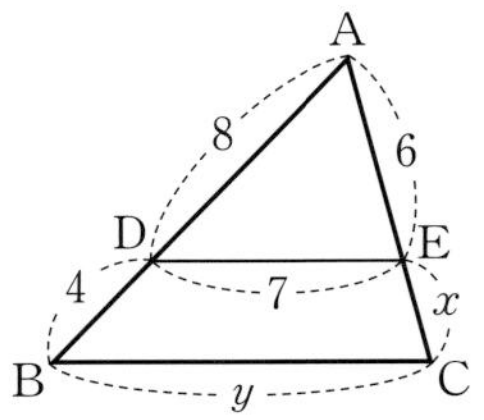

x［　　　　］

y［　　　　］

(3) 次の図で，AD∥BCであるとき，xの値を求めなさい。　［新潟県］

(3) 93%

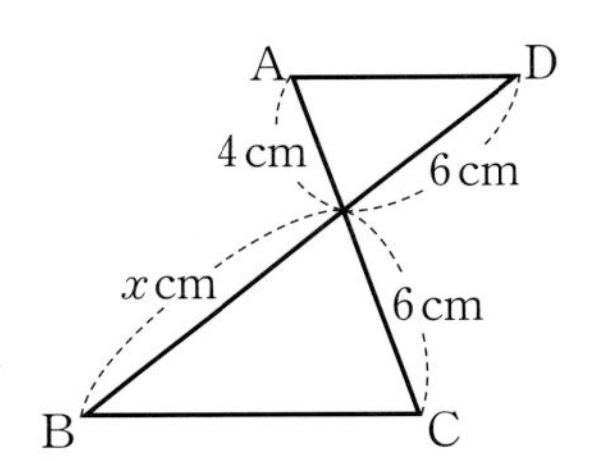

［　　　　］

(4) 次の図で，四角形ABCDは，AD∥BCの台形である。EF∥BCのとき，線分EFの長さを求めなさい。　［岩手県］

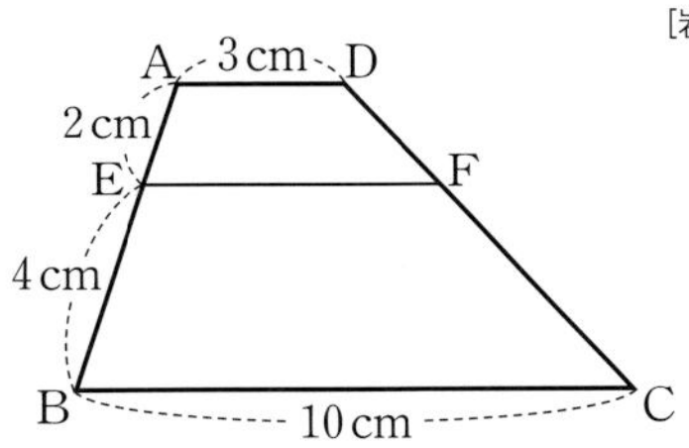

［　　　　］

2

難 ↪ 1

右の図において，四角形ABCDは平行四辺形であり，点Eは辺ADの中点（ちゅうてん）である。
また，点Fは辺BC上の点で，BF：FC＝3：1であり，点Gは辺CD上の点で，CG：GD＝2：1である。線分BGと線分EFとの交点をHとするとき，線分BHと線分HGの長さの比を最も簡単な整数の比で表しなさい。　［神奈川県］

9%

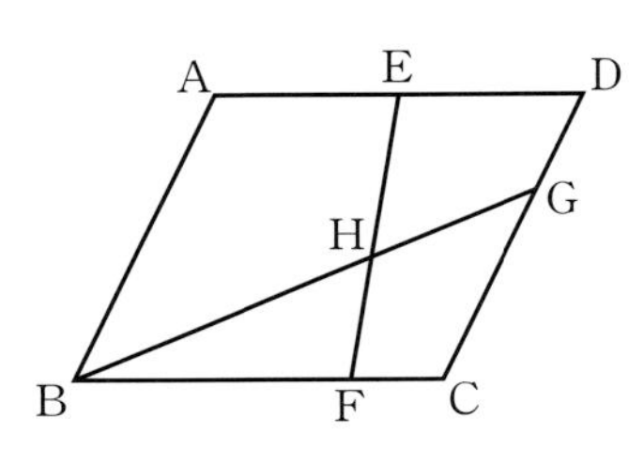

［　　　　］

平面図形

正答率

3 差がつく ↪1

右の図のような長方形ABCDがあり，AB＝11cm，BC＝8cmである。点Eは辺CD上の点で，CE＝6cmである。∠ABEの二等分線をひき，辺ADとの交点をFとするとき，線分DFの長さは何cmか。 ［香川県］

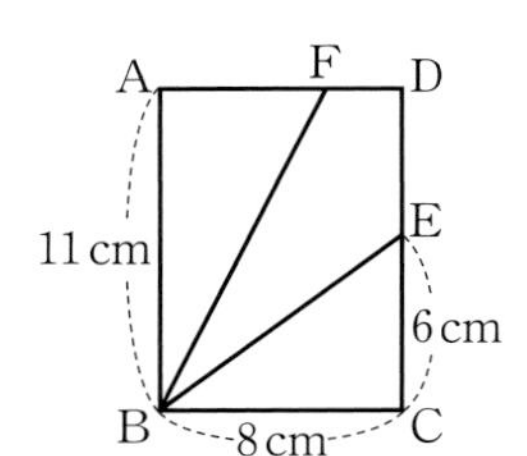

〔　　　　　〕

4 ↪1,2

下の図のように，AB＝4cm，CA＝2cm，∠A＝90°の直角三角形がある。辺ABの中点をDとし，辺ABの垂直二等分線と∠Aの二等分線との交点をEとする。線分DEと辺BCとの交点をF，線分AEと辺BCとの交点をGとし，(1)〜(4)に答えなさい。

［徳島県］

超重要 (1) 線分DFの長さを求めなさい。

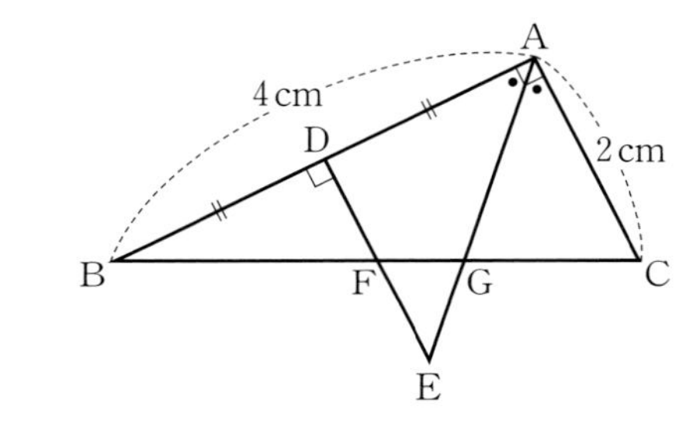

〔　　　　　〕

超重要 (2) △ADEの面積を求めなさい。

〔　　　　　〕

(3) △ACG∽△EFGを証明しなさい。

〔　　　　　　　　　　　　　　　　　　〕

差がつく (4) 線分AGの長さを求めなさい。

〔　　　　　〕

正答率

5
↪1,2

右の図のような長方形ABCDがあり，AD＝12cm，BD＝13cmである。辺AB上に点EをBE＝2cmとなるようにとり，2点C，Eを通る直線と対角線BDとの交点をFとする。また，長方形ABCDの対角線の交点をGとし，点Gを通り直線ABに平行な直線と直線CEとの交点をHとする。

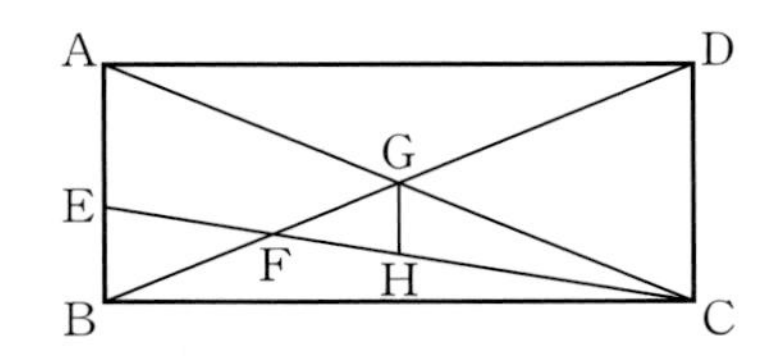

このとき，次の問い(1)，(2)に答えなさい。［京都府］

(1) 辺ABの長さを求めなさい。また，EF：FHを最も簡単な整数の比で表しなさい。

ABの長さ〔　　　　〕　EF：FH〔　　　　〕

(2) 2点D，Eを通る直線と対角線ACとの交点をIとするとき，四角形EFGIの面積を求めなさい。

〔　　　　〕

6
↪1

右の図のように，△ABCの辺AB上に点D，辺AC上に点Eがあり，AD：DB＝AE：EC＝1：3とする。

次の問いに答えなさい。［北海道］

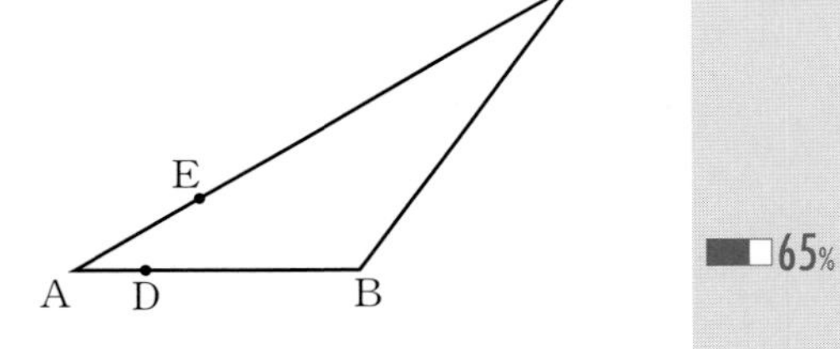

(1) ∠ACB＝25°のとき，∠CEDの大きさを求めなさい。

65%

〔　　　　〕

難 (2) ED：EB＝1：2のとき，△BED∽△CBEを証明しなさい。

6%

〔　　　　〕

平面図形

» 平面図形

四角形

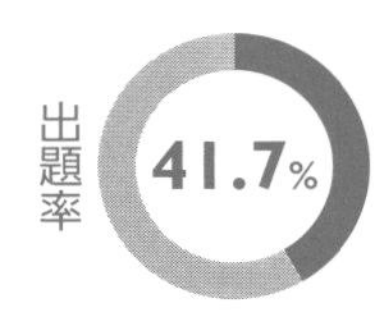

入試メモ　平行四辺形の性質を使って，辺の長さや角の大きさを求める問題が出題されやすい。等積変形の問題は図形だけでなく，図形と関数の分野でも出題されやすい。

1 平行四辺形

出題率 30.2%

|1| 平行四辺形の性質 ― 2組の対辺がそれぞれ平行な四角形

① 2組の対辺（たいへん）はそれぞれ等しい。

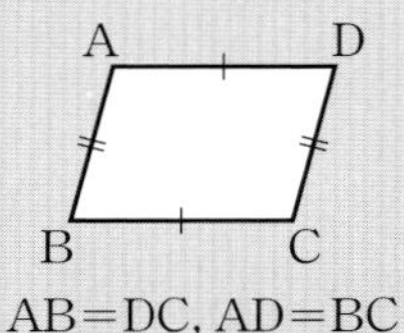

AB＝DC, AD＝BC

② 2組の対角（たいかく）はそれぞれ等しい。

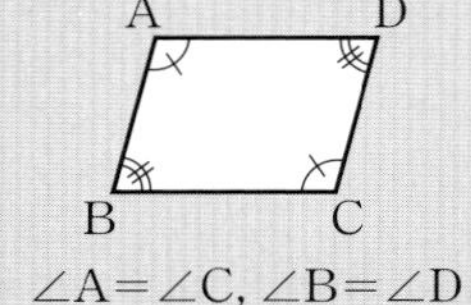

∠A＝∠C, ∠B＝∠D

③ 対角線はそれぞれの中点で交わる。

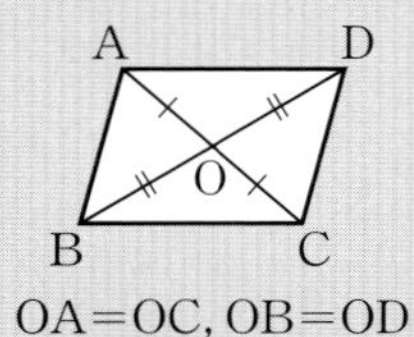

OA＝OC, OB＝OD

|2| 平行四辺形になるための条件

四角形は，次の①～⑤のどれかが成り立つとき，平行四辺形である。

① 2組の対辺がそれぞれ平行である。

② 2組の対辺がそれぞれ等しい。

③ 2組の対角がそれぞれ等しい。

④ 対角線がそれぞれの中点で交わる。

⑤ 1組の対辺が平行でその長さが等しい。

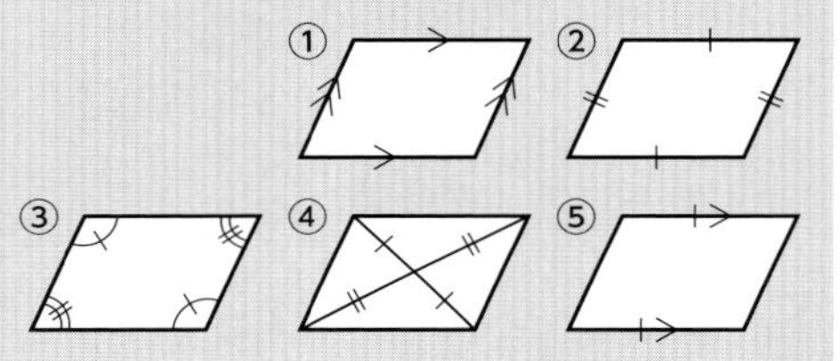

2 特別な平行四辺形

出題率 5.2%

|1| 長方形の性質 ― 4つの角がすべて等しい四角形

長方形の対角線は等しい。

|2| ひし形の性質 ― 4つの辺がすべて等しい四角形

ひし形の対角線は垂直に交わる。

|3| 正方形の性質 ― 4つの角がすべて等しく，4つの辺がすべて等しい四角形

正方形の対角線は等しく，垂直に交わる。

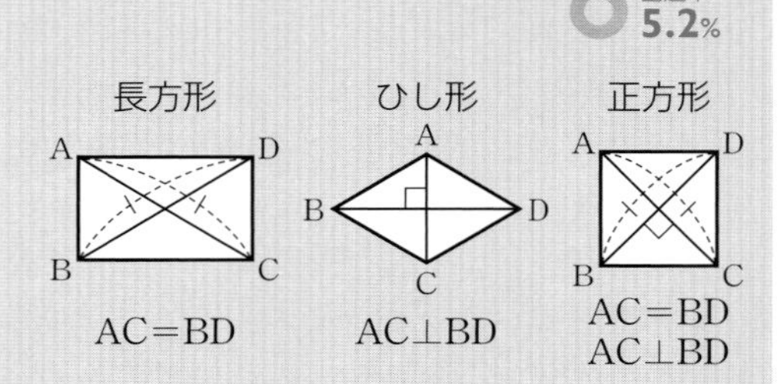

3 平行線と面積

出題率 8.3%

|1| 底辺が共通な三角形

底辺が共通で高さが等しい2つの三角形の面積は等しい。

右の図で，PQ∥ABならば，△PAB＝△QAB

|2| 等積変形…ある図形の面積を変えずに，形だけ変えること。

右の図で，AC∥DEならば，四角形ABCD＝△ABE

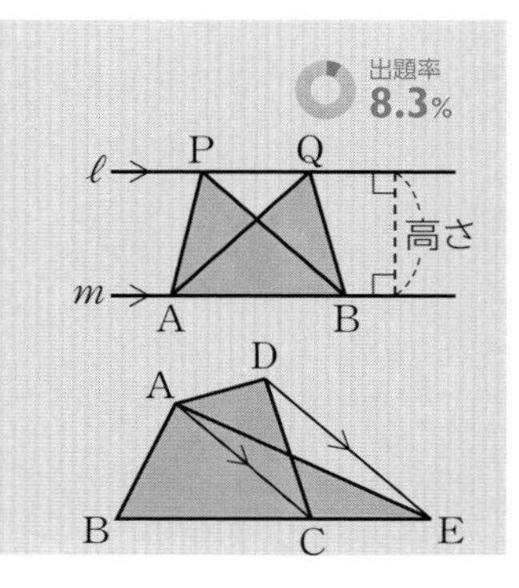

実力アップ問題

解答・解説｜別冊p.50

正答率

1

超重要 ↪ 1,2

次の問いに答えなさい。

(1) 右の図において，四角形ABCDは平行四辺形である。$\angle x$の大きさを求めなさい。〔栃木県〕

88%

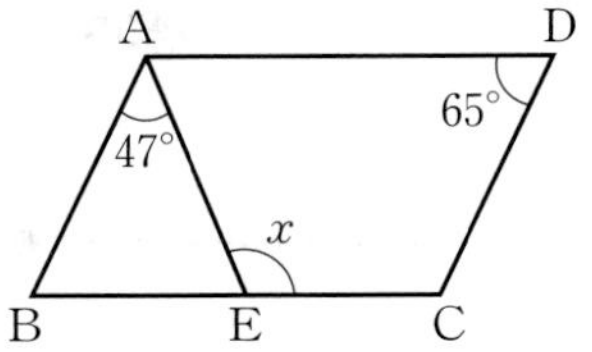

〔　　　　　〕

(2) 右の図は，平行四辺形ABCDで，対角線ACと対角線BDの交点をOとする。DO＝DCのとき，$\angle x$の大きさを求めなさい。〔鳥取県〕

66%

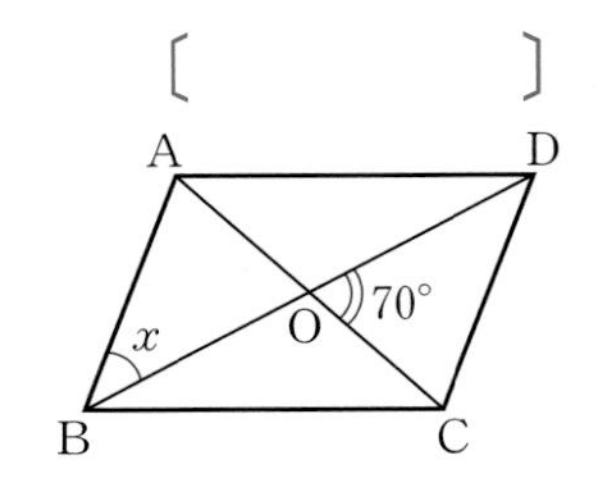

〔　　　　　〕

(3) 右の図で，四角形ABCDは長方形，E，F，Gはそれぞれ辺AD，DC，BC上の点である。

$\angle$DEF＝18°，$\angle$FGC＝26°のとき，$\angle$EFGの大きさは何度か，求めなさい。〔愛知県〕

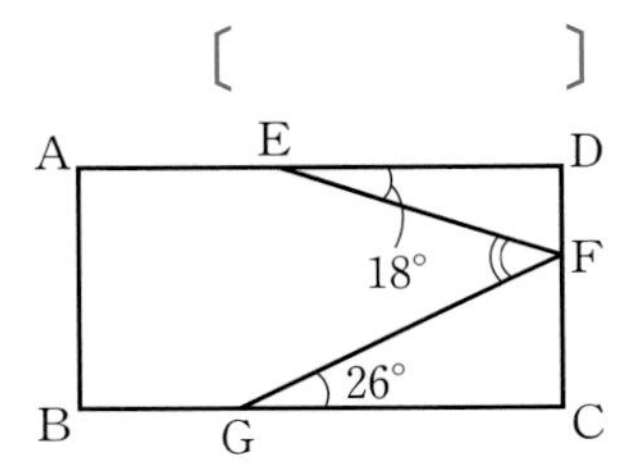

〔　　　　　〕

(4) 右の図のように，$\angle$ABC＝60°の平行四辺形ABCDがある。辺BC上に$\angle$AEB＝40°となるように点Eをとり，$\angle$DAEの二等分線と辺CDとの交点をFとする。$\angle$AFDの大きさを求めなさい。〔徳島県〕

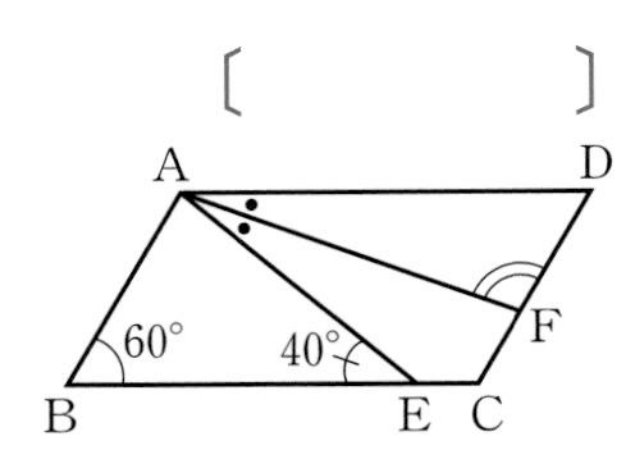

〔　　　　　〕

2

差がつく ↪ 3

右の図の平行四辺形ABCDで，AB，BC上にそれぞれ点E，Fをとる。AC∥EFのとき，△ACEと面積が等しい三角形を3つ書きなさい。〔青森県〕

29%

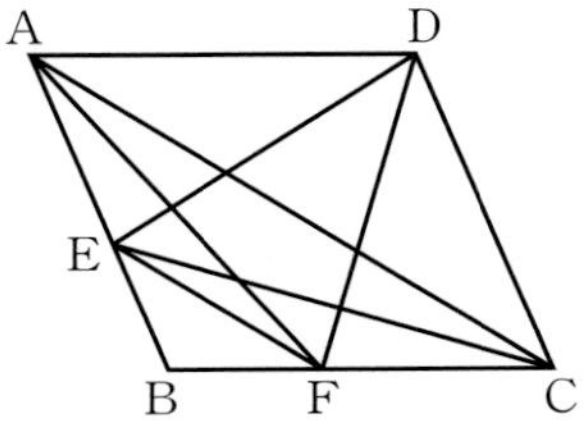

〔　　　　　　　　　　　　　　〕

平面図形

正答率

3

難

↪2

四角形ABCDの4辺AB，BC，CD，DAの中点（ちゅうてん）を，それぞれP，Q，R，Sとする。このとき，右の図のように，四角形ABCDが正方形の場合，4辺の中点を結んでできる四角形PQRSも正方形となる。

このように，四角形ABCDと内側にできる四角形PQRSが同じ呼び方となるのは，四角形ABCDがどのような場合か。次の**ア**～**エ**から正しいものをすべて選び，記号で答えなさい。

ただし，ここでは正方形を長方形や平行四辺形などと呼ばないように，四角形は最もふさわしい呼び方で考えるものとする。 ［島根県］

ア　台形　　**イ**　平行四辺形　　**ウ**　長方形　　**エ**　ひし形

［　　　　］

4

↪1

下の図のように，AB＝4cm，AD＝8cm，∠ABC＝60°の平行四辺形ABCDがある。辺BC上に点Eを，BE＝4cmとなるようにとり，線分EC上に点Fを，∠EAF＝∠ADBとなるようにとる。また，線分AEと対角線BDとの交点をG，線分AFと対角線BDとの交点をHとする。

このとき，次の問いに答えなさい。 ［愛媛県］

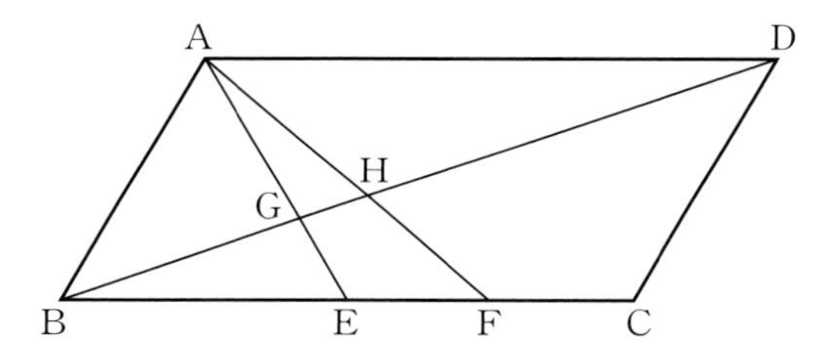

超重要 (1)　△AEF∽△DABであることを証明しなさい。

［　　　　］

(2)　線分AFの長さを求めなさい。

［　　　　］

難 (3)　△AGHの面積を求めなさい。

［　　　　］

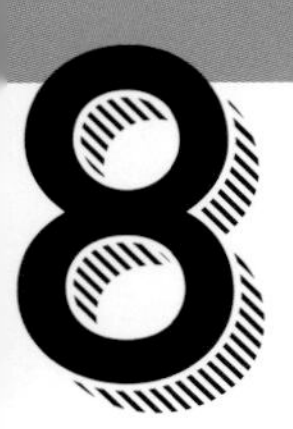

» 平面図形

8 平面図形の基本性質

出題率 35.4%

入試メモ 平行線の性質や多角形の内角(ないかく)・外角(がいかく)の性質は，角度を求めるだけではなく，図形の合同(ごうどう)や相似(そうじ)の証明問題にも広く利用される。

1 平行線と角

出題率 29.2%

|1| **対頂角**(たいちょうかく)…右の図の$\angle a$と$\angle c$，$\angle b$と$\angle d$のように向かい合っている角。対頂角は等しい。

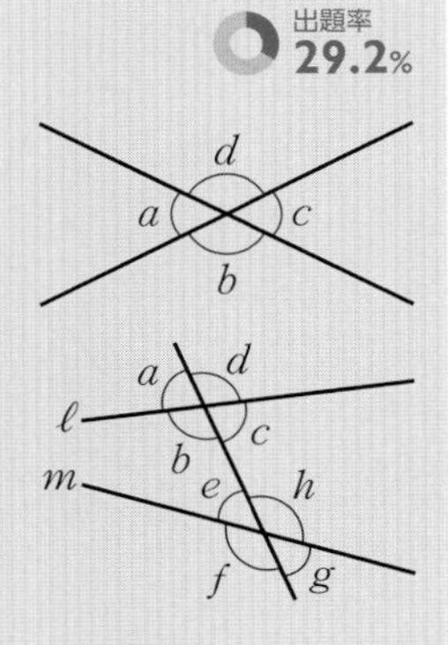

例 右の図で，$\angle a=\angle c$，$\angle b=\angle d$

|2| **同位角**(どういかく)…右の図のように，2つの直線ℓ，mに1つの直線が交わってできる角のうち，$\angle a$と$\angle e$，$\angle b$と$\angle f$，$\angle c$と$\angle g$，$\angle d$と$\angle h$の位置にある角。

|3| **錯角**(さっかく)…右の図のように，2つの直線ℓ，mに1つの直線が交わってできる角のうち，$\angle b$と$\angle h$，$\angle c$と$\angle e$の位置にある角。

|4| **平行線の性質**

・平行な2直線に1つの直線が交わるとき，同位角，錯角は等しい。

例 右の図で，$\angle a=\angle c$（同位角），$\angle b=\angle c$（錯角）

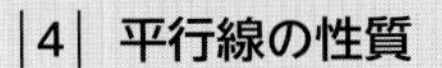

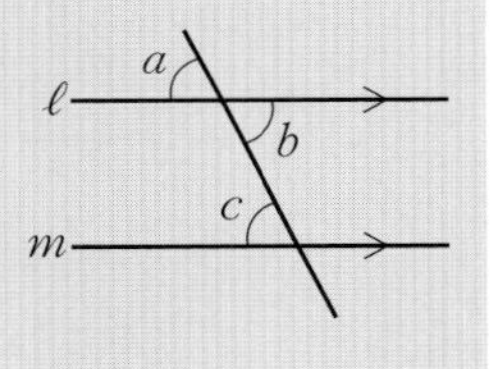

・2直線に1つの直線が交わるとき，同位角または錯角が等しいならば，2直線は平行である。

2 多角形の角

出題率 4.2%

|1| **多角形の内角の和**…n角形の内角の和は，$180^\circ\times(n-2)$で求められる。

例 十六角形の内角の和は，$180^\circ\times(16-2)=\mathbf{2520^\circ}$

|2| **多角形の外角の和**…多角形の外角の和は360°である。

例 正九角形の1つの外角の大きさは，$360^\circ\div9=\mathbf{40^\circ}$

3 図形の移動

出題率 5.2%

① **平行移動**

図形を，一定の方向に一定の距離(きょり)だけずらす移動。

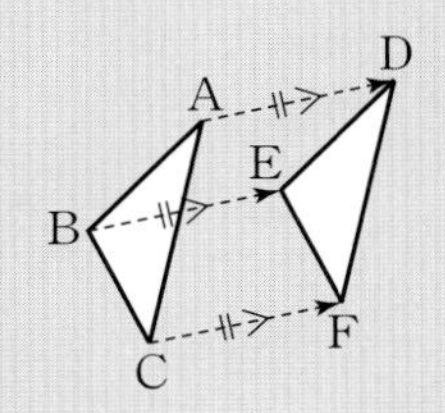

② **回転移動**

図形を，1つの点を中心として，一定の角度だけ回転させる移動。

③ **対称移動**(たいしょう)

図形を，1つの直線を折り目として折り返す移動。

平面図形

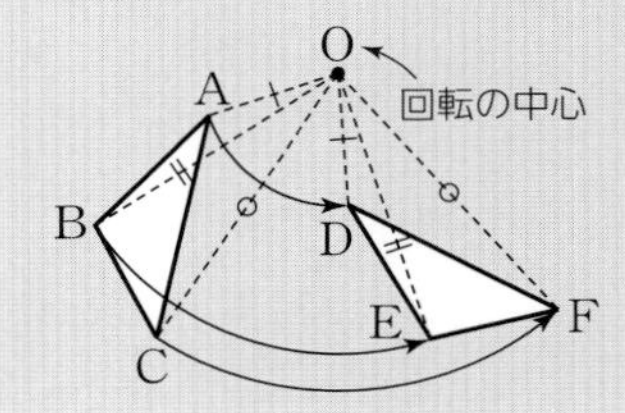

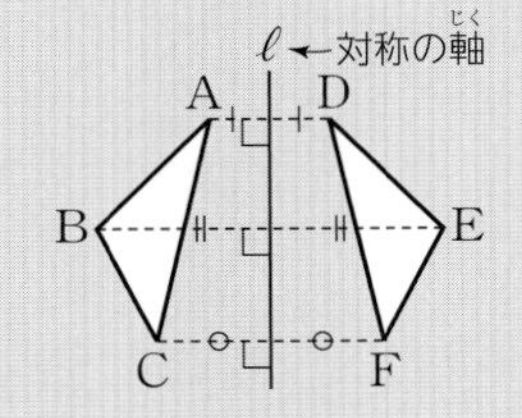

実力アップ問題

解答・解説｜別冊 p.51

正答率

1

超重要
↪ I

次の問いに答えなさい。

(1) 下の図のように，3つの直線が交わっている。$\angle x$の大きさは何度か，求めなさい。［兵庫県］

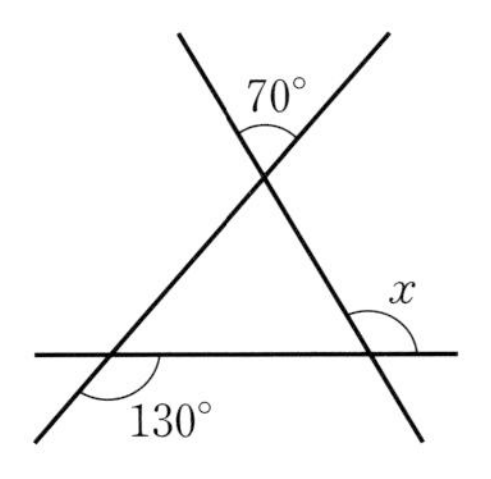

〔　　　　　〕

(2) 下の図で$\ell /\!/ m$である。$\angle x$の大きさを求めなさい。［島根県］

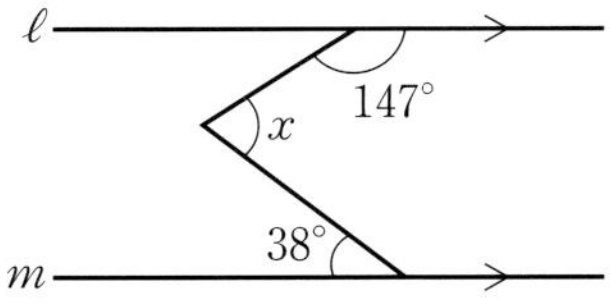

〔　　　　　〕

(3) 下の図で，$\ell /\!/ m$のとき，$\angle x$の大きさを求めなさい。［山口県］

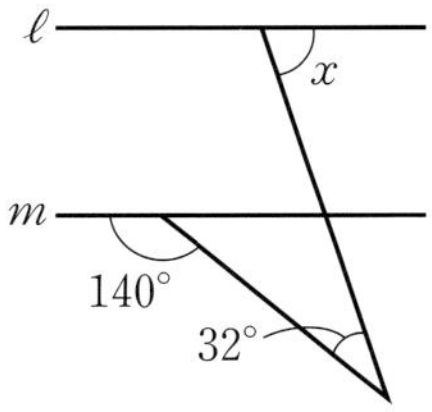

〔　　　　　〕

(4) 下の図で，$\ell /\!/ m$のとき，$\angle x$の大きさは何度か。［鹿児島県］

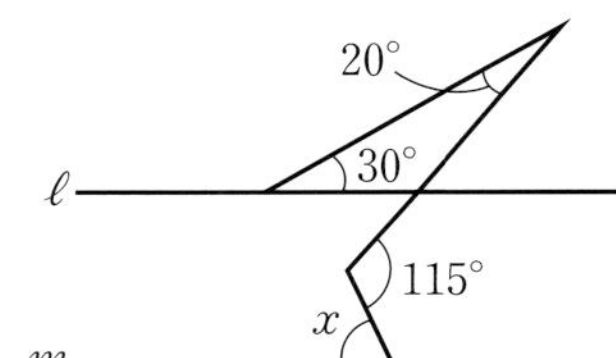

〔　　　　　〕

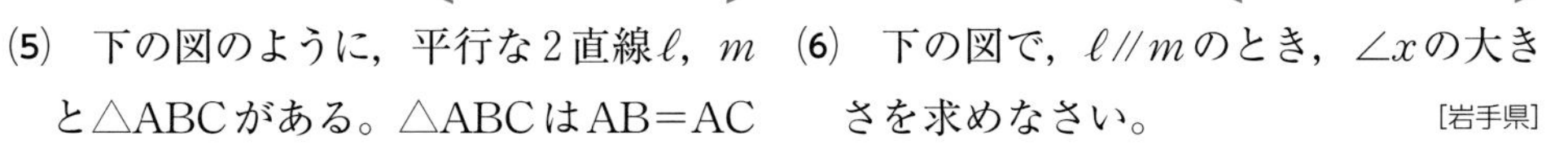

(5) 下の図のように，平行な2直線ℓ，mと△ABCがある。△ABCはAB＝ACの二等辺三角形であり，頂点Cはm上にある。
このとき，$\angle x$の大きさを求めなさい。［宮崎県］

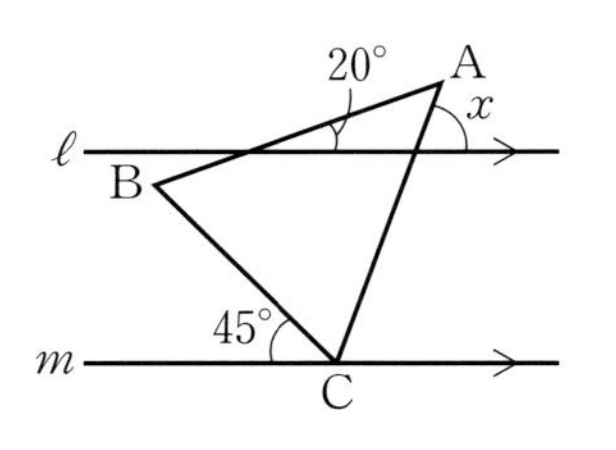

〔　　　　　〕

(6) 下の図で，$\ell /\!/ m$のとき，$\angle x$の大きさを求めなさい。［岩手県］

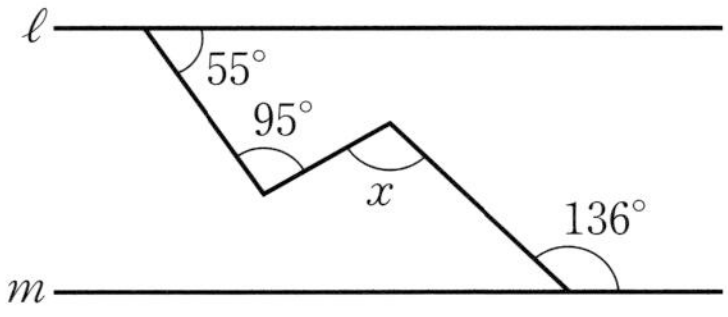

〔　　　　　〕

正答率

2

超重要 ↪ 1,2

次の問いに答えなさい。

(1) 下の図において，$\angle x$の大きさは何度か，求めなさい。 ［兵庫県］

(1) 79%

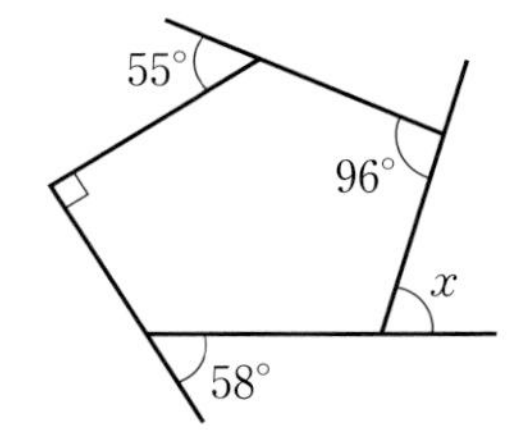

［　　　　］

(2) 下の図で，$\angle x$の大きさを求めなさい。 ［宮崎県］

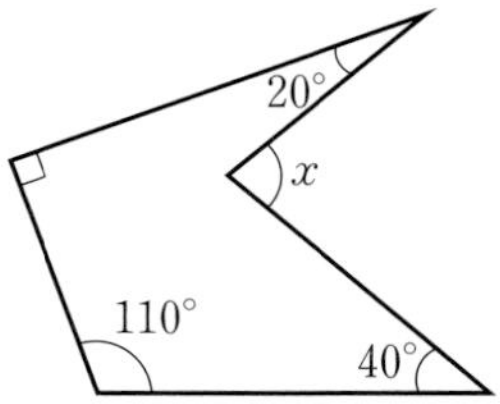

(2) 69%

［　　　　］

(3) 下の図で，五角形ABCDEは正五角形であり，$\ell /\!/ m$である。このとき，$\angle x$の大きさを求めなさい。 ［京都府］

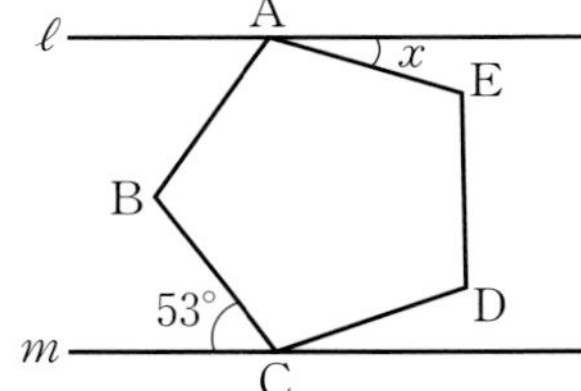

［　　　　］

(4) 下の図で，正六角形ABCDEFに，2つの平行な直線ℓ，mが交わっており，交点はそれぞれG，H，I，Jである。$\angle$GHF＝78°のとき，$\angle$IJEの大きさを求めなさい。 ［大分県］

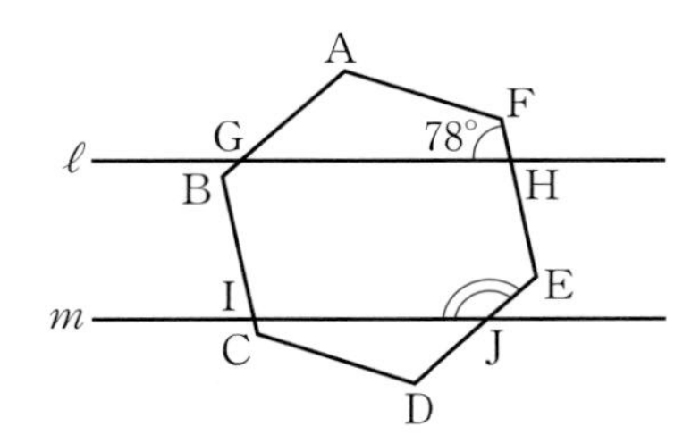

［　　　　］

3

超重要 ↪ 3

73%

右の図において，△ABC，△DBC，△DEC，△FECはすべて合同な直角二等辺三角形であり，$\angle$ABC＝$\angle$DBC＝$\angle$DEC＝$\angle$FEC＝90°である。6点A，B，C，D，E，Fは同じ平面上の異なる点である。次の**ア**〜**ウ**の三角形のうち，△ABCを，Cを回転の中心として回転移動させたものはどれか。1つ選び，記号で答えなさい。 ［大阪府］

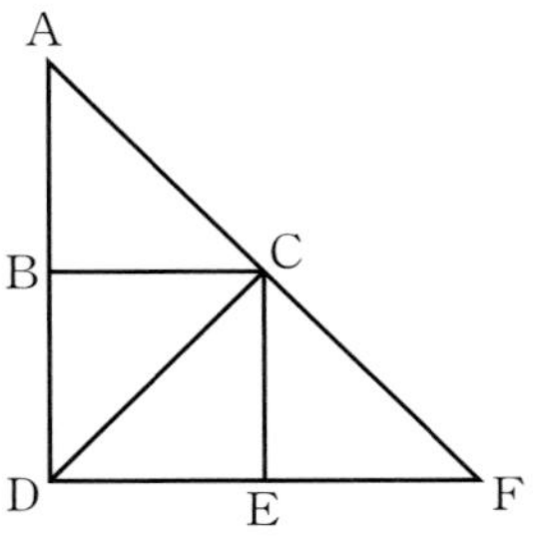

ア △DBC　**イ** △DEC　**ウ** △FEC

［　　　　］

平面図形

正答率

4

超重要
↪3

次の問いに答えなさい。

(1) 下の図の△ABCを，直線ℓを軸(じく)として対称(たいしょう)移動した図形を，方眼を利用してかきなさい。 ［広島県］ 91%

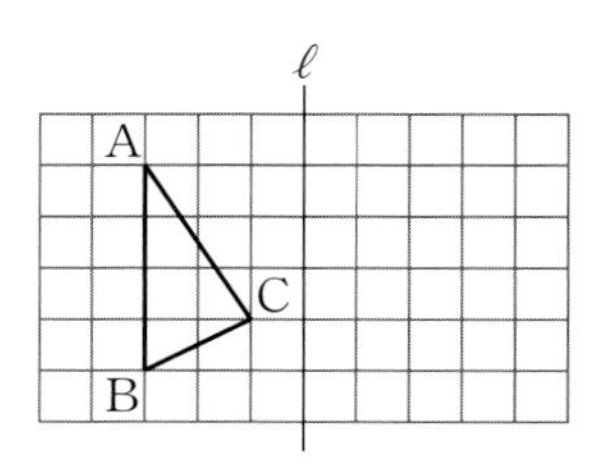

(2) 右の図において，線分CDを直径とする半円は，ある直線を対称の軸として，線分ABを直径とする半円を対称移動させた図形である。このとき，対称の軸となる直線を作図しなさい。ただし，作図には定規とコンパスを用い，作図に用いた線は消さずに残しておくこと。 ［山梨県］ 81%

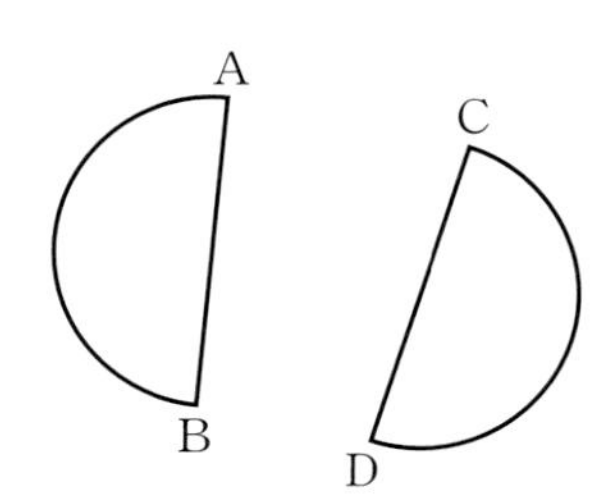

(3) 右の図において，直角三角形PQRは，直角三角形ABCを回転移動させたものである。このとき，回転の中心Oを，作図によって求めなさい。ただし，作図には定規とコンパスを用い，作図に使った線は消さないこと。 ［大分県］

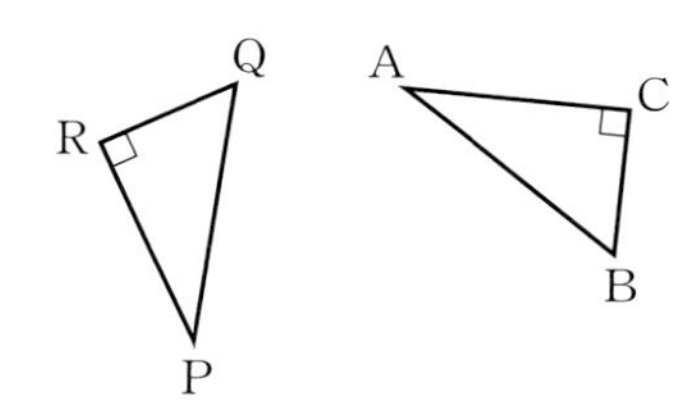

5

差がつく
↪1

右の図において，AC＝GE，BC∥DF，AD∥FGのとき，△ABCと△GFEは合同であることを証明しなさい。ただし，点Eは，線分AGと線分DFの交点とする。 ［鳥取県］

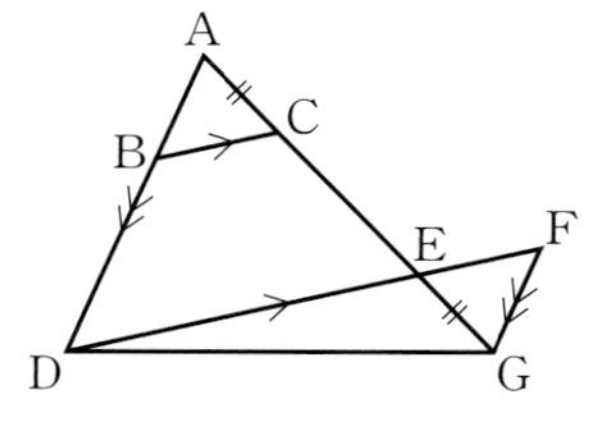

［　　　　　　　　　　　］

〔空間図形〕

出るとこチェック …… 122
▼出題率
1 86.5% 空間図形の基礎 …… 124
2 35.5% 空間図形と三平方の定理 …… 130

出るとこチェック 空間図形

次の問題を解いて，解法が身についているか確認しよう。

空間図形の基礎 →p.124

右の**図 1** は直方体ABCD−EFGHである。
このとき，

- □ **01** 辺ABと平行な辺を答えなさい。 (　　　　)
- □ **02** 辺AEと垂直な面を答えなさい。 (　　　　)
- □ **03** 面AEHDと平行な面を答えなさい。 (　　　　)
- □ **04** 辺ABとねじれの位置にある辺はいくつあるか。 (　　　　)

図 1

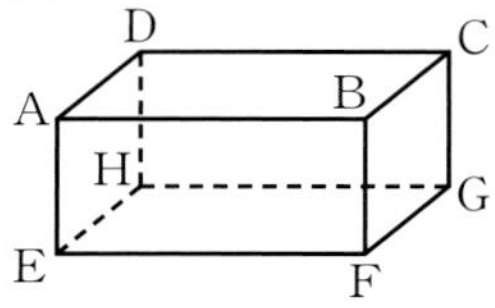

右の**図 2** は，ある立体の展開図である。
このとき，

- □ **05** 何という立体の展開図か。 (　　　　)
- □ **06** **ア**の長さを求めなさい。 (　　　　)
- □ **07** 側面積を求めなさい。 (　　　　)
- □ **08** 底面積を求めなさい。 (　　　　)
- □ **09** 表面積を求めなさい。 (　　　　)
- □ **10** 体積を求めなさい。 (　　　　)

図 2

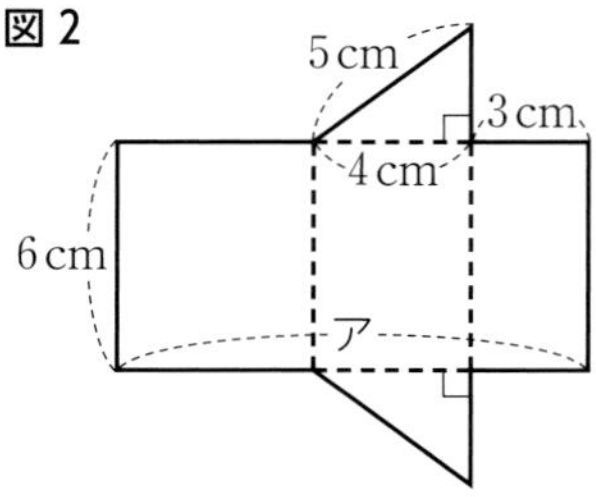

右の**図 3** は，ある立体の投影図（とうえいず）である。
このとき，

- □ **11** 何という立体の投影図か。 (　　　　)
- □ **12** 側面の展開図のおうぎ形の中心角は何度か。 (　　　　)
- □ **13** 側面積を求めなさい。 (　　　　)
- □ **14** 底面積を求めなさい。 (　　　　)
- □ **15** 表面積を求めなさい。 (　　　　)

図 3

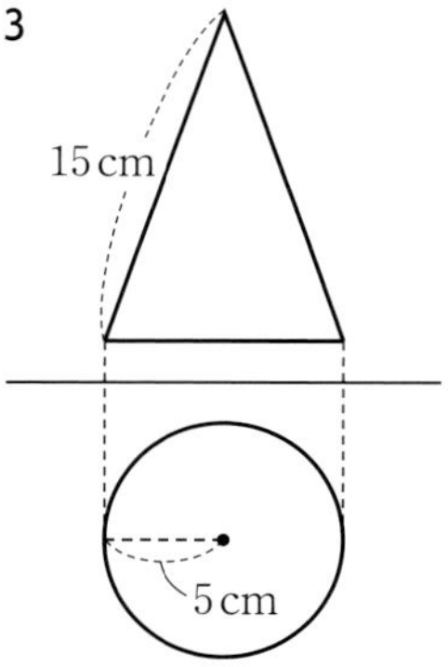

- □ **16** 半径が r の球の表面積を S とするとき，S を r の式で表しなさい。 (　　　　)
- □ **17** 半径が r の球の体積を V とするとき，V を r の式で表しなさい。 (　　　　)
- □ **18** 半径が 3 cm の球の表面積を求めなさい。 (　　　　)
- □ **19** 半径が 6 cm の球の体積を求めなさい。 (　　　　)
- □ **20** 半径が 2 倍になると球の体積は何倍になるか。 (　　　　)

2 空間図形と三平方の定理 →p.130

右の**図1**の直方体について,

□ **21** △EFGに三平方の定理を用いると,$EG^2=EF^2+\boxed{}^2$が成り立つ。□に当てはまる記号は何か。 (　　　)

□ **22** △AEGに三平方の定理を用いると,$AG^2=AE^2+\boxed{}^2$が成り立つ。□に当てはまる記号は何か。 (　　　)

□ **23** 対角線AGの長さを求めなさい。 (　　　)

□ **24** 右の**図2**の立方体の対角線の長さを求めなさい。 (　　　)

図1

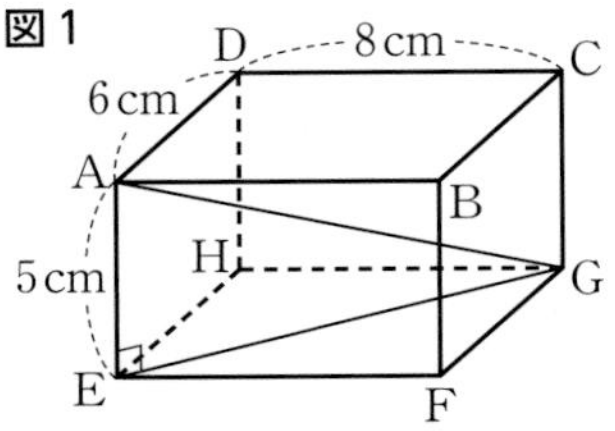

D 8cm C 6cm A B 5cm H G E F

図2

3cm 3cm 3cm

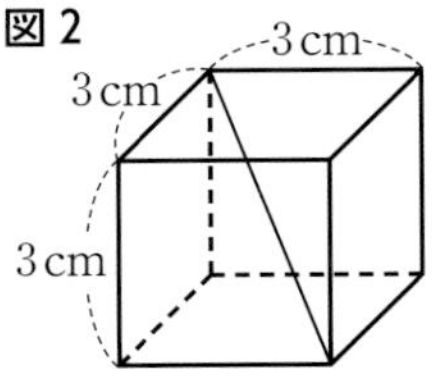

右の**図3**の円錐(すい)について,

□ **25** 高さを求めなさい。 (　　　)

□ **26** 底面積を求めなさい。 (　　　)

□ **27** 体積を求めなさい。 (　　　)

図3

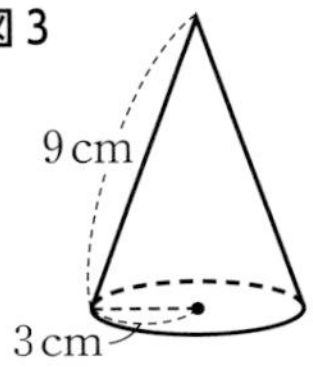

9cm 3cm

右の**図4**の正四角錐について,点Oから底面にひいた垂線をOHとするとき,

□ **28** △ABCに三平方の定理を用いると,AC=□cmで,AHは対角線の中点であることから,AH=□cmである。□に当てはまる数は何か。

AC(　　　)　AH(　　　)

□ **29** 底面積を求めなさい。 (　　　)

□ **30** 体積を求めなさい。 (　　　)

図4

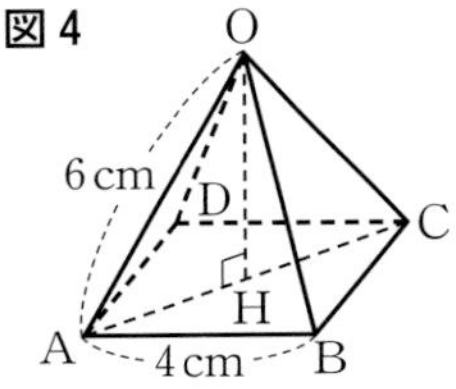

O 6cm D C H A 4cm B

右の**図5**の立方体で,点Aから辺BF,CGを通って,点Hまで糸がたるまないように巻きつける。糸の長さが最も短くなるとき,次の□に当てはまるものは何か。

□ **31** **図6**の展開図で最短の糸の長さは,線分□の長さで表される。 (　　　)

□ **32** △AEHに三平方の定理を用いると,最短の長さは□cmである。 (　　　)

図5

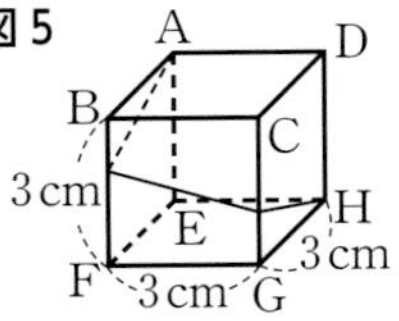

A D B C 3cm E H F 3cm G 3cm

図6

A B C D 3cm E F G H

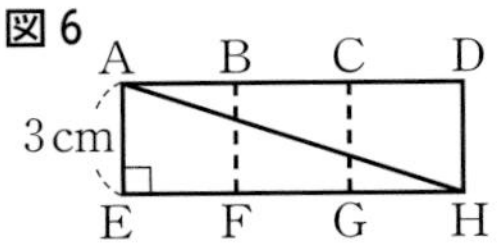

出るとこチェックの答え

1 01 辺EF, 辺HG, 辺DC　02 面ABCD, 面EFGH　03 面BFGC　04 4つ　05 三角柱　06 12cm　07 72cm^2　08 6cm^2　09 84cm^2　10 36cm^3　11 円錐　12 120°　13 $75\pi\text{cm}^2$　14 $25\pi\text{cm}^2$　15 $100\pi\text{cm}^2$　16 $S=4\pi r^2$　17 $V=\frac{4}{3}\pi r^3$　18 $36\pi\text{cm}^2$　19 $288\pi\text{cm}^3$　20 8倍

2 21 FG　22 EG　23 $5\sqrt{5}$cm　24 $3\sqrt{3}$cm　25 $6\sqrt{2}$cm　26 $9\pi\text{cm}^2$　27 $18\sqrt{2}\pi\text{cm}^3$　28 AC…$4\sqrt{2}$, AH…$2\sqrt{2}$　29 16cm^2　30 $\frac{32\sqrt{7}}{3}\text{cm}^3$　31 AH　32 $3\sqrt{10}$

» 空間図形

空間図形の基礎

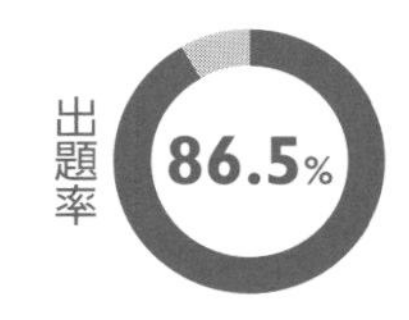

入試メモ　立体図形の求積問題は頻出である。見取図や展開図，投影図などから，辺の長さや高さを求めさせる問題も近年増加傾向にある。

1　直線や平面の位置関係

出題率 21.9%

・平行

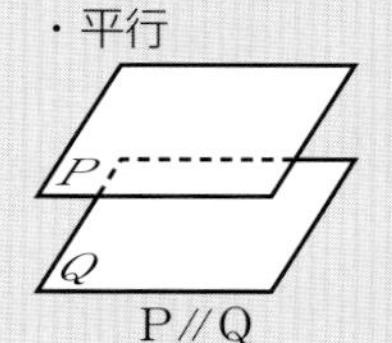

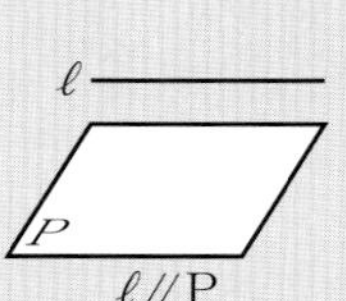

・交わる

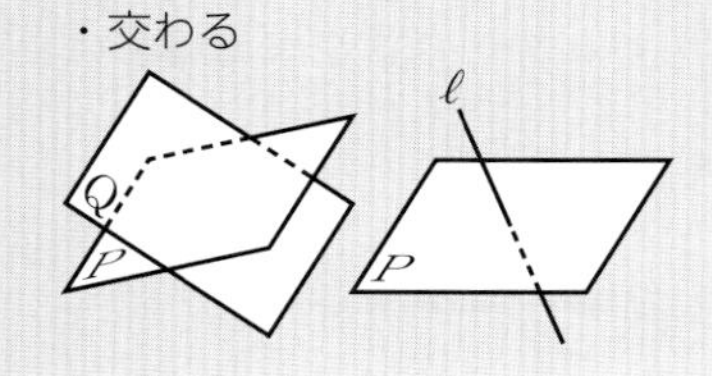

・ねじれの位置

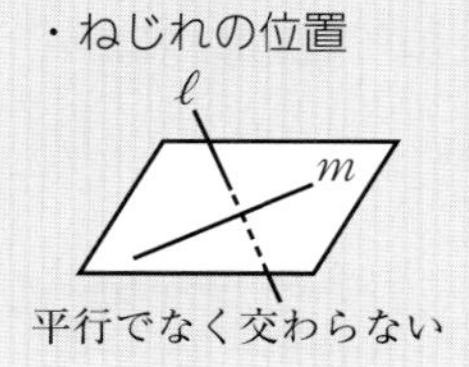

2　立体の展開図

出題率 12.5%

・三角柱　・円柱

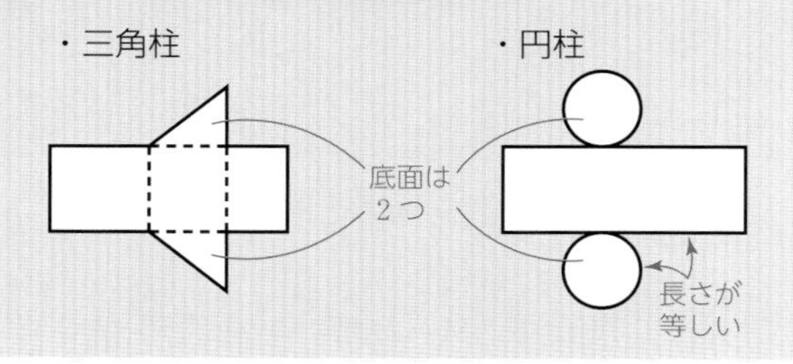

・四角錐　・円錐

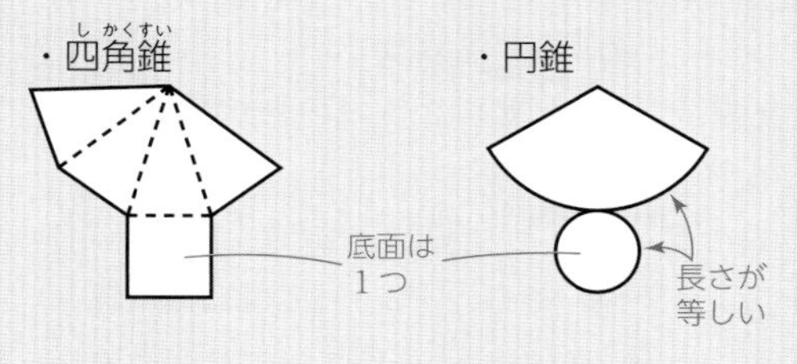

3　立体の投影図

出題率 8.3%

・四角錐

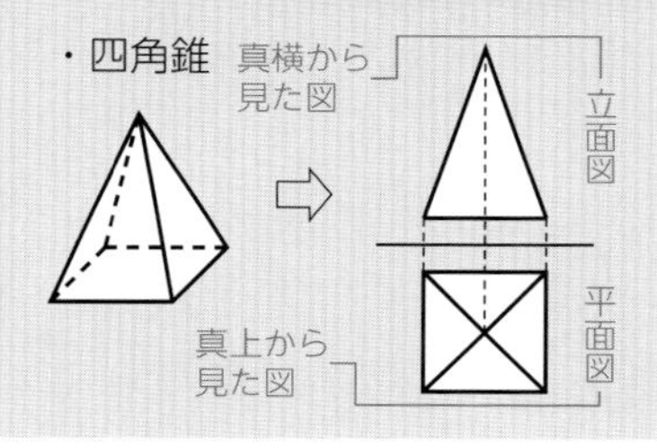

・円柱

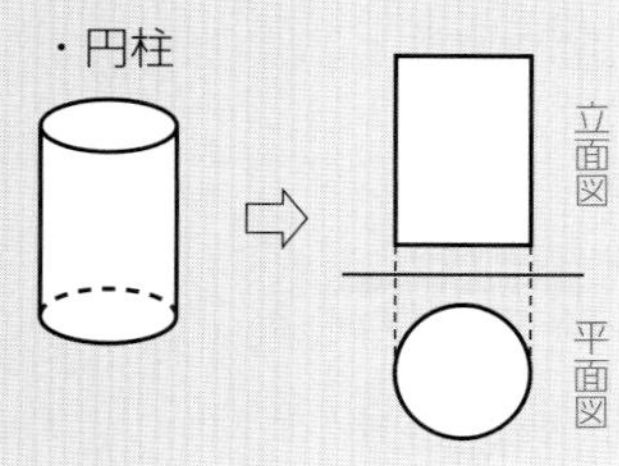

・球

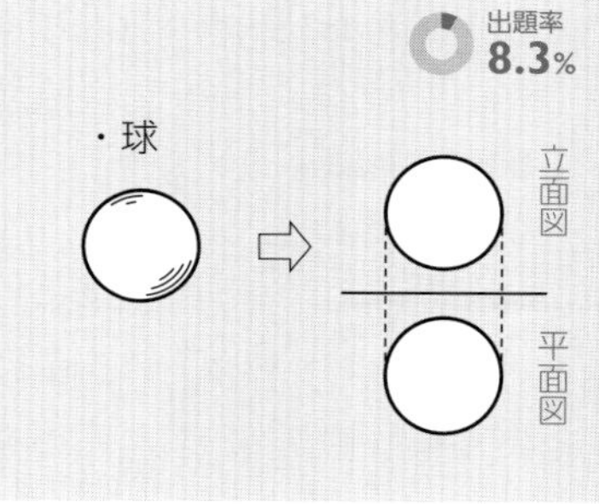

4　立体の表面積と体積

出題率 77.1%

|1| **立体の表面積**…立体のすべての面の面積の和

角柱・円柱…(側面積)＋(底面積)×2
（側面積：側面全体の面積　底面積：1つの底面の面積　×2：底面は2つ）

角錐・円錐…(側面積)＋(底面積)

|2| **立体の体積**

角柱・円柱…(底面積)×(高さ)

角錐・円錐…$\frac{1}{3}$×(底面積)×(高さ)

5　球の表面積と体積

出題率 13.5%

半径がrの球の表面積をS，体積をVとすると，　$S=4\pi r^2$，$V=\frac{4}{3}\pi r^3$

実力アップ問題

解答・解説｜別冊p.53

正答率

1

↪ 1,2

次の問いに答えなさい。

(1) 右の図のように，点A，B，C，D，E，F，G，Hを頂点とする立方体がある。この立方体において，辺ADと平行な辺をすべて書きなさい。 [広島県]

87%

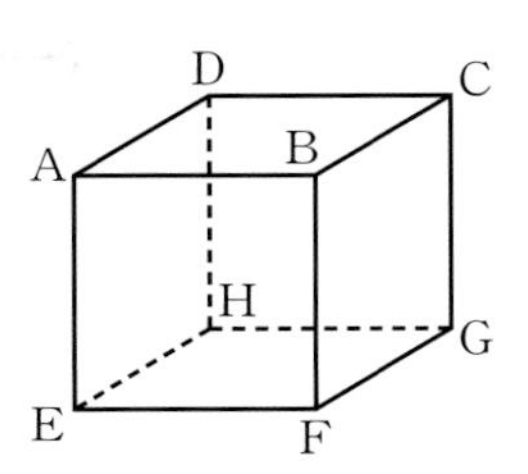

〔　　　　　　　　　　〕

(2) 右の図の三角柱ABC−DEFにおいて，辺ADとねじれの位置にある辺をすべて答えなさい。 [栃木県]

84%

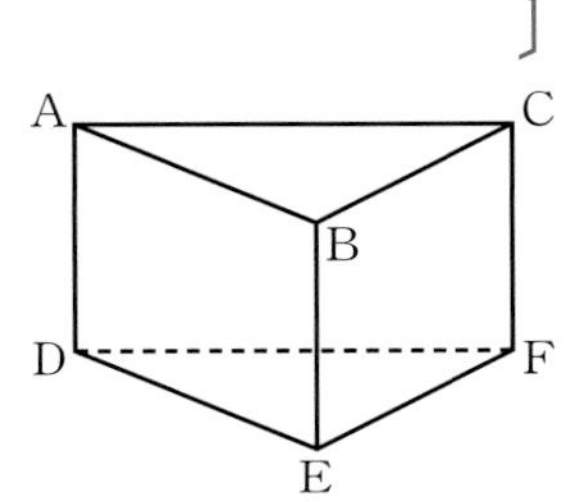

〔　　　　　　　　　　〕

(3) 右の図は，立方体の展開図である。この展開図を組み立てて作られる立方体について，辺ABと垂直な面を**ア**～**カ**の中からすべて選び，記号で答えなさい。 [岐阜県]

31%

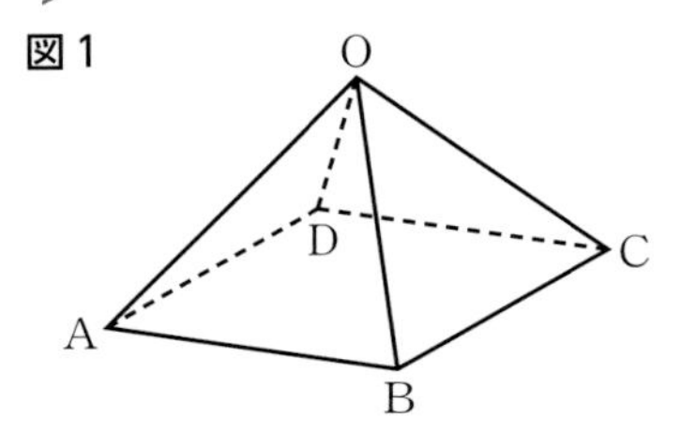

〔　　　　　　　　　　〕

差がつく (4) **図1**のように，点O，A，B，C，Dを頂点とし，すべての辺の長さが等しい正四角錐がある。**図2**はこの正四角錐の展開図の1つである。**図2**の展開図を作るためには，**図1**の正四角錐の3辺OA，OB，BCに加えて，どの1辺を切り開けばよいか。次の**ア**～**オ**から1つ選び，記号で答えなさい。 [奈良県]

ア 辺OC　**イ** 辺OD　**ウ** 辺AB
エ 辺AD　**オ** 辺CD

50%

図1

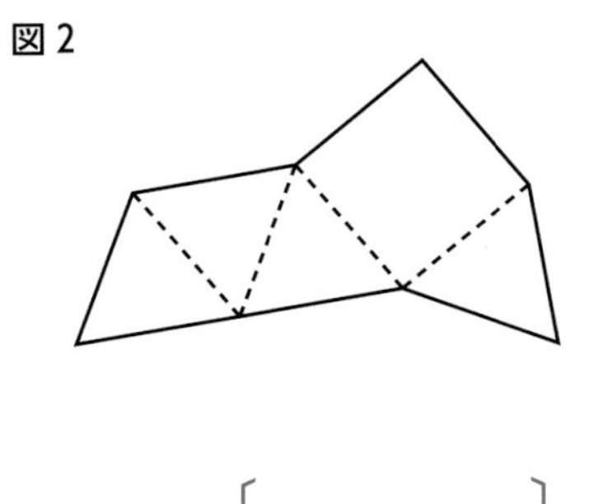

図2

〔　　　　　　　　　　〕

空間図形

正答率

2

↪ 2,4

直方体ABCD−EFGHがあり，AB＝6 cm，AD＝AE＝4 cmである。右のⅠ図は，この直方体に3つの線分AC，AF，CFを示したものである。

このとき，次の問い(1)，(2)に答えなさい。

［京都府］

Ⅰ図

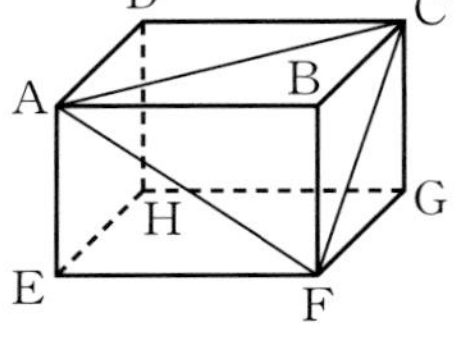

Ⅱ図

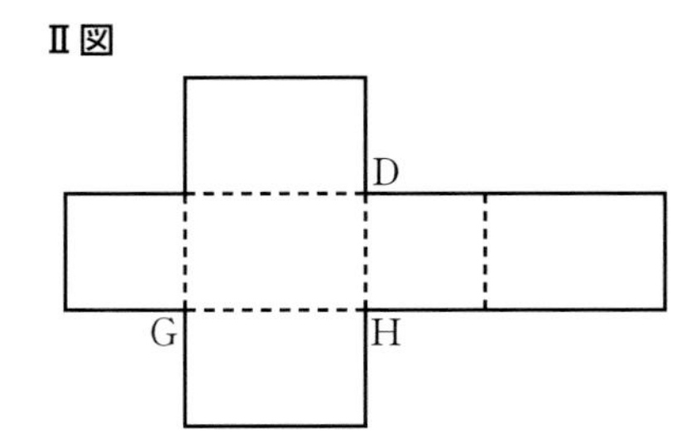

差がつく (1) 右のⅡ図は，直方体ABCD−EFGHの展開図の1つに，3つの頂点D，G，Hを示したものである。Ⅰ図中に示した，3つの線分AC，AF，CFを，図にかき入れなさい。ただし，文字A，C，Fを書く必要はない。

超重要 (2) 直方体ABCD−EFGHを，3つの頂点A，C，Fを通る平面で切ってできる，三角錐（すい）ABCFの体積を求めなさい。

〔　　　　　〕

3

↪ 2

次の問いに答えなさい。

(1) 右の図は円錐の展開図であり，側面のおうぎ形の中心角は120°で，底面の円の半径は4 cmである。

このとき，側面のおうぎ形の半径を求めなさい。

［和歌山県］

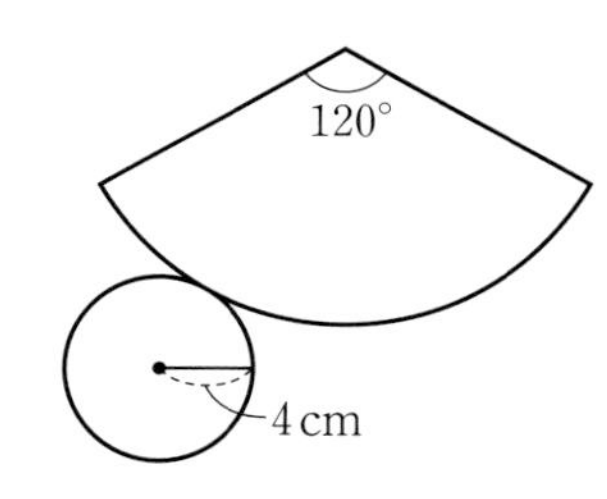

〔　　　　　〕

差がつく (2) 右の図は，底面の半径が6 cm，母線の長さが30 cmの円錐である。この円錐の展開図をかいたとき，側面になるおうぎ形の中心角の大きさを求めなさい。

［青森県］

49%

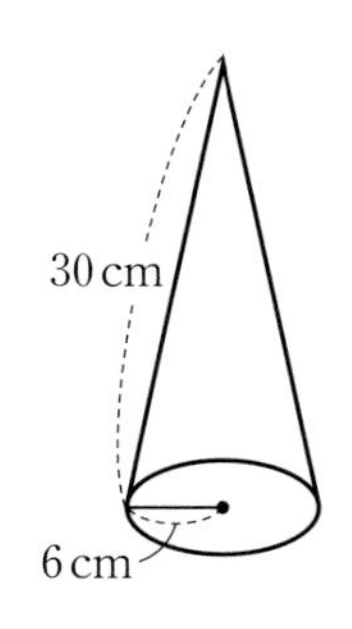

〔　　　　　〕

正答率

4

↪3,4

図1は，正三角柱を見取図と投影図に表したものである。また，**図2**は，体積が$360\,\mathrm{cm}^3$の直方体から，この直方体の3つの頂点を通る平面で三角錐を切り取った立体を，見取図に表したものである。あとの問いに答えなさい。 ［山形県］

図1

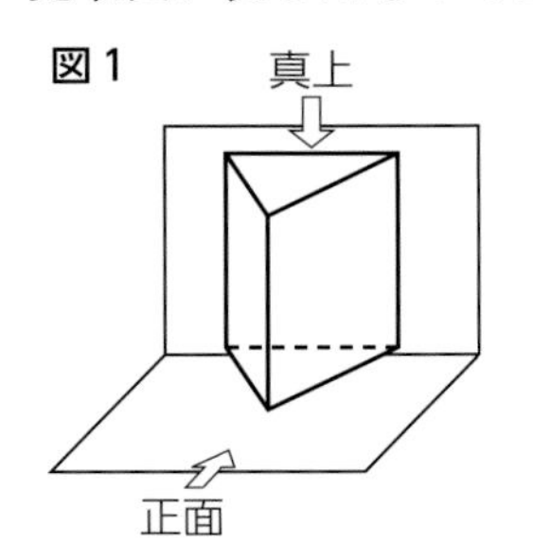

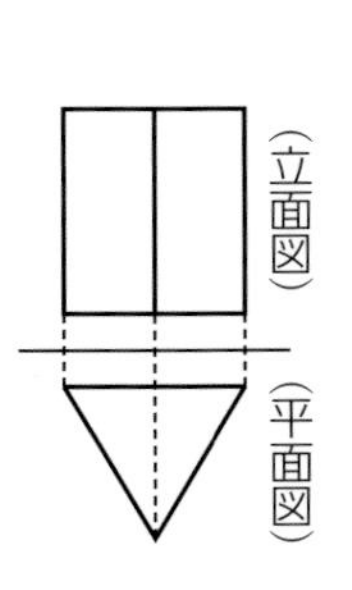

図2

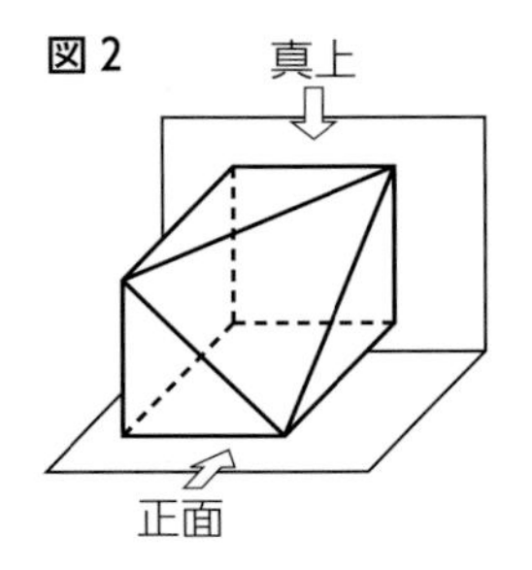

超重要 (1) **図2**の立体の投影図を，**図3**に実線でかき入れて完成させなさい。 80%

図3

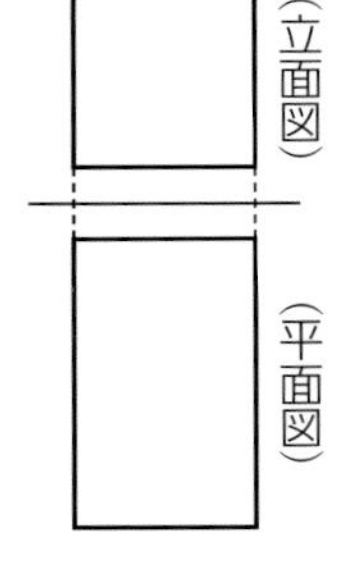

難 (2) **図2**の立体の体積を求めなさい。 13%

〔　　　　　〕

5

↪3,4

次の問いに答えなさい。

(1) 右の図は円柱の投影図である。立面図は1辺の長さが8 cmの正方形で，平面図は円である。
このとき，円柱の側面積を求めなさい。ただし，円周率はπとする。 ［石川県］

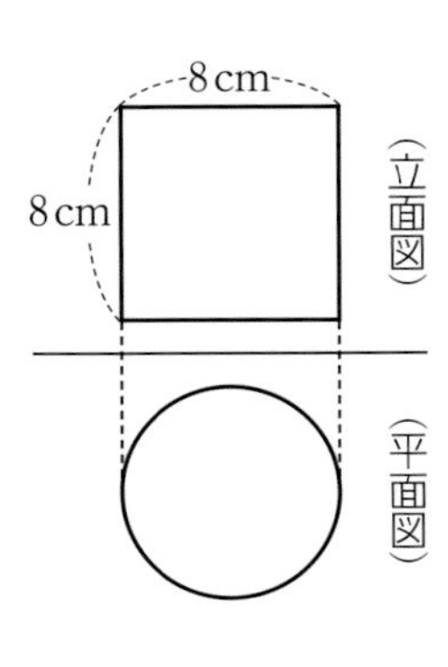

〔　　　　　〕

差がつく (2) 右の図は，ある立体の投影図である。この投影図が表す立体の名前として，正しいものを，**ア**～**エ**から1つ選びなさい。また，この立体の体積を求めなさい。ただし，円周率はπを用いなさい。 ［北海道］ 43%

ア 三角柱　**イ** 円柱　**ウ** 三角錐　**エ** 円錐

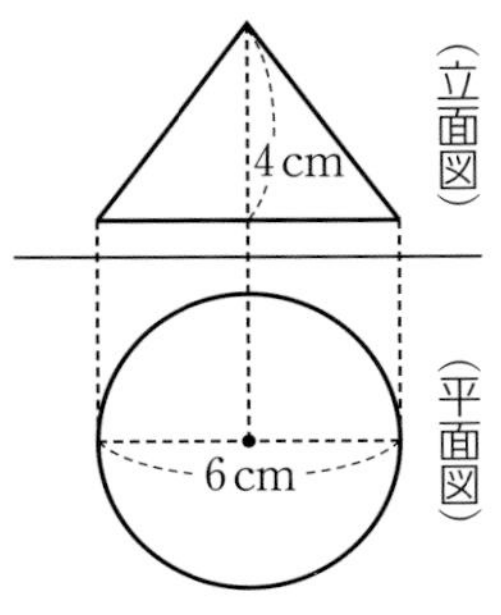

記号〔　　　〕　体積〔　　　　　〕

空間図形

6

次の問いに答えなさい。

超重要 ↪4

(1) 右の図のような，AC＝4cm，BC＝3cm，∠ACB＝90°の直角三角形ABCがある。この直角三角形を，辺ACを軸(じく)として1回転させてできる立体の体積を求めなさい。 [岡山県]

70%

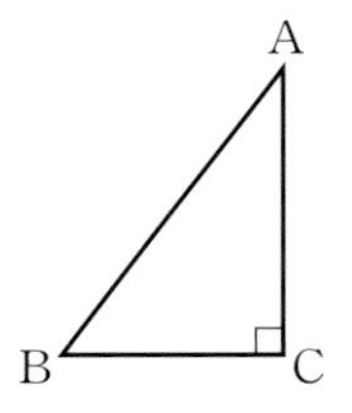

〔　　　　　〕

(2) 右の図の△ABCは，BA＝BCの二等辺三角形である。この△ABCを，辺ACを軸として1回転させてできる立体の体積を求めなさい。 [鳥取県]

62%

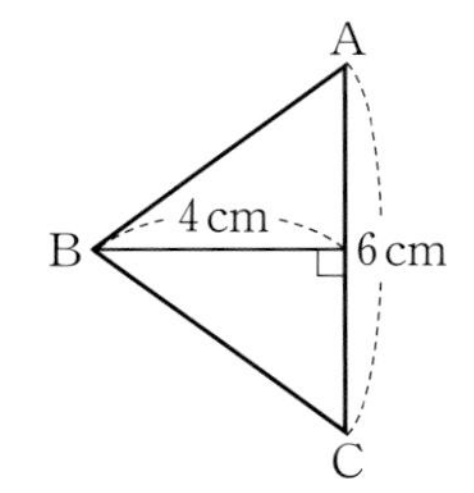

〔　　　　　〕

7

次の問いに答えなさい。

↪4,5

(1) 下の図のように，半径が3cmの球と，底面の半径が3cmの円柱がある。これらの体積が等しいとき，円柱の高さを求めなさい。 [佐賀県]

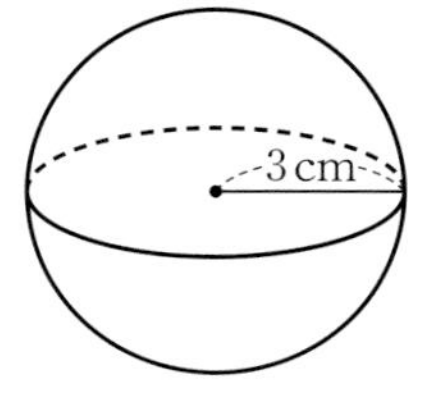

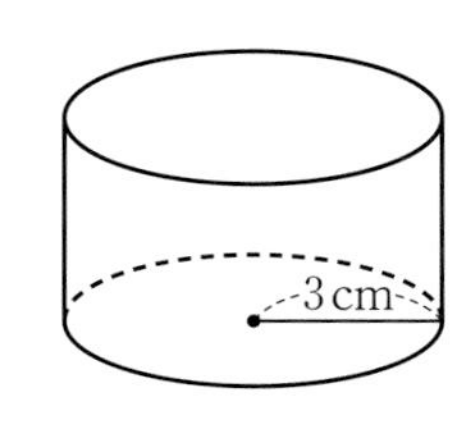

〔　　　　　〕

超重要 (2) 右の図のように，半径2cmの球がある。この球の表面積を求めなさい。ただし，円周率はπを用いなさい。 [北海道]

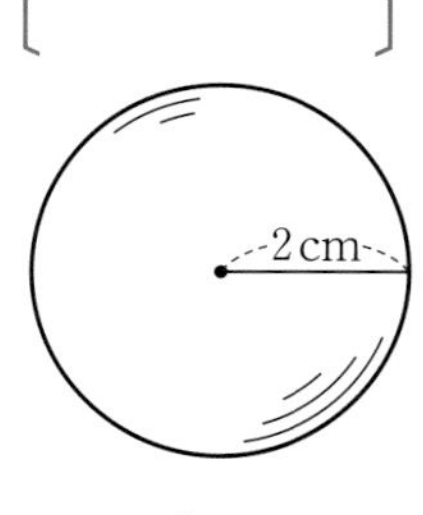

〔　　　　　〕

差がつく (3) 右の図のようなおうぎ形ABEと長方形BCDEをくっつけた図形を，直線ACを軸として1回転させてできる立体の体積は何cm^3か。ただし，AB＝BE＝2cm，BC＝3cmとする。 [長崎県]

51%

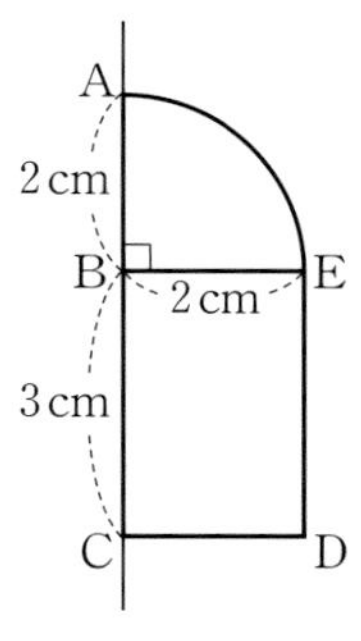

〔　　　　　〕

正答率

8

↪ 2,4

次の問いに答えなさい。

(1) 下の図のように，AB＝4 cm，BC＝3 cm，AD＝6 cm，∠ABC＝90°の三角柱Pと，GH＝3 cm，HI＝4 cm，IJ＝3 cm，∠GHI＝∠GHJ＝∠HIJ＝90°の三角錐（すい）Qがある。三角柱Pの体積は，三角錐Qの体積の何倍か，求めなさい。 [北海道]

28%

A
C
4 cm
3 cm
B
6 cm
D
F
E
G
3 cm
H
J
4 cm
3 cm
I

三角柱P　　三角錐Q

〔　　　　　〕

(2) 右の図は，三角柱の展開図である。この展開図を組み立ててできる三角柱の表面積を求めなさい。 [徳島県]

13 cm
5 cm
12 cm
8 cm

〔　　　　　〕

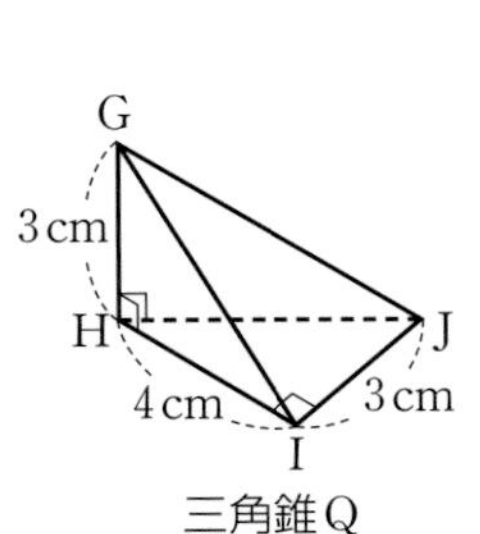

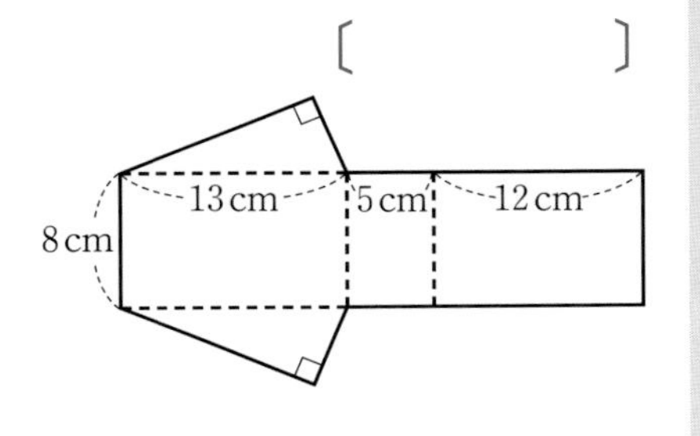

9

↪ 4,5

下の図のように，縦（たて）3 cm，横 9 cmの長方形から，底辺 3 cm，高さ 3 cmの直角三角形を取り除いてできる台形と，半径 3 cm，中心角 90°のおうぎ形が，直線ℓ上にある。この台形とおうぎ形を，直線ℓを軸として 1 回転させる。このとき，次の問いに答えなさい。(円周率はπを用いること。) [愛媛県]

9 cm
3 cm
3 cm
3 cm
ℓ

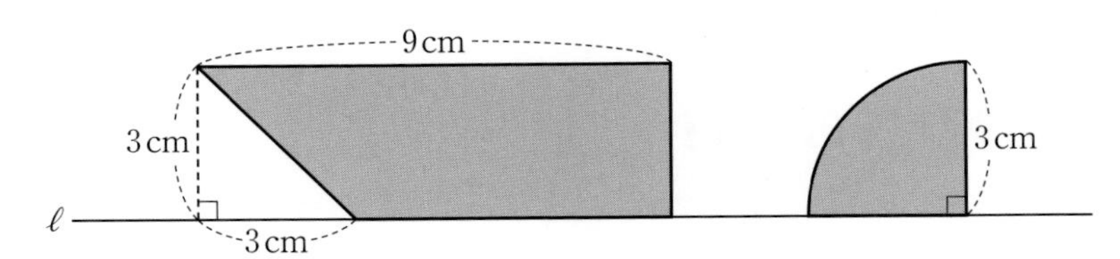

(1) 台形を 1 回転させてできる立体の体積を求めなさい。

〔　　　　　〕

(2) 台形を 1 回転させてできる立体の体積は，おうぎ形を 1 回転させてできる立体の体積の何倍か。

〔　　　　　〕

空間図形

» 空間図形

空間図形と三平方の定理

出題率 35.5%

入試メモ 角錐や円錐の辺の長さや高さを三平方の定理を利用して求めてから，体積を計算する問題がねらわれやすい。空間図形の中にある直角三角形に着目して考えよう。

1 線分の長さへの利用

出題率 19.4%

例題 右の図の直方体で，線分ABの長さを求めなさい。

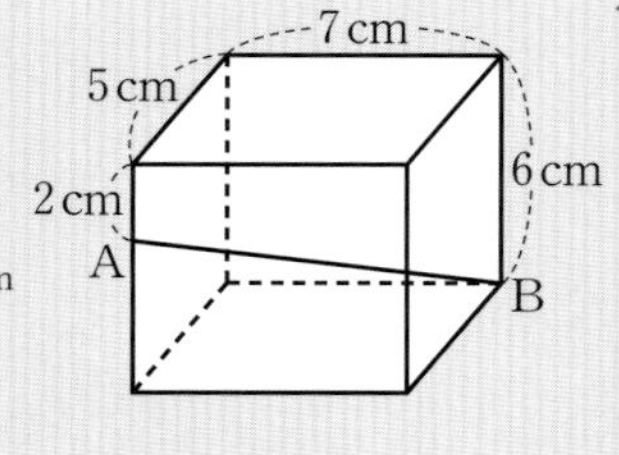

解答 右の図の△BCDで，三平方の定理より，

$BC^2=BD^2+CD^2$…①

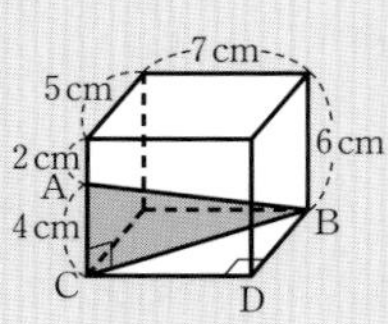

∠ACB＝90°であるから，

△ABCで三平方の定理より，

$AB^2=AC^2+BC^2$…②

①，②より，$AB^2=AC^2+BD^2+CD^2$

$=4^2+5^2+7^2=90$

AB＞0より，$\mathbf{AB=3\sqrt{10}}$ **cm**…答

ここに注目！ ABが斜辺となる直角三角形をつくると，三平方の定理が利用できる。

2 立体への利用

出題率 9.7%

例題 右の図の円錐，正四角錐の高さOHを求めなさい。

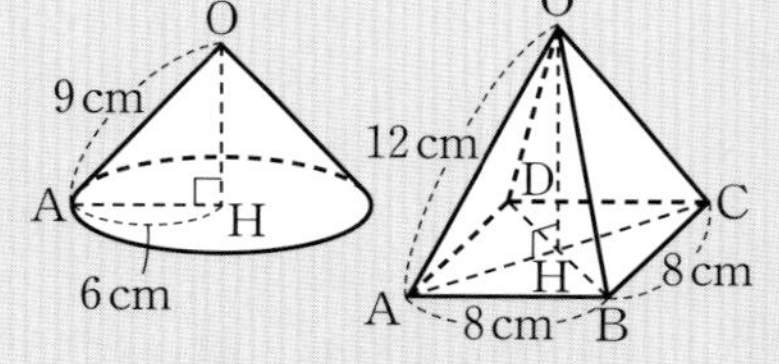

解答 (円錐の高さ) △OAHで三平方の定理より，

$OH^2=9^2-6^2=45$　OH＞0より，

$\mathbf{OH=3\sqrt{5}}$ **cm**…答

(角錐の高さ) △ABCは直角二等辺三角形であり，点Hは正方形ABCDの対角線の中点であるから，$AH=4\sqrt{2}$ cm

△OAHで三平方の定理より，$OH^2=12^2-(4\sqrt{2})^2=112$

OH＞0より，$\mathbf{OH=4\sqrt{7}}$ **cm**…答

3 最短のひもの長さ

出題率 9.7%

例題 右の図の直方体で，頂点Aから辺BF，CGを通って，点Hまで糸がたるまないように巻きつける。この糸の長さが最も短くなるときのひもの長さを求めなさい。

解答 糸を巻きつけている面の展開図は右の図のようになる。

最短の糸の長さは線分AHで表される。

△AEHで三平方の定理より，

$AH^2=AE^2+EH^2=4^2+(5+6+5)^2=272$

AH＞0より，$\mathbf{AH=4\sqrt{17}}$ **cm**…答

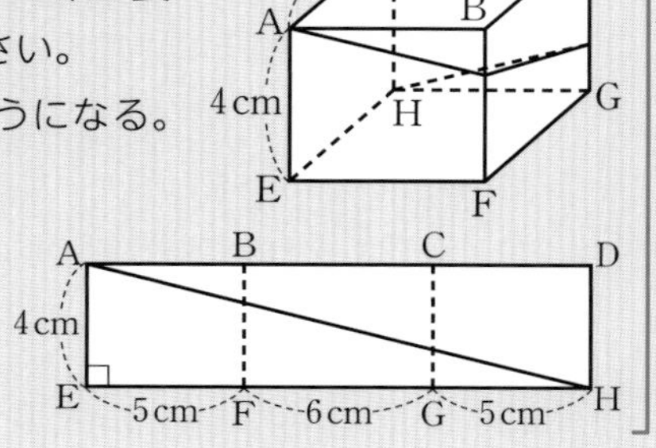

実力アップ問題

解答・解説｜別冊p.55

正答率

1 ↪ 1,2

次の問いに答えなさい。

(1) 右の図のような∠AOB＝90°，OA＝4 cm，AB＝5 cmの直角三角形OABを，直線BOを回転の軸(じく)として１回転させてできる立体の体積を求めなさい。　［島根県］

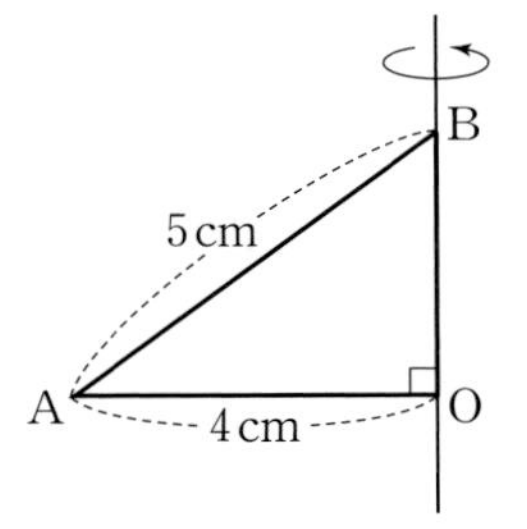

〔　　　　　〕

(2) 右の図のように，底面が１辺２cmの正方形で，他の辺の長さがすべて３cmの正四角錐がある。この正四角錐の高さを求めなさい。　［富山県］

71%

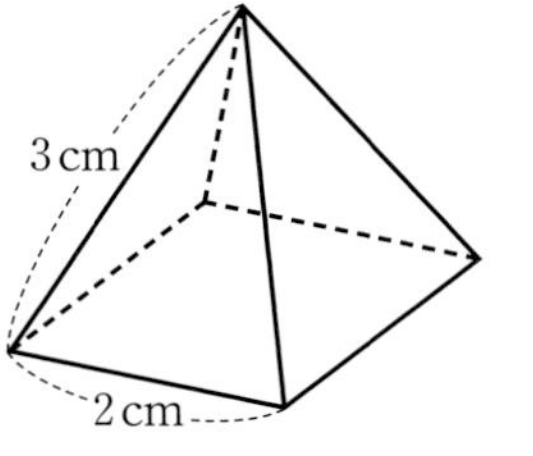

〔　　　　　〕

(3) 右の図は，三角柱の投影図(とうえいず)である。この三角柱の体積を求めなさい。　［千葉県］

40%

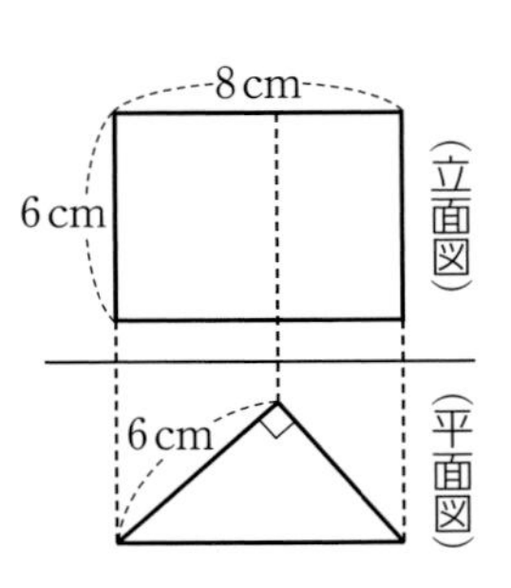

〔　　　　　〕

(4) 右の図は１辺が６cmの正方形のまわりに，それぞれの辺を底辺として，高さが５cmの二等辺三角形を４枚並べたものである。この図形を組み立ててできる正四角錐の体積を求めなさい。　［島根県］

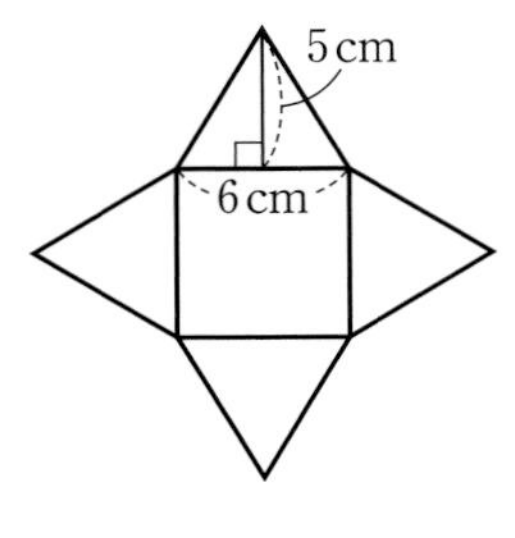

〔　　　　　〕

難→ (5) 右の図のように，AB＝BC＝2 cm，BF＝4 cmの直方体ABCD－EFGHがある。この直方体を頂点A，C，Fを通る平面で分けたときにできる三角錐B-AFCの表面積を求めなさい。　［秋田県］

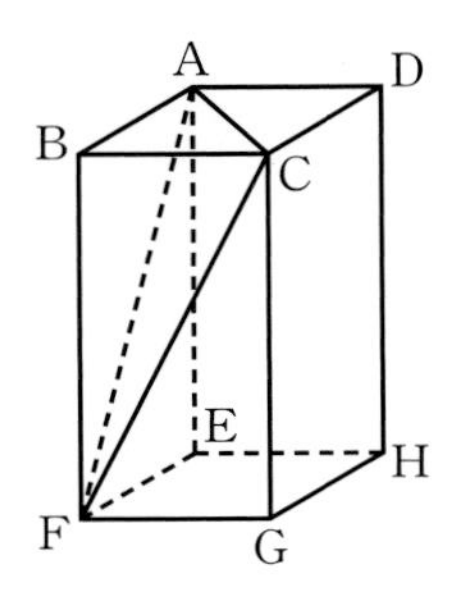

〔　　　　　〕

空間図形

正答率

2
↪ 1,2

右の図のように，1辺の長さが$2\sqrt{3}$ cmである正三角形を底面とし，OA＝OB＝OC＝10 cmとする正三角錐（すい）OABCがある。辺BCの中点をMとし，頂点Oから底面に垂直におろした直線と底面との交点をDとすると，点Dは線分AM上にあり，OD＝$4\sqrt{6}$ cmである。△OAMにおいて，∠OAMの二等分線と辺OMとの交点をEとし，線分ODと線分AEの交点をFとする。

このとき，次の(1)，(2)の問いに答えなさい。 ［茨城県］

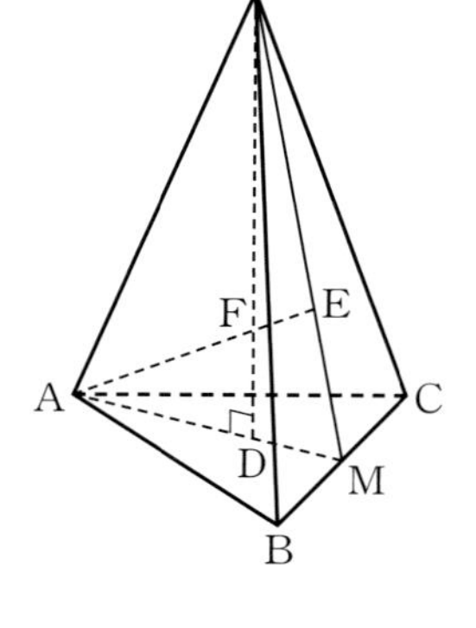

超重要 (1) 正三角錐OABCの体積を求めなさい。

［　　　　］

難 (2) △ADFと△OFEの面積の比を最も簡単な整数の比で表しなさい。

［　　　　］

3
↪ 1,2

右の**図1**は，AB＝3 cm，BC＝4 cm，∠ABC＝90°の直角三角形ABCを底面とし，AD＝BE＝CF＝6 cmを高さとする三角柱である。また，点Gは辺BCの中点である。

このとき，次の問いに答えなさい。 ［神奈川県］

図1

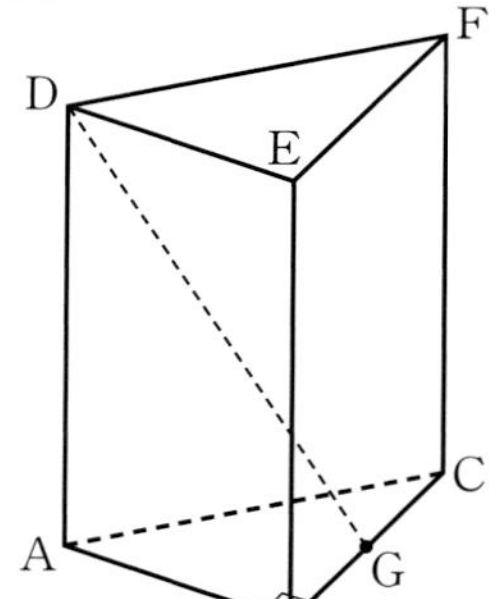

超重要 (1) この三角柱の表面積を求めなさい。 50%

［　　　　］

(2) この三角柱において，2点D，G間の距離（きょり）を求めなさい。 54%

［　　　　］

図2

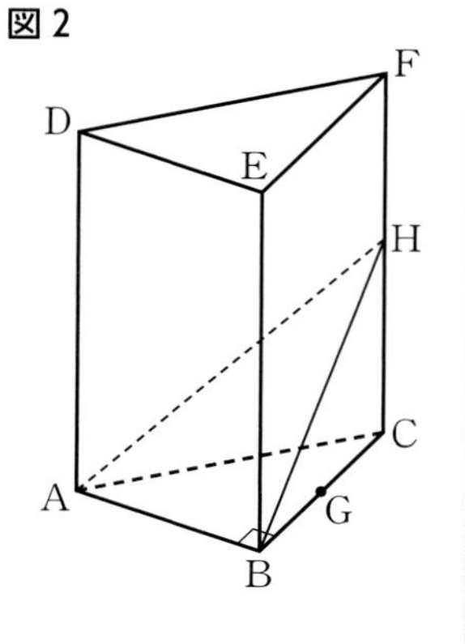

難 (3) **図2**のように，この三角柱の辺CF上に点HをAD＝AHとなるようにとる。 3%

このとき，面ABHと点Cとの距離を求めなさい。

［　　　　］

正答率

4 ↪ 1,2,3

右の**図1**のように，底面の半径が1 cm，母線の長さが3 cmの円錐がある。
このとき，次の問いに答えなさい。
ただし，円周率はπとする。 [富山県]

図1

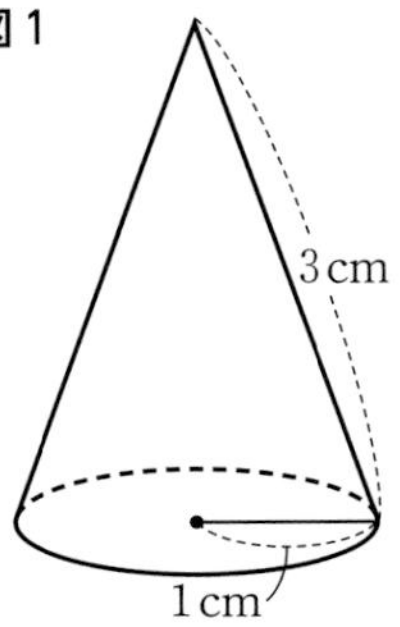

3 cm

1 cm

超重要 (1) この円錐の体積を求めなさい。

〔　　　　　〕

超重要 (2) この円錐の表面積を求めなさい。

〔　　　　　〕

差がつく (3) 右の**図2**のように，底面の円周上の点Pから円錐の側面を1周して，点Pまでひもをかける。ひもの長さが最も短くなるときのひもの長さを求めなさい。

図2

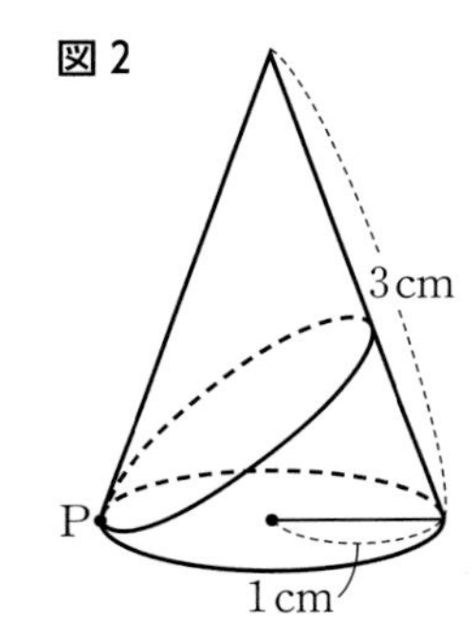

〔　　　　　〕

5 ↪ 1,2

図1は，点Oを頂点とし，正方形ABCDを底面とする四角錐である。この四角錐において，AB＝6 cm，OA＝OB＝OC＝OD＝9 cmである。また，底面の対角線の交点をHとする。
このとき，次の(1)，(2)の問いに答えなさい。 [静岡県]

図1

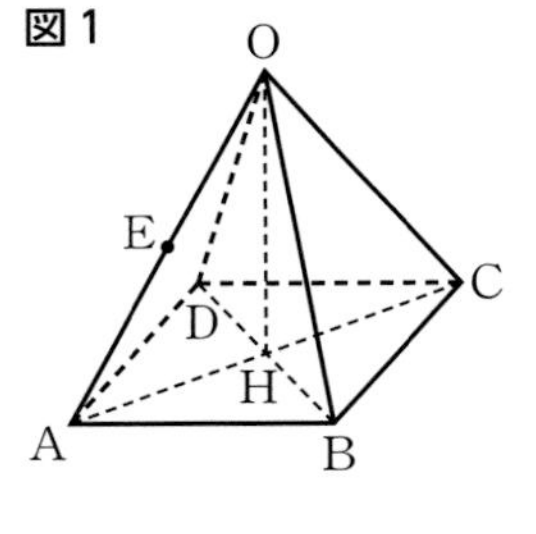

(1) 辺OAの中点をEとする。△ODBの面積は，△EAHの面積の何倍か，答えなさい。

〔　　　　　〕

図2

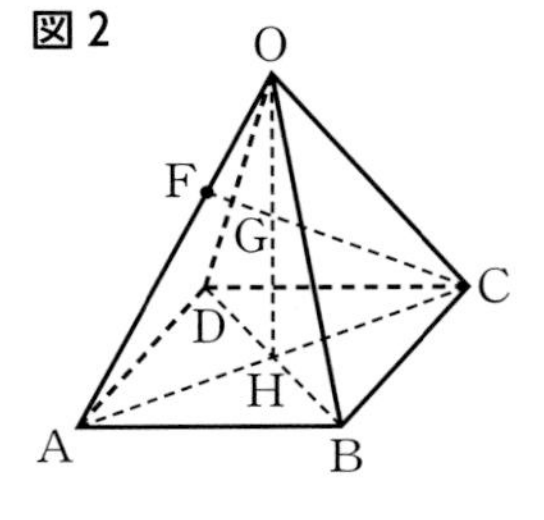

難 (2) この四角錐において，**図2**のように，OF＝3 cmとなる辺OA上の点をFとし，FCとOHの交点をGとする。四角錐GABCDの体積を求めなさい。

〔　　　　　〕

正答率

6

↪ 1,2

右の図のように，立体ABCD–EFGHにおいて，面ABCDと面EFGHは，１辺の長さがそれぞれ2 cm，4 cmの正方形であり，この２つの面は平行である。また，それ以外の４つの面は，すべて台形でAE＝BF＝CG＝DH＝3 cmである。

このとき，次の(1)～(3)に答えなさい。［石川県］

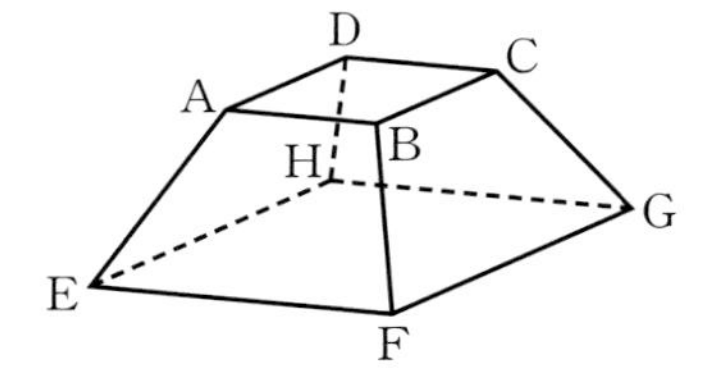

超重要 (1) 辺ABとねじれの位置にある辺をすべて書きなさい。

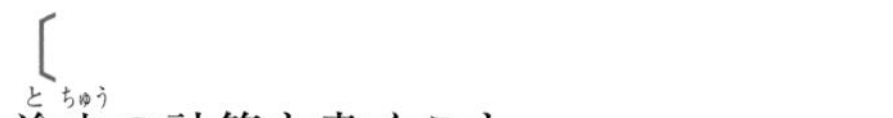

差がつく (2) 線分AFの長さを求めなさい。なお，途中(とちゅう)の計算も書くこと。

(3) 立体ABCD–EFGHの体積を求めなさい。なお，途中の計算も書くこと。

7

↪ 1,2

図で，A，B，C，D，E，Fを頂点とする立体は底面の△ABC，△DEFが正三角形の正三角柱である。また，球Oは正三角柱ABCDEFにちょうど入っている。

球Oの半径が2 cmのとき，次の(1)，(2)の問いに答えなさい。［愛知県］

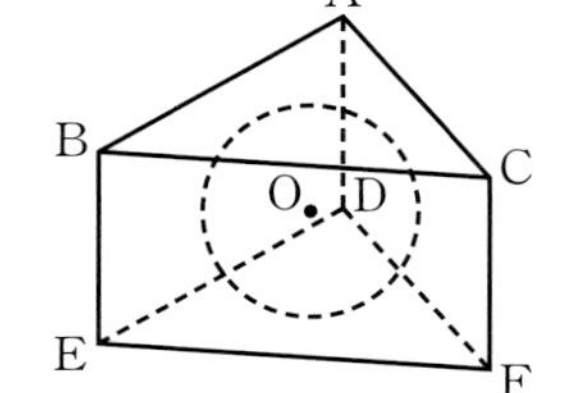

超重要 (1) 球Oの表面積は何cm^2か，求めなさい。

難 (2) 正三角柱ABCDEFの体積は何cm^3か，求めなさい。

［　　　　］

データの活用と確率

出るとこチェック ………………………… 136

▼出題率

1 100% データの活用と標本調査 ………… 138

2 96.9% 確率 ………………………… 143

出るとこチェック　データの活用と確率

次の問題を解いて，解法が身についているか確認しよう。

データの活用と標本調査 →p.138

□ **01** データの分布を整理した表を何というか。（　　　　）
□ **02** 度数分布表で，データを整理するための区間を何というか。（　　　　）
□ **03** 度数分布表で，データを整理するための区間の幅(はば)を何というか。（　　　　）
□ **04** 度数分布表で，それぞれの区間に入っているデータの個数を何というか。（　　　　）
□ **05** 度数の分布のようすを柱状のグラフに表したものを何というか。（　　　　）
□ **06** 度数の合計に対するその階級の度数の割合を何というか。（　　　　）
□ **07** もっとも小さい階級から，ある階級までの度数の合計を何というか。（　　　　）
□ **08** もっとも小さい階級から，ある階級までの相対度数の合計を何というか。（　　　　）

右の表は生徒10人の50m走の記録である。

階級(秒)	度数(人)
以上　未満 6.6〜7.0	1
7.0〜7.4	1
7.4〜7.8	2
7.8〜8.2	5
8.2〜8.6	1
計	10

□ **09** 階級の幅は何秒か。（　　　　）
□ **10** 7.8秒以上8.2秒未満の階級の階級値を求めなさい。（　　　　）
□ **11** 7.0秒以上7.4秒未満の階級の相対度数を求めなさい。（　　　　）

□ **12** データの値(あたい)の中で，最大の値から最小の値をひいた値を何というか。（　　　　）
□ **13** データの値の合計をデータの総数でわった値を何というか。（　　　　）
□ **14** データの値を大きさの順に並べたときの中央の値を何というか。（　　　　）
□ **15** 度数分布表で，度数が最も多い階級の真ん中の値を何というか。（　　　　）
□ **16** データの値を大きさの順に並べ，4等分する位置にくる3つの値(小さい順に，第1四分位数，第2四分位数(中央値)，第3四分位数)を何というか。（　　　　）
□ **17** 第3四分位数から第1四分位数をひいた値を何というか。（　　　　）
□ **18** データの最小値，最大値，四分位数を用いて分布のようすを表した図を何というか。（　　　　）
□ **19** 調査の対象となる集団すべてのものについて調べることを何というか。（　　　　）
□ **20** 集団の一部分を調べ，全体の傾向(けいこう)を推測する調査方法を何というか。（　　　　）
□ **21** 標本調査で，調査の対象となる集団全体のことを何というか。（　　　　）
□ **22** 標本調査で，母集団から一部分として取り出して実際に調べたものを何というか。（　　　　）

2 確率 →p.143

次の［　　］に当てはまるものは何か。

□ **23** あることがらの起こることが期待される程度を数で表したものを，そのことがらが起こる［　　］という。　(　　　　)

□ **24** どの結果が起こることも同じ程度に期待できるとき，どの結果が起こることも［　　］という。　(　　　　)

□ **25** 起こりうるすべての場合がn通りあり，そのどれが起こることも同様に確からしいとする。そのうち，ことがらAの起こる場合がa通りあるとき，ことがらAの起こる確率pは$p=$［　　］である。　(　　　　)

1から10までの数が1つずつ書かれた10枚のカードがある。この中から1枚のカードを引くとき，

□ **26** カードの引き方は全部で何通りあるか求めなさい。　(　　　　)

□ **27** 引いたカードが偶数(ぐうすう)となる確率を求めなさい。　(　　　　)

2つのさいころA，Bを同時に投げるとき，

□ **28** さいころの目の出方は全部で何通りあるか求めなさい。　(　　　　)

□ **29** 出た目の数の和が7となる確率を求めなさい。　(　　　　)

□ **30** 出た目の数の和が7以下である確率を求めなさい。　(　　　　)

A，Bの2人がじゃんけんを1回するとき，

□ **31** じゃんけんの出し方は全部で何通りあるか求めなさい。　(　　　　)

□ **32** Aが勝つ確率を求めなさい。　(　　　　)

□ **33** 2人があいこになる確率を求めなさい。　(　　　　)

出るとこチェックの答え

1 01 度数分布表　02 階級　03 階級の幅　04 度数　05 ヒストグラム　06 相対度数　07 累積度数　08 累積相対度数　09 0.4秒　10 8.0秒　11 0.1　12 範囲　13 平均値　14 中央値（メジアン）　15 最頻値（モード）　16 四分位数　17 四分位範囲　18 箱ひげ図　19 全数調査　20 標本調査　21 母集団　22 標本

2 23 確率　24 同様に確からしい　25 $\frac{a}{n}$　26 10通り　27 $\frac{1}{2}$　28 36通り　29 $\frac{1}{6}$　30 $\frac{7}{12}$　31 9通り　32 $\frac{1}{3}$　33 $\frac{1}{3}$

データの活用と標本調査

出題率

入試メモ　度数分布表やヒストグラムから平均値，中央値，最頻値(さいひんち)を求める問題がねらわれやすい。用語の意味がわかれば解ける問題も多いので，対策を立てておくこと。

1 度数の分布

出題率 83.3%

|1| **度数分布表**…データの分布のようすを整理した右のような表。

・**階級**…度数分布表で，データを整理するための区間。

・**階級の幅(はば)**…区間の幅。

・**度数**…それぞれの階級に入っているデータの個数。

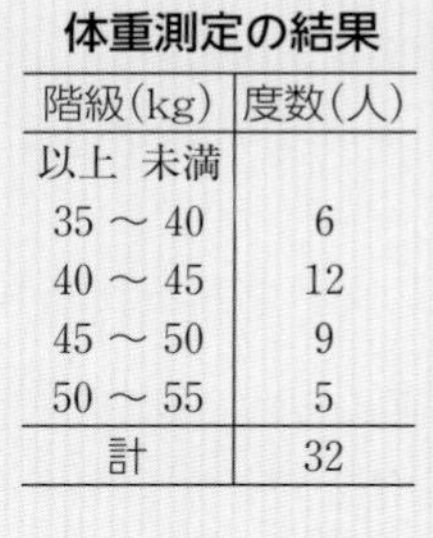

体重測定の結果

階級(kg)	度数(人)
以上　未満	
35 ～ 40	6
40 ～ 45	12
45 ～ 50	9
50 ～ 55	5
計	32

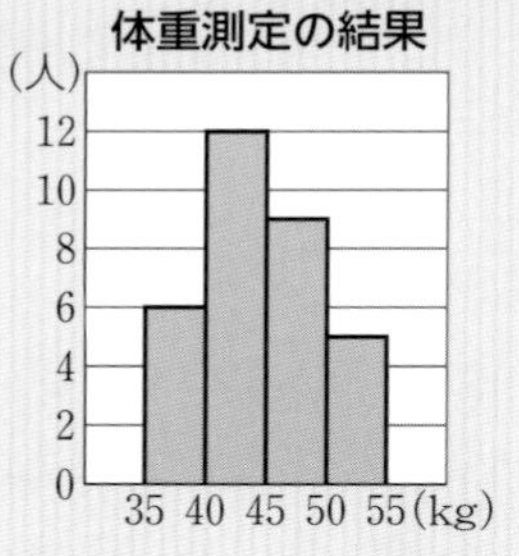

|2| **ヒストグラム**…度数の分布のようすを右のように柱状のグラフに表したもの。

|3| **相対度数**…度数の合計に対するその階級の度数の割合。

$$(\text{相対度数}) = \frac{(\text{その階級の度数})}{(\text{度数の合計})}$$

|4| **累積度数**…もっとも小さい階級から，ある階級までの度数の合計

|5| **累積相対度数**…もっとも小さい階級から，ある階級までの相対度数の合計

2 四分位数と箱ひげ図

出題率 43.8%

|1| **四分位数**…データの値を大きさの順に並べ，4等分する位置にくる3つの値のこと。小さい順に，第1四分位数，第2四分位数(中央値)，第3四分位数という。

|2| **四分位範囲(はんい)**…第3四分位数から第1四分位数をひいた値。

(四分位範囲)＝(第3四分位数)－(第1四分位数)

|3| **箱ひげ図**…データの最小値，最大値，四分位数を用いて分布のようすを表した右のような図。

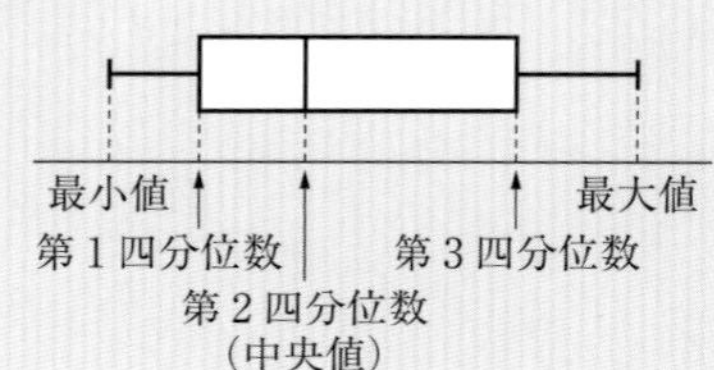

3 標本調査

出題率 35.5%

|1| **全数調査**…調査の対象となる集団すべてのものについて調べること。

|2| **標本調査**…集団の一部分を調べ，全体の傾向(けいこう)を推測する調査方法。

・**母集団**…調査の対象となる集団全体。

・**標本**…母集団から一部分として取り出して実際に調べたもの。

実力アップ問題

解答・解説｜別冊 p.58

正答率

1

↪ I

次の問いに答えなさい。

(1) 右の表は，ある中学校の２年女子40人の走り幅跳び(はばと)の記録を度数分布表に整理したものである。

330 cm以上360 cm未満の階級の相対度数を求めなさい。 [富山県]

階級(cm)	度数(人)
以上　　未満	
210 ～ 240	2
240 ～ 270	5
270 ～ 300	8
300 ～ 330	12
330 ～ 360	6
360 ～ 390	5
390 ～ 420	2
計	40

〔　　　　　〕

超重要 (2) 右の表は，ある中学校のバレーボール部員30人の身長をまとめた度数分布表である。

身長が170 cm以上の人数は，このバレーボール部員30人の何％になるか，求めなさい。 [千葉県]

76%

階級(cm)	度数(人)
以上　　未満	
155 ～ 160	1
160 ～ 165	5
165 ～ 170	12
170 ～ 175	5
175 ～ 180	6
180 ～ 185	1
計	30

〔　　　　　〕

(3) 右の表は，ある中学校の１年A組男子20人と１年男子全員60人のハンドボール投げの記録をまとめた度数分布表である。

この表で，分布のようすを比べる場合，度数の合計が異なるため同じ階級の度数を単純に比べることはできない。

このとき，度数のかわりに，何の値で同じ階級を比べればよいか。言葉で書きなさい。 [岩手県]

階級(m)	A組男子度数(人)	1年男子度数(人)
以上　未満		
15.0～20.0	1	5
20.0～25.0	5	12
25.0～30.0	9	31
30.0～35.0	3	7
35.0～40.0	2	5
計	20	60

〔　　　　　　　　　　　　　　　〕

超重要 (4) 右の図は，ある中学校のサッカー部が夏休みに行ったそれぞれの試合であげた得点を調べ，その結果をヒストグラムに表したものである。

得点が２点の階級の相対度数を求めなさい。

[京都府]

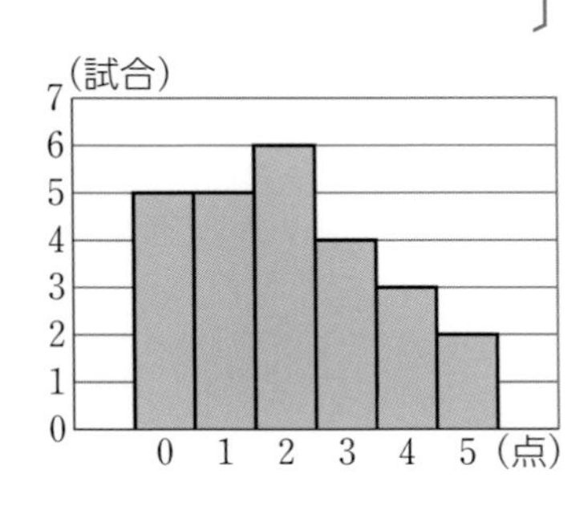

〔　　　　　〕

データの活用と確率

正答率

2

次の問いに答えなさい。

↪1

(1) 右のデータは，中学２年生10人が行った，あるゲームの得点の記録である。このデータについて，次の各問いに答えなさい。 [三重県]

20,	40,	80,	60,	80,
30,	60,	50,	90,	20

(単位は点)

① 10人の記録の範囲(はんい)を求めなさい。 51%

〔　　　　〕

超重要 ② 10人の記録の中央値を求めなさい。 63%

〔　　　　〕

(2) 次の表は，魚釣(つ)りをしていた50人に対して，釣れた魚の数(匹)を調査し，まとめたものである。この調査結果から，釣れた魚の数の中央値(メジアン)と最頻値(さいひんち)(モード)を，それぞれ求めなさい。 [京都府]

釣れた魚の数(匹)	0	1	2	3	4	5	6	7	8	9	10	計
人数(人)	0	4	8	6	2	4	5	6	6	6	3	50

中央値〔　　　　〕　最頻値〔　　　　〕

差がつく (3) ある学級の生徒全員について，読書週間に読んだ本の冊数を調べた。右の度数分布表は，その結果をまとめたものである。この表から必ずいえることを，次のア～エの中から１つ選んで記号で答えなさい。 [秋田県] 55%

読んだ本の冊数

階級(冊)	度数(人)
7	2
6	7
5	4
4	5
3	4
2	2
1	1
計	25

ア 最頻値は７冊である
イ 中央値は５冊である
ウ 分布の範囲は７冊である
エ 全員の読んだ本の冊数の合計は110冊である

〔　　　　〕

(4) 右の表は，あるクラスのハンドボール投げの記録を，度数分布表に表したものである。このクラスのハンドボール投げの記録の平均値を，度数分布表から求めなさい。 [埼玉県]

距離(m) 以上　未満	度数(人)
0 ～ 10	2
10 ～ 20	6
20 ～ 30	7
30 ～ 40	4
40 ～ 50	1
計	20

〔　　　　〕

正答率

3 ↪1

太郎さんが所属するサッカー部では，１年生15人がシュート練習を行った。右の表は，シュートが入った回数を度数分布表に整理したものである。
中央値（メジアン）よりも回数の少ない部員は，もう一度シュート練習を行い，それ以外の部員はパス練習を行う。
シュートが６回入った太郎さんは，どちらの練習を行うか，書きなさい。ただし，そう判断した理由として，中央値が入っている階級を明らかにすること。 ［石川県］

階級（回） 以上　未満	度数（人）
0 ～ 2	3
2 ～ 4	4
4 ～ 6	1
6 ～ 8	1
8 ～ 10	1
10 ～ 12	2
12 ～ 14	1
14 ～ 16	0
16 ～ 18	2
計	15

［　　　　］

4 ↪1

ある中学校で，３年１組男子19人と，３年２組男子19人の50ｍ走の記録をとった。その結果をもとに，１人50ｍずつ走るリレーについて考える。 ［長野県］

(1) 組ごとに19人全員で１回リレーを行うとき，どちらの組が速そうかを判断するためには，どのような値（あたい）を用いればよいか。記録から求められる値のうち適切なものを，次の**ア**～**オ**から１つ選び，記号で答えなさい。 81%

ア　平均値　　**イ**　最大値　　**ウ**　最小値　　**エ**　中央値　　**オ**　最頻値

［　　］

差がつく (2) 次のヒストグラムは，組ごとに記録をまとめたものである。このヒストグラムから，例えば，１組には記録が7.0秒以上7.4秒未満の人は５人いたことがわかる。 42%

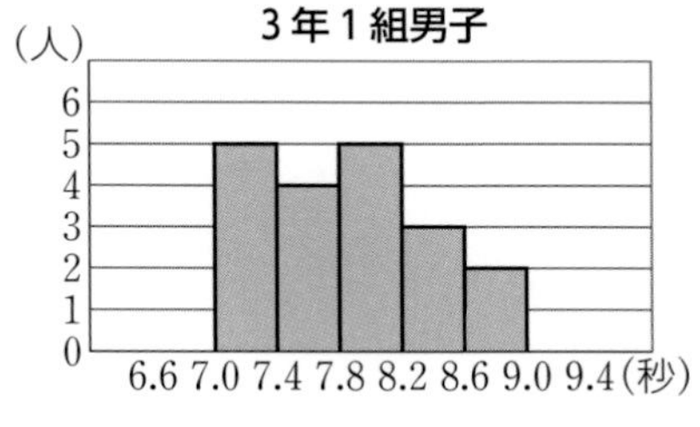

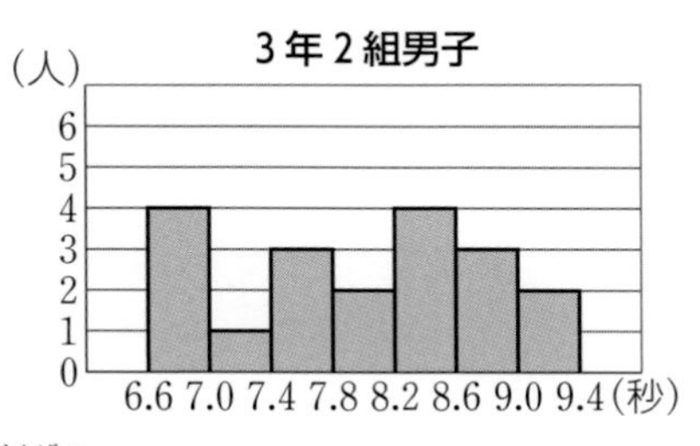

２つのヒストグラムから，組ごとに４人選抜（せんばつ）して１回リレーを行うとき，２組のほうが速そうであると判断できる。そのように判断できる理由を，それぞれの組で速いほうから４人がふくまれる階級を比較（ひかく）して説明しなさい。

［　　　　］

正答率

5 あるクラスで生徒の家にある本の冊数を調べた。15人ずつA班とB班に分け，それぞれの班のデータを集計した。図は，A班のデータの分布のようすを箱ひげ図に表したものである。このとき，次の問いに答えなさい。 [山梨県]

超重要 ↪2

(1) 図において，A班の箱ひげ図から，四分位範囲を求めなさい。 74%

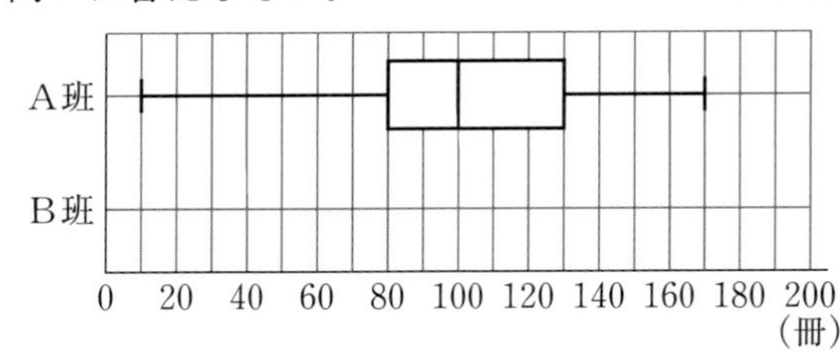

〔　　　　〕

(2) 下のデータは，B班のデータを小さいほうから順に整理したものである。このデータをもとに，B班のデータの分布のようすを表す箱ひげ図を(1)の図中にかき入れなさい。 63%

20 35 80 100 110 120 120 130 140 145 155 160 170 170 180 （冊）

6 次の問いに答えなさい。

↪3

(1) ある中学校の全校生徒720人について，数学が好きかどうかを調べるために，標本調査をすることにした。次の**ア**～**ウ**で，標本の選び方として最も適切なものは［　　］である。**ア**～**ウ**の記号で答えなさい。 [沖縄県]

ア 男子だけを選ぶ。　**イ** 1年生の中からくじ引きで150人を選ぶ。

ウ 全校生徒720人に通し番号をつけ，乱数さいを使って120人を選ぶ。

〔　　　　〕

超重要 (2) 袋の中に赤球と白球が合わせて1500個入っている。袋の中をよくかき混ぜたあと，その中から30個の球を無作為に抽出して調べたら，赤球が12個であった。この袋に入っている1500個の球のうち，赤球はおよそ何個であると考えられるか求めなさい。 [山梨県] 91%

〔　　　　〕

(3) 袋の中にコップ1杯分の米粒が入っている。この袋の中の米粒の数を推測するために，食紅で着色した赤い米粒300粒をこの袋の中に加え，よくかき混ぜたあと，その中からひとつかみの米粒を取り出して調べたところ，米粒は全部で336粒あり，そのうちの16粒が赤い米粒であった。この結果から，最初にこの袋の中に入っていたコップ1杯分の米粒の数は，およそ何粒と考えられるか。 [宮城県] 19%

〔　　　　〕

» データの活用と確率

確率

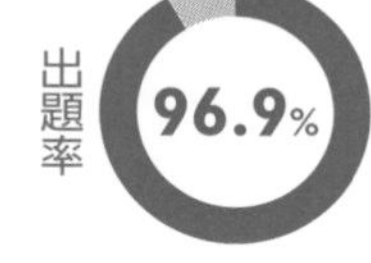

入試メモ　2つのさいころを題材とした出題が多い。さいころやカードの確率の問題では，倍数，約数，素数などを問う場合が多く，数の性質について復習しておくとよい。

1 確率

出題率 95.8%

|1| **確率の意味**…あることがらの起こることが期待される程度を数で表したもの。

例　1個のさいころを投げる実験を多数回くり返すとき，1から6までのどの目が出ることも同じ程度に起こりやすい。例えば，5の目が出る割合は，6回に1回，すなわち，$\frac{1}{6}$の割合と考えられ，$\frac{1}{6}$**を5の目が出る確率**という。

|2| **確率の求め方**

起こりうるすべての場合がn通りあり，そのどれが起こることも同様に確からしいとする。
（同様に確からしい：どの結果が起こることも同じ程度に期待できること）

そのうち，ことがらAの起こる場合がa通りあるとき，ことがらAの起こる確率pは，

$$p=\frac{a}{n}$$

2 いろいろな確率

出題率 95.8%

|1| **いろいろな確率**

①樹形図と確率

例　2枚の硬貨(こうか)A，Bを同時に投げるとき，起こりうるすべての場合を，順序よく整理した右のような図を，樹形図という。この樹形図より，すべての場合は**4通り**ある。

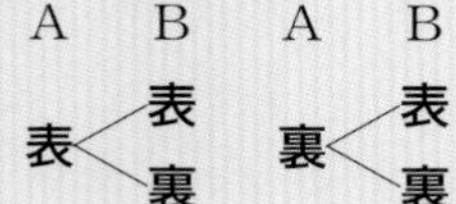

②表と確率

例　大小2個のさいころを同時に投げるとき，出る目の和が7となる場合は，右のような，起こりうるすべての場合を示した表などで考えると，○印をつけた**6通り**ある。

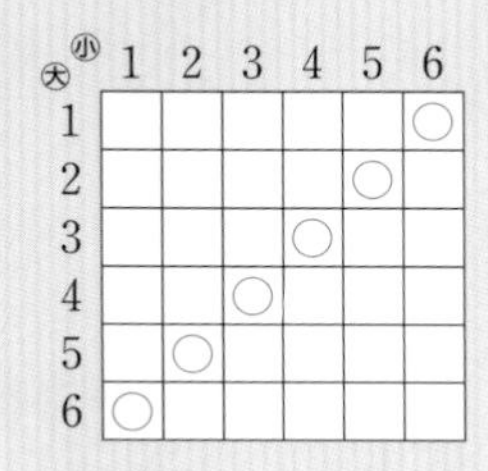

大＼小	1	2	3	4	5	6
1						○
2					○	
3				○		
4			○			
5		○				
6	○					

③組み合わせと確率

例　A，B，Cの3人の中からくじびきで2人を選ぶとき，起こりうるすべての場合は，次の**3通り**ある。

(A，B)，(A，C)，~~(B，A)~~，(B，C)，~~(C，A)~~，~~(C，B)~~
（同じ組み合わせなので，一方を消す）

|2| **あることがらが起こらない確率**

Aの起こる確率をpとすると，**(Aの起こらない確率)＝1－p**

例　1個のさいころを1回投げるとき，3の目が出ない確率は，$1-\frac{1}{6}=\frac{5}{6}$（$\frac{1}{6}$：3の目が出る確率）

実力アップ問題

解答・解説｜別冊 p.60

正答率

1

↪ 1,2

次の問いに答えなさい。

(1) 右の図のような，A，B，Cの３つの部分に仕切られた花だんがある。このA，B，Cの３つの部分に，それぞれマーガレット，チューリップ，パンジーのいずれかを植える。

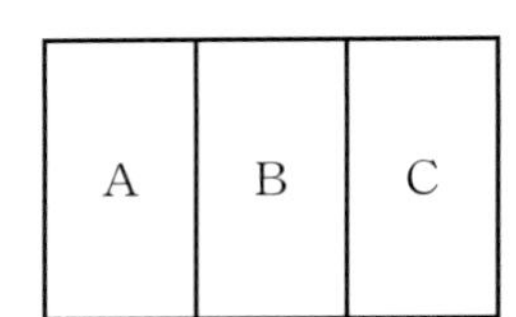

同じ種類の花を２つの部分に植えてもよいものとするが，となり合った部分には異なる種類の花を植えるものとする。

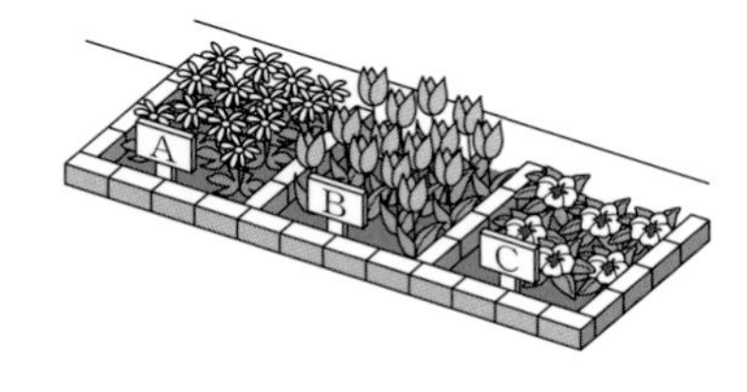

このとき，植え方は全部で何通りあるか求めなさい。 ［埼玉県］

62%

［　　　　］

超重要 (2) 右の図のように，１から７までの数字を１つずつ書いた７個のボールがある。この７個のボールを袋(ふくろ)に入れ，袋の中から１個のボールを取り出すとき，そのボールに書かれた数が奇数(きすう)である確率を求めなさい。 ［北海道］

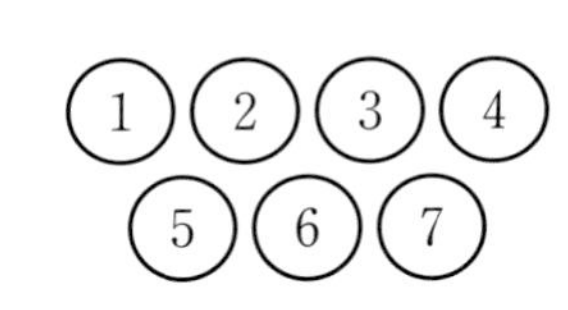

81%

［　　　　］

(3) 右の図のような５枚のカードをよくきって，続けて２枚引く。引いたカードの１枚目の数字を十の位，２枚目の数字を一の位として２けたの整数をつくる。この整数が偶数(ぐうすう)となる確率を求めなさい。 ［鳥取県］

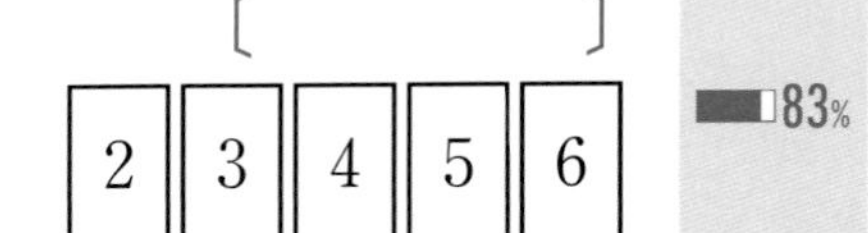

83%

［　　　　］

差がつく (4) 大小２つのさいころを同時に投げるとき，出る目の数の和が素数になる確率を求めなさい。ただし，さいころを投げるとき，１から６までのどの目が出ることも同様に確からしいものとする。 ［千葉県］

48%

［　　　　］

(5) ３枚の硬貨を同時に投げるとき，１枚は表で２枚は裏となる確率を求めなさい。ただし，硬貨の表裏の出方は同様に確からしいとする。 ［宮崎県］

60%

［　　　　］

正答率

2

次の問いに答えなさい。

↪ 1,2

(1) 右の図のように，赤球３個と白球３個が入っている袋がある。この袋の中から，同時に２個の球を取り出すとき，赤球と白球が１個ずつである確率を求めなさい。ただし，どの球を取り出すことも，同様に確からしいものとする。 [大分県]

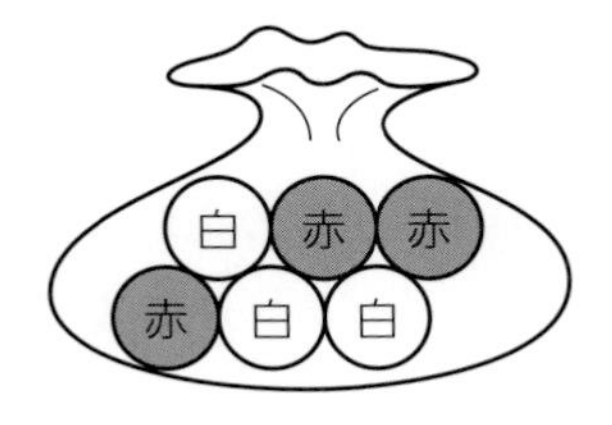

〔　　　　　〕

差がつく (2) 右の図のような，立方体の形をした，１から６までの目が出るさいころがある。
このさいころを２回投げ，１回目に出た目の数を a，２回目に出た目の数を b とするとき，$\frac{2b}{a}$ の値(あたい)が整数となる確率を求めなさい。
ただし，答えを求めるまでの過程も書きなさい。なお，さいころは，どの目が出ることも同様に確からしいものとする。 [山口県]

〔　　　　　〕

3

次の問いに答えなさい。

↪ 1,2

(1) １から６までの目の出る大小１つずつのさいころを同時に１回投げるとき，出る目の数の和が10以下になる確率を求めなさい。ただし，大小２つのさいころはともに，１から６までのどの目が出ることも同様に確からしいものとする。 [東京都]

49%

〔　　　　　〕

差がつく (2) 袋の中に，赤玉が１個，青玉が２個，白玉が３個入っている。この袋の中から，同時に２個の玉を取り出すとき，少なくとも１個は白玉である確率を求めなさい。ただし，袋の中は見えないものとし，どの玉の取り出し方も同様に確からしいものとする。 [埼玉県]

51%

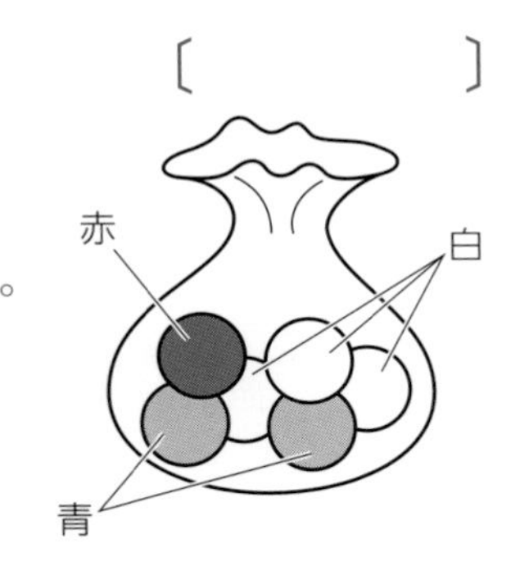

〔　　　　　〕

データの活用と確率

正答率

4

↪ 1,2

右のⅠ図のように，−2，−1，0，1，2の数が書かれた玉が1つずつ入っている箱がある。この箱から玉を1個取り出し，玉に書かれている数を調べ，この玉を箱に戻（もど）す。次に，もう一度この箱から玉を1個取り出し，玉に書かれている数を調べる。はじめに取り出した玉に書かれている数をa，次に取り出した玉に書かれている数をbとして，右のⅡ図に，点P$(a,\ b)$をとる。このとき，次の問い(1)，(2)に答えなさい。ただし，箱に入っているどの玉が取り出されることも同様に確からしいものとする。 ［京都府］

Ⅰ図

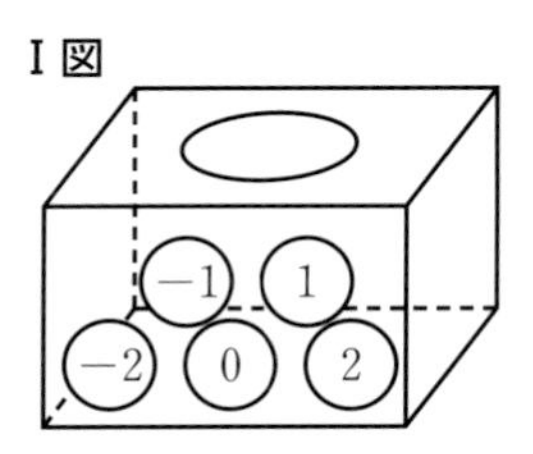

Ⅱ図

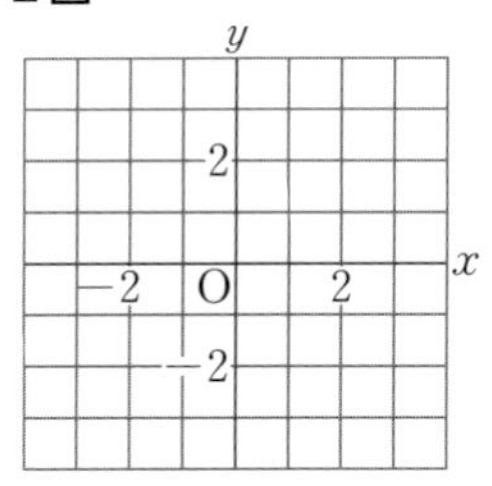

差がつく (1) 点Pが，直線$y=x$上にある確率を求めなさい。

〔　　　　　〕

(2) 原点Oから点Pまでの距離（きょり）が$\sqrt{5}$となる確率を求めなさい。

〔　　　　　〕

5

↪ 1,2

右の図のように座標平面上に点A$(2,\ 0)$，点B$(4,\ 4)$がある。大小2つのさいころを同時に振り，大きいさいころの出た目の数をa，小さいさいころの出た目の数をbとし，点P$(a,\ b)$を右の座標平面上にとる。このとき，次の(1)〜(3)までの各問いに答えなさい。ただし，さいころは，1から6までのどの目が出ることも同様に確からしいとする。

［滋賀県］

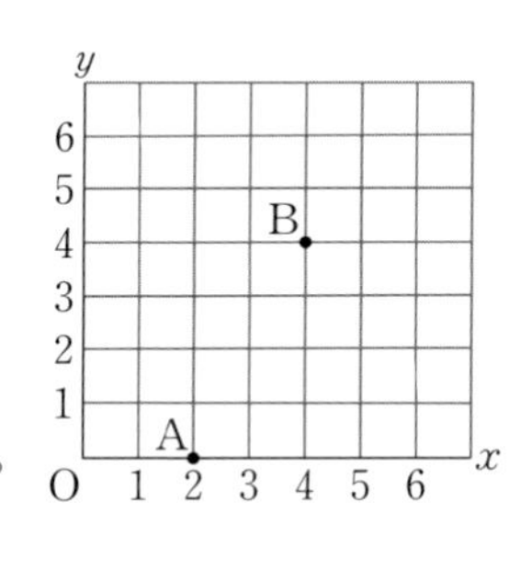

差がつく (1) 点Pが$y=\dfrac{6}{x}$のグラフ上にあるのは何通りか。求めなさい。 55%

〔　　　　　〕

難 (2) ∠APBが90°になる確率を求めなさい。 8%

〔　　　　　〕

難 (3) △PABの面積が5以上になる確率を求めなさい。 4%

〔　　　　　〕

模擬テスト

第1回 …… 148

第2回 …… 150

- 実際の入試問題と同じ形式で，全範囲から問題をつくりました。
- 入試本番を意識し，時間をはかってやってみましょう。

第1回 模擬テスト

時間｜50分
解答・解説｜別冊p.62

得点
/ 100

1 次の計算をしなさい。

(各5点)

(1) $14+(-6)$

(2) $4-(-3)^2\div\frac{9}{10}$

(3) $2a-5b-7a+2b$

(4) $\frac{1}{5}(-20x+15y)$

(5) $\sqrt{108}+\sqrt{48}-7\sqrt{12}$

(6) $(3-\sqrt{2})^2+\frac{12}{\sqrt{2}}$

(1)		(2)		(3)	
(4)		(5)		(6)	

2 次の問いに答えなさい。

(各5点)

(1) 連立方程式 $\begin{cases} 3x-5y=-1 \\ x+2y=-4 \end{cases}$ を解きなさい。

(2) 等式 $S=\frac{1}{2}\ell r^2$ を ℓ について解きなさい。

(3) $(x-1)^2-4(x-1)+4$ を因数分解しなさい。

(4) 1から6までの目が出る大小2つのさいころを同時に1回投げるとき，出る目の数の和が2けたの自然数となる確率を求めなさい。ただし，大小2つのさいころの目の出方は同様に確からしいとする。

(5) 右の図の円Oで，$\angle x$ の大きさを求めなさい。

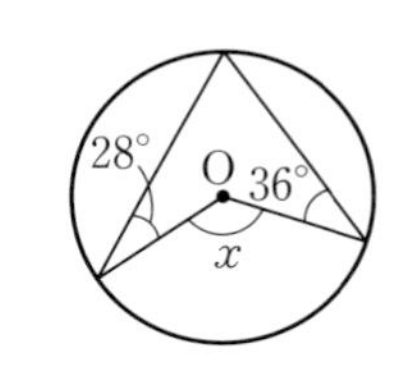

(6) 右の図で，①は関数 $y=2x+6$，②は関数 $y=-\frac{1}{3}x$ のグラフであり，点Aは，①のグラフと y 軸(じく)の交点，点Bは①のグラフと②のグラフの交点である。このとき，△OABの面積を求めなさい。

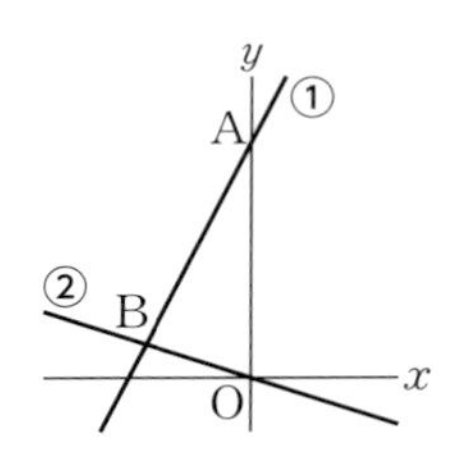

(1)		(2)		(3)	
(4)		(5)		(6)	

3 右の図のように，正方形ABCDがある。この正方形の内部に，△PBCが正三角形となるような点Pをとる。点Pと点A，点Pと点Dをそれぞれ結ぶとき，次の問いに答えなさい。（(1)8点，(2)4点）

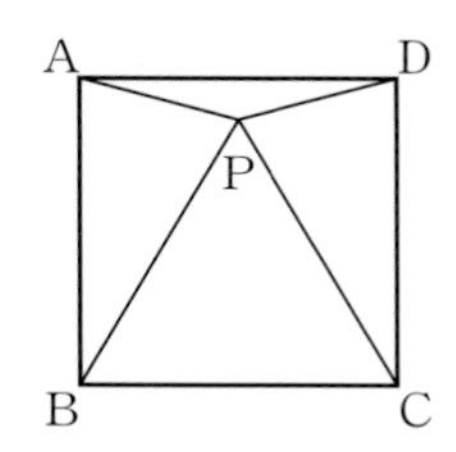

(1) △ABP≡△DCPとなることを証明しなさい。

(2) ∠DAPの大きさを求めなさい。

(1)	（証明）	(2)	

4 右の図のように，関数$y=x^2$のグラフと関数$y=-\frac{1}{4}x^2$のグラフがある。点Aは関数$y=x^2$のグラフ上の点で，x座標が正である。点B，C，Dを，ADとBCがx軸に平行になり，ABとDCがy軸に平行になるようにとる。次の問いに答えなさい。（各7点）

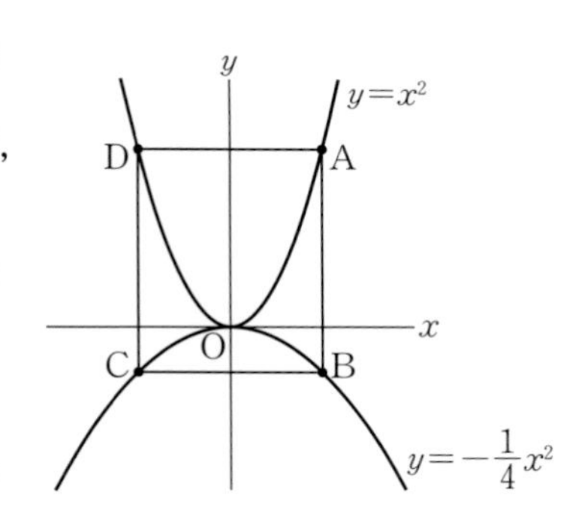

(1) 点Aのx座標が2のとき，点Cの座標を求めなさい。

(2) 点Aのx座標をa $(a>0)$とする。四角形ABCDが正方形となるときのaの値を求めなさい。

(1)		(2)	

5 右の図は，1辺が2cmの立方体の一部を切り取ってできた三角錐（すい）ABCDである。点Bから△ACDにひいた垂線と△ACDとの交点をHとする。次の問いに答えなさい。（各7点）

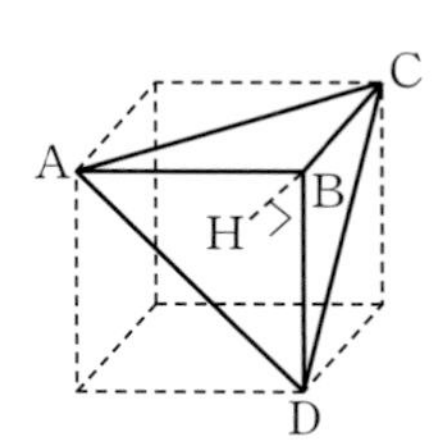

(1) △ACDの面積を求めなさい。

(2) 線分BHの長さを求めなさい。

(1)		(2)	

第2回 模擬テスト

時間｜50分
解答・解説｜別冊p.63

得点 / 100

1 次の計算をしなさい。

（各5点）

(1) $-36 \div \frac{4}{3}$

(2) $7-(-5+2)$

(3) $-5(x+2)+3(2-3x)$

(4) $(-2a^2b) \times 6b^2 \div 3ab$

(5) $\sqrt{10} \times \sqrt{15} - \sqrt{24}$

(6) $(3\sqrt{2}-\sqrt{3})(\sqrt{2}+\sqrt{3})$

(1)		(2)		(3)	
(4)		(5)		(6)	

2 次の問いに答えなさい。

（各6点）

(1) 1次方程式$\frac{1}{3}x-6=\frac{3}{4}x-1$を解きなさい。

(2) 時速4kmでx時間歩いたときの道のりが，$y$km未満であった。このときの数量の間の関係を不等式で表しなさい。

(3) 2次方程式$x^2+5x-4=0$を解きなさい。

(4) 図は，ある中学校のA組32人とB組32人のハンドボール投げの記録を，箱ひげ図で表したものである。この箱ひげ図からわかることについて，正しく述べたものを，次の**ア**から**オ**までの中から2つ選びなさい。

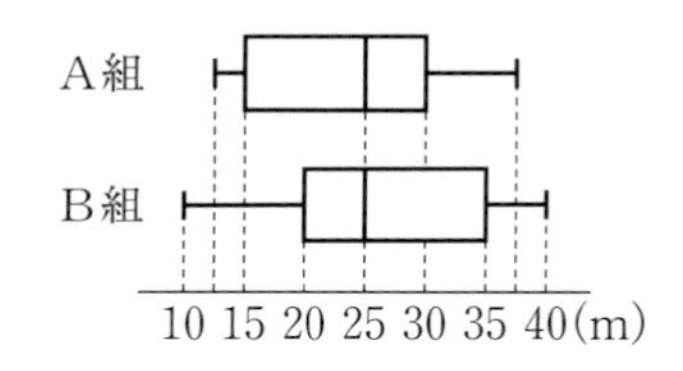

ア A組とB組は，範囲(はんい)がともに同じ値である。

イ A組とB組は，四分位範囲がともに同じ値である。

ウ A組とB組は，中央値がともに同じ値である。

エ 35m以上の記録を出した人数は，B組よりA組のほうが多い。

オ 25m以上の記録を出した人数は，A組，B組とも同じである。

(5) 右の図は，円錐(すい)の投影図(とうえいず)で，立面図は底辺が6cm，2辺の長さがともに5cmの二等辺三角形である。このとき，この円錐の体積を求めなさい。ただし，円周率はπとする。

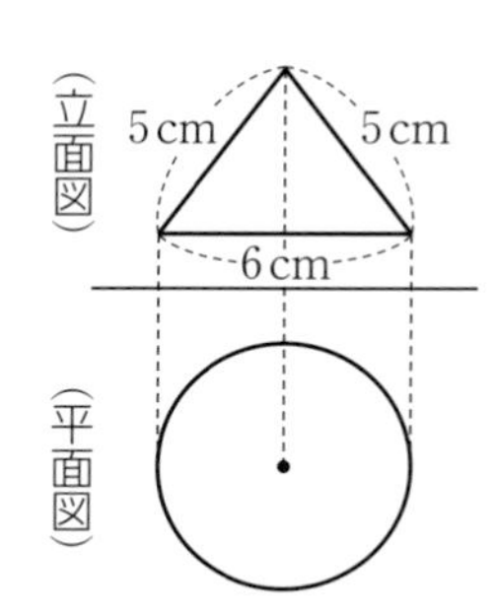

(1)		(2)		(3)	
(4)		(5)			

3

ある中学校で公園の環境美化活動に参加したことがある生徒は，１年生では１年生全体の20％，２年生では２年生全体の35％，３年生では３年生全体の30％で，学校全体では全校生徒の28％である。また，この中学校の生徒数は，１年生は250人，３年生は２年生より100人多いという。この中学校の２年生と３年生の生徒数をそれぞれ求めなさい。ただし，方程式に用いる文字が何を表すかを明確にし，答えを求める過程がわかるように，途中(とちゅう)の式や計算なども書くこと。 (10点)

（答えを求める過程）
答え　２年生　　　人，３年生　　　人

4

右の図のように，関数$y=\frac{1}{2}x^2$のグラフがある。２点A，Bはこの関数のグラフ上の点で，点Aのx座標は２，点Bのx座標は６である。次の問いに答えなさい。 (各７点)

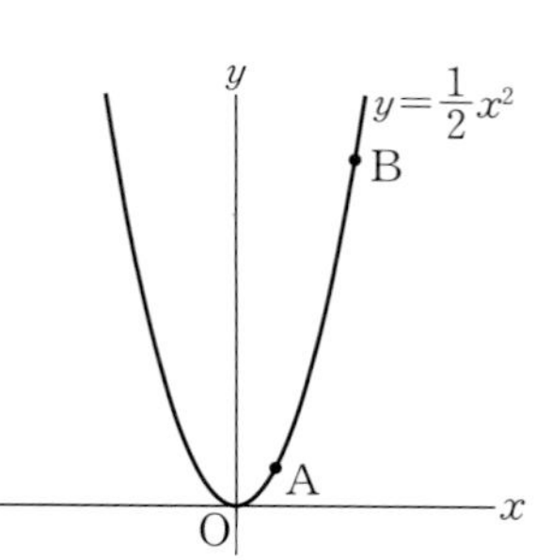

(1) 点Bを通り，２点O，Aを結ぶ線分と平行な直線の式を求めなさい。

(2) x軸(じく)上に点Pをとる。△OABと△POAの面積が等しくなるような点Pは２つある。点Pの座標を求めなさい。

(1)		(2)	

5

右の図は，AB＝6cm，AD＝2cm，AE＝3cmの直方体である。次の問いに答えなさい。 (各８点)

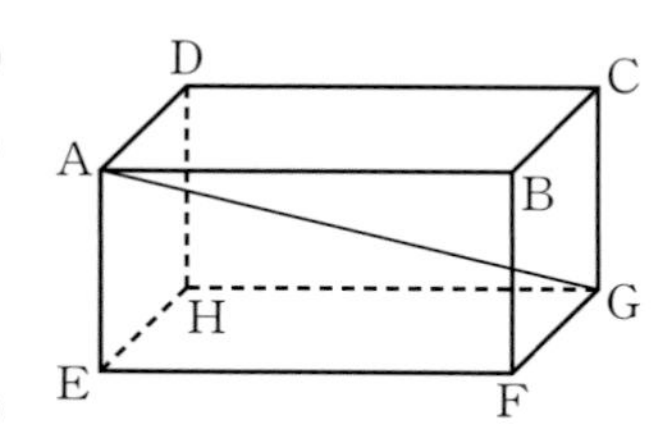

(1) 対角線AGの長さを求めなさい。

(2) 直方体の表面に，点Aから辺EFを通って点Gまで糸を巻きつけ，糸の長さAGが最も短くなるようにする。このときの糸の長さを求めなさい。

(1)		(2)	

□ 執筆協力　㈱アポロ企画
□ 編集協力　㈱アポロ企画　山中綾子
□ DTP　㈱明友社
□ 図版作成　㈱明友社

シグマベスト
高校入試
超効率問題集 数学

編　者　文英堂編集部
発行者　益井英郎
印刷所　中村印刷株式会社
発行所　株式会社文英堂
〒601-8121　京都市南区上鳥羽大物町28
〒162-0832　東京都新宿区岩戸町17
(代表)03-3269-4231

●落丁・乱丁はおとりかえします。

高校入試

超効率問題集

数学

解答・解説

文英堂

数と式

正負の数の計算

1 (1) -6 (2) 5 (3) 8 (4) -10
(5) $-\frac{1}{2}$ (6) $-\frac{5}{36}$ (7) -3 (8) 9

解説

(1) $-8+2=-(8-2)=-6$
(2) $13+(-8)=+(13-8)=5$
(3) $1-(-7)=1+7=8$
(4) $-4-6=-(4+6)=-10$
(5) $\frac{1}{6}-\frac{2}{3}=\frac{1}{6}-\frac{4}{6}=-\frac{3}{6}=-\frac{1}{2}$
(6) $\frac{3}{4}-\frac{8}{9}=\frac{27}{36}-\frac{32}{36}=-\frac{5}{36}$
(7) $8+(-5)-6=8-5-6=3-6=-3$
(8) $7-(-5+3)=7-(-2)=7+2=9$

2 (1) -42 (2) $-\frac{5}{3}$ (3) -3 (4) $\frac{5}{4}$
(5) -45 (6) -4 (7) 3 (8) 8

解説

(1) $7\times(-6)=-(7\times6)=-42$
(2) $4\times\left(-\frac{5}{12}\right)=-\left(4\times\frac{5}{12}\right)=-\frac{5}{3}$
(3) $9\div(-3)=-(9\div3)=-3$
(4) $\left(-\frac{5}{6}\right)\div\left(-\frac{2}{3}\right)=\left(-\frac{5}{6}\right)\times\left(-\frac{3}{2}\right)$
$=+\frac{5\times3}{6\times2}=\frac{5}{4}$
(5) $-3^2\times5=-9\times5=-(9\times5)=-45$
(6) $(-2)^3\div2=(-8)\div2=-(8\div2)=-4$
(7) $9\div(-6)\times(-2)=+\left(9\times\frac{1}{6}\times2\right)=3$
(8) $3\div\left(-\frac{3}{4}\right)\times(-2)=+\left(3\times\frac{4}{3}\times2\right)=8$

3 (1) 20 (2) -7 (3) 9 (4) 78
(5) $-\frac{1}{2}$ (6) 13 (7) 11 (8) -3

解説

(1) $2-(-6)\times3=2-(-18)=2+18=20$
(2) $(-2)\times4+1=-8+1=-7$
(3) $6-9\times\left(-\frac{1}{3}\right)=6-(-3)=6+3=9$
(4) $83-45\div9=83-5=78$
(5) $-\frac{8}{9}\div\frac{2}{3}+\frac{5}{6}=-\frac{8}{9}\times\frac{3}{2}+\frac{5}{6}=-\frac{4}{3}+\frac{5}{6}$
$=-\frac{8}{6}+\frac{5}{6}=-\frac{3}{6}=-\frac{1}{2}$
(6) $-5+(-3)^2\times2=-5+9\times2=-5+18=13$
(7) $8\times\frac{5}{2}-3^2=20-9=11$
(8) $6-(-2)^2\div\frac{4}{9}=6-4\times\frac{9}{4}=6-9=-3$

4 (1) -7 (2) -5 (3) -2 (4) -5
(5) -1 (6) $-\frac{1}{4}$ (7) 16 (8) -44

解説

(1) $2+3\times(1-4)=2+3\times(-3)=2-9=-7$
(2) $10+(6-9)\times5=10+(-3)\times5=10-15=-5$
(3) $-20\div5-(3-5)=-4-(-2)=-4+2=-2$
(4) $5\times(-3)-20\div(-2)=-15-(-10)$
$=-15+10=-5$
(5) $\left(\frac{1}{4}-\frac{1}{3}\right)\times12=\frac{1}{4}\times12-\frac{1}{3}\times12$
$=3-4=-1$
(6) $\left(\frac{2}{3}-\frac{3}{4}\right)\div\frac{1}{3}=\left(\frac{8}{12}-\frac{9}{12}\right)\times3$
$=-\frac{1}{12}\times3=-\frac{1}{4}$
(7) $(-5)\times(-3)+(-2)^2\div4=15+4\div4$
$=15+1=16$
(8) $(-2)^3-(-3^2)\times(-4)=-8-(-9)\times(-4)$
$=-8-36=-44$

5 (1) $-4<-3<+5$ (2) -2cm
(3) 例 $a=-1$, $b=-1$ (4) $n=7$

解説

(1) -4, $+5$, -3の大小を$-4<+5>-3$と書くと，-4と-3の大小がわからないので，
$-4<-3<+5$または$+5>-3>-4$のように，
不等号の向きをそろえて書く。
(2) 昨日の午前6時の水位を$a$cmとすると，今日の午前6時の水位は$a-2$(cm)
これが-4cmに等しいから，$a-2=-4$
よって，$a=-2$
(3) 例えば，$a=-1$，$b=-1$のとき，$ab=1$で正の数となるが，**a，bはともに負の数**となる。

(4) $\frac{252}{n}=\frac{2^2\times3^2\times7}{n}$ の値が，ある自然数の 2 乗となるもっとも小さい自然数 n の値は，$n=7$ で，このとき，$2^2\times3^2=(2\times3)^2=6^2$ となる。

6 (1) **20人** (2) **42人**

解説

(1) お客の人数が**最も多いのは金曜日**，**最も少ないのは火曜日**で，人数の差は，
$(+13)-(-7)=20$（人）

(2) 40人を基準とした 5 日間のお客の**人数の合計**は，
$(+5)+(-7)+(+2)+(-3)+(+13)=10$
よって，5 日間のお客の人数の平均は，
$40+10\div5=42$（人）

2 平方根

1 (1) $\mathbf{4\sqrt{2}}$ (2) $\mathbf{7\sqrt{6}}$ (3) $\mathbf{3\sqrt{3}}$
(4) $\mathbf{-3\sqrt{3}}$ (5) $\mathbf{5\sqrt{3}}$ (6) $\mathbf{2\sqrt{2}}$ (7) $\mathbf{\sqrt{5}}$
(8) $\mathbf{\sqrt{3}}$

解説

(1) $\sqrt{2}+\sqrt{18}=\sqrt{2}+3\sqrt{2}=4\sqrt{2}$

(2) $\sqrt{24}+5\sqrt{6}=2\sqrt{6}+5\sqrt{6}=7\sqrt{6}$

(3) $\sqrt{48}-\sqrt{3}=4\sqrt{3}-\sqrt{3}=3\sqrt{3}$

(4) $\sqrt{27}-6\sqrt{3}=3\sqrt{3}-6\sqrt{3}=-3\sqrt{3}$

(5) $2\sqrt{3}-4\sqrt{3}+7\sqrt{3}=5\sqrt{3}$

(6) $\sqrt{18}+\sqrt{50}-3\sqrt{8}=3\sqrt{2}+5\sqrt{2}-3\times2\sqrt{2}$
$=3\sqrt{2}+5\sqrt{2}-6\sqrt{2}$
$=2\sqrt{2}$

(7) $3\sqrt{5}-\sqrt{80}+\sqrt{20}=3\sqrt{5}-4\sqrt{5}+2\sqrt{5}=\sqrt{5}$

(8) $\sqrt{27}+4\sqrt{3}-3\sqrt{12}=3\sqrt{3}+4\sqrt{3}-3\times2\sqrt{3}$
$=3\sqrt{3}+4\sqrt{3}-6\sqrt{3}=\sqrt{3}$

2 (1) $\mathbf{8\sqrt{5}}$ (2) $\mathbf{3\sqrt{2}}$ (3) $\mathbf{\sqrt{3}}$ (4) $\mathbf{3\sqrt{6}}$
(5) $\mathbf{\sqrt{5}}$ (6) $\mathbf{2\sqrt{3}}$ (7) $\mathbf{\sqrt{6}}$

解説

(1) $\frac{30}{\sqrt{5}}+\sqrt{20}=\frac{30\times\sqrt{5}}{\sqrt{5}\times\sqrt{5}}+2\sqrt{5}=\frac{30\sqrt{5}}{5}+2\sqrt{5}$
$=6\sqrt{5}+2\sqrt{5}$
$=8\sqrt{5}$

(2) $\sqrt{8}+\frac{2}{\sqrt{2}}=2\sqrt{2}+\frac{2\times\sqrt{2}}{\sqrt{2}\times\sqrt{2}}=2\sqrt{2}+\frac{2\sqrt{2}}{2}$
$=2\sqrt{2}+\sqrt{2}$
$=3\sqrt{2}$

(3) $\sqrt{48}-\frac{9}{\sqrt{3}}=4\sqrt{3}-\frac{9\times\sqrt{3}}{\sqrt{3}\times\sqrt{3}}=4\sqrt{3}-\frac{9\sqrt{3}}{3}$
$=4\sqrt{3}-3\sqrt{3}$
$=\sqrt{3}$

(4) $\frac{30}{\sqrt{6}}-\sqrt{24}=\frac{30\times\sqrt{6}}{\sqrt{6}\times\sqrt{6}}-2\sqrt{6}=\frac{30\sqrt{6}}{6}-2\sqrt{6}$
$=5\sqrt{6}-2\sqrt{6}$
$=3\sqrt{6}$

(5) $3\sqrt{20}-\frac{25}{\sqrt{5}}=3\times2\sqrt{5}-\frac{25\times\sqrt{5}}{\sqrt{5}\times\sqrt{5}}$
$=6\sqrt{5}-\frac{25\sqrt{5}}{5}$
$=6\sqrt{5}-5\sqrt{5}$
$=\sqrt{5}$

(6) $\sqrt{3}+\sqrt{27}-\frac{6}{\sqrt{3}}=\sqrt{3}+3\sqrt{3}-\frac{6\times\sqrt{3}}{\sqrt{3}\times\sqrt{3}}$
$=\sqrt{3}+3\sqrt{3}-\frac{6\sqrt{3}}{3}$
$=\sqrt{3}+3\sqrt{3}-2\sqrt{3}=2\sqrt{3}$

(7) $\sqrt{54}-4\sqrt{6}+\frac{12}{\sqrt{6}}=3\sqrt{6}-4\sqrt{6}+\frac{12\times\sqrt{6}}{\sqrt{6}\times\sqrt{6}}$
$=3\sqrt{6}-4\sqrt{6}+\frac{12\sqrt{6}}{6}$
$=3\sqrt{6}-4\sqrt{6}+2\sqrt{6}$
$=\sqrt{6}$

3 (1) $\mathbf{2\sqrt{6}}$ (2) $\mathbf{\sqrt{6}}$ (3) **5** (4) **2**
(5) $\mathbf{4\sqrt{3}}$

解説

(1) $\sqrt{2}\times\sqrt{12}=\sqrt{2}\times2\sqrt{3}=2\times\sqrt{2\times3}=2\sqrt{6}$

(2) $(-\sqrt{2})\times(-\sqrt{3})=\sqrt{2\times3}=\sqrt{6}$

(3) $(\sqrt{15})^2\div3=15\div3=5$

(4) $\sqrt{28}\div\sqrt{7}=\sqrt{\frac{28}{7}}=\sqrt{4}=2$

(5) $4\sqrt{6}\div\sqrt{2}=4\sqrt{\frac{6}{2}}=4\sqrt{3}$

4 (1) $\mathbf{\sqrt{5}}$ (2) $\mathbf{6\sqrt{6}}$ (3) $\mathbf{5\sqrt{3}}$ (4) $\mathbf{-6\sqrt{6}}$
(5) $\mathbf{3\sqrt{3}}$ (6) $\mathbf{\frac{5\sqrt{6}}{3}}$ (7) $\mathbf{9\sqrt{2}}$
(8) $\mathbf{5-\sqrt{5}}$ (9) $\mathbf{5\sqrt{3}}$ (10) $\mathbf{3\sqrt{2}+\sqrt{5}}$

解説

(1) $\sqrt{10}\times\sqrt{8}-\sqrt{45}=\sqrt{2\times5\times2^3}-3\sqrt{5}$
$=\sqrt{2^4\times5}-3\sqrt{5}$
$=2^2\times\sqrt{5}-3\sqrt{5}$
$=4\sqrt{5}-3\sqrt{5}=\sqrt{5}$

(2) $7\sqrt{2}\times\sqrt{3}-\sqrt{6}=7\times\sqrt{2\times3}-\sqrt{6}$
$=7\sqrt{6}-\sqrt{6}=6\sqrt{6}$

(3) $\sqrt{60}\div\sqrt{5}+\sqrt{27}=\sqrt{\frac{60}{5}}+3\sqrt{3}=\sqrt{12}+3\sqrt{3}$
$=2\sqrt{3}+3\sqrt{3}$
$=5\sqrt{3}$

(4) $\sqrt{30}\div\sqrt{5}-\sqrt{42}\times\sqrt{7}=\sqrt{\frac{30}{5}}-\sqrt{6\times7\times7}$
$=\sqrt{6}-\sqrt{7^2\times6}$
$=\sqrt{6}-7\sqrt{6}=-6\sqrt{6}$

(5) $\sqrt{2}\times\sqrt{6}+\frac{3}{\sqrt{3}}=\sqrt{2\times2\times3}+\frac{3\sqrt{3}}{3}$
$=\sqrt{2^2\times3}+\sqrt{3}$
$=2\sqrt{3}+\sqrt{3}=3\sqrt{3}$

(6) $\sqrt{8}\times\sqrt{3}-\frac{2}{\sqrt{6}}=\sqrt{2^2\times2\times3}-\frac{2\sqrt{6}}{6}$
$=2\sqrt{6}-\frac{\sqrt{6}}{3}=\frac{6\sqrt{6}}{3}-\frac{\sqrt{6}}{3}$
$=\frac{5\sqrt{6}}{3}$

(7) $\frac{12}{\sqrt{2}}+\sqrt{6}\times\sqrt{3}=\frac{12\sqrt{2}}{2}+\sqrt{2\times3\times3}$
$=6\sqrt{2}+\sqrt{3^2\times2}$
$=6\sqrt{2}+3\sqrt{2}=9\sqrt{2}$

(8) $\sqrt{5}(\sqrt{5}-1)=(\sqrt{5})^2-\sqrt{5}=5-\sqrt{5}$

(9) $\sqrt{6}\left(\sqrt{8}+\frac{1}{\sqrt{2}}\right)=\sqrt{6}\times\sqrt{8}+\frac{\sqrt{6}}{\sqrt{2}}$
$=\sqrt{2\times3\times2^3}+\sqrt{\frac{6}{2}}$
$=\sqrt{2^4\times3}+\sqrt{3}$
$=2^2\times\sqrt{3}+\sqrt{3}$
$=4\sqrt{3}+\sqrt{3}=5\sqrt{3}$

(10) $\sqrt{32}+\sqrt{45}-\sqrt{2}(1+\sqrt{10})$
$=4\sqrt{2}+3\sqrt{5}-\sqrt{2}-\sqrt{2\times2\times5}$
$=4\sqrt{2}+3\sqrt{5}-\sqrt{2}-2\sqrt{5}$
$=3\sqrt{2}+\sqrt{5}$

5
(1) **イ** (2) **$\pm2\sqrt{2}$** (3) **エ**
(4) **$n=-1,\ 0,\ 1$**

解説

(1) **ア**…7の平方根は$\pm\sqrt{7}$であるから，正しくない。
イ…$\sqrt{(-3)^2}=\sqrt{9}=3$となり，正しい。
ウ…$\sqrt{25}=5$となり，正しくない。
エ…$4=\sqrt{16}$で，$\sqrt{5}<\sqrt{16}$となり，正しくない。

(2) 8の平方根は$\pm\sqrt{8}=\pm2\sqrt{2}$である。

(3) **ア**…$-\frac{3}{7}$は分数であるから**有理数**である。
イ…$2.7=\frac{27}{10}$となり，分数で表されるから**有理数**である。
ウ…$\sqrt{\frac{9}{25}}=\frac{3}{5}$となり，分数で表されるから**有理数**である。
エ…$-\sqrt{15}$は分数で表すことができないから，**有理数ではなく無理数**である。

(4) 絶対値が$\sqrt{3}$より小さい整数
-2 -1 0 1 2
$-\sqrt{3}$ $\sqrt{3}$

上の数直線から，絶対値が$\sqrt{3}$より小さい整数nは，$n=-1,\ 0,\ 1$

6
(1) **$7.25\leqq a<7.35$**
(2) aの範囲…**$3465\leqq a<3475$**
月の直径…**3.5×10^3 km**

解説

(1) 小数第2位を四捨五入して7.3になる数は7.25以上7.35未満であるから，求めるaの範囲は，
$7.25\leqq a<7.35$

(2) 一の位を四捨五入して3470になる数は3465以上3475未満であるから，求めるaの範囲は，
$3465\leqq a<3475$
100km未満を四捨五入した月の直径は3500kmで，有効数字は2けたであるから，3，5である。3500kmを有効数字がわかるように，(整数部分が1けたの小数)×(10の累乗(るいじょう))の形で表すと，3.5×10^3kmとなる。

3 式の計算

1

(1) $\mathbf{9x^2}$ (2) $\mathbf{-3x^3y^2}$ (3) $\mathbf{-\frac{6}{7}ab}$

(4) $\mathbf{3a^3b^4}$ (5) $\mathbf{8a}$ (6) $\mathbf{-4y}$

(7) $\mathbf{-2b}$ (8) $\mathbf{48y}$

解説

(1) $(-3x)^2=(-3)\times(-3)\times x\times x=9x^2$

(2) $x^2y\times(-3xy)=(-3)\times x^2y\times xy=-3x^3y^2$

(3) $\frac{2}{5}a\times\left(-\frac{15}{7}b\right)=\frac{2}{5}\times\left(-\frac{15}{7}\right)\times a\times b=-\frac{6}{7}ab$

(4) $\frac{1}{3}ab^3\times 9a^2b=\frac{1}{3}\times 9\times ab^3\times a^2b=3a^3b^4$

(5) $32a^2b\div 4ab=\frac{32a^2b}{4ab}=8a$

(6) $(-6xy)\div\frac{3}{2}x=(-6xy)\times\frac{2}{3x}$

$=-\frac{6xy\times 2}{3x}=-4y$

(7) $(-4ab)^2\div(-8a^2b)=16a^2b^2\div(-8a^2b)$

$=-\frac{16a^2b^2}{8a^2b}=-2b$

(8) $(-8xy)^2\div\frac{4}{3}x^2y=64x^2y^2\div\frac{4}{3}x^2y$

$=64x^2y^2\times\frac{3}{4x^2y}$

$=\frac{64x^2y^2\times 3}{4x^2y}$

$=48y$

2

(1) $\mathbf{-48a^2b^3}$ (2) $\mathbf{-2y}$ (3) $\mathbf{-2a^2b}$

(4) $\mathbf{2a^2b}$ (5) $\mathbf{-8x^3}$ (6) $\mathbf{-2ab^3}$

(7) $\mathbf{-2a^2b^2}$ (8) $\mathbf{3ab}$

解説

(1) $(-2)^3\times(ab)^2\times 6b=(-8)\times a^2b^2\times 6b$

$=(-8)\times 6\times a^2b^2\times b$

$=-48a^2b^3$

(2) $12xy^2\div 3y\div(-2x)=-\frac{12xy^2}{3y\times 2x}=-2y$

(3) $3a^2\times 6ab^2\div(-9ab)=-\frac{3a^2\times 6ab^2}{9ab}=-2a^2b$

(4) $(2ab)^2\div 6ab\times 3a=4a^2b^2\div 6ab\times 3a$

$=\frac{4a^2b^2\times 3a}{6ab}=2a^2b$

(5) $(-2x)^2\div 3xy\times(-6x^2y)=4x^2\div 3xy\times(-6x^2y)$

$=-\frac{4x^2\times 6x^2y}{3xy}$

$=-8x^3$

(6) $(-a^2b)\times 10b^2\div 5a=-\frac{a^2b\times 10b^2}{5a}=-2ab^3$

(7) $8a^2b\div(-3a)\times\frac{3}{4}ab=8a^2b\times\left(-\frac{1}{3a}\right)\times\frac{3}{4}ab$

$=-\frac{8a^2b\times 3ab}{3a\times 4}=-2a^2b^2$

(8) $4ab^2\times\left(-\frac{3a}{2}\right)^2\div 3a^2b=4ab^2\times\frac{9a^2}{4}\times\frac{1}{3a^2b}$

$=\frac{4ab^2\times 9a^2}{4\times 3a^2b}=3ab$

3

(1) $\mathbf{2x+4y}$	(2) $\mathbf{6a-5b}$
(3) $\mathbf{2x+6}$	(4) $\mathbf{7a+8b}$
(5) $\mathbf{2x-3}$	(6) $\mathbf{5a-3b}$
(7) $\mathbf{-x^2-3x}$	(8) $\mathbf{3a-8}$
(9) $\mathbf{a+2b}$	(10) $\mathbf{4a^2+a-13}$

解説

(1) $6x-3y-4x+7y=6x-4x-3y+7y$

$=2x+4y$

(2) $(24a-20b)\div 4=(24a-20b)\times\frac{1}{4}=6a-5b$

(3) $(3x+2)-(x-4)=3x+2-x+4=2x+6$

(4) $8a+b-(a-7b)=8a+b-a+7b=7a+8b$

(5) $-4(3-2x)+(-6x+9)=-12+8x-6x+9$

$=2x-3$

(6) $2(a-3b)+3(a+b)=2a-6b+3a+3b$

$=5a-3b$

(7) $(2x^2-5x)-(3x^2-2x)=2x^2-5x-3x^2+2x$

$=-x^2-3x$

(8) $5(3a+2)-3(4a+6)=15a+10-12a-18$

$=3a-8$

(9) $4(2a-3b)-7(a-2b)=8a-12b-7a+14b$

$=a+2b$

(10) $a^2-5a-1+3(a^2+2a-4)$

$=a^2-5a-1+3a^2+6a-12$

$=4a^2+a-13$

4

(1) $\mathbf{\frac{1}{4}x}$ (2) $\mathbf{3a+2}$ (3) $\mathbf{\frac{1}{2}y}$

(4) $\mathbf{\frac{7x-y}{2}}$ (5) $\mathbf{\frac{x-7y}{12}}$ (6) $\mathbf{\frac{3x+y}{2}}$

(7) $\mathbf{\frac{x-8}{15}}$ (8) $\mathbf{\frac{3x+5y}{4}}$

解説

(1) $\frac{3}{4}x-\frac{1}{2}x=\frac{3}{4}x-\frac{2}{4}x=\frac{1}{4}x$

(2) $\frac{1}{2}(6a+4)=\frac{1}{2}\times 6a+\frac{1}{2}\times 4=3a+2$

(3) $6\left(\frac{2x}{3}-\frac{y}{4}\right)-2(2x-y)=4x-\frac{3}{2}y-4x+2y$

$=-\frac{3}{2}y+\frac{4}{2}y=\frac{1}{2}y$

(4) $\frac{5x+7y}{2}+x-4y=\frac{5x+7y+2(x-4y)}{2}$

$=\frac{5x+7y+2x-8y}{2}$

$=\frac{7x-y}{2}$

(5) $\frac{x-3y}{4}+\frac{-x+y}{6}=\frac{3(x-3y)+2(-x+y)}{12}$

$=\frac{3x-9y-2x+2y}{12}$

$=\frac{x-7y}{12}$

(6) $2x+3y-\frac{x+5y}{2}=\frac{2(2x+3y)-(x+5y)}{2}$

$=\frac{4x+6y-x-5y}{2}$

$=\frac{3x+y}{2}$

(7) $\frac{2x-1}{3}-\frac{3x+1}{5}=\frac{5(2x-1)-3(3x+1)}{15}$

$=\frac{10x-5-9x-3}{15}$

$=\frac{x-8}{15}$

(8) $\frac{5x+y}{4}-\frac{x-2y}{2}=\frac{5x+y-2(x-2y)}{4}$

$=\frac{5x+y-2x+4y}{4}=\frac{3x+5y}{4}$

5 (1) $\boldsymbol{b=\frac{1-3a}{5}}$ (2) $\boldsymbol{x=5y+7}$
(3) $\boldsymbol{a=\frac{3c}{b}}$ (4) $\boldsymbol{b=\frac{\ell}{2}-a}$

解説

(1) $3a+5b=1$
$3a$を移項（いこう）すると，
$5b=1-3a$
両辺を5でわると，
$b=\frac{1-3a}{5}$ （$\boldsymbol{\frac{1}{5}-\frac{3}{5}a}$**も正解**）

(2) $y=\frac{x-7}{5}$

両辺を入れかえると，$\frac{x-7}{5}=y$

両辺に5をかけると，$x-7=5y$

-7を移項すると，$x=5y+7$

(3) $c=\frac{1}{3}ab$
両辺を入れかえると，
$\frac{1}{3}ab=c$
両辺に3をかけると，
$ab=3c$
両辺をbでわると，
$a=\frac{3c}{b}$

(4) $\ell=2(a+b)$
両辺を入れかえると，
$2(a+b)=\ell$
両辺を2でわると，
$a+b=\frac{\ell}{2}$
aを移項すると，
$b=\frac{\ell}{2}-a$ （$\boldsymbol{b=\frac{\ell-2a}{2}}$**も正解**）

6 (1) **−6** (2) **−1** (3) **13** (4) **−12**
(5) $\boldsymbol{\frac{1}{5}}$ (6) **5**

解説

(1) $-5\times2+4=-10+4=-6$

(2) $2\times(-2)+9\times\frac{1}{3}=-4+3=-1$

(3) $-2\times(-2)^2+7\times3=-8+21=13$

(4) $(-6xy^2)\div3y=-\frac{6xy^2}{3y}=-2xy$
よって，$-2\times3\times2=-12$

(5) $3x^2\div12xy\times(-2y)^2=\frac{3x^2\times4y^2}{12xy}=xy$
よって，$\frac{1}{3}\times0.6=\frac{1}{3}\times\frac{3}{5}=\frac{1}{5}$ （**0.2も正解**）

(6) $-2(x+2y)+3(x+y)=-2x-4y+3x+3y$
$=x-y$
よって，$3-(-2)=3+2=5$

4 数と式の利用

1 (1) $\boldsymbol{y-210x}$ **(m)** (2) **ウ** (3) **ウ**
(4) $\boldsymbol{\frac{3}{100}a}$**人** (5) $\boldsymbol{\frac{109}{100}a+\frac{93}{100}b}$ **(人)**

解説

(1) 毎分210mでx分間走ったときの道のりは，

$210x$m。全部の道のりがymであるから，残りの道のりは$y-210x$(m)

(2) a円の品物の３割引き後の値段は，

$a\times\left(1-\frac{3}{10}\right)=\frac{7}{10}a$(円)

(3) ア…長方形の面積はabcm^{2}となる。

イ…１人当たりのひもの長さは$\frac{a}{b}$mとなる。

ウ…全体の重さは$a+b$(g)となる。

エ…袋(ふくろ)の中に残っている玉の個数は$a-b$(個)となる。

(4) a人の３％に当たる人数は，

$a\times\frac{3}{100}=\frac{3}{100}a$(人)　(**$0.03a$人も正解**)

(5) 今年度の男子の参加者は，昨年度よりも９％増えたから，

$a\times\left(1+\frac{9}{100}\right)=\frac{109}{100}a$(人)

今年度の女子の参加者は，昨年度よりも７％減ったから，

$b\times\left(1-\frac{7}{100}\right)=\frac{93}{100}b$(人)

よって，今年度の男子と女子の参加者の合計は，

$\frac{109}{100}a+\frac{93}{100}b$(人)　(**$1.09a+0.93b$(人)も正解**)

2　(1) $y=\frac{1500}{x}$　(2) $6x+y<900$　(3) $200-3a<b$　(4) $a=3b-150$

解説

(1) 毎分xmでy分間歩いたときの道のりは，xym。全部の道のりが1500mであるから，

$xy=1500$。よって，$y=\frac{1500}{x}$

(2) １個xgのトマト６個分の重さは$x\times6=6x$(g)

これをygの箱に入れたときの合計の重さは

$6x+y$(g)

この重さが900gより軽かったことから，

$6x+y<900$

(3) 200Lの浴槽(よくそう)から，毎分aLの割合で３分間水を抜(ぬ)いた後の浴槽の水の量は，

$200-a\times3=200-3a$(L)

この水の量がbLより少ないことから，

$200-3a<b$

(4) ３教科のテストの平均点は，

$\frac{70+80+a}{3}=\frac{150+a}{3}$(点)

この点がb点であることから，

$\frac{150+a}{3}=b$，$150+a=3b$

よって，$a=3b-150$

3　ア…$n+1$，イ…$n+2$，ウ…$3(n+1)$

解説

連続する３つの整数は，最も小さい整数をnとすると，小さい順にn，$n+1$，$n+2$と表される。３の倍数であることを示すには，**3×(整数)**の形に変形すればよい。

4　ア…$2n+3$，イ…$2n+5$

ウ…$(2n+1)+(2n+5)=4n+6=2(2n+3)$

解説

奇数(きすう)は**2×(整数)+1**と表されるから，連続する３つの奇数は，最も小さい奇数を$2n+1$とすると，小さい順に$2n+1$，$2n+3$，$2n+5$と表される。

中央の奇数の２倍であることを示すには，

2×(中央の奇数)の形に変形すればよい。

5　例　$1000x+100y+10y+x$

$=1001x+110y$

$=11(91x+10y)$

$91x+10y$は自然数であるから，

$11(91x+10y)$は11の倍数である。

解説

11の倍数であることを示すには，**11×(自然数)**の形に変形すればよい。

5 式の展開

1　(1) $-4x^2+8xy$　(2) $3a-5a^2$　(3) x^2+x-20　(4) $x^2-12x+35$　(5) a^2-6a+9　(6) x^2-9y^2

解説

(1) $(x-2y)\times(-4x)=x\times(-4x)-2y\times(-4x)$

$=-4x^2+8xy$

(2) $(9a^2b-15a^3b)\div3ab=(9a^2b-15a^3b)\times\frac{1}{3ab}$

$=9a^2b\times\frac{1}{3ab}-15a^3b\times\frac{1}{3ab}$

$=3a-5a^2$

(3)　$(x+5)(x-4)=x^2+\{5+(-4)\}x+5\times(-4)$
$=x^2+x-20$

(4)　$(x-5)(x-7)$
$=x^2+\{(-5)+(-7)\}x+(-5)\times(-7)$
$=x^2-12x+35$

(5)　$(a-3)^2=a^2-2\times3\times a+3^2=a^2-6a+9$

(6)　$(x+3y)(x-3y)=x^2-(3y)^2=x^2-9y^2$

2
(1)　$\mathbf{2x+9}$　(2)　$\mathbf{2x+13}$
(3)　$\mathbf{5x^2-x-7}$　(4)　$\mathbf{12x+13}$

解説

(1)　$(x+5)(x+9)-(x+6)^2$
$=x^2+14x+45-(x^2+12x+36)$
$=x^2+14x+45-x^2-12x-36$
$=2x+9$

(2)　$(x-1)^2-(x+2)(x-6)$
$=x^2-2x+1-(x^2-4x-12)$
$=x^2-2x+1-x^2+4x+12$
$=2x+13$

(3)　$(2x+1)(2x-1)+(x+2)(x-3)$
$=4x^2-1+x^2-x-6$
$=5x^2-x-7$

(4)　$(2x+3)^2-4(x+1)(x-1)$
$=4x^2+12x+9-4(x^2-1)$
$=4x^2+12x+9-4x^2+4$
$=12x+13$

3
(1)　$\mathbf{4+2\sqrt{3}}$　(2)　$\mathbf{7-2\sqrt{10}}$
(3)　$\mathbf{9}$　(4)　$\mathbf{4-5\sqrt{2}}$
(5)　$\mathbf{1-\sqrt{3}}$　(6)　$\mathbf{4+\sqrt{3}}$

解説

(1)　$(\sqrt{3}+1)^2=(\sqrt{3})^2+2\times1\times\sqrt{3}+1^2$
$=3+2\sqrt{3}+1=4+2\sqrt{3}$

(2)　$(\sqrt{2}-\sqrt{5})^2=(\sqrt{2})^2-2\times\sqrt{5}\times\sqrt{2}+(\sqrt{5})^2$
$=2-2\sqrt{10}+5=7-2\sqrt{10}$

(3)　$(\sqrt{13}+2)(\sqrt{13}-2)=(\sqrt{13})^2-2^2$
$=13-4=9$

(4)　$(6+\sqrt{2})(1-\sqrt{2})=6-6\sqrt{2}+\sqrt{2}-2$
$=4-5\sqrt{2}$

(5)　$(\sqrt{3}-2)(\sqrt{3}+1)$
$=(\sqrt{3})^2+\{(-2)+1\}\sqrt{3}+(-2)\times1$
$=3-\sqrt{3}-2=1-\sqrt{3}$

(6)　$\dfrac{9}{\sqrt{3}}+(\sqrt{3}-1)^2=\dfrac{9\sqrt{3}}{3}+3-2\sqrt{3}+1=4+\sqrt{3}$

6 因数分解

1
(1)　$\mathbf{2ab(3a-2b+4)}$　(2)　$\mathbf{(a-3)(a+5)}$
(3)　$\mathbf{(x-4)(x-9)}$　(4)　$\mathbf{(x-4)(x+7)}$
(5)　$\mathbf{(x-7)^2}$　(6)　$\mathbf{(x+5)(x-5)}$

解説

(1)　$6a^2b=2ab\times3a$，$4ab^2=2ab\times2b$，$8ab=2ab\times4$
よって，**共通因数は$2ab$**となるから，
$6a^2b-4ab^2+8ab=2ab(3a-2b+4)$

(2)　たして2，かけて-15となる2つの数は-3，5であるから，
$a^2+2a-15=(a-3)(a+5)$

(3)　たして-13，かけて36となる2つの数は-4，-9であるから，
$x^2-13x+36=(x-4)(x-9)$

(4)　たして3，かけて-28となる2つの数は-4，7であるから，
$x^2+3x-28=(x-4)(x+7)$

(5)　$x^2-14x+49=x^2-2\times7\times x+7^2$
$=(x-7)^2$

(6)　$x^2-25=x^2-5^2=(x+5)(x-5)$

2
(1)　$\mathbf{(x+3)(x-7)}$　(2)　$\mathbf{(x-3)^2}$
(3)　$\mathbf{(a+b+4)(a+b-4)}$
(4)　$\mathbf{2x(y+3)(y-3)}$
(5)　$\mathbf{2(x-3)(x+4)}$　(6)　$\mathbf{(a-6)(a+2)}$

解説

(1)　$(x+2)(x-6)-9=x^2-4x-12-9$
$=x^2-4x-21$
$=(x+3)(x-7)$

(2)　$(x-4)^2+2(x-2)-3$
$=x^2-8x+16+2x-4-3$
$=x^2-6x+9$
$=(x-3)^2$

(3)　$a+b=A$とおくと，
$(a+b)^2-16=A^2-16$
$=A^2-4^2$
$=(A+4)(A-4)$
Aを$a+b$にもどすと，
$(a+b)^2-16=\{(a+b)+4\}\{(a+b)-4\}$
$=(a+b+4)(a+b-4)$

(4)　$2xy^2-18x=2x(y^2-9)$
$=2x(y^2-3^2)$
$=2x(y+3)(y-3)$

(5) $2x^2+2x-24=2(x^2+x-12)$
$=2(x-3)(x+4)$

(6) $a-4=A$とおくと，
$(a-4)^2+4(a-4)-12$
$=A^2+4A-12$
$=(A-2)(A+6)$
Aを$a-4$にもどすと，
$(a-4)^2+4(a-4)-12$
$=\{(a-4)-2\}\{(a-4)+6\}$
$=(a-6)(a+2)$

3 (1) **73** (2) **$4\sqrt{10}$** (3) **6**

解説

(1) $a^2-9b^2=(a+3b)(a-3b)$
よって，$(37+3\times12)\times(37-3\times12)$
$=73\times1$
$=73$

(2) $x^2-y^2=(x+y)(x-y)$
よって，
$\{(\sqrt{5}+\sqrt{2})+(\sqrt{5}-\sqrt{2})\}$
$\times\{(\sqrt{5}+\sqrt{2})-(\sqrt{5}-\sqrt{2})\}$
$=2\sqrt{5}\times2\sqrt{2}=4\sqrt{10}$

(3) $x^2-xy=x(x-y)$
よって，$(3+\sqrt{3})\times\{(3+\sqrt{3})-2\sqrt{3}\}$
$=(3+\sqrt{3})\times(3-\sqrt{3})$
$=3^2-(\sqrt{3})^2$
$=6$

7 規則性

1 (1) **48 cm²** (2) **$2n^2+4n$ (cm²)**

解説

(1) 2つの底面に1辺1 cmの正方形が$4^2\times2=32$(個)，側面に1辺1 cmの正方形が$4\times4=16$(個)あるから，求める表面積は，$32+16=48$ (cm²)

(2) 2つの底面に1辺1 cmの正方形が$n^2\times2=2n^2$(個)，側面に1辺1 cmの正方形が$n\times4=4n$(個)あるから，求める表面積は，$2n^2+4n$ (cm²)

2 黒色のタイル…**113枚**
白色のタイル…**112枚**

解説

n番目	1	2	3	4	5	6
黒色のタイル	1	2	5	8	13	18
白色のタイル	0	2	4	8	12	18
全部のタイル	1	4	9	16	25	36

この表により，nが偶数(ぐうすう)のとき，黒色と白色のタイルの枚数は等しくなり，nが奇数(きすう)のとき，白色のタイルの枚数は黒色のタイルの枚数よりも1枚少なくなっている。15番目の模様におけるタイルの総数は$225(=15^2)$枚だから，黒色のタイルの枚数をx枚とすると，白色のタイルの枚数は$x-1$(枚)であるから，
$x+(x-1)=225$
これを解くと，$x=113$
したがって，黒色のタイルの枚数は113枚，白色のタイルの枚数は，$113-1=112$(枚)

3 **例 b，c，dをaを用いて表すと，**
$b=a+1$，$c=a+5$，$d=a+6$
$bc-ad=(a+1)(a+5)-a(a+6)$
$=a^2+6a+5-a^2-6a$
$=5$
よって，$bc-ad$の値はつねに5になる。

解説

図中の4つの整数の組a，b，c，dの大小関係は，次の図のようになる。

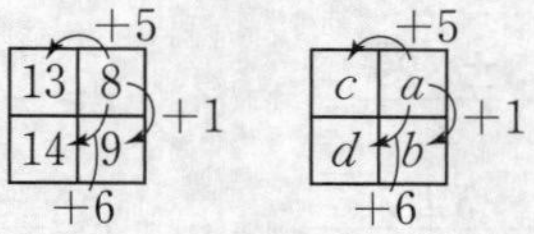

13	8
14	9

c	a
d	b

(+5，+1，+6)

このことから，**b，c，dをaを用いて表す**ことを考える。

4 **例 左上の数は$(a-1)(b-1)$，**
右下の数は$(a+1)(b+1)$
と表すことができるから，左上と右下の数の和は，
$(a-1)(b-1)+(a+1)(b+1)$
$=ab-a-b+1+ab+a+b+1$
$=2ab+2$

解説

太線で囲まれた3つの数について，**中央の数を基準に考えると**，
左上の数…$12=4\times3=(5-1)\times(4-1)$
右下の数…$30=6\times5=(5+1)\times(4+1)$
このことから，**左上の数，右下の数をa，bを用いて表す**ことを考える。

2次方程式

1 (1) $x=11,\ -7$　(2) $x=7,\ -9$
(3) $x=-3\pm\sqrt{2}$　(4) $x=-4\pm\sqrt{5}$

解説

(1) $(x-2)^2=81$, $x-2=\pm9$, $x=2\pm9$
よって, $x=11,\ -7$

(2) $(x+1)^2=64$, $x+1=\pm8$, $x=-1\pm8$
よって, $x=7,\ -9$

(3) $(x+3)^2=2$, $x+3=\pm\sqrt{2}$
よって, $x=-3\pm\sqrt{2}$

(4) $(x+4)^2-5=0$, $(x+4)^2=5$, $x+4=\pm\sqrt{5}$
よって, $x=-4\pm\sqrt{5}$

2 例 $x^2+6x+2=0$, $x^2+6x=-2$
$x^2+6x+9=-2+9$, $x^2+6x+9=7$
$(x+3)^2=7$, $x+3=\pm\sqrt{7}$
$x=-3\pm\sqrt{7}$

3 (1) $x=\dfrac{-5\pm\sqrt{37}}{2}$　(2) $x=\dfrac{1\pm\sqrt{13}}{2}$
(3) $x=\dfrac{3\pm\sqrt{29}}{2}$　(4) $x=-4\pm\sqrt{10}$
(5) $x=\dfrac{-5\pm\sqrt{17}}{4}$　(6) $x=\dfrac{-2\pm\sqrt{7}}{3}$
(7) $x=\dfrac{-3\pm\sqrt{3}}{2}$　(8) $x=\dfrac{5\pm\sqrt{41}}{8}$

解説

解の公式を使って解く。

(1) $x^2+5x-3=0$
$$x=\frac{-5\pm\sqrt{5^2-4\times1\times(-3)}}{2\times1}=\frac{-5\pm\sqrt{37}}{2}$$

(2) $x^2-x-3=0$
$$x=\frac{-(-1)\pm\sqrt{(-1)^2-4\times1\times(-3)}}{2\times1}=\frac{1\pm\sqrt{13}}{2}$$

(3) $x^2-3x-5=0$
$$x=\frac{-(-3)\pm\sqrt{(-3)^2-4\times1\times(-5)}}{2\times1}=\frac{3\pm\sqrt{29}}{2}$$

(4) $x^2+8x+6=0$
$$x=\frac{-8\pm\sqrt{8^2-4\times1\times6}}{2\times1}=\frac{-8\pm\sqrt{40}}{2}$$
$$=\frac{-8\pm2\sqrt{10}}{2}=-4\pm\sqrt{10}$$

(5) $2x^2+5x+1=0$
$$x=\frac{-5\pm\sqrt{5^2-4\times2\times1}}{2\times2}=\frac{-5\pm\sqrt{17}}{4}$$

(6) $3x^2+4x-1=0$
$$x=\frac{-4\pm\sqrt{4^2-4\times3\times(-1)}}{2\times3}=\frac{-4\pm\sqrt{28}}{6}$$
$$=\frac{-4\pm2\sqrt{7}}{6}=\frac{-2\pm\sqrt{7}}{3}$$

(7) $2x^2+6x+3=0$
$$x=\frac{-6\pm\sqrt{6^2-4\times2\times3}}{2\times2}=\frac{-6\pm\sqrt{12}}{4}$$
$$=\frac{-6\pm2\sqrt{3}}{4}=\frac{-3\pm\sqrt{3}}{2}$$

(8) $4x^2-5x-1=0$
$$x=\frac{-(-5)\pm\sqrt{(-5)^2-4\times4\times(-1)}}{2\times4}=\frac{5\pm\sqrt{41}}{8}$$

4 (1) $x=3,\ -8$　(2) $x=0,\ -4$
(3) $x=6$　(4) $x=-4$
(5) $x=-4,\ -6$　(6) $x=1,\ -6$
(7) $x=-4,\ 5$　(8) $x=-5,\ 7$

解説

(1) $(x-3)(x+8)=0$, $x-3=0$ または $x+8=0$
よって, $x=3,\ -8$

(2) $x^2+4x=0$, $x(x+4)=0$
$x=0$ または $x+4=0$
よって, $x=0,\ -4$

(3) $x^2-12x+36=0$, $(x-6)^2=0$
$x-6=0$
よって, $x=6$

(4) $x^2+8x+16=0$, $(x+4)^2=0$
$x+4=0$
よって, $x=-4$

(5) $x^2+10x+24=0$, $(x+4)(x+6)=0$
$x+4=0$ または $x+6=0$
よって, $x=-4,\ -6$

(6) $x^2+5x-6=0$, $(x-1)(x+6)=0$
$x-1=0$ または $x+6=0$
よって, $x=1,\ -6$

(7) $x^2-x-20=0$, $(x+4)(x-5)=0$
$x+4=0$ または $x-5=0$
よって, $x=-4,\ 5$

(8) $x^2-2x-35=0$, $(x+5)(x-7)=0$
$x+5=0$ または $x-7=0$
よって, $x=-5,\ 7$

5

(1) $x=-1,\ 2$　(2) $x=-2\pm\sqrt{5}$

(3) $x=\dfrac{3\pm\sqrt{17}}{4}$　(4) $x=\dfrac{5\pm\sqrt{17}}{2}$

解説

式を整理し，**$x^2+px+q=0$ の形にしてから解く。**

(1) $x^2=x+2$，$x^2-x-2=0$

$(x+1)(x-2)=0$，$x=-1,\ 2$

(2) $x^2+4x+4=5$，$x^2+4x-1=0$

$$x=\frac{-4\pm\sqrt{4^2-4\times1\times(-1)}}{2\times1}=\frac{-4\pm\sqrt{20}}{2}$$

$$=\frac{-4\pm2\sqrt{5}}{2}=-2\pm\sqrt{5}$$

(3) $2x^2+x=4x+1$，$2x^2-3x-1=0$

$$x=\frac{-(-3)\pm\sqrt{(-3)^2-4\times2\times(-1)}}{2\times2}=\frac{3\pm\sqrt{17}}{4}$$

(4) $x^2+3x=8x-2$，$x^2-5x+2=0$

$$x=\frac{-(-5)\pm\sqrt{(-5)^2-4\times1\times2}}{2\times1}=\frac{5\pm\sqrt{17}}{2}$$

6

$x=\dfrac{3\pm\sqrt{21}}{2}$

解説

$\begin{vmatrix} x & x \\ 1 & 3x \end{vmatrix}=x\times x-1\times3x=x^2-3x$

これが3に等しいから，$x^2-3x=3$，$x^2-3x-3=0$

$$x=\frac{-(-3)\pm\sqrt{(-3)^2-4\times1\times(-3)}}{2\times1}=\frac{3\pm\sqrt{21}}{2}$$

7

(1) $x=3,\ -4$　(2) $x=-5,\ 1$

(3) $x=\dfrac{7\pm\sqrt{13}}{2}$　(4) $x=0,\ 6$

(5) $x=-1,\ 5$　(6) $x=1,\ 5$

(7) 例 $(2x-1)(x+8)=7x+4$

$2x^2+16x-x-8=7x+4$

$2x^2+15x-8=7x+4$

$2x^2+8x-12=0$

$x^2+4x-6=0$

$$x=\frac{-4\pm\sqrt{4^2-4\times1\times(-6)}}{2\times1}$$

$$=\frac{-4\pm2\sqrt{10}}{2}=-2\pm\sqrt{10}$$

(8) 例 $(x-7)(x+4)=4x-10$

$x^2-3x-28=4x-10$

$x^2-7x-18=0$

$(x+2)(x-9)=0$

$x+2=0$ または $x-9=0$

よって，$x=-2,\ 9$

解説

かっこがある方程式は，**かっこをはずし，整理してから解く。**

(1) $(x+1)^2=x+13$，$x^2+2x+1=x+13$

$x^2+x-12=0$，$(x-3)(x+4)=0$

$x=3,\ -4$

(2) $x(x+4)=5$，$x^2+4x-5=0$

$(x+5)(x-1)=0$

$x=-5,\ 1$

(3) $(x+3)(x-5)=5x-24$

$x^2-2x-15=5x-24$

$x^2-7x+9=0$

$$x=\frac{-(-7)\pm\sqrt{(-7)^2-4\times1\times9}}{2\times1}=\frac{7\pm\sqrt{13}}{2}$$

(4) $(x+2)(x-2)=2(3x-2)$

$x^2-4=6x-4$，$x^2-6x=0$

$x(x-6)=0$

よって，$x=0,\ 6$

(5) $x(x+6)=5(2x+1)$，$x^2+6x=10x+5$

$x^2-4x-5=0$，$(x+1)(x-5)=0$

よって，$x=-1,\ 5$

(6) $(x-1)(x+2)=7(x-1)$

$(x-1)(x+2)-7(x-1)=0$

$(x-1)\{(x+2)-7\}=0$

$(x-1)(x-5)=0$

よって，$x=1,\ 5$

8

(1) ① $a=10$　② -3

(2) ア

解説

(1) ①　x についての2次方程式 $(x+1)(x-2)=a$ の解の1つが4であるから，$x=4$ を代入すると，

$a=(4+1)\times(4-2)=10$

②　2次方程式 $(x+1)(x-2)=10$ を解く。

$x^2-x-2=10$，$x^2-x-12=0$

$(x+3)(x-4)=0$

$x=-3,\ 4$

よって，もう1つの解は -3 である。

(2) 2次方程式 $x^2-5x-6=0$ を解く。

$(x+1)(x-6)=0$，$x=-1,\ 6$

大きいほうの解は6で，これが2次方程式 $x^2+ax-24=0$ の解の1つになっているから，$x=6$ を代入すると，

$6^2+a\times6-24=0$，$a=-2$

2 連立方程式

1
(1) $x=3,\ y=4$ (2) $x=3,\ y=2$
(3) $x=3,\ y=5$ (4) $x=2,\ y=-2$
(5) $x=1,\ y=-3$ (6) $x=-2,\ y=3$
(7) $x=2,\ y=5$ (8) $x=-1,\ y=-2$

解説

(1) $\begin{cases} x+y=7 & \cdots① \\ 4x-y=8 & \cdots② \end{cases}$

①+②より，

$$\begin{array}{rl} x+y= & 7 \\ +)\ 4x-y= & 8 \\ \hline 5x\quad = & 15 \end{array}$$

$x=3$

$x=3$を①に代入すると，
$3+y=7,\ y=4$
よって，$x=3,\ y=4$

(2) $\begin{cases} 2x+y=8 & \cdots① \\ 3x-2y=5 & \cdots② \end{cases}$

①×2+②より，

$$\begin{array}{rl} 4x+2y= & 16 \\ +)\ 3x-2y= & 5 \\ \hline 7x\quad = & 21 \end{array}$$

$x=3$

$x=3$を①に代入すると，
$2\times3+y=8,\ y=2$
よって，$x=3,\ y=2$

(3) $\begin{cases} 2x+y=11 & \cdots① \\ 8x-3y=9 & \cdots② \end{cases}$

①×3+②より，

$$\begin{array}{rl} 6x+3y= & 33 \\ +)\ 8x-3y= & 9 \\ \hline 14x\quad = & 42 \end{array}$$

$x=3$

$x=3$を①に代入すると，
$2\times3+y=11,\ y=5$
よって，$x=3,\ y=5$

(4) $\begin{cases} 2x+3y=-2 & \cdots① \\ x-2y=6 & \cdots② \end{cases}$

①−②×2より，

$$\begin{array}{rl} 2x+3y= & -2 \\ -)\ 2x-4y= & 12 \\ \hline 7y= & -14 \end{array}$$

$y=-2$

$y=-2$を②に代入すると，
$x-2\times(-2)=6,\ x=2$
よって，$x=2,\ y=-2$

(5) $\begin{cases} x+2y=-5 & \cdots① \\ 8x+3y=-1 & \cdots② \end{cases}$

①×8−②より，

$$\begin{array}{rl} 8x+16y= & -40 \\ -)\ 8x+\ 3y= & -1 \\ \hline 13y= & -39 \end{array}$$

$y=-3$

$y=-3$を①に代入すると，
$x+2\times(-3)=-5,\ x=1$
よって，$x=1,\ y=-3$

(6) $\begin{cases} 4x+3y=1 & \cdots① \\ 3x-2y=-12 & \cdots② \end{cases}$

①×2+②×3より，

$$\begin{array}{rl} 8x+6y= & 2 \\ +)\ 9x-6y= & -36 \\ \hline 17x\quad = & -34 \end{array}$$

$x=-2$

$x=-2$を①に代入すると，
$4\times(-2)+3y=1,\ 3y=9,\ y=3$
よって，$x=-2,\ y=3$

(7) $\begin{cases} 4x+5=3y-2 & \cdots① \\ 3x+2y=16 & \cdots② \end{cases}$

①を整理すると，$4x-3y=-7$ …③
②×3+③×2より，

$$\begin{array}{rl} 9x+6y= & 48 \\ +)\ 8x-6y= & -14 \\ \hline 17x\quad = & 34 \end{array}$$

$x=2$

$x=2$を②に代入すると，
$3\times2+2y=16,\ 2y=10,\ y=5$
よって，$x=2,\ y=5$

(8) $\begin{cases} x+2y=-5 & \cdots① \\ 0.2x-0.15y=0.1 & \cdots② \end{cases}$

②×100より，$20x-15y=10$ …③
①×20−③より，

$$\begin{array}{rl} 20x+40y= & -100 \\ -)\ 20x-15y= & 10 \\ \hline 55y= & -110 \end{array}$$

$y=-2$

$y=-2$を①に代入すると，
$x+2\times(-2)=-5,\ x=-1$
よって，$x=-1,\ y=-2$

2 (1) $x=-3,\ y=5$ (2) $x=-1,\ y=2$

解説

(1) $\begin{cases} 2x+3y=9 \cdots ① \\ y=3x+14 \cdots ② \end{cases}$

②を①に代入すると，

$2x+3(3x+14)=9$，$2x+9x+42=9$

$11x=-33$，$x=-3$

$x=-3$を②に代入すると，

$y=3\times(-3)+14=5$

よって，$x=-3$，$y=5$

(2) $\begin{cases} 3x+4y=5 \cdots ① \\ x=1-y \quad \cdots ② \end{cases}$

②を①に代入すると，

$3(1-y)+4y=5$，$3-3y+4y=5$

$y=2$

$y=2$を②に代入すると，

$x=1-2=-1$

よって，$x=-1$，$y=2$

3 (1) $x=3$，$y=-2$ (2) $x=-1$，$y=-\frac{1}{2}$

解説

(1) $3x-4y=5x-y=17$より，

$\begin{cases} 3x-4y=17 \cdots ① \\ 5x-y=17 \quad \cdots ② \end{cases}$

①－②×4より，

$$\begin{array}{rrr} & 3x-4y= & 17 \\ -) & 20x-4y= & 68 \\ \hline & -17x \quad = & -51 \\ & x= & 3 \end{array}$$

$x=3$を②に代入すると，

$5\times3-y=17$，$-y=2$，$y=-2$

よって，$x=3$，$y=-2$

(2) $2x+y=x-5y-4=3x-y$より，

$\begin{cases} 2x+y=x-5y-4 \\ 2x+y=3x-y \end{cases}$

整理すると，$\begin{cases} x+6y=-4 \cdots ① \\ -x+2y=0 \cdots ② \end{cases}$

①＋②より，

$$\begin{array}{rrr} & x+6y= & -4 \\ +) & -x+2y= & 0 \\ \hline & 8y= & -4 \\ & y= & -\frac{1}{2} \end{array}$$

$y=-\frac{1}{2}$を②に代入すると，

$-x+2\times\left(-\frac{1}{2}\right)=0$，$-x=1$，$x=-1$

よって，$x=-1$，$y=-\frac{1}{2}$

3 連立方程式の利用

1 (1) $\begin{cases} x+y=14 \\ 200x+130y=2380 \end{cases}$

(2) **ケーキ8個，シュークリーム6個**

解説

(1) ケーキとシュークリームを合わせて14個買ったから，$x+y=14$

ケーキとシュークリームの代金の合計は2380円であるから，$200x+130y=2380$

よって，連立方程式は，$\begin{cases} x+y=14 \\ 200x+130y=2380 \end{cases}$

(2) $\begin{cases} x+y=14 \quad \cdots ① \\ 200x+130y=2380 \cdots ② \end{cases}$

①×200－②より，

$$\begin{array}{rrr} & 200x+200y= & 2800 \\ -) & 200x+130y= & 2380 \\ \hline & 70y= & 420 \\ & y= & 6 \end{array}$$

$y=6$を①に代入すると，

$x+6=14$，$x=8$

$x=8$，$y=6$は問題に合っている。

よって，ケーキ8個，シュークリーム6個

2 **大人1人980円，子ども1人540円**

解説

大人1人の入館料をx円，子ども1人の入館料をy円とする。

大人3人と子ども2人の入館料が4020円であるから，

$3x+2y=4020$

大人1人と子ども3人の入館料が2600円であるから，

$x+3y=2600$

$\begin{cases} 3x+2y=4020 \cdots ① \\ x+3y=2600 \quad \cdots ② \end{cases}$

①－②×3より，

$$\begin{array}{rrr} & 3x+2y= & 4020 \\ -) & 3x+9y= & 7800 \\ \hline & -7y= & -3780 \\ & y= & 540 \end{array}$$

$y=540$を②に代入すると，

$x+3\times540=2600$，$x=980$

$x=980$，$y=540$ は問題に合っている。
よって，大人１人980円，子ども１人540円

3 ⑴ $\begin{cases} 12x+6y=120 \\ 10x+4y=90 \end{cases}$

⑵ **マドレーヌ５個，シュークリーム10個**

解説

⑴ マドレーヌを x 個，シュークリームを y 個つくるために必要な小麦粉とバターの分量の関係は次の表のようになる。

	小麦粉	バター
マドレーヌ	$12x$ g	$10x$ g
シュークリーム	$6y$ g	$4y$ g
合計	120 g	90 g

マドレーヌとシュークリームをつくるために必要な小麦粉の分量の関係から，
$12x+6y=120$
マドレーヌとシュークリームをつくるために必要なバターの分量の関係から，
$10x+4y=90$
よって，連立方程式は，$\begin{cases} 12x+6y=120 \\ 10x+4y=90 \end{cases}$

⑵ $\begin{cases} 12x+6y=120 \cdots① \\ 10x+4y=90 \ \cdots② \end{cases}$

①×２−②×３より，

$$\begin{array}{rr} & 24x+12y=\ 240 \\ -) & 30x+12y=\ 270 \\ \hline & -6x \qquad =-30 \\ & x=5 \end{array}$$

$x=5$ を②に代入すると，
$10\times5+4y=90$，$4y=40$，$y=10$
$x=5$，$y=10$ は問題に合っている。
よって，マドレーヌ５個，シュークリーム10個

4 37

解説

もとの自然数の十の位の数を x，一の位の数を y とすると，もとの自然数は $10x+y$，この自然数の十の位の数と一の位の数を入れかえた自然数は $10y+x$ となる。
十の位の数と一の位の数の和が10であるから，
$x+y=10$
この自然数の十の位の数と一の位の数を入れかえた自然数は，もとの自然数よりも36大きくなるから，
$10y+x=10x+y+36$

$\begin{cases} x+y=10 \qquad\qquad \cdots① \\ 10y+x=10x+y+36 \cdots② \end{cases}$

②より，$-9x+9y=36$
$-x+y=4 \cdots③$
①＋③より，

$$\begin{array}{rr} & x+y=10 \\ +) & -x+y=\ 4 \\ \hline & 2y=14 \\ & y=7 \end{array}$$

$y=7$ を①に代入すると，
$x+7=10$，$x=3$
よって，もとの自然数は37
これは問題に合っている。

5 **例** $\begin{cases} x+y=3600 \qquad \cdots① \\ \dfrac{x}{80}+5+\dfrac{y}{480}=20 \cdots② \end{cases}$

②×480より，$6x+2400+y=9600$
$6x+y=7200 \cdots③$
①−③より，$-5x=-3600$
よって，$x=720$
$x=720$ を①に代入すると，
$720+y=3600$
したがって，$y=2880$
$x=720$，$y=2880$ は問題に合っている。
したがって，自宅からバス停までの道のりは720 m，バス停から駅までの道のりは2880 m

6 **例 学校からユリさんの自宅までの道のりを x m，ユリさんの自宅から図書館までの道のりを y mとすると，**

$\begin{cases} \dfrac{x}{60}+\dfrac{y}{300}=32-12 \ \cdots① \\ x+y=60\times32+960 \cdots② \end{cases}$

①×300より，$5x+y=6000 \cdots③$
②より，$x+y=2880 \ \cdots④$
③−④より，$4x=3120$
よって，$x=780$
$x=780$ を④に代入すると，$780+y=2880$
したがって，$y=2100$
$x=780$，$y=2100$ は問題に合っている。
したがって，学校からユリさんの自宅までの道のりは780 m，ユリさんの自宅から図書館までの道のりは2100 m

7 (1) $\frac{1}{20}x$

(2) 男子の生徒数140人，女子の生徒数160人

解説

(1) 吹奏楽部（すいそうがくぶ）の男子の部員数は，男子の生徒数の5%に当たるから，$\frac{5}{100}x=\frac{1}{20}x$（人）

(2) 同様に，吹奏楽部の女子の部員数は，女子の生徒数の15%に当たるから，$\frac{15}{100}y=\frac{3}{20}y$（人）

男女合わせた生徒数は300人であるから，

$x+y=300$

男女合わせた吹奏楽部の部員数は31人であるから，$\frac{1}{20}x+\frac{3}{20}y=31$

$$\begin{cases} x+y=300 & \cdots① \\ \frac{1}{20}x+\frac{3}{20}y=31 & \cdots② \end{cases}$$

②×20より，$x+3y=620\cdots$③

①−③より，

$$\begin{array}{rl} x+\ y= & 300 \\ -)\ x+3y= & 620 \\ \hline -2y= & -320 \\ y= & 160 \end{array}$$

$y=160$を①に代入すると，

$x+160=300$，$x=140$

$x=140$，$y=160$は問題に合っている。

よって，男子の生徒数140人，女子の生徒数160人

8 セーター1750円，ズボン1680円

解説

セーターの定価をx円，ズボンの定価をy円とすると，セーターの定価の30%引きの値段は，

$x\times\left(1-\frac{30}{100}\right)=\frac{70}{100}x$（円），ズボンの定価の40%引きの値段は，$y\times\left(1-\frac{40}{100}\right)=\frac{60}{100}y$（円）である。

定価で買うときのセーターとズボンの代金の合計は5300円であるから，$x+y=5300$

値引き後のセーターとズボンの代金の合計は3430円であるから，$\frac{70}{100}x+\frac{60}{100}y=3430$

$$\begin{cases} x+y=5300 & \cdots① \\ \frac{70}{100}x+\frac{60}{100}y=3430 & \cdots② \end{cases}$$

②×10より，$7x+6y=34300\cdots$③

①×6−③より，

$$\begin{array}{rl} 6x+6y= & 31800 \\ -)\ 7x+6y= & 34300 \\ \hline -x\quad = & -2500 \\ x= & 2500 \end{array}$$

$x=2500$を①に代入すると，

$2500+y=5300$，$y=2800$

これらは問題に合っている。

よって，セーターの値引き後の値段は，

$\frac{70}{100}\times2500=1750$（円），ズボンの値引き後の値段は，

$\frac{60}{100}\times2800=1680$（円）

9 例 6月に本を3冊以上借りた生徒の人数をx人，全校生徒の人数をy人とすると，

$$\begin{cases} 33+50+x=\frac{60}{100}y\cdots① \\ 33\times2+50\times\left(1-\frac{8}{100}\right)+x\times\left(1+\frac{25}{100}\right) \\ \qquad\qquad =\frac{60}{100}y+36\cdots② \end{cases}$$

①×100より，$8300+100x=60y$

これを整理すると，$5x-3y=-415\cdots$③

②×100より，

$6600+4600+125x=60y+3600$

これを整理すると，$25x-12y=-1520\cdots$④

③×4−④より，

$$\begin{array}{rl} 20x-12y= & -1660 \\ -)\ 25x-12y= & -1520 \\ \hline -5x\quad = & -140 \\ x= & 28 \end{array}$$

$x=28$を③に代入すると，

$5\times28-3y=-415$，$-3y=-555$，$y=185$

$x=28$，$y=185$は問題に合っている。

よって，10月に本を3冊以上借りた生徒の人数は，$28\times\left(1+\frac{25}{100}\right)=35$（人）

解説

6月に本を3冊以上借りた生徒の人数をx人，全校生徒の人数をy人とすると，次の表のようになる。

借りた生徒数	6月	10月
1冊（人）	33	33×2
2冊（人）	50	$50\times\left(1-\frac{8}{100}\right)$
3冊以上（人）	x	$x\times\left(1+\frac{25}{100}\right)$
合計	$\frac{60}{100}y$	$\frac{60}{100}y+36$

4 1次方程式

1 (1) $\boldsymbol{x=5}$　(2) $\boldsymbol{x=5}$
(3) $\boldsymbol{x=-\frac{1}{3}}$　(4) $\boldsymbol{x=-2}$

解説
(1) $x=3x-10$, $x-3x=-10$, $-2x=-10$
よって，$x=5$
(2) $2x-15=-x$, $2x+x=15$, $3x=15$
よって，$x=5$
(3) $4x-5=x-6$, $4x-x=-6+5$
$3x=-1$
よって，$x=-\frac{1}{3}$
(4) $x-1=3x+3$, $x-3x=3+1$
$-2x=4$
よって，$x=-2$

2 (1) $\boldsymbol{x=6}$　(2) $\boldsymbol{x=-6}$　(3) $\boldsymbol{x=5}$
(4) $\boldsymbol{x=8}$　(5) $\boldsymbol{x=4}$
(6) 例 $\boldsymbol{\frac{4}{5}x+3=\frac{1}{2}x}$
両辺に10をかけると，
$\boldsymbol{8x+30=5x}$, $\boldsymbol{8x-5x=-30}$
$\boldsymbol{3x=-30}$
よって，$\boldsymbol{x=-10}$

解説
(1) $3(x+5)=4x+9$
かっこをはずすと，$3x+15=4x+9$
$3x-4x=9-15$, $-x=-6$
よって，$x=6$
(2) $3x-24=2(4x+3)$
かっこをはずすと，$3x-24=8x+6$
$3x-8x=6+24$, $-5x=30$
よって，$x=-6$
(3) $1.3x-2=0.7x+1$
両辺に10をかけると，
$(1.3x-2)\times10=(0.7x+1)\times10$
$13x-20=7x+10$, $13x-7x=10+20$
$6x=30$
よって，$x=5$
(4) $x+3.5=0.5(3x-1)$
かっこをはずすと，$x+3.5=1.5x-0.5$
両辺に10をかけると，
$(x+3.5)\times10=(1.5x-0.5)\times10$
$10x+35=15x-5$, $10x-15x=-5-35$
$-5x=-40$
よって，$x=8$
(5) $\frac{3x-4}{4}=\frac{x+2}{3}$
両辺に4と3の最小公倍数12をかけると，
$\frac{3x-4}{4}\times12=\frac{x+2}{3}\times12$
$(3x-4)\times3=(x+2)\times4$
$9x-12=4x+8$, $9x-4x=8+12$, $5x=20$
よって，$x=4$

3 (1) $\boldsymbol{x=12}$　(2) $\boldsymbol{a=3}$

解説
(1) $3:4=(x-6):8$, $3\times8=4\times(x-6)$
$24=4x-24$, $-4x=-48$
よって，$x=12$
(2) xについての方程式$ax+9=5x-a$の解が6であるから，$x=6$を代入すると，
$a\times6+9=5\times6-a$
$6a+9=30-a$
$7a=21$
よって，$a=3$

5 1次方程式の利用

1 **73**

解説
十の位の数をxとすると，一の位の数が3である2けたの自然数は$10x+3$，十の位の数と一の位の数を入れかえてできる自然数は$30+x$
もとの自然数は，十の位の数と一の位の数を入れかえてできる自然数の2倍から1をひいた数に等しいから，$10x+3=2(30+x)-1$, $10x+3=60+2x-1$
$8x=56$, $x=7$
よって，2けたの自然数は73
これは問題に合っている。

2 **190g**

解説
おもりAの重さをxgとすると，A，B，Cの順に50gずつ重くなっているから，B，Cの重さはそれぞれ$x+50$(g)，$x+100$(g)

A，B，C，Dの重さの合計は540gであるから，
$x+(x+50)+(x+100)+120=540$
$3x+270=540$，$3x=270$，$x=90$
よって，Cの重さは$90+100=190$ (g)
これは問題に合っている。

3 (1) 方程式…$\boldsymbol{29x+410=33x-30}$
答え…**110円**
(2) 例 **ハニードーナツを6箱買うと，おまけの2個をふくめて$6\times6+2=38$ (個) 得られる。残りの2個を1個100円で買うと，ちょうど40個持ち帰ることができ，そのときに支払う金額は，**
$550\times6+100\times2=3500$ (円)

解説
(1) 花子さんが持っているお金は，
ドーナツを29個買うと410円余るから，
$29x+410$ (円)
ドーナツを33個買うと30円たりないから，
$33x-30$ (円)
上の2つの数量は等しいから，
$29x+410=33x-30$，$-4x=-440$，$x=110$
$x=110$は問題に合っている。
よって，チョコレートドーナツ1個の値段は110円

4 **6分後**

解説
お父さんが家を出発してからx分後にあきこさんに追いつくとすると，追いつくまでに進んだ道のりは，
あきこさん…$60(x+14)$ m
お父さん…$200x$ m
上の2つの数量は等しいから
$60(x+14)=200x$，$60x+840=200x$
$-140x=-840$，$x=6$
このとき，家からの道のりは，
$200\times6=1200$ (m) で，駅に到着する前に追いつくから，$x=6$は問題に合っている。
よって，6分後

5 **600m**

解説
かずよしくんが走った道のりをxmとすると，歩いた道のりは$1800-x$ (m) と表される。
分速60mで歩いた時間は$\dfrac{1800-x}{60}$分，
分速100mで走った時間は$\dfrac{x}{100}$分
歩いた時間と走った時間の和が26分であるから，
$\dfrac{1800-x}{60}+\dfrac{x}{100}=26$
両辺に300をかけると，
$5(1800-x)+3x=7800$
$9000-5x+3x=7800$
$-2x=-1200$，$x=600$
これは問題に合っている。
よって，走った道のりは600m

6 **272ページ**

解説
この本の全体のページ数をxページとすると，はじめの日に読んだページ数は，
$x\times\dfrac{1}{4}=\dfrac{1}{4}x$ (ページ)
次の日に読んだページ数は，
$\left(x-\dfrac{1}{4}x\right)\times\dfrac{1}{2}=\dfrac{3}{8}x$ (ページ)
残ったページ数は，
$x-\dfrac{1}{4}x-\dfrac{3}{8}x=\dfrac{3}{8}x$ (ページ)
これが102ページに等しいから，
$\dfrac{3}{8}x=102$，$x=272$
これは問題に合っている。
よって，全体のページ数は272ページ

7 例 **シャツ1枚の定価はx円であるから，通常2枚買う場合の代金は$2x-500$ (円)，特別期間に3枚買う場合の代金は，**
$3x\times\left(1-\dfrac{40}{100}\right)$ (円)
方程式は，$3x\times\left(1-\dfrac{40}{100}\right)=(2x-500)-300$
$\dfrac{9}{5}x=2x-800$，$9x=10x-4000$
$x=4000$
$x=4000$は問題に合っている。
よって，シャツ1枚の定価は4000円

8 (1) **20 g** (2) **4 %** (3) **125 g**

解説

(1) 濃度が5%の食塩水400gにふくまれる食塩の重さは，$400\times\frac{5}{100}=20$ (g)

(2) 食塩水B 500gの中に食塩は20gふくまれているから，食塩水Bの濃度は，
$\frac{20}{500}\times100=4$ (%)

(3) できる濃度が5%の食塩水をDとする。食塩水Cの重さをxgとすると，食塩水の重さとその中にふくまれる食塩の重さの関係は，次の表のようになる。

	B	C	D
食塩水の重さ (g)	500	x	$500+x$
食塩の重さ (g)	20	$x\times\frac{9}{100}$	$(500+x)\times\frac{5}{100}$

食塩の重さの関係から，
$20+x\times\frac{9}{100}=(500+x)\times\frac{5}{100}$
両辺に100をかけると，
$2000+9x=2500+5x$，$4x=500$
$x=125$
$x=125$は問題に合っている。
よって，混ぜる食塩水Cの重さは125g

9 $\boldsymbol{x=15}$

解説

図1の直方体の表面積は，
$2\times(30\times20+x\times20+x\times30)=100x+1200$ (cm^2)
切り分けた1個の木材は，底面の2辺が3cm，20cm，高さが$x$cmの直方体である。
10個の木材の表面積の和は，
$\{2\times(3\times20+x\times20+x\times3)\}\times10=460x+1200$ (cm^2)
10個の木材の表面積の和が，切る前の木材の表面積の3倍になるから，
$460x+1200=3(100x+1200)$
$460x+1200=300x+3600$
$160x=2400$，$x=15$
$x=15$は問題に合っている。

6 2次方程式の利用

1 (1) 方程式…$\boldsymbol{x+x^2=3}$，$\boldsymbol{x}$の値…$\boldsymbol{\frac{-1\pm\sqrt{13}}{2}}$
(2) **7**

解説

(1) ある数xと，xを2乗した数x^2との和は，
$x+x^2$
これが3に等しいから，
$x+x^2=3$，$x^2+x-3=0$
これを解くと，
$x=\frac{-1\pm\sqrt{1^2-4\times1\times(-3)}}{2\times1}=\frac{-1\pm\sqrt{13}}{2}$
これは問題に合っている。

(2) 連続する2つの自然数のうち，小さいほうをxとすると，大きいほうは$x+1$と表される。
それぞれを2乗した数の和は，
$x^2+(x+1)^2$
これが113に等しいから，
$x^2+(x+1)^2=113$
これを整理すると，
$2x^2+2x+1=113$
$2x^2+2x-112=0$
$x^2+x-56=0$
$(x+8)(x-7)=0$
$x=-8$，7
xは自然数であるから，$x=-8$は問題に合わない。$x=7$は問題に合っている。
よって，求める自然数は7

2 **例 $\boldsymbol{a}$，$\boldsymbol{b}$，$\boldsymbol{c}$をそれぞれ$\boldsymbol{x}$を用いて表すと，**
$\boldsymbol{a=x+1}$，$\boldsymbol{b=x^2}$，$\boldsymbol{c=(x+1)^2}$であり，4つの数$\boldsymbol{x}$，$\boldsymbol{a}$，$\boldsymbol{b}$，$\boldsymbol{c}$の和が242であるから，
$\boldsymbol{x+(x+1)+x^2+(x+1)^2=242}$
$\boldsymbol{2x^2+4x-240=0}$，$\boldsymbol{x^2+2x-120=0}$
$\boldsymbol{(x+12)(x-10)=0}$
$\boldsymbol{x=-12}$，$\boldsymbol{10}$
$\boldsymbol{x}$は自然数であるから，$\boldsymbol{x=-12}$は問題に合わない。
$\boldsymbol{x=10}$のとき，$\boldsymbol{a=11}$，$\boldsymbol{b=100}$，$\boldsymbol{c=121}$となり問題に合っている。
よって，$\boldsymbol{x=10}$

3 例 $\pi x^2\times2+2\times2\pi x=96\pi$
$2\pi x^2+4\pi x-96\pi=0$
$x^2+2x-48=0$，$(x-6)(x+8)=0$
$x=6$，-8
$x=-8$は問題に合わない。$x=6$は問題に合っている。
よって，辺ADの長さは6 cm

4 例 もとの長方形の横の長さは$26-x$(cm)であるから，作った直方体の箱の縦(たて)の長さは，$x-6$(cm)，横の長さは$20-x$(cm)，高さは3 cmである。したがって，方程式は，
$3(x-6)(20-x)=120$
$(x-6)(20-x)=40$，$-x^2+26x-120=40$
$x^2-26x+160=0$，$(x-10)(x-16)=0$
$x=10$，16
$x=10$のとき，横の長さは16 cm
$x=16$のとき，横の長さは10 cm
縦の長さが横の長さより短いから，
$x=16$は問題に合わない。$x=10$は問題に合っている。よって，$x=10$

5 (1) $2x$ cm　(2) 32 cm^2
(3) 例 $2x(10-x)=42$，$20x-2x^2=42$
$10x-x^2=21$，$x^2-10x+21=0$
$(x-3)(x-7)=0$
$x=3$，7
APの長さはABの長さより短いから，
$0<x<10$
よって，$x=3$，7は問題に合っている。
したがって，線分APの長さは3 cmまたは7 cm

解説
(1) 四角形PQCRは平行四辺形であるから，
PR//BC
よって，AP：AB＝PR：BC
x：10＝PR：20，$x\times20=10\times$PR
よって，PR＝$2x$(cm)
(2) $x=2$のとき，PR＝2×2＝4(cm)，
PB＝10－2＝8(cm)であるから，平行四辺形PQCRの面積は，
4×8＝32(cm^2)

関数

比例と反比例

1 (1) ウ，エ　(2) 記号…ウ，式…$y=\frac{36}{x}$

解説
(1) ア，イ…xの値(あたい)を決めても，それに対応するyの値は1つに決まらないから，yはxの関数(かんすう)ではない。
ウ…$y=500-x$と表すことができ，xの値を決めると，それに対応してyの値もただ1つに決まるから，yはxの関数である。
エ…$y=100x$と表すことができ，xの値を決めると，それに対応してyの値もただ1つに決まるから，yはxの関数である。
(2) ア…$y=60x$と表すことができ，yはxに比例(ひれい)している。
イ…$y=1000-120x$と表すことができ，yはxの1次関数である。
ウ…$xy=36$より，$y=\frac{36}{x}$
yはxに反比例(はんぴれい)している。

2 (1) $y=-\frac{3}{2}x$　(2) $-\frac{15}{2}$
(3) $y=4$　(4) $y=2$

解説
yはxに比例するから，その式を$y=ax$とおく。
(1) $y=ax$に$x=-4$，$y=6$を代入すると，
$6=a\times(-4)$，$a=-\frac{3}{2}$　よって，$y=-\frac{3}{2}x$
(2) $y=ax$に$x=-3$，$y=2$を代入すると，
$2=a\times(-3)$，$a=-\frac{2}{3}$　よって，$y=-\frac{2}{3}x$
$y=5$のときのxの値は，この式に$y=5$を代入すると，$5=-\frac{2}{3}x$，$x=5\times\left(-\frac{3}{2}\right)=-\frac{15}{2}$
(3) $y=ax$に$x=2$，$y=-8$を代入すると，
$-8=a\times2$，$a=-4$
よって，$y=-4x$
$x=-1$のときのyの値は，この式に$x=-1$を代入すると，$y=-4\times(-1)=4$

(4) $y=ax$ に $x=12$，$y=-8$ を代入すると，

$-8=a\times12$，$a=-\dfrac{2}{3}$

よって，$y=-\dfrac{2}{3}x$

$x=-3$ のときの y の値は，この式に $x=-3$ を代入すると，$y=-\dfrac{2}{3}\times(-3)=2$

3 (1) 記号…**イ**，式…$\boldsymbol{y=\dfrac{12}{x}}$　(2) **エ**

(3) $\boldsymbol{y=-8}$

解説

(1) y が x に反比例するとき，x の値が2倍，3倍，4倍，…になると，それに対応して y の値は $\dfrac{1}{2}$，$\dfrac{1}{3}$，$\dfrac{1}{4}$，…となる。これに当てはまるのは**イ**である。

イ

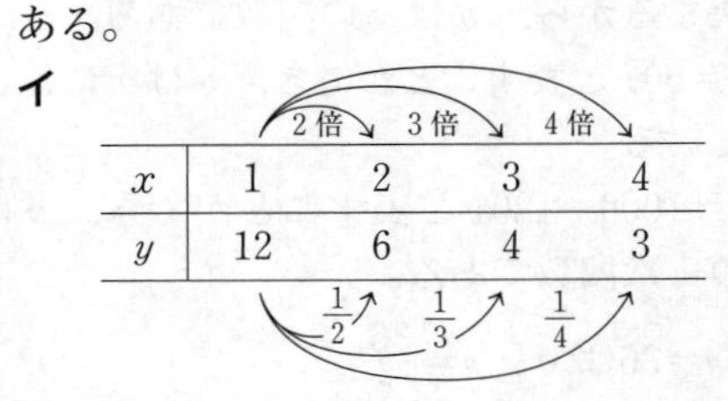

x	1	2	3	4
y	12	6	4	3

表より，つねに $x\times y=12$

よって，$y=\dfrac{12}{x}$

(2) y は x に反比例しているから，式を $y=\dfrac{a}{x}$ とおく。この式に $x=3$，$y=6$ を代入すると，$6=\dfrac{a}{3}$，

$a=6\times3=18$

比例定数として正しいのは**エ**の18である。

(3) y は x に反比例しているから，式を $y=\dfrac{a}{x}$ とおく。この式に $x=-4$，$y=6$ を代入すると，

$6=\dfrac{a}{-4}$，$a=6\times(-4)=-24$

よって，$y=-\dfrac{24}{x}$

$x=3$ のときの y の値は，この式に $x=3$ を代入すると，$y=-\dfrac{24}{3}=-8$

4 (1)　(2) **エ**

解説

(1) 原点と点$(5,\ -3)$を通る直線をかく。

(2) $y=-3x$ に与えられた点の座標を代入して，等式が成り立てば，その点は $y=-3x$ のグラフ上にある。

ア $(-3,\ 0)$のとき，
(左辺)$=0$
(右辺)$=-3\times(-3)=9$
→等式が成り立たない。

イ $(-3,\ 1)$のとき，
(左辺)$=1$
(右辺)$=-3\times(-3)=9$
→等式が成り立たない。

ウ $(0,\ -3)$のとき，
(左辺)$=-3$
(右辺)$=-3\times0=0$
→等式が成り立たない。

エ $(1,\ -3)$のとき，
(左辺)$=-3$
(右辺)$=-3\times1=-3$
→等式が成り立つ。

よって，$y=-3x$ のグラフ上にある点は**エ**の$(1,\ -3)$である。

5 (1)

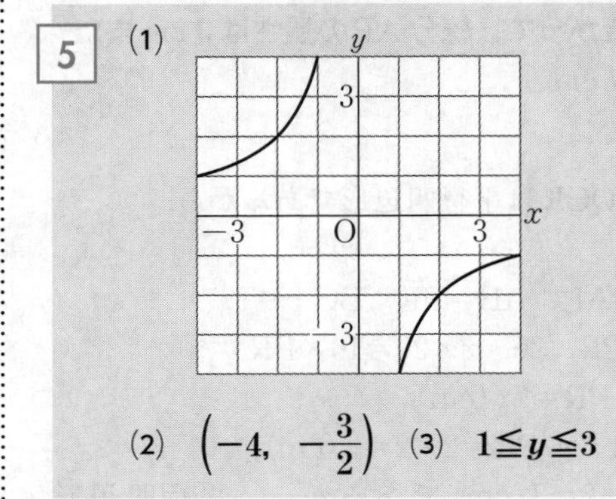

(2) $\boldsymbol{\left(-4,\ -\dfrac{3}{2}\right)}$　(3) $\boldsymbol{1\leqq y\leqq3}$

解説

(1) 反比例 $y=-\dfrac{4}{x}$ のグラフは点$(1,\ -4)$，$(2,\ -2)$，$(4,\ -1)$を通る曲線と，点$(-1,\ 4)$，$(-2,\ 2)$，$(-4,\ 1)$を通る曲線の2つをかく。

(2) 反比例のグラフの式を$y=\frac{a}{x}$とおく。

点(2, 3)を通るから，この式に$x=2$，$y=3$を代入すると，$3=\frac{a}{2}$，$a=6$　よって，$y=\frac{6}{x}$

点Bのx座標(ざひょう)は-4で，y座標は$y=\frac{6}{-4}=-\frac{3}{2}$

したがって，点Bの座標は$\left(-4,\ -\frac{3}{2}\right)$

(3) グラフより，$x=2$のとき$y=3$

$x=6$のとき$y=1$

よって，xの変域(へんいき)が$2\leqq x\leqq 6$のときのyの変域は$1\leqq y\leqq 3$

6 (1) **9** (2) **8**

解説

(1) 点Pの座標を$(a,\ b)$とすると，点Pは関数$y=\frac{18}{x}$のグラフ上にあるから，

$b=\frac{18}{a}$，$ab=18$…①

線分PRはy軸(じく)に平行であるから，点Pと点Rのx座標は等しい。

よって，①より，△OPRの面積は，

$\frac{1}{2}\times \mathrm{OR}\times \mathrm{PR}=\frac{1}{2}\times a\times b=\frac{1}{2}ab=\frac{1}{2}\times 18=9$

(2) 点Qのx座標は点Pのx座標の3倍であり，$3a$

よって，点Qの座標は$\left(3a,\ \frac{6}{a}\right)$

点Qからx軸にひいた垂線をQTとすると，△OSR∽△OQTで，相似比(そうじひ)は$a:3a=1:3$

点Qのy座標は$\frac{6}{a}$であるから，点Sのy座標は

$\frac{6}{a}\times\frac{1}{3}=\frac{2}{a}$

よって，△OPSの面積は，△OPRの面積から△OSRの面積をひいて求めると，

$9-\frac{1}{2}\times a\times\frac{2}{a}=9-1=8$

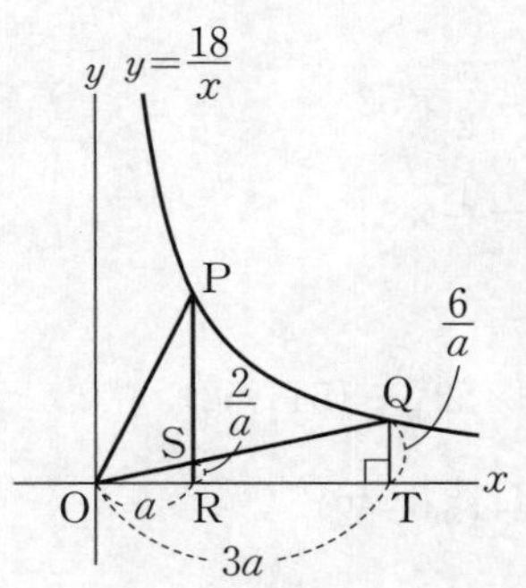

2 関数$y=ax^2$

1 (1) **ア，ウ，エ** (2) **エ**

解説

(1) **ア**…関数(かんすう)$y=ax^2$のグラフは原点を通るから，正しい。

イ…関数$y=ax^2$のグラフはy軸について対称(たいしょう)な曲線であり，正しくない。

ウ…関数$y=ax^2$のグラフは，$a>0$のときは上に開き，負の値をとらないから，x軸より下側にはなく，正しい。

エ…関数$y=ax^2$のグラフは，$a<0$のとき，xの値が増加すると，$x>0$の範囲(はんい)では，yの値は減少するから，正しい。

オ…関数$y=ax^2$のグラフは，aの値の絶対値が大きいほど，グラフの開き方は小さいから，正しくない。

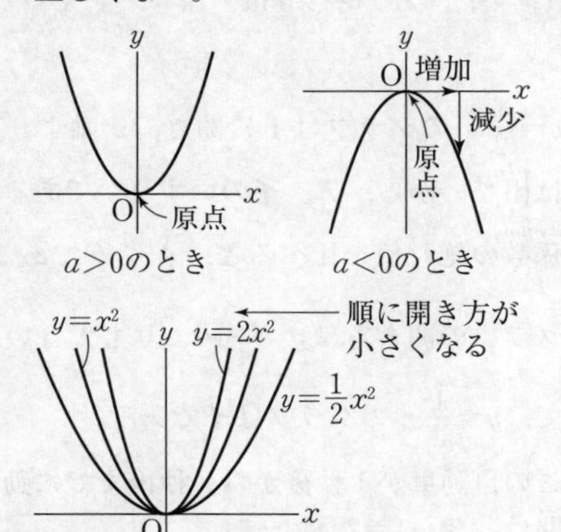

(2) **ア，イ，ウ**…yは必ず正の値をとる。

エ…$y=-2x^2$のグラフは，下に開き，yは正の値をとらない。

2 (1) $\boldsymbol{a=2}$ (2) $\boldsymbol{y=-4x^2}$ (3) $\boldsymbol{y=18}$

解説

(1) $y=ax^2$に$x=3$，$y=18$を代入すると，

$18=a\times 3^2$，$a=2$

(2) yはxの2乗に比例するから，求める式を$y=ax^2$とおく。この式に$x=3$，$y=-36$を代入すると，$-36=a\times 3^2$，$a=-4$

よって，$y=-4x^2$

(3) $y=ax^2$に$x=2$，$y=8$を代入すると，$8=a\times 2^2$，$a=2$　よって，$y=2x^2$

この式に$x=3$を代入すると，$y=2\times 3^2=18$

3 **(1) 1 m**

(2) 例 振り子Bについて，$y=\frac{1}{4}x^2$ に

$y=\frac{1}{4}$ を代入すると，$\frac{1}{4}=\frac{1}{4}x^2$，$x^2=1$

$x=\pm1$

$x>0$ より，$x=1$

よって，振り子Bは1往復するのに1秒かかる。一方，振り子Aは1往復するのに2秒かかるから，振り子Aが1往復する間に，振り子Bは $2\div1=2$ (往復) する。

解説

(1) 振り子Aは1往復するのに2秒かかるから，

$y=\frac{1}{4}x^2$ に $x=2$ を代入すると，$y=\frac{1}{4}\times2^2=1$

よって，振り子Aの長さは1 m

4 **(1) イ (2) 毎秒3 m**

解説

(1) $y=\frac{1}{2}x^2$ のグラフは上に開き，x 軸より下側には出ないから，**ア**，**イ**のいずれかである。x^2 の係数の絶対値を比べると，$\frac{1}{2}<\frac{3}{4}$ であるから，グラフの開き方は $y=\frac{3}{4}x^2$ よりも大きい。よって，$y=\frac{1}{2}x^2$ のグラフは**イ**である。

(2) この自動車が1秒後から3秒後までに動いた時間は，$3-1=2$ (秒)

その間に動いた距離は，

$\frac{3}{4}\times3^2-\frac{3}{4}\times1^2=\frac{27}{4}-\frac{3}{4}=6$ (m)

したがって，平均の速さは，

$\frac{6}{2}=3$ より，毎秒3 m

5 **(1) -5 (2) $a=1$**

解説

(1) $y=-x^2$ について，

$x=1$ のとき $y=-1^2=-1$

$x=4$ のとき $y=-4^2=-16$

したがって，変化の割合は，

$\frac{-16-(-1)}{4-1}=-\frac{15}{3}=-5$

(2) $y=x^2$ について，

$x=a$ のとき $y=a^2$

$x=a+5$ のとき $y=(a+5)^2$

変化の割合は，

$\frac{(a+5)^2-a^2}{(a+5)-a}=\frac{a^2+10a+25-a^2}{5}=\frac{10a+25}{5}$

$=2a+5$

これが7に等しいから，

$2a+5=7$，$2a=2$

よって，$a=1$

6 **(1) イ (2) $y=2$ (3) $0\leqq y\leqq2$**

(4) 3 (5) ウ

解説

(1) $y=\frac{1}{2}x^2$ のグラフは上に開き，x 軸より下側に出ないから，正しいグラフは**イ**である。

(2) $y=\frac{1}{2}x^2$ に $x=2$ を代入すると，

$y=\frac{1}{2}\times2^2=2$

(3) x の変域が $-1\leqq x\leqq2$ のときの $y=\frac{1}{2}x^2$ のグラフは右の図のようになる。

$x=0$ のとき最小値0

$x=2$ のとき最大値2

であるから，y の変域は，$0\leqq y\leqq2$

(4) $y=\frac{1}{2}x^2$ について，

(2)より，$x=2$ のとき $y=2$

$x=4$ のとき $y=\frac{1}{2}\times4^2=8$

したがって，変化の割合は，

$\frac{8-2}{4-2}=\frac{6}{2}=3$

(5) (4)より，$m=3$

また，$y=\frac{1}{2}x^2$ について，

$x=52$ のとき，$y=\frac{1}{2}\times52^2$

$x=54$ のとき，$y=\frac{1}{2}\times54^2$

よって，

$n=\left(\frac{1}{2}\times54^2-\frac{1}{2}\times52^2\right)\div(54-52)$

$=\frac{1}{2}(54^2-52^2)\div(54-52)$

$=\frac{1}{2}(54+52)\times(54-52)\div(54-52)$

$=\frac{1}{2}(54+52)=\frac{106}{2}=53$

したがって，$n>m$となり，**ウ**が正しい。

7 (1) **ウ** (2) $\boldsymbol{-18 \leqq y \leqq 0}$
(3) $\boldsymbol{a=-\frac{1}{2}}$ (4) **ア，ウ**

解説

(1) xの変域が$-5 \leqq x \leqq 4$のときの$y=x^2$のグラフは右の図のようになる。
$x=0$のとき最小値0
$x=5$のとき最大値25
であるから，yの変域は，$0 \leqq y \leqq 25$
正しいのは**ウ**である。

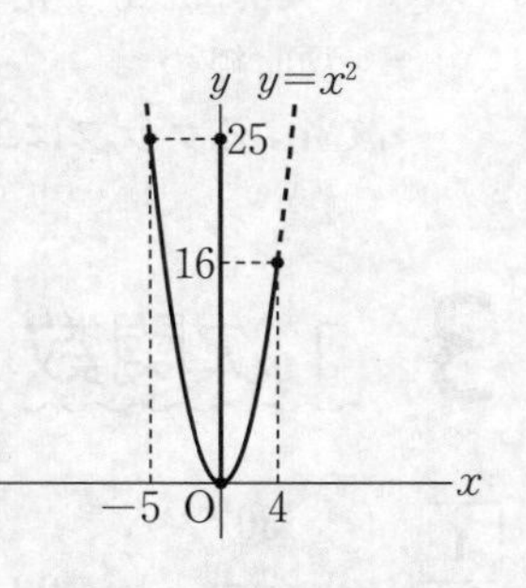

(2) xの変域が$-1 \leqq x \leqq 3$のときの$y=-2x^2$のグラフは右の図のようになる。
$x=0$のとき最大値0
$x=3$のとき最小値-18
であるから，yの変域は，$-18 \leqq y \leqq 0$

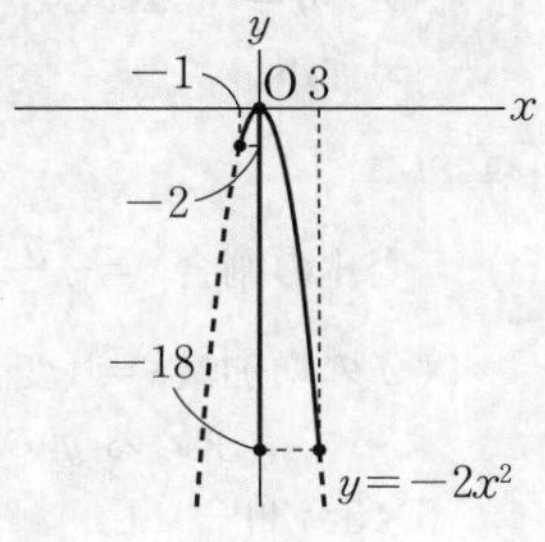

(3) $y=ax^2$について，xの変域が$-2 \leqq x \leqq 4$のときyの最大値が0であることから，$a<0$
グラフは右の図のようになる。よって，$x=4$のとき$y=-8$となるから，$y=ax^2$に$x=4$，

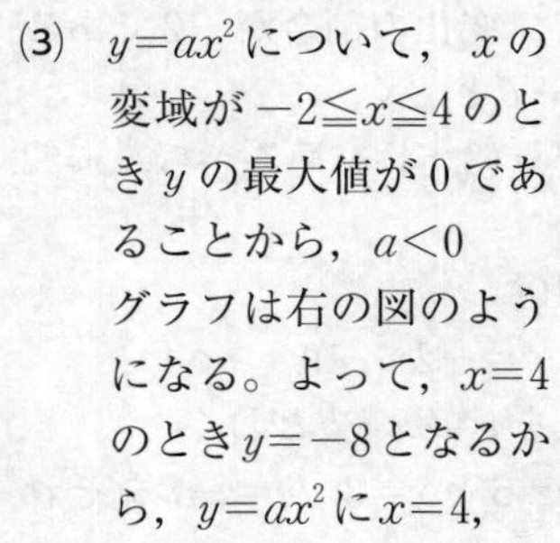

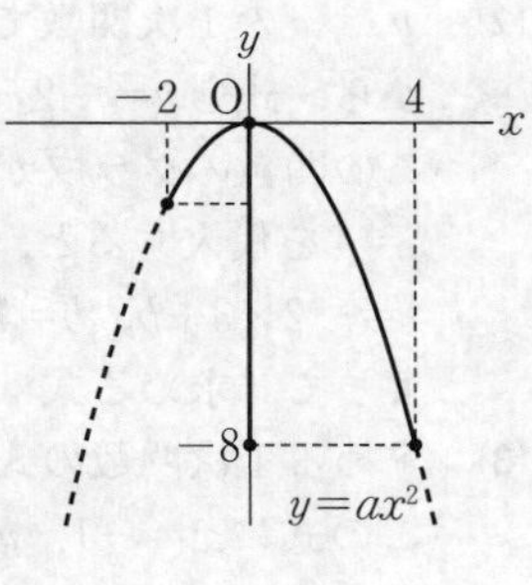

$y=-8$を代入すると，$-8=a\times4^2$，$a=-\frac{1}{2}$

(4) **ア**のとき，xの変域は$-2 \leqq x \leqq 0$となり，$y=x^2$のグラフは右の図のようになる。このとき，yの変域は$0 \leqq y \leqq 4$となり，条件に合う。

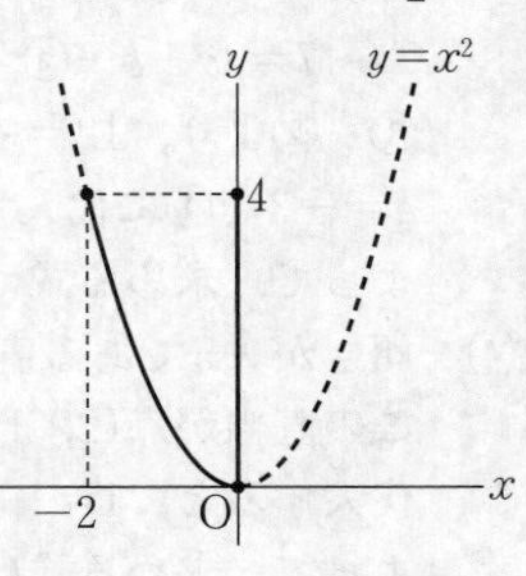

イのとき，xの変域は$-1 \leqq x \leqq 1$となり，$y=x^2$のグラフは右の図のようになる。このとき，yの変域は$0 \leqq y \leqq 1$となり，条件に合わない。

ウのとき，xの変域は$0 \leqq x \leqq 2$となり，$y=x^2$のグラフは右の図のようになる。このとき，yの変域は$0 \leqq y \leqq 4$となり，条件に合う。

エ，**オ**のとき，xの変域に0をふくまないから，yの最小値が0となることはなく，条件に合わない。よって，条件に合うのは**ア**，**ウ**

8 (1) $\boldsymbol{\frac{4}{3}}$ (2) **ア…0** **イ…$\boldsymbol{\frac{16}{3}}$**

解説

(1) $y=\frac{1}{3}x^2$に$x=2$を代入すると，

$y=\frac{1}{3}\times2^2=\frac{4}{3}$

よって，Aのy座標(ざひょう)は$\frac{4}{3}$

(2) xの変域が$-4 \leqq x \leqq 3$のときの$y=\frac{1}{3}x^2$のグラフは右の図のようになる。
$x=0$のとき最小値0
$x=-4$のとき最大値$\frac{16}{3}$
であるから，yの変域は，$0 \leqq y \leqq \frac{16}{3}$

よって，**ア**…0，**イ**…$\frac{16}{3}$

9 (1) $\boldsymbol{a=\frac{3}{4}}$ (2) **ア…−2** **イ…0**
(3) $\boldsymbol{c=\frac{4}{3}}$

解説

(1) $y=ax^2$に$x=2$，$y=3$を代入すると，$3=a\times2^2$
よって，$a=\frac{3}{4}$

(2) xの変域(へんいき)が$b \leqq x \leqq 2$のときの$y=\frac{3}{4}x^2$のグラフは右の図のようになる。
yの最大値が3
yの最小値が0
であることから，bの値(あたい)の範囲(はんい)は，$-2 \leqq b \leqq 0$
よって，**ア**…-2，**イ**…0

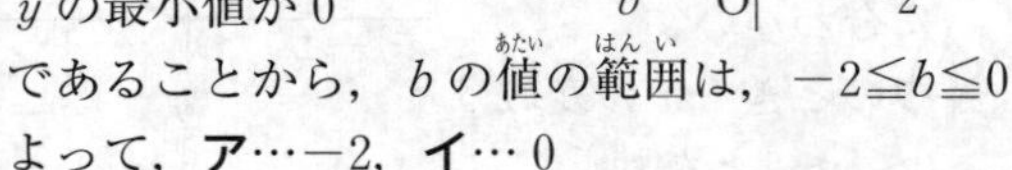

(3) xの変域が$-4 \leqq x \leqq 3$のときの$y=\frac{3}{4}x^2$のグラフは右の図のようになる。よって，yの変域は$0 \leqq y \leqq 12$

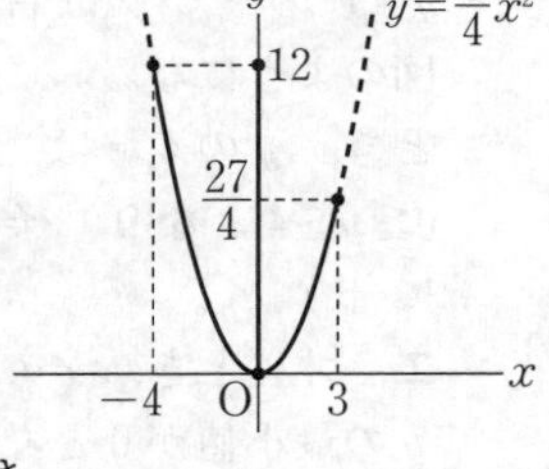

$y=cx^2$において，xの変域が$-2 \leqq x \leqq 3$のとき，yの変域が$0 \leqq y \leqq 12$となるのは，$y=cx^2$のグラフが右の図のようになるときで，$x=3$のとき$y=12$となる。
よって，
$12=c \times 3^2$，$c=\frac{4}{3}$

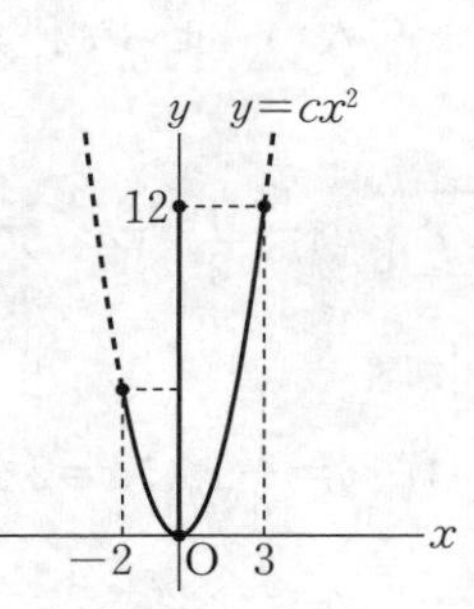

10 エ

解説

ℓ：$ax+by=1$…①
m：$y=cx^2$ …②
n：$y=\frac{d}{x}$ …③

①より，$y=-\frac{a}{b}x+\frac{1}{b}$…①′

・aとcが正，bとdも正のとき
①′ 傾き(かたむ)が負，切片(せっぺん)が正の右下がりの直線
② 上に開いた放物線(ほうぶつせん)
③ $x>0$，$y>0$または$x<0$，$y<0$の範囲にある双曲線(そうきょくせん)
→該当(がいとう)するグラフはない。

・aとcが正，bとdが負のとき
①′ 傾きが正，切片が負の右上がりの直線
② 上に開いた放物線
③ $x<0$，$y>0$または$x>0$，$y<0$の範囲にある双曲線
→該当するグラフはない。

・aとcが負，bとdが正のとき
①′ 傾きが正，切片が正の右上がりの直線
② 下に開いた放物線
③ $x>0$，$y>0$または$x<0$，$y<0$の範囲にある双曲線
→該当するグラフはない。

・aとcが負，bとdも負のとき
①′ 傾きが負，切片が負の右下がりの直線
② 下に開いた放物線
③ $x<0$，$y>0$または$x>0$，$y<0$の範囲にある双曲線
→該当するグラフは**エ**

3 1次関数

1

(1) **30** (2) $\boldsymbol{y=-2x+10}$
(3) $\boldsymbol{y=-3x+2}$ (4) $\boldsymbol{y=-5x+11}$
(5) **18**

解説

(1) $(変化の割合)=\frac{(y の増加量)}{(x の増加量)}$より，
$(y の増加量)=(変化の割合)\times(x の増加量)$
よって，求めるyの増加量は，
$6 \times 5=30$

(2) yはxの1次関数(かんすう)で，変化の割合が-2であるから，式を$y=-2x+b$とおく。
この関数のグラフが点(3，4)を通るから，$x=3$，$y=4$を代入すると，
$4=-2 \times 3+b$，$b=10$
よって，求める式は$y=-2x+10$

(3) 求める1次関数の式を$y=ax+b$とおく。
この式に$x=-1$，$y=5$と$x=3$，$y=-7$をそれぞれ代入すると，
$$\begin{cases} 5=-a+b & \cdots① \\ -7=3a+b & \cdots② \end{cases}$$
①−②より，$12=-4a$，$a=-3$
$a=-3$を①に代入すると，$5=3+b$，$b=2$
よって，求める式は$y=-3x+2$

(4) 傾きが-5である直線の式を$y=-5x+b$とおく。
この直線が点(2，1)を通るから，$x=2$，$y=1$を代入すると，$1=-5 \times 2+b$，$b=11$
よって，求める式は$y=-5x+11$

(5) 表より，xが1増加すると，yは2増加する。
よって，□に当てはまる数は，
$10+2 \times 4=18$

2

(1)

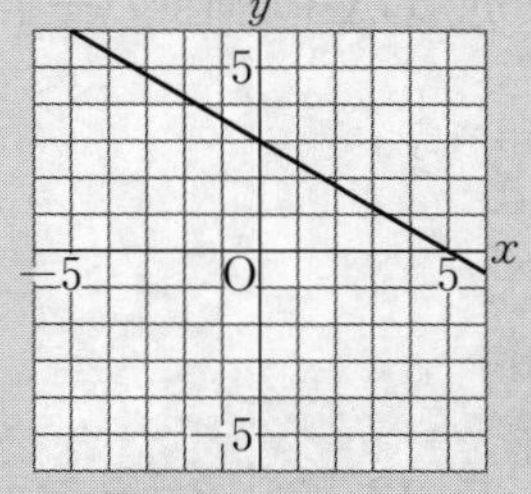

(2)

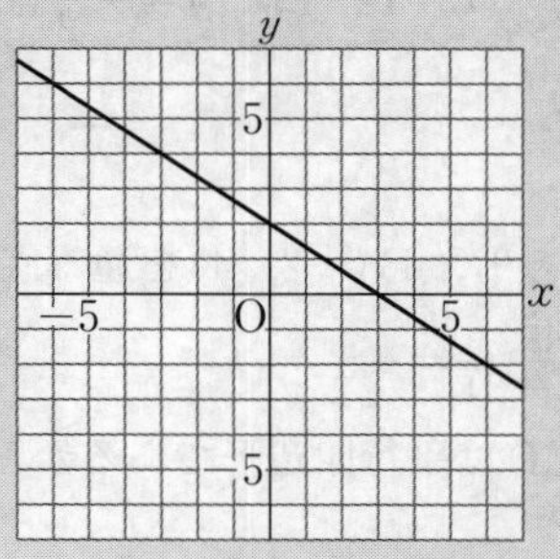

解説

(1) $y=-\frac{3}{5}x+3$のグラフは，切片が3であるから，点(0，3)を通る。

また，傾きが$-\frac{3}{5}$であるから，点(0，3)から右へ5，下へ3だけ進んだ点(5，0)を通る。したがって，2点(0，3)，(5，0)を通る直線をひけばよい。

(2) $2x+3y=6$をyについて解くと，

$y=-\frac{2}{3}x+2$

切片が2であるから，点(0，2)を通る。

また，傾きが$-\frac{2}{3}$であるから，点(0，2)から右へ3，下へ2だけ進んだ点(3，0)を通る。したがって，2点(0，2)，(3，0)を通る直線をひけばよい。

4 放物線と直線に関する問題

1 $\frac{16}{3}$

解説

放物線はy軸(じく)について対称(たいしょう)である。BAとy軸の交点をCとすると，AC=BCとなり，

AC=8÷2=4

よって，点Aのx座標(ざひょう)は4

$y=\frac{1}{3}x^2$に$x=4$を代入すると，$y=\frac{1}{3}\times4^2=\frac{16}{3}$

したがって，点Aのy座標は$\frac{16}{3}$

2 8：5

解説

ABはx軸に平行であり，また，$y=x^2$のグラフはy軸について対称であるから，点Bと点Aのx座標の絶対値は等しい。点Aのx座標が2より点Bのx座標は−2であるから，

AB=2−(−2)=4

点Cのy座標は，$y=\frac{1}{4}x^2$に$x=5$を代入すると，

$y=\frac{1}{4}\times5^2=\frac{25}{4}$

CDはx軸に平行であるから，点Dのy座標は点Cのy座標と等しく$\frac{25}{4}$

点Dのx座標は$y=x^2$に$y=\frac{25}{4}$を代入すると，

$\frac{25}{4}=x^2$，$x=\pm\frac{5}{2}$

点Dのx座標は正であるから，$x=\frac{5}{2}$

よって，$CD=5-\frac{5}{2}=\frac{5}{2}$

したがって，AB：CD=4：$\frac{5}{2}$=8：5

3 $a=\frac{3}{4}$

解説

点Aの座標は(0，6)，点Bの座標は(4，0)である。

直線ABの式を$y=mx+6$とすると，

$0=4m+6$　これを解くと，$m=-\frac{3}{2}$

直線ABの式は$y=-\frac{3}{2}x+6$

点Cは直線AB上にあり，点Cのx座標は2より，

点Cのy座標は$y=-\frac{3}{2}\times2+6=3$

点C(2，3)は$y=ax^2$のグラフ上にあるから，

$y=ax^2$に$x=2$，$y=3$を代入すると，

$3=a\times2^2$

よって，$a=\frac{3}{4}$

4 (1) $a=-\frac{1}{2}$ (2) -8 (3) $y=-x-4$

解説

(1) $y=ax^2$ に $x=-2$, $y=-2$ を代入すると,
$-2=a\times(-2)^2$
よって, $a=-\frac{1}{2}$

(2) 点Bの y 座標(ざひょう)は, $y=-\frac{1}{2}x^2$ に $x=4$ を代入すると, $y=-\frac{1}{2}\times 4^2=-8$

(3) 2点A $(-2,\ -2)$, B $(4,\ -8)$ を通る直線の式を $y=mx+n$ とすると,

$$\begin{cases} -2=-2m+n \cdots ① \\ -8=4m+n \quad \cdots ② \end{cases}$$

①−②より, $6=-6m$, $m=-1$
$m=-1$ を①に代入すると, $-2=-2\times(-1)+n$
$n=-4$
よって, 直線ABの式は, $y=-x-4$

5 (1) 8 (2) 16 (3) $y=2x$
(4) $0\leqq y\leqq\frac{9}{2}$ (5) $t=\frac{4}{3}$

解説

(1) 点Aの y 座標は, $y=\frac{1}{2}x^2$ に $x=4$ を代入すると,
$y=\frac{1}{2}\times 4^2=8$

(2) OB$=4$, AB$=8$ であるから, △OABの面積は,
$\frac{1}{2}\times 4\times 8=16$

(3) 2点O $(0,\ 0)$, A $(4,\ 8)$ を通る直線の式を $y=ax$ とおく。この式に $x=4$, $y=8$ を代入すると, $8=a\times 4$, $a=2$
よって, $y=2x$

(4) x の変域(へんいき)が $-3\leqq x\leqq 2$ のときの $y=\frac{1}{2}x^2$ のグラフは右の図のようになる。
$x=0$ のとき最小値 0
$x=-3$ のとき最大値 $\frac{9}{2}$
であるから, y の変域は, $0\leqq y\leqq\frac{9}{2}$

(5) CD$=t-(-t)=2t$, OB$=4$ であるから,
△ACDの面積は, $\frac{1}{2}\times 2t\times 4=4t$
△ACDの面積が△OABの面積の $\frac{1}{3}$ 倍であることより, $4t=16\times\frac{1}{3}$
よって, $t=\frac{4}{3}$

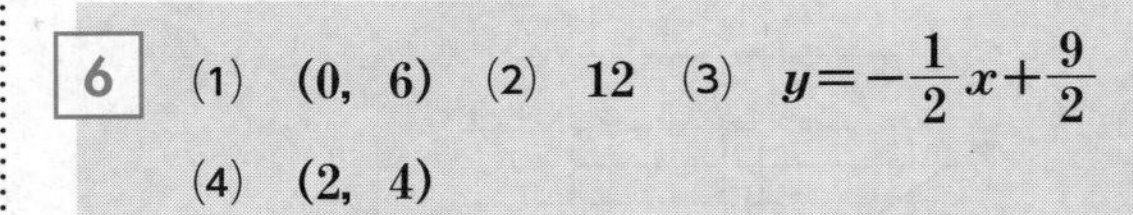

6 (1) $(0,\ 6)$ (2) 12 (3) $y=-\frac{1}{2}x+\frac{9}{2}$
(4) $(2,\ 4)$

解説

(1) 2点A $(-3,\ 9)$, B $(-2,\ 4)$ を通る直線の傾(かたむ)きは, $\frac{4-9}{-2-(-3)}=-5$
四角形ABCDは平行四辺形であるから,
AB//DC
よって, 直線DCの式は, $y=-5x+b$ とおける。
この式に $x=1$, $y=1$ を代入すると,
$1=-5\times 1+b$, $b=6$
直線DCの式は $y=-5x+6$
直線DCと y 軸(じく)の交点が点Dであり, その座標は, $(0,\ 6)$

(2) 点Aと点Cを結ぶ。点A, B, Cから x 軸にひいた垂線をそれぞれAE, BF, CGとする。
△ABCの面積の2倍が平行四辺形ABCDの面積に等しい。

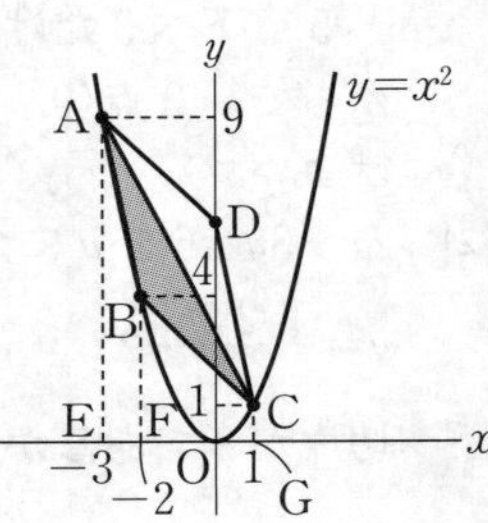

台形AEGC, 台形AEFB, 台形BFGCの面積はそれぞれ
$\frac{1}{2}\times(9+1)\times 4=20$
$\frac{1}{2}\times(9+4)\times 1=\frac{13}{2}$
$\frac{1}{2}\times(4+1)\times 3=\frac{15}{2}$
よって, △ABCの面積は,
$20-\left(\frac{13}{2}+\frac{15}{2}\right)=6$
したがって, 平行四辺形ABCDの面積は,
$6\times 2=12$

(3) 対角線ACと対角線BDの交点をHとすると，点(3，3)を通る直線が点Hを通るとき，▱ABCDの面積が2等分される。点Hは対角線BDの中点(ちゅうてん)で，その座標は(−1，5)

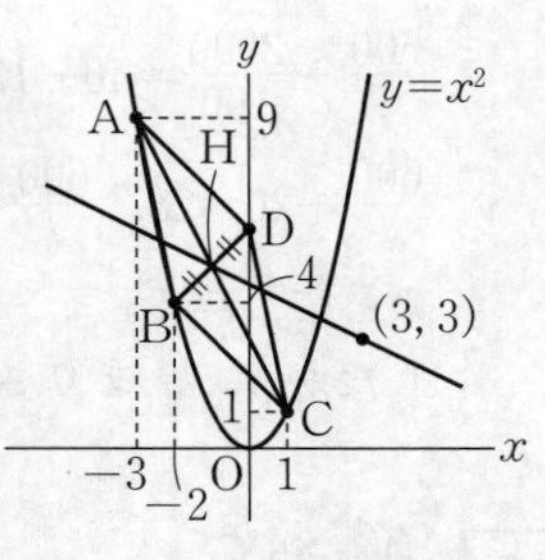

2点(3，3)，H(−1，5)を通る直線の式を$y=mx+n$とすると，

$$\begin{cases} 3=3m+n & \cdots① \\ 5=-m+n & \cdots② \end{cases}$$

①−②より，$-2=4m$，$m=-\frac{1}{2}$

$m=-\frac{1}{2}$を②に代入すると，$5=\frac{1}{2}+n$

$n=\frac{9}{2}$

よって，求める直線の式は$y=-\frac{1}{2}x+\frac{9}{2}$

(4) 2点B(−2，4)，C(1，1)を通る直線の式は$y=-x+2$

よって，△OBCの面積は，

$\frac{1}{2}\times2\times2+\frac{1}{2}\times2\times1=3$

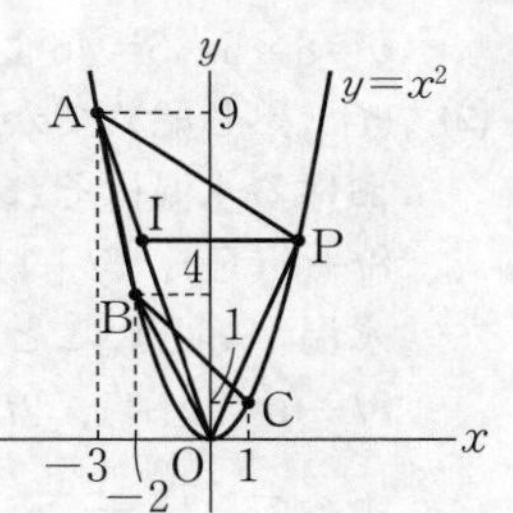

点Pを通りx軸に平行な直線と直線OAの交点をIとする。点Aの座標は(−3，9)であるから，直線OAの式は

$y=-3x$

点Pの座標を$(t,\ t^2)$とすると，点Iの座標は

$\left(-\frac{1}{3}t^2,\ t^2\right)$

△OAPの面積を△APIの面積と△OPIの面積の和として求めると，

$\frac{1}{2}\times\left\{t-\left(-\frac{1}{3}t^2\right)\right\}\times9=\frac{9}{2}t+\frac{3}{2}t^2$

△OBCの面積と△OAPの面積の比が1：5であるから，

$3:\left(\frac{9}{2}t+\frac{3}{2}t^2\right)=1:5$

$\frac{3}{2}t^2+\frac{9}{2}t-15=0$，$t^2+3t-10=0$

$(t-2)(t+5)=0$，$t=2$，-5

$t>0$より，$t=2$

よって，点Pの座標は(2，4)

7

(1) $y=\frac{3}{2}x+5$ (2) $\left(-\frac{6}{5},\ 2\right)$

解説

(1) 点Aのy座標は，$y=2x^2$に$x=2$を代入すると，$y=2\times2^2=8$

点Dのy座標は，$y=\frac{1}{2}x^2$に$x=-2$を代入すると，$y=\frac{1}{2}\times(-2)^2=2$

2点A(2，8)，D(−2，2)を通る直線の式を$y=ax+b$とすると，

$$\begin{cases} 8=2a+b & \cdots① \\ 2=-2a+b & \cdots② \end{cases}$$

①−②より，$6=4a$，$a=\frac{3}{2}$

$a=\frac{3}{2}$を①に代入すると，$8=2\times\frac{3}{2}+b$，$b=5$

よって，直線ADの式は$y=\frac{3}{2}x+5$

(2) 線分CEの長さをcとすると，△ACEの面積は，$\frac{1}{2}\times c\times(8-2)=3c$

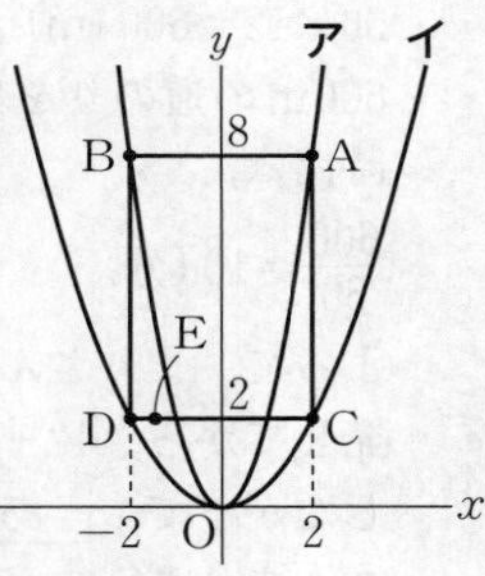

四角形ABDCは長方形で，その面積は，

$(8-2)\times\{2-(-2)\}=24$

△ACEの面積が四角形ABDCの面積の$\frac{2}{5}$倍であるから，

$3c=24\times\frac{2}{5}$，$c=\frac{16}{5}$

よって，点Eのx座標は，

$2-\frac{16}{5}=-\frac{6}{5}$

したがって，点Eの座標は$\left(-\frac{6}{5},\ 2\right)$

5 1次関数の利用

1

(1) ① 22 ② $y=-60x+1320$

(2) 例 2人の進むようすを表すグラフで，$y=2000$ に対応する x の値(あたい)をそれぞれ読みとり，比較(ひかく)する。

(3) ①

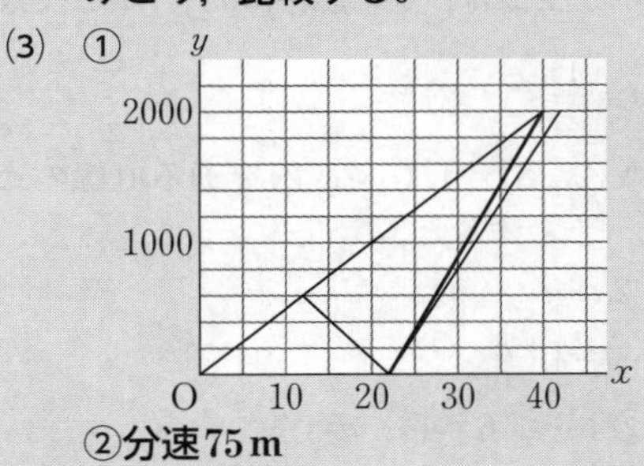

②分速75 m

解説

(1) ① まりさんが自宅を出発して忘れ物に気づくまでに進んだ道のりは，

$50\times12=600$ (m)

600mの道のりを分速60mで戻(もど)るときにかかる時間は，

$\frac{600}{60}=10$ (分)

よって，まりさんが自宅に戻るのは，自宅を出発してから，$12+10=22$ (分後)

したがって，［あ］に当てはまる数は，22

② まりさんのグラフの式は，

2点(12, 600)，(22, 0)を通る直線になる。

グラフの式を$y=ax+b$とすると，

$$\begin{cases} 600=12a+b \cdots ① \\ 0=22a+b \quad \cdots ② \end{cases}$$

①－②より，$600=-10a$，$a=-60$

$a=-60$を②に代入すると，

$0=22\times(-60)+b$，$b=1320$

よって，まりさんのグラフの式は，

$y=-60x+1320$

(3) ① 妹が進むようすを表すグラフは，2点(0, 0)，(40, 2000)を通る直線である。妹とまりさんが同時におじさんの家に着くためには，まりさんが忘れ物を持って追いかけるようすを表すグラフが，2点(22, 0)，(40, 2000)を通る直線になればよい。

② まりさんが忘れ物に気づいてから自宅に戻るまでの速さを分速 t mとすると，まりさんが忘れ物に気づいて引き返してからおじさんの家に着くまでにかかった時間の関係から，方程式をつくると，

$\frac{600}{t}+\frac{2000}{100}=40-12$

$\frac{600}{t}+20=28$，$\frac{600}{t}=8$，$8t=600$

よって，$t=75$

したがって，まりさんの速さは分速75m

2

(1) 46℃

(2) (ア) 例 ①の変化の割合は8で，②の変化の割合は6である（から，①のほうが②より変化の割合が大きい）。

（別解）（水温が30℃から50℃まで上昇(じょうしょう)するのに，）①より実験Ⅰでは2.5分かかり，②より実験Ⅱでは約3.3分かかる。

(イ) $t=\frac{5}{2}$ (ウ) $n=3$

解説

(1) 熱し始めてから5分後の水温は，

$y=8x+6\cdots①$に$x=5$を代入すると，

$y=8\times5+6=46$より，46℃

(2) (イ) 熱し始めてから t 分後の実験Ⅰ，実験Ⅱにおける水温はそれぞれ

$8t+6$ (℃)，$6t+11$ (℃)

水温が等しいことより，方程式をつくると，

$8t+6=6t+11$，$2t=5$

よって，$t=\frac{5}{2}$

(ウ) 実験Ⅰの火力で20℃の水を n 分間熱した後の水温は$20+8n$ (℃)になり，次に，実験Ⅱの火力で$7-n$ (分間)熱した後の水温は

$20+8n+6(7-n)$ (℃)

これが68℃に等しいことから，方程式をつくると，

$20+8n+6(7-n)=68$，$2n=6$

よって，$n=3$

3

(1) $y=30$ (2) オ (3) $y=3x$

(4)

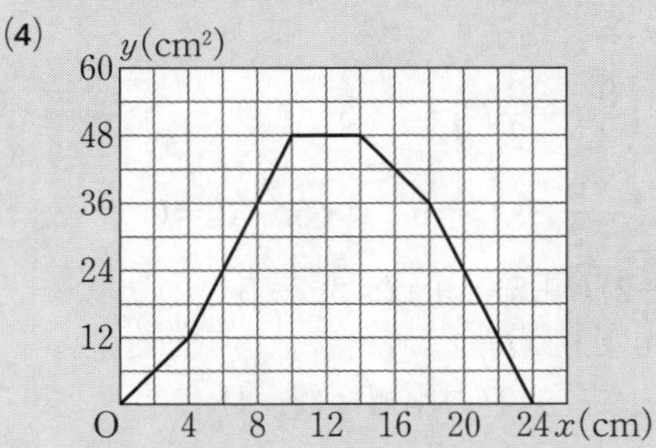

(5) $x=6$，20

解説

(1) $x=7$ のときの2つの図形の位置関係は，次の図のようになる。

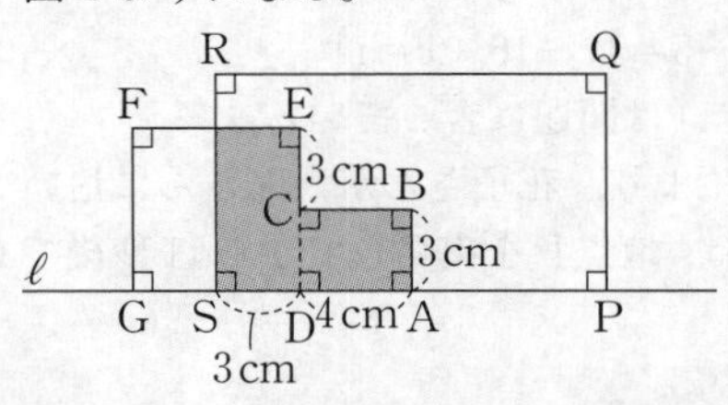

よって，$y=3\times4+(3+3)\times3=30$

(2) たとえば，$x=20$ のときの2つの図形の位置関係を表す図は次のようになる。

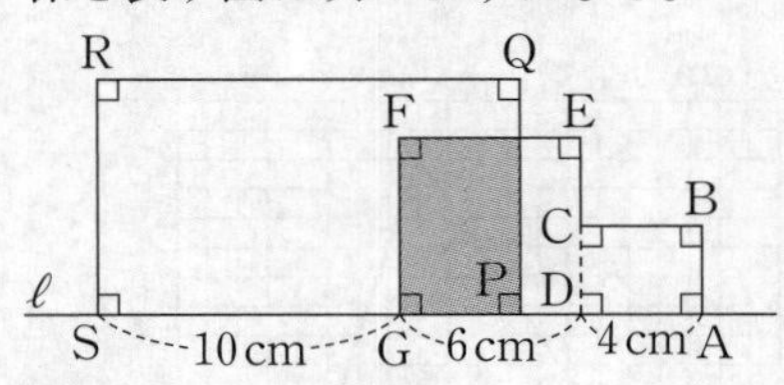

よって，x の変域(へんいき)が $18<x<24$ のときの，2つの図形の位置関係を表す図として正しいのは，**オ**

(3) x の変域が $0\leqq x\leqq4$ のとき，重なっている図形はAS$=x$ cm，AB$=3$ cmの長方形であるから，y を表す式は $y=3x$

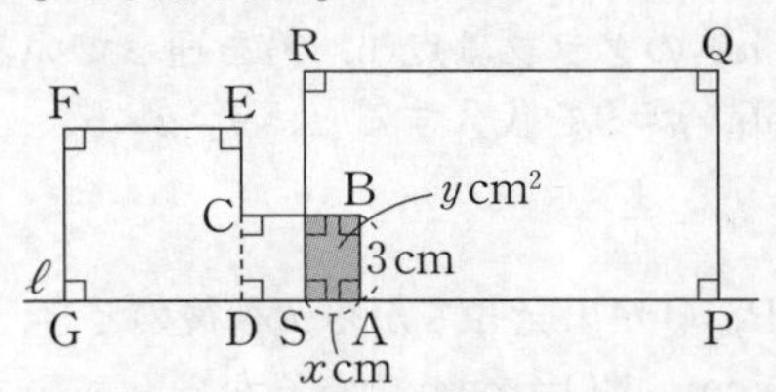

(4) x の変域が $4\leqq x\leqq10$ のとき，重なっている図形は，次の図のようになる。

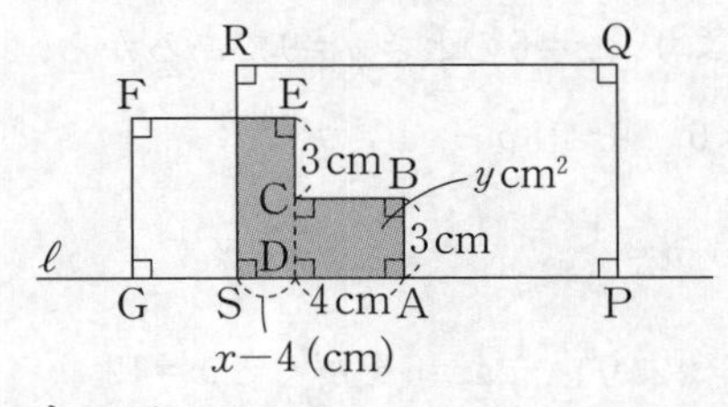

よって，

$y=3\times4+6\times(x-4)$ より，$y=6x-12$

x の変域が $10\leqq x\leqq14$ のとき，重なっている図形は，次の図のようになる。

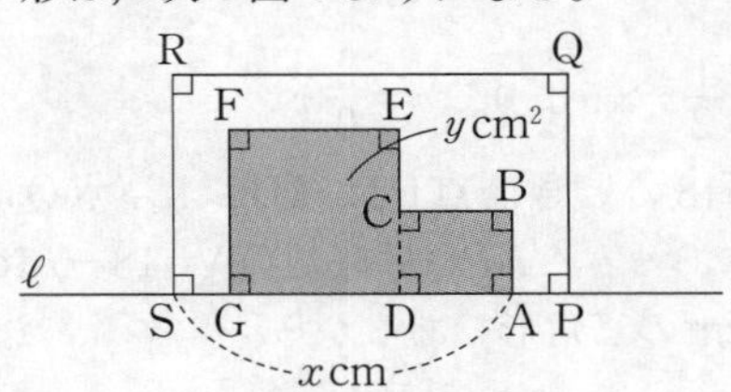

よって，

$y=3\times4+6\times6$ より，$y=48$

以上より，$0\leqq x\leqq4$ のとき $y=3x$，$4\leqq x\leqq10$ のとき $y=6x-12$，$10\leqq x\leqq14$ のとき $y=48$ のグラフをかく。

(5) L字型の図形の面積は $48\,\text{cm}^2$ であるから，

$0\leqq x\leqq4$ のとき，$3x=24$，$x=8$

これは $0\leqq x\leqq4$ を満たさない。

$4\leqq x\leqq10$ のとき，$6x-12=24$，$x=6$

これは $4\leqq x\leqq10$ を満たす。

$10\leqq x\leqq14$ のときは条件に合わない。

$14\leqq x\leqq18$ のとき，2点(14，48)，(18，36)を通る直線の式を求めると，

$y=-3x+90$

$-3x+90=24$，$x=22$

これは $14\leqq x\leqq18$ を満たさない。

$18\leqq x\leqq24$ のとき，2点(18，36)，(24，0)を通る直線の式を求めると，

$y=-6x+144$

$-6x+144=24$，$x=20$

これは $18\leqq x\leqq24$ を満たす。

以上より，求める x の値は $x=6$，20

6 関数 $y=ax^2$ の利用

1 (1) **$a=\frac{1}{4}$** (2) **ア…4，イ…32**

(3) **$y=4x-16$**

(4)

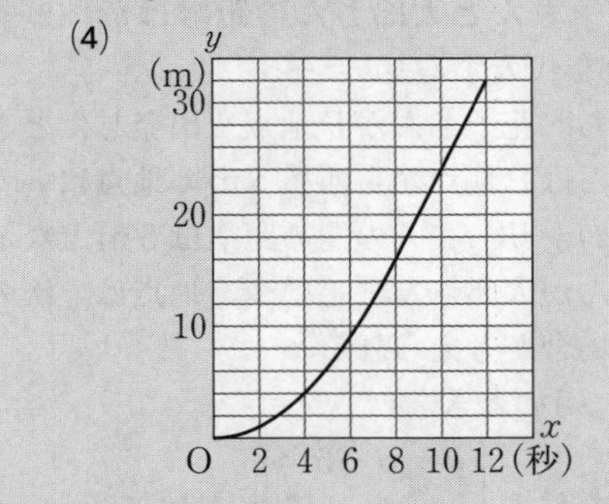

(5)① **5 m** ② **11秒後**

解説

(1) $y=ax^2$ に $x=8$，$y=16$ を代入すると，

$16=a\times8^2$，$a=\frac{1}{4}$

(2) (1)より，$0\leqq x\leqq8$ の範囲(はんい)における花子(はなこ)さんの x と y との関係の式は $y=\frac{1}{4}x^2$

$y=4$のときのxの値は，$y=4$を代入すると，

$4=\frac{1}{4}x^2$，$x^2=16$，$x=\pm 4$

$x>0$より，$x=4$

また，$8\leqq x\leqq 12$の範囲では，花子さんは一定の速さで走行していて，表より，2秒間で8m進んでいるから，$x=12$のときのyの値は，

$y=24+8=32$

(3) 求める式を$y=mx+n$とする。$x=10$，$y=24$と$x=12$，$y=32$を代入すると，

$\begin{cases} 24=10m+n \\ 32=12m+n \end{cases}$

これを解くと，$m=4$，$n=-16$

よって，$y=4x-16$

(4) $0\leqq x\leqq 8$のとき$y=\frac{1}{4}x^2$，$8\leqq x\leqq 12$のとき

$y=4x-16$のグラフをかく。

(5)① 太郎さんの進む速さは秒速3mであるから，xとyとの関係の式を$y=3x+b$とおく。

花子さんは地点Pを出発してから，2秒後に太郎さんに追いつかれたから，そのときの花子さんのP地点からの距離は$y=\frac{1}{4}x^2$に$x=2$を代入すると，$y=\frac{1}{4}\times 2^2=1$

$y=3x+b$に$x=2$，$y=1$を代入すると，

$1=3\times 2+b$，$b=-5$

よって，太郎さんのxとyとの関係の式は

$y=3x-5$

したがって，花子さんがP地点を出発したときの花子さんと太郎さんの距離は$y=3x-5$に$x=0$を代入すると$y=-5$

すなわち，花子さんがP地点を出発したとき，太郎さんはP地点から西へ5mの地点にいることがわかり，2人の間の距離は5mとなる。

② 花子さんが太郎さんに追いつく地点は，次の2つの場合が考えられる。

(ア) $0\leqq x\leqq 8$のとき，

連立方程式$\begin{cases} y=3x-5 \\ y=\frac{1}{4}x^2 \end{cases}$を解くと，

$\frac{1}{4}x^2=3x-5$，$x^2=12x-20$

$x^2-12x+20=0$，$(x-2)(x-10)=0$

$x=2$，10

$0\leqq x\leqq 8$より，$x=2$

これは問題に合わない。

(イ) $8\leqq x\leqq 12$のとき，

連立方程式$\begin{cases} y=3x-5 \\ y=4x-16 \end{cases}$を解くと，

$3x-5=4x-16$，$x=11$

$x=11$は問題に合っている。

(ア)，(イ)より，花子さんが太郎さんに追いついたのは，地点Pを出発してから11秒後である。

2 (1) ① $\boldsymbol{a=\frac{1}{4}}$ ② $\boldsymbol{p=\frac{1}{2}}$

(2) $\boldsymbol{y=\frac{3}{2}x}$

(3)

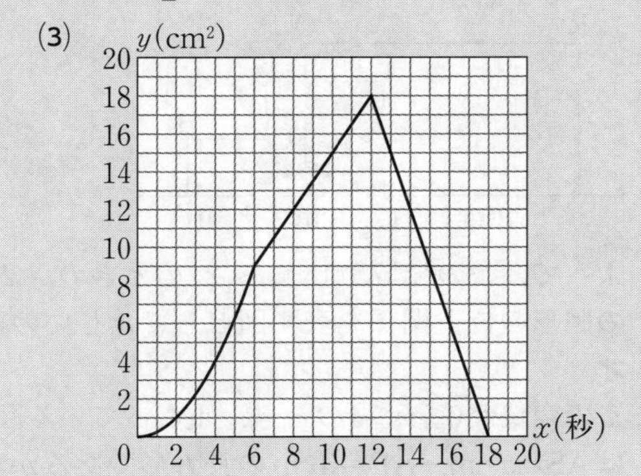

解説

(1) ① $y=ax^2$のグラフは点$(6, 9)$を通っているから，$x=6$，$y=9$を代入すると，$9=a\times 6^2$

よって，$a=\frac{1}{4}$

② 点P，Qが出発してからx秒後のとき，$AP=px$ cm，$BQ=x$ cmであるから，

$y=\frac{1}{2}\times px\times x$より，$y=\frac{p}{2}x^2$

グラフより，$x=6$のとき$y=9$であるから，

$9=\frac{p}{2}\times 6^2$，$9=18p$

よって，$p=\frac{1}{2}$

(2) $AP=\frac{1}{2}x$より，$\frac{1}{2}x=6$を解くと$x=12$

よって，$6\leqq x\leqq 12$のとき，点Pは辺AB上，点Qは辺CD上にある。△APQは底辺が$AP=\frac{1}{2}x$ cm，高さが6cmの三角形であるから，

$y=\frac{1}{2}\times\frac{1}{2}x\times 6$より，$y=\frac{3}{2}x$

(3) $12\leqq x\leqq 18$のとき，点Pは辺BC上，点Qは辺DA上にある。△APQは底辺$QA=18-x$ (cm)，高さ6cmの三角形であるから，

$y=\frac{1}{2}\times(18-x)\times 6$より，$y=-3x+54$

よって，$6\leqq x\leqq 12$ のとき $y=\frac{3}{2}x$，$12\leqq x\leqq 18$ のとき $y=-3x+54$ のグラフをかく。

3

(1) **$152\,\mathrm{cm}^2$**

(2) $0\leqq x\leqq 12\cdots\frac{1}{3}x^2\,\mathrm{cm}^2$

$12\leqq x\leqq 25\cdots 8x-48\ (\mathrm{cm}^2)$

(3) 例 **t がとりうる値の最大の値は**

$25-14=11$ だから，

t のとりうる値の範囲は $0\leqq t\leqq 11$

t 秒後の図形 S の面積は $\frac{1}{3}t^2\,\mathrm{cm}^2$

$t+14$（秒後）の図形 S の面積は

$8(t+14)-48=8t+64\ (\mathrm{cm}^2)$

t についての方程式は，

$6\times\frac{1}{3}t^2=8t+64$，$t^2-4t-32=0$

$(t+4)(t-8)=0$，$t=-4$，8

$0\leqq t\leqq 11$ より，$t=8$

よって，図形 S の面積が 6 倍になるときの t の値は 8

解説

(1) 点Pが点Oを出発してから25秒後に，点Pは点A，点Qは点Dと重なる。

辺BCと線分ADの交点をEとする。

△OADは直角二等辺三角形であるから，

∠OAD＝∠BAE＝45°

OA//CBより，∠BEA＝∠OAD＝45°

よって，△ABEも直角二等辺三角形となり，

EB＝AB＝8cm

したがって，CE＝21－8＝13（cm）

S の面積は台形OAECの面積に等しく，

$\frac{1}{2}\times(13+25)\times 8=152\ (\mathrm{cm}^2)$

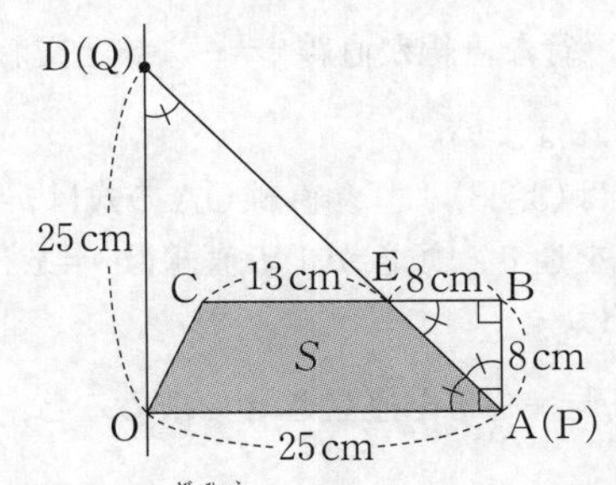

(2) 点Pの座標（ざひょう）を $(x,\ 0)$，点Qの座標を $(0,\ x)$ とすると，2点P，Qを通る直線の式は $Y=-X+x$

点Cの座標は $(4,\ 8)$ であるから，直線OCの式は $Y=2X$

直線PQと直線OCの交点をFとすると，

Fの座標は，

連立方程式 $\begin{cases} Y=-X+x \\ Y=2X \end{cases}$ を解くと，

$X=\frac{1}{3}x$，$Y=\frac{2}{3}x$

よって，点Fの座標は $\left(\frac{1}{3}x,\ \frac{2}{3}x\right)$

直線PQが点Cを通るのは，$\frac{1}{3}x=4$

すなわち，$x=12$ のときである。

したがって，$0\leqq x\leqq 12$ のとき，S の面積は底辺 x cm，高さ $\frac{2}{3}x$ cm の三角形の面積に等しく，

$\frac{1}{2}\times x\times\frac{2}{3}x=\frac{1}{3}x^2\ (\mathrm{cm}^2)$

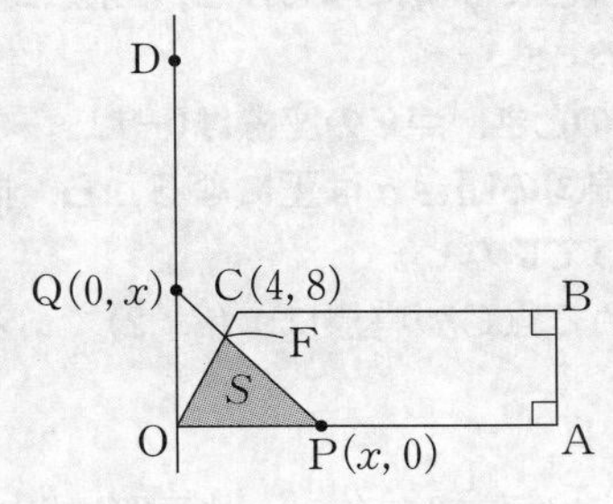

$0\leqq x\leqq 12$ のとき

$12\leqq x\leqq 25$ のとき，点Pから辺BCにひいた垂線をPG，直線PQと辺BCの交点をHとすると，(1)と同様に，△PGHは直角二等辺三角形となり，HG＝8cm

よって，CH＝$x-4-8=x-12$（cm）

S の面積は台形OPHCの面積に等しく，

$\frac{1}{2}\times\{(x-12)+x\}\times 8=8x-48\ (\mathrm{cm}^2)$

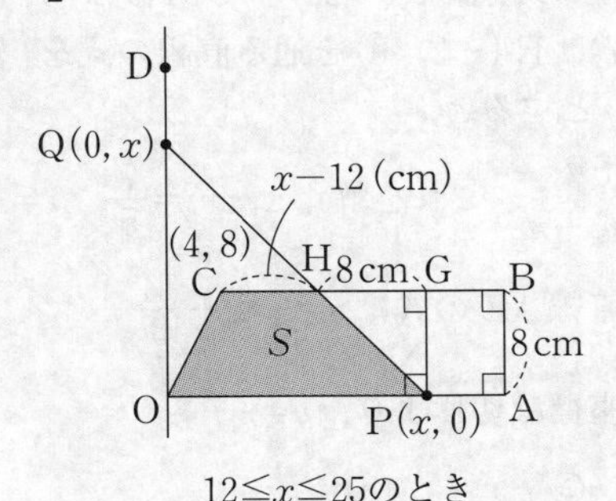

$12\leqq x\leqq 25$ のとき

7 直線と図形に関する問題

1 (1) $\frac{14}{5}$ (2) -11

(3) 例 **点Bの座標は$(-2,\ -3)$である。**

点Cの座標は$\left(t,\ \frac{1}{2}t-2\right)$と表される。

BH⊥AC，AH=CHより，直線BHは線分ACの垂直二等分線であるから，BA=BCである。$BA^2=BC^2$より，

$5^2+10^2=(t+2)^2+\left(\frac{1}{2}t-2+3\right)^2$

これを解くと，$t=8,\ -12$

$t=8$のとき，点Cの座標は$(8,\ 2)$で，直線③の傾きaは負になるから，問題に合っている。

$t=-12$のとき，点Cの座標は$(-12,\ -8)$で，直線③の傾きaは正になるから，問題に合っていない。

答　求める点Cの座標は，$(8,\ 2)$である。

解説

(1) $y=2x+1$…①，$y=\frac{1}{2}x-2$…②，$y=ax+b$…③

点Dのx座標は②で$y=0$とすると，$x=4$

よって，D$(4,\ 0)$

点Eは線分ODの中点であるから，E$(2,\ 0)$

点Oについて点Eと対称な点をE′とする。

AF+FE=AF+FE′

AF+FE′の長さが最も短くなるのは，2点A，E′を通る直線がy軸と交わる点がFとなるときである。点E′の座標は$(-2,\ 0)$であるから，2点A$(3,\ 7)$，E′$(-2,\ 0)$を通る直線の式を$y=mx+n$とすると，

$\begin{cases}7=3m+n\\0=-2m+n\end{cases}$　これを解くと，$m=\frac{7}{5}$，$n=\frac{14}{5}$

よって，直線AE′の式は$y=\frac{7}{5}x+\frac{14}{5}$

点Fのy座標は切片より，$y=\frac{14}{5}$

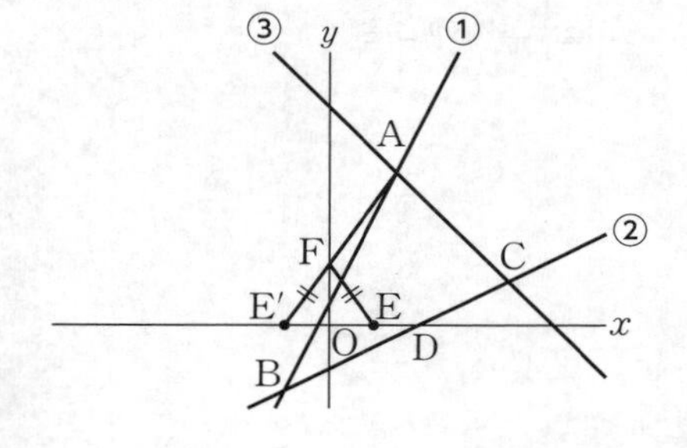

(2) △ABCと△GBCにおいて，辺BCを共通な底辺とみると，高さが等しいとき2つの三角形の面積が等しくなる。よって，点Aを通り直線②と平行な直線がx軸$(x<0)$と交わる点が求める点Gである。

点A$(3,\ 7)$を通り直線②に平行な直線を$y=\frac{1}{2}x+c$とする。$x=3$，$y=7$を代入すると，

$7=\frac{3}{2}+c$，$c=\frac{11}{2}$

よって，$y=\frac{1}{2}x+\frac{11}{2}$

点Gのx座標は$y=0$を代入すると，

$0=\frac{1}{2}x+\frac{11}{2}$

したがって，$x=-11$

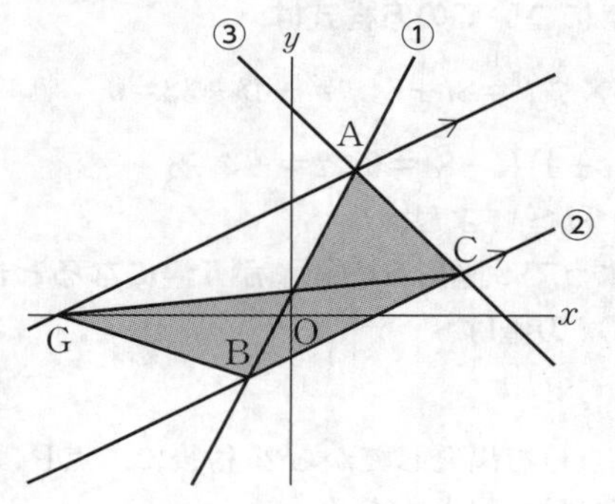

2 (1) $(-3,\ 1)$　(2) $y=-\frac{1}{2}x+3$

解説

(1) 四角形ABCOが平行四辺形となるための条件は，BA//CO，OA//CBである。

直線BAと直線COは傾きがともに$-\frac{1}{3}$であるから，平行で，BA//COである。

よって，OA//CBとなるためには，点Bを通り，直線OAに平行な直線が直線$y=-\frac{1}{3}x$と交わる点がCとなればよい。

点Aの座標は$(3,\ 3)$より，直線OAの式は$y=x$

点B$(0,\ 4)$を通り，傾きが1の直線は$y=x+4$

点Cの座標は，

$y=x+4$と$y=-\frac{1}{3}x$を連立させて求めると，

$x+4=-\frac{1}{3}x$，$x=-3$

y座標は，$y=-3+4=1$

よって，点Cの座標は$(-3,\ 1)$

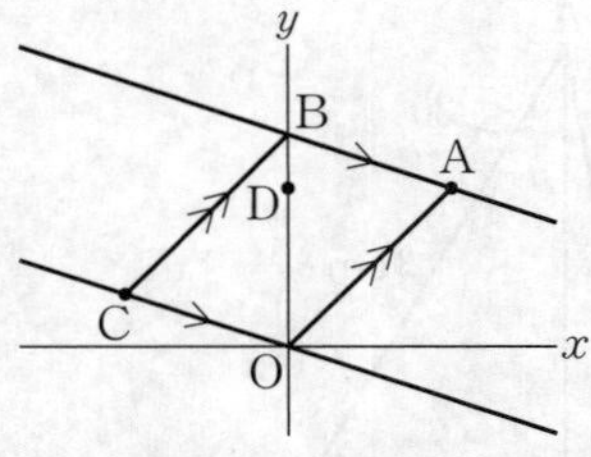

(2)　△ABOの面積を2等分する直線と辺OAの交点をEとし，その座標を$(t,\ t)$とする。

△ABOの面積は$\frac{1}{2}\times4\times3=6$

△EDOの面積は$\frac{1}{2}\times3\times t=\frac{3}{2}t$

△EDOの面積の2倍が△ABOの面積に等しいから，$2\times\frac{3}{2}t=6,\ t=2$

したがって，点Eの座標は$(2,\ 2)$

求める直線は2点D$(0,\ 3)$，E$(2,\ 2)$を通る。

その直線の式を$y=ax+3$とする。

$x=2,\ y=2$を代入すると，$2=2a+3$

これを解くと，$a=-\frac{1}{2}$

よって，$y=-\frac{1}{2}x+3$

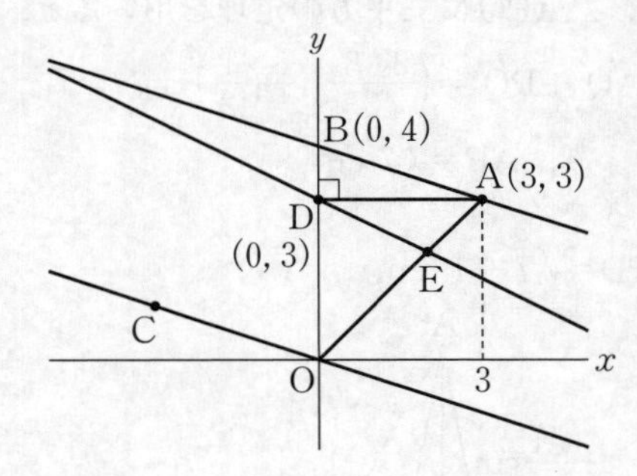

3　(1)　**12**　(2)　$\boldsymbol{y=-\frac{1}{2}x+8}$　(3)　**(8, 4)**

解説

(1)　次の図のように，点A，B，Cを通り，x軸，y軸に平行な直線をひき，それらの交点をD，E，Fとすると，△ABCの面積は，長方形ADEFの面積から，△ADB，△BCE，△ACFの面積をひいて求められる。よって，

$(5-1)\times\{6-(-2)\}$

$-\frac{1}{2}\times\{6-(-2)\}\times(5-3)$

$-\frac{1}{2}\times\{2-(-2)\}\times(3-1)$

$-\frac{1}{2}\times(6-2)\times(5-1)$

$=32-8-4-8=12$

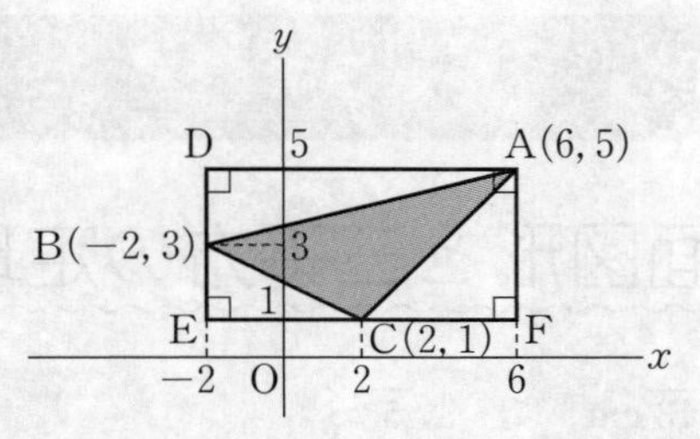

(2)　直線BCの傾きは，$\frac{1-3}{2-(-2)}=-\frac{1}{2}$

点Aを通り，直線BCと平行な直線の式を

$y=-\frac{1}{2}x+b$とする。

$x=6,\ y=5$を代入すると，

$5=-\frac{1}{2}\times6+b,\ b=8$

よって，求める直線の式は$y=-\frac{1}{2}x+8$

(3)　$\begin{pmatrix}\triangle\text{OPB}\\\text{の面積}\end{pmatrix}=\begin{pmatrix}\triangle\text{OCB}\\\text{の面積}\end{pmatrix}+\begin{pmatrix}\triangle\text{CPB}\\\text{の面積}\end{pmatrix}$

$\begin{pmatrix}\text{四角形OCAB}\\\text{の面積}\end{pmatrix}=\begin{pmatrix}\triangle\text{OCB}\\\text{の面積}\end{pmatrix}+\begin{pmatrix}\triangle\text{CAB}\\\text{の面積}\end{pmatrix}$

△OPBの面積が四角形OCABの面積と等しくなるのは，△CPBと△CABにおいて，辺BCを共通な底辺とみると，高さが等しくなるときである。よって，点Aを通り，直線BCに平行な直線が直線OCと交わる点が求める点Pである。直線OCの式は$y=\frac{1}{2}x$であるから，

点Pの座標は，

$y=-\frac{1}{2}x+8$と$y=\frac{1}{2}x$を連立させて求めると，

$-\frac{1}{2}x+8=\frac{1}{2}x,\ x=8$

y座標は$y=\frac{1}{2}\times8=4$

よって，点Pの座標は$(8,\ 4)$

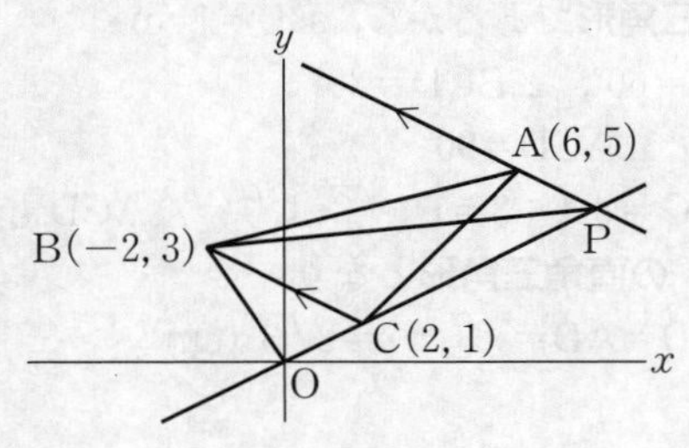

平面図形

平面図形と三平方の定理

1 (1) $\sqrt{13}$ **cm** (2) $3\sqrt{5}$

解説

(1) AD＝BC＝3cm
△ABDに三平方(さんへいほう)の定理を用いて，
$BD^2=2^2+3^2=13$
BD＞0より，BD＝$\sqrt{13}$ cm

(2) 右の図のように，直角三角形ABCをつくると，
AC＝7－1＝6
BC＝5－2＝3
△ABCに三平方の定理を用いると，
$AB^2=6^2+3^2=45$
AB＞0より，AB＝$\sqrt{45}=3\sqrt{5}$

2 (1) **3＋$\sqrt{3}$ (cm)** (2) **$2\sqrt{3}$ cm**
(3) **$\sqrt{7}$＋1 (cm)** (4) **$\frac{11}{4}$cm**

解説

(1) AP＋PDの長さが最も長くなるのは，点Pが点Cにあるときで，
AP＋PD＝AC＋CD＝3＋$\sqrt{3}$ (cm)

(2) AP＋PDの長さが最も短くなるのは，線分ADと辺BCの交点がPとなるときである。
BC：CD＝2：$\sqrt{3}$ より，△BCDは**30°，60°，90°の直角三角形**であるから，BD＝1cm，
∠CBD＝60°，∠BCD＝30°
よって，∠ACD＝90°
DC：AC＝$\sqrt{3}$：3＝1：$\sqrt{3}$ より，△ACDも**30°，60°，90°の直角三角形**となり，
AP＋PD＝AD＝$\sqrt{3}\times2=2\sqrt{3}$ (cm)

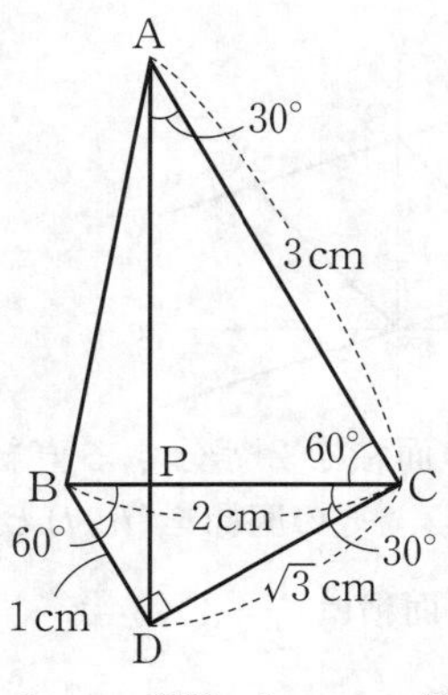

(3) BP＝PC＝1cm，BD＝1cm，∠PBD＝60°であるから，△BDPは正三角形となる。
よって，PD＝1cm
線分ADと辺BCの交点をQとすると，(2)より，∠CAQ＝∠CAD＝30°であるから，△ACQは**30°，60°，90°の直角三角形**となる。

$CQ=\frac{1}{2}AC=\frac{1}{2}\times3=\frac{3}{2}$ (cm)より，

$PQ=CQ-CP=\frac{3}{2}-1=\frac{1}{2}$ (cm)

$AQ=\frac{\sqrt{3}}{2}AC=\frac{\sqrt{3}}{2}\times3=\frac{3\sqrt{3}}{2}$ (cm)

よって，△APQに三平方の定理を用いると，

$AP^2=AQ^2+PQ^2=\left(\frac{3\sqrt{3}}{2}\right)^2+\left(\frac{1}{2}\right)^2=7$

AP＞0より，AP＝$\sqrt{7}$ cm
したがって，
AP＋PD＝$\sqrt{7}$＋1 (cm)

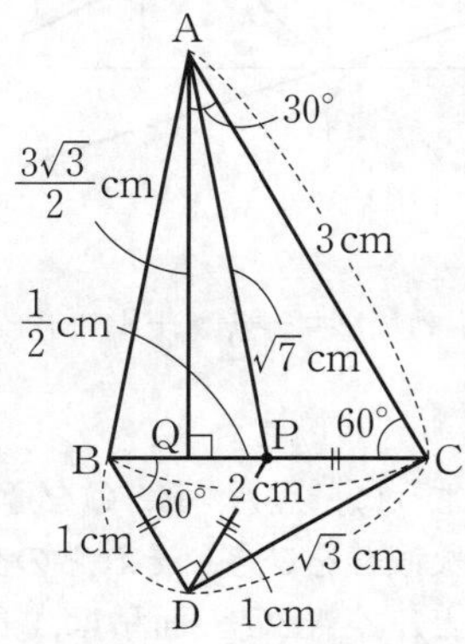

(4) AP＝$x$cmとすると，AP＋PD＝4cmより，
PD＝4－x (cm)
△APQに三平方の定理を用いると，
$AP^2=AQ^2+PQ^2$ より，

$PQ^2=AP^2-AQ^2=x^2-\left(\frac{3\sqrt{3}}{2}\right)^2=x^2-\frac{27}{4}$ …①

(2)，(3)より，

$QD=AD-AQ=2\sqrt{3}-\frac{3\sqrt{3}}{2}=\frac{\sqrt{3}}{2}$ (cm)

△PQDに三平方の定理を用いると，
$PQ^2+QD^2=PD^2$より，
$PQ^2=PD^2-QD^2=(4-x)^2-\left(\frac{\sqrt{3}}{2}\right)^2$
$=16-8x+x^2-\frac{3}{4}=x^2-8x+\frac{61}{4}$…②
①，②より，
$x^2-\frac{27}{4}=x^2-8x+\frac{61}{4}$，$8x=\frac{88}{4}$，$x=\frac{11}{4}$
$x=\frac{11}{4}$は問題に合っている。

したがって，$AP=\frac{11}{4}$ cm

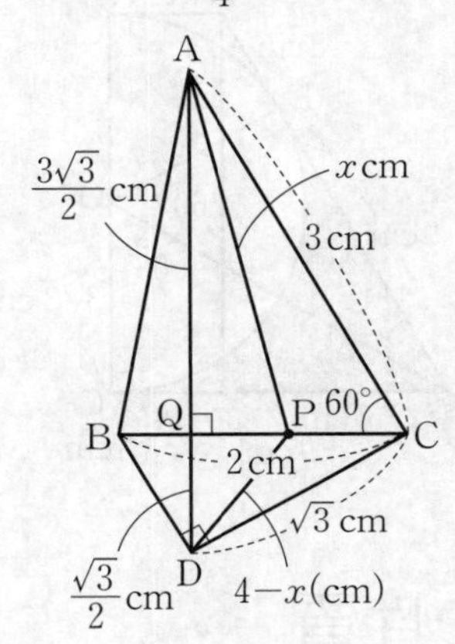

3 **ア…$\frac{\sqrt{3}}{4}$，イ…49**
（解答の続き）　例 **a，bは自然数で，$a>b$ であるから，**
$\begin{cases} a+b=49 \\ a-b=1 \end{cases}$ を解いて，$a=25$，$b=24$

解説
1辺の長さがa cmの正三角形の高さは，
$a\times\frac{\sqrt{3}}{2}=\frac{\sqrt{3}}{2}a$ (cm)であるから，その面積は，
$\frac{1}{2}\times a\times\frac{\sqrt{3}}{2}a=\frac{\sqrt{3}}{4}a^2$ (cm²)　よって，**ア**…$\frac{\sqrt{3}}{4}$
同様に，1辺の長さがb cmの正三角形の面積は，
$\frac{\sqrt{3}}{4}b^2$ cm²であるから，面積の差の等式は$a>b$より，
$\frac{\sqrt{3}}{4}a^2-\frac{\sqrt{3}}{4}b^2=\frac{49\sqrt{3}}{4}$
$a^2-b^2=49$，$(a+b)(a-b)=49$　よって，**イ**…49
a，bは自然数で，$a>b$より，
$a+b>a-b$であるから，$a+b=49$，$a-b=1$となる。
これをa，bについての連立方程式として解けばよい。

4 (1) **$y=-\frac{1}{2}x+4$**
(2) **点Dの座標…(8, 0)，DEの長さ…10**

解説
(1) 2点A，Bは，関数$y=\frac{1}{8}x^2$のグラフ上にあり，2点のx座標はそれぞれ−8，4であるから，A(−8, 8)，B(4, 2)となる。2点A，Bを通る直線の式を$y=ax+b$とすると，この式に2点A，Bの座標を代入して，
$\begin{cases} 8=-8a+b \\ 2=4a+b \end{cases}$　これを解くと，$a=-\frac{1}{2}$，$b=4$
よって，求める直線の式は$y=-\frac{1}{2}x+4$

(2) 点Cのy座標は$y=-\frac{1}{2}x+4$より，C(0, 4)
点Dのx座標は$y=-\frac{1}{2}x+4$に$y=0$を代入すると，$0=-\frac{1}{2}x+4$，$x=8$となり，D(8, 0)
△CODに三平方の定理を用いると，
$CD^2=CO^2+OD^2=4^2+8^2=80$
点Eの座標をE$(-t, 0)$ $(t>0)$とすると，
$ED=8-(-t)=8+t$，$CE^2=t^2+4^2=t^2+16$
したがって，△CEDに三平方の定理を用いると，$ED^2=CE^2+CD^2$
$(8+t)^2=t^2+16+80$，$64+16t+t^2=t^2+96$
$16t=32$，$t=2$　よって，E(−2, 0)
したがって，DE=8+2=10

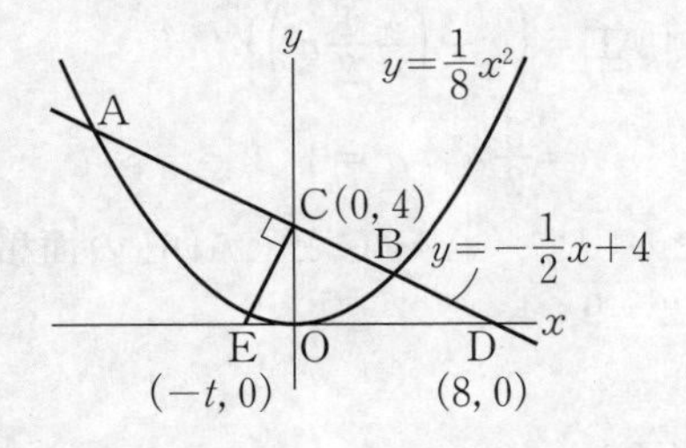

5 (1) (4, −8) (2) 9：4

(3) 例 **点Aの x 座標は2より，**
A(2, 4)，B(−2, −2)，C(2, −2)
∠ACB＝90°より，3点A，B，Cを通る円の直径は辺ABである。直径に対する円周角は90°より，△ABPは∠APB＝90°の直角三角形である。
したがって，$AP^2+BP^2=AB^2$
点Pの x 座標を t とすると，
$\{(t-2)^2+4^2\}+\{(t+2)^2+2^2\}=4^2+6^2$
$2t^2=24,\ t^2=12$
$t>0$ **より，**$t=2\sqrt{3}$
よって，点Pの x 座標は $2\sqrt{3}$

解説

(1) 点Aの x 座標が4より，点Cの x 座標も4となる。点Cは関数 $y=-\frac{1}{2}x^2$ のグラフ上にあるから，点Cの y 座標は，

$y=-\frac{1}{2}\times4^2=-8$

よって，点Cの座標は(4, −8)

(2) 点Aの座標を $(a,\ a^2)$ とすると，点Cの座標は $\left(a,\ -\frac{1}{2}a^2\right)$ となる。

DE∥BCより，**同位角が等しい**から，
∠ABC＝∠ADE，∠ACB＝∠AED
△ABCと△ADEにおいて，**2組の角がそれぞれ等しい**から，△ABC∽△ADEで，相似比は

$AC:AE=\left\{a^2-\left(-\frac{1}{2}a^2\right)\right\}:a^2$

$=\frac{3}{2}a^2:a^2=3:2$

したがって，△ABCと△ADEの面積の比は
$3^2:2^2=9:4$

6 $27\sqrt{3}-9\pi\ (cm^2)$

解説

点Aから辺BCに垂線AFをひくと，
BF＝BC−FC＝BC−AD＝9−3＝6 (cm)
円外の点から円にひいた2つの接線の長さは等しいから，AE＝AD＝3cm，BE＝BC＝9cm
よって，AB：BF＝12：6＝2：1より，△ABFは**30°, 60°, 90°の直角三角形**となり，
DC＝AF＝BF×$\sqrt{3}$＝$6\sqrt{3}$ (cm)
したがって，円Oの半径は $3\sqrt{3}$ cmとなる。
また，OC：BC＝$3\sqrt{3}$：9＝1：$\sqrt{3}$ より，
△BCOは**30°, 60°, 90°の直角三角形**となる。
よって，∠BOC＝60°
△BCOと△BEOは合同であるから，
∠EOC＝60°×2＝120°
したがって，図のかげをつけた部分の面積は，四角形BCOEの面積からおうぎ形OCEの面積をひいて求められる。
よって，求める面積は，

$\left(\frac{1}{2}\times9\times3\sqrt{3}\right)\times2-\pi\times(3\sqrt{3})^2\times\frac{120}{360}$
$=27\sqrt{3}-9\pi\ (cm^2)$

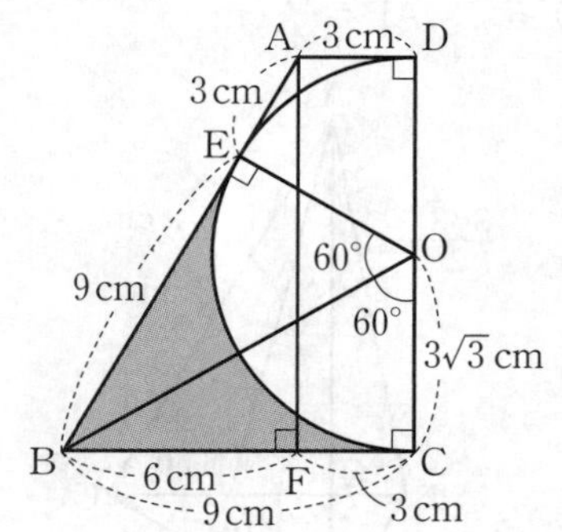

2 円の性質

1 (1) **π cm** (2) **14π cm²**

解説

(1) $2\times\pi\times3\times\frac{60}{360}=\pi$ (cm)

(2) このおうぎ形の中心角を a° とすると，半径が4cm，弧の長さが 7π cmであるから，

$7\pi=2\times\pi\times4\times\frac{a}{360},\ a=315$

よって，このおうぎ形の中心角は，315°
したがって，求める面積は，

$\pi\times4^2\times\frac{315}{360}=14\pi\ (cm^2)$

2 (1) **80°** (2) **35°** (3) **87°**

解説

(1) $\angle x=\angle BOC=2\times\angle BAC=2\times40°=80°$

(2) $\angle x=70°\times\frac{1}{2}=35°$

(3) 右の図において，$\overset{\frown}{CD}$ に対する円周角は等しいから，
∠CAD＝59°
△ADEの内角の和は180°

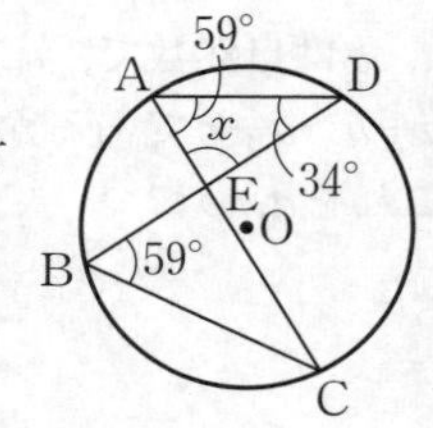

より，$\angle x=180°-(59°+34°)=87°$

3　(1)　**22°**　(2)　**17°**　(3)　**65°**　(4)　**105°**　(5)　**44°**

解説

(1)　$\overset{\frown}{AB}$に対する円周角は等しいから，
$\angle ACB=68°$
ACは円Oの直径であるから，$\angle ABC=90°$
△ABCの内角(ないかく)の和は180°より，
$\angle CAB=180°-(68°+90°)$
$=22°$

(2)　ABは半円の直径であるから，$\angle ACB=90°$

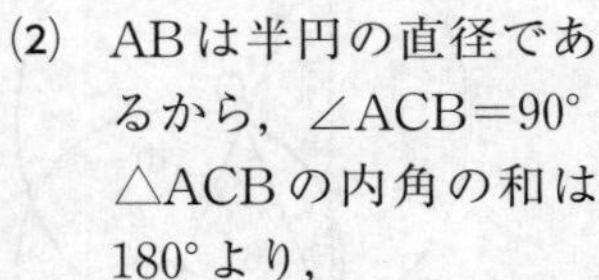

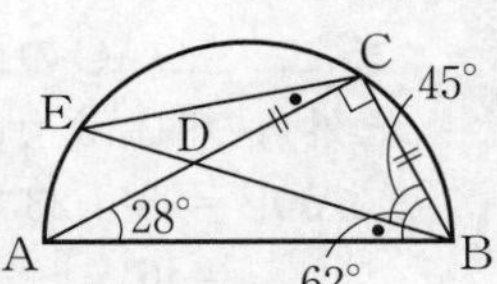

△ACBの内角の和は180°より，
$\angle ABC=180°-(28°+90°)$
$=62°$
DC＝BCより，△BCDは直角二等辺三角形となり，$\angle CBD=45°$
よって，$\angle ABD=62°-45°=17°$
$\overset{\frown}{EA}$に対する円周角は等しいから，
$\angle DCE=\angle ABD=17°$

(3)　$\angle BAC=\angle BOC\times\frac{1}{2}$
$=82°\times\frac{1}{2}$
$=41°$

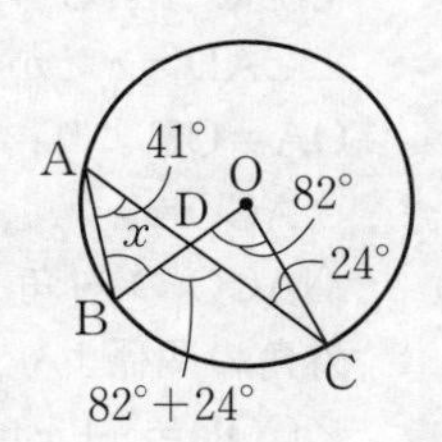

右の図で，△ABD，△CODの内角と外角(がいかく)の関係より，
$41°+\angle x=82°+24°$
よって，$\angle x=65°$

(4)　OA，OCは円Oの半径であるから，△AOCは二等辺三角形で，
$\angle AOC=180°-15°\times2$
$=150°$

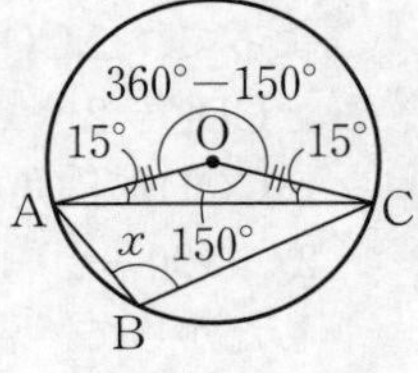

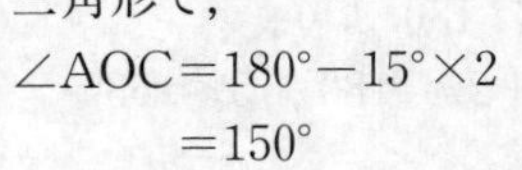

点Bをふくまないほうの$\overset{\frown}{AC}$に対する中心角は，$360°-150°=210°$
よって，$\angle x=210°\times\frac{1}{2}=105°$

(5)　点Eをふくまないほうの$\overset{\frown}{AD}$に対する中心角は，
$134°\times2=268°$

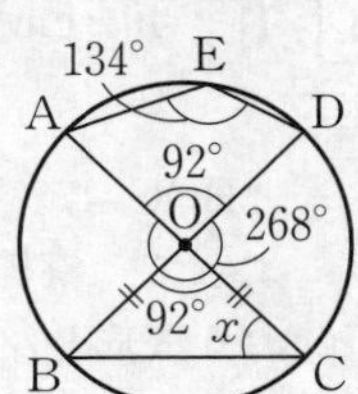

よって，四角形AODEにおいて，
$\angle AOD=360°-268°=92°$
したがって，$\angle BOC=92°$
OB，OCは円Oの半径であるから，△BOCは二等辺三角形となり，
$\angle x=(180°-92°)\times\frac{1}{2}=44°$

4　(1)　**42°**　(2)　**80°**　(3)　**40°**

解説

(1)　点Oと点Aを結ぶ。
OA，OB，OCは円Oの半径であるから，
$\angle OAB=25°$
$\angle OAC=\angle x$
$\overset{\frown}{BC}$に対する円周角と中心角の関係より，
$(25°+\angle x)\times2=134°$
$50°+2\angle x=134°$，$\angle x=42°$
(別解)　BOの延長とACの交点をDとする。

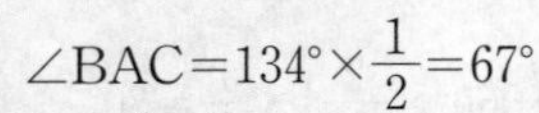

$\angle BAC=134°\times\frac{1}{2}=67°$
△ABDの内角と外角の関係より，
$\angle CDO=67°+25°=92°$
△CDOの内角と外角の関係より，
$\angle x=134°-92°=42°$

(2)　点Oと点Cを結ぶ。
OB＝OCより，
△BOCは二等辺三角形となり，
$\angle BOC=180°-40°\times2$
$=100°$

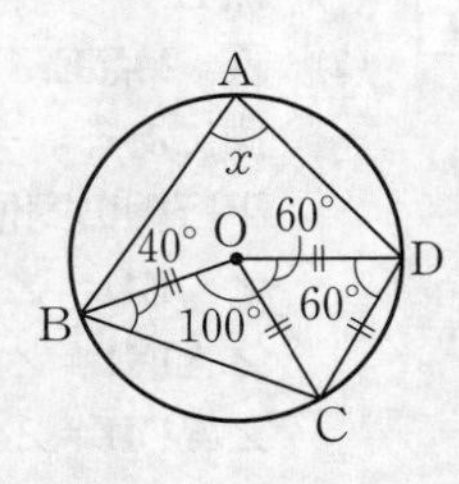

OC＝OD，$\angle ODC=60°$より，△CODは正三角形となり，$\angle COD=60°$
$\angle BOD=100°+60°=160°$
$\overset{\frown}{BD}$に対する中心角と円周角の関係より，
$\angle x=\angle BAD=160°\times\frac{1}{2}=80°$

(3)　点Oと点A，点Oと点Bをそれぞれ結ぶ。
円の接線(せっせん)は，接点(せってん)を通る半径に垂直であるから，
$\angle OAP=\angle OBP=90°$

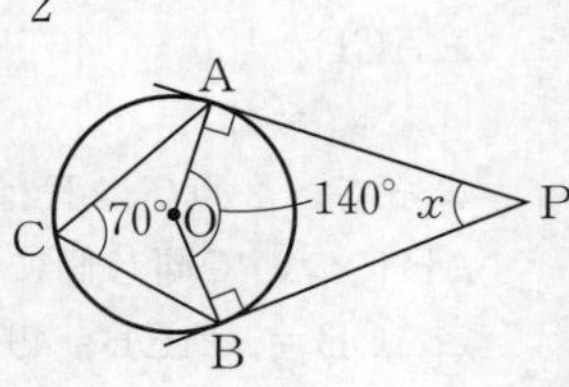

$\overset{\frown}{AB}$に対する円周角と中心角の関係より，
$\angle AOB=70^\circ\times2=140^\circ$
四角形AOBPの内角の和は360°であるから，
$\angle x=360^\circ-(90^\circ+140^\circ+90^\circ)=40^\circ$

5 (1) **20°** (2) **75°**

解説

(1) $\overset{\frown}{AB}=\overset{\frown}{BC}=\overset{\frown}{CD}$より，

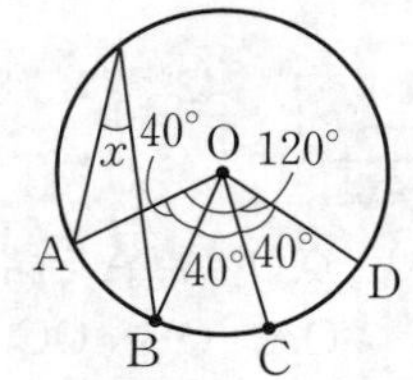

$\angle AOB=\angle BOC$
$=\angle COD$
$=120^\circ\div3$
$=40^\circ$
$\overset{\frown}{AB}$に対する中心角と円周角の関係より，
$\angle x=40^\circ\times\frac{1}{2}=20^\circ$

(2) 円の中心をOとする。右の図で，おうぎ形の中心角は弧の長さに比例(ひれい)するから，

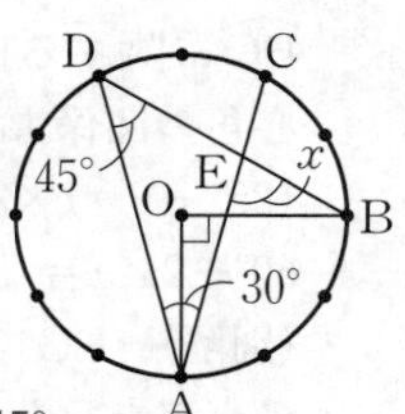

$\angle AOB=360^\circ\times\frac{3}{12}=90^\circ$
よって，$\angle ADB=90^\circ\times\frac{1}{2}=45^\circ$
同様に，$\angle CAD=\left(360^\circ\times\frac{2}{12}\right)\times\frac{1}{2}=30^\circ$
したがって，△ADEの内角と外角の関係より，
$\angle x=45^\circ+30^\circ=75^\circ$

6 (1) **点E**
(2) 例 **2点E，Fは直線ADについて同じ側にある。…①**
平行線の同位角(どういかく)は等しいから，
∠AED＝∠ACB…②
∠AFD＝∠ACBであることと②より，
∠AED＝∠AFD…③
①，③から，円周角の定理の逆より，4点A，D，F，Eは1つの円周上にある。

解説

(1) △ABCの内角の和は180°より，

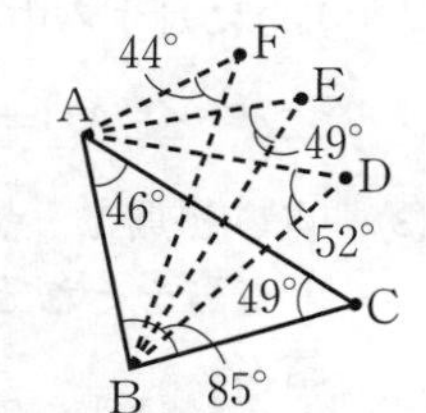

$\angle ACB=180^\circ-(46^\circ+85^\circ)$
$=49^\circ$
よって，2点C，Eは直線ABについて同じ側にあり，
$\angle ACB=\angle AEB=49^\circ$であるから，円周角の定理の逆より，4点A，B，C，Eは同じ円周上にある。

(2) 4点A，D，F，Eが1つの円周上にあることを示すには，

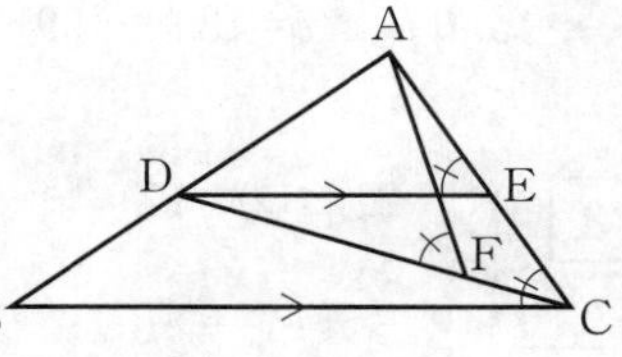

「2点E，Fが直線ADについて同じ側にある」と，
「∠AED＝∠AFD」をいえばよい。
「∠AED＝∠AFD」はDE∥BCより，平行線の同位角が等しいことと仮定から導かれる。

7 (1) **21°** (2) **$x=21^\circ$**

解説

(1) OC＝OAであるから，
$\angle OAC=23^\circ$
また，△OACの内角(ないかく)と外角(がいかく)の関係より，

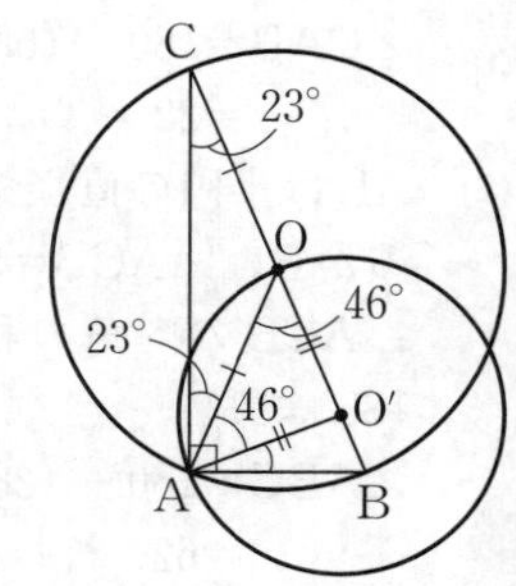

$\angle AOB=23^\circ+23^\circ$
$=46^\circ$
O′O＝O′Aであるから，
$\angle O'AO=46^\circ$
BCは円Oの直径であるから，
$\angle BAC=90^\circ$
よって，$\angle BAO'=90^\circ-23^\circ-46^\circ=21^\circ$

(2) 右の図で，円の中心をOとする。

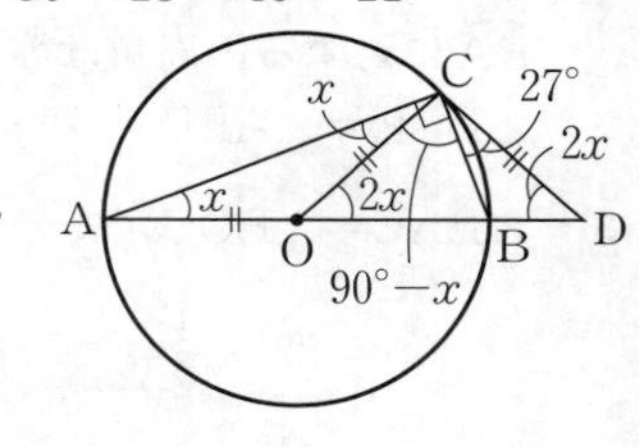

$\angle CAD=x$だから，
OA＝OCより，
$\angle ACO=x$
△ACOの内角と外角の関係より，
$\angle COD=x+x=2x$
ABは円Oの直径であるから，$\angle ACB=90^\circ$
$CD=\frac{1}{2}AB=AO=CO$
よって，△CODは二等辺三角形となり，
$\angle CDO=2x$
△CODの内角の和は180°より，
$2x+(90^\circ-x)+27^\circ+2x=180^\circ$，$3x=63^\circ$
したがって，$x=21^\circ$

8 (1) **$40\pi\,cm^2$** (2) **6：7**

解説

(1) $\angle BOC=72^\circ\times2=144^\circ$
よって，斜線部分は半径10 cm，中心角144°のおうぎ形となる。

したがって，求める面積は，

$\pi\times10^2\times\dfrac{144}{360}=40\pi\ (\text{cm}^2)$

(2) 右の図のように，線分BCを直径とする小さい半円の中心をOとし，点Oと点D，点Oと点E，点Bと点Eをそれぞれ結ぶ。

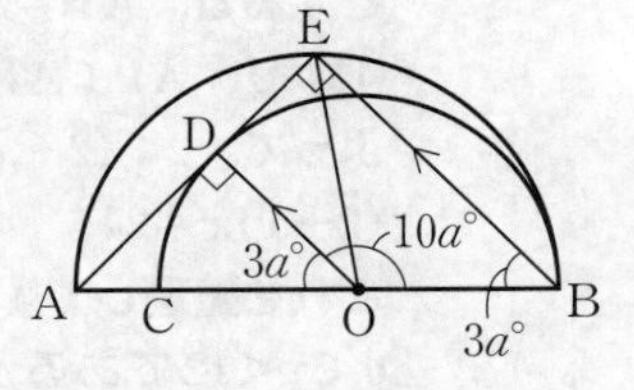

円の接線(せっせん)は接点(せってん)を通る円の半径に垂直であるから，$\angle \text{ADO}=90°$

また，大きい半円の弧(こ)に対する円周角より，$\angle \text{AEB}=90°$

よって，OD//BE

$\overset{\frown}{\text{CD}}:\overset{\frown}{\text{DB}}=3:10$ より，$13a°=180°$ とすると，

$\angle \text{COD}=3a°$，

$\angle \text{BOD}=10a°$ となり，$\angle \text{ABE}=\angle \text{AOD}=3a°$

大きい半円の中心をO′とすると，$\overset{\frown}{\text{AE}}$ に対する円周角と中心角の関係より，

$\angle \text{AO'E}=2\times\angle \text{ABE}=2\times3a°=6a°$

したがって，$\angle \text{EO'B}=180°-6a°$

$=13a°-6a°=7a°$

よって，$\overset{\frown}{\text{AE}}:\overset{\frown}{\text{EB}}=\angle \text{AO'E}:\angle \text{EO'B}=6:7$

9 **24π cm**

解説

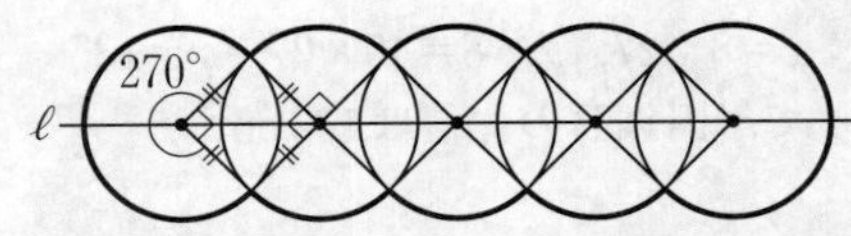

図のように，円の半径で囲まれた図形は正方形となる。よって，求める長さは，半径4 cm，中心角270°のおうぎ形の弧2つ分の長さと，半径4 cm，中心角90°のおうぎ形の弧6つ分の長さをたしたものになる。

$2\pi\times4\times\dfrac{270}{360}\times2+2\pi\times4\times\dfrac{90}{360}\times6$

$=12\pi+12\pi=24\pi\ (\text{cm})$

3 図形の相似

1 **(1) ∠B=∠Cのとき。または，∠A=90°のとき。**

(2) ① $\dfrac{2\sqrt{2}}{3}$ cm ② $\dfrac{1}{30}$ 倍

(3) 8：9

解説

(1) 黒く塗(ぬ)られた2つの三角形が相似(そうじ)となるのは，四角形PQRSが長方形より，$\angle \text{BQP}=\angle \text{SRC}=90°$ となり，あと1組の角が等しくなればよい。

すなわち，∠B=∠C または ∠B=∠S となればよい。

∠B=∠Cならば，△PBQ∽△SCRとなり，

∠B=∠Sならば，△PBQ∽△CSRとなる。

∠B=∠Sのとき，∠P=∠Cとなり，

$\angle \text{B}+\angle \text{C}=\angle \text{B}+\angle \text{P}=180°-90°=90°$

よって，$\angle \text{A}=180°-90°=90°$ となる。

(2) ① 辺の長さは右の図のようになる。

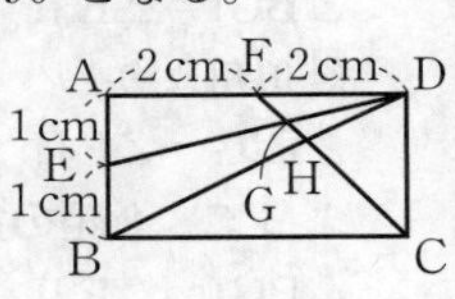

△CDFに三平方(さんへいほう)の定理を用いると，

$\text{CF}^2=2^2+2^2=8$

CF>0より，$\text{CF}=2\sqrt{2}\ (\text{cm})$

FD//BCより，∠BCH=∠DFH

対頂角より，∠BHC=∠DHF

よって，**2組の角がそれぞれ等しいから，**

△BCH∽△DFH

相似比はBC：DF=4：2=2：1

よって，$\text{FH}=\dfrac{1}{3}\text{CF}=\dfrac{2\sqrt{2}}{3}\ (\text{cm})$

② 直線BAと直線CFの交点をIとすると，辺の長さは右の図のようになる。

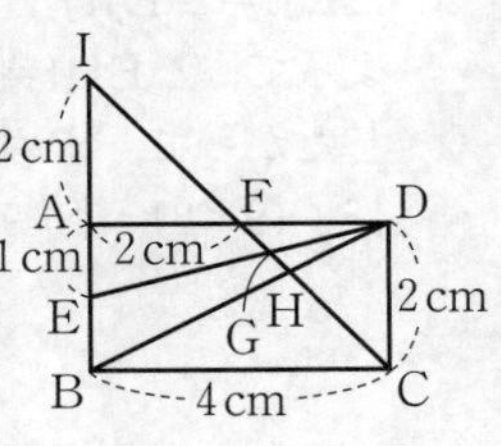

①と同様にして，

△IEG∽△CDGとなり，相似比はIE：CD=3：2

三平方の定理より，$\text{IC}=4\sqrt{2}$ cm

よって，$\text{GC}=\dfrac{2}{5}\text{IC}=\dfrac{2}{5}\times4\sqrt{2}=\dfrac{8\sqrt{2}}{5}\ (\text{cm})$

したがって，

$\text{FG}=\text{FC}-\text{GC}=2\sqrt{2}-\dfrac{8\sqrt{2}}{5}=\dfrac{2\sqrt{2}}{5}\ (\text{cm})$

また，$\text{GH}=\text{FH}-\text{FG}=\dfrac{2\sqrt{2}}{3}-\dfrac{2\sqrt{2}}{5}$

$=\dfrac{4\sqrt{2}}{15}$ (cm)

よって，①より，

GH：FC$=\dfrac{4\sqrt{2}}{15}$：$2\sqrt{2}=2：15$

したがって，△DGH＝△CDF$\times\dfrac{2}{15}$

$=\dfrac{1}{2}\times2\times2\times\dfrac{2}{15}$

$=\dfrac{4}{15}$ (cm^2)

四角形ABCDの面積は$2\times4=8$ (cm^2)

したがって，$\dfrac{4}{15}\div8=\dfrac{1}{30}$より，△DGHの面積は四角形ABCDの面積の$\dfrac{1}{30}$倍となる。

(3) 点Eを通り辺ADに平行な直線をひき，線分FGとの交点をJとすると，

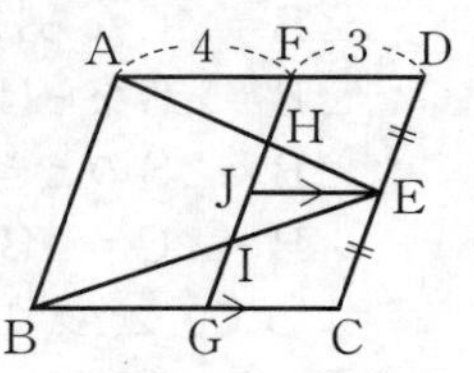

JE//BGより，

∠BGI＝∠EJI

対頂角より，

∠BIG＝∠EIJ

よって，**2組の角がそれぞれ等しい**から，

△BGI∽△EJI

相似比(そうじひ)はBG：EJ＝AF：FD＝4：3

よって，面積の比は$4^2：3^2=16：9$

点Eは辺CDの中点(ちゅうてん)で，FG＝DC，JE//ADより，FJ＝JG…①

また，FH$=\dfrac{4}{7}$DE，IG$=\dfrac{4}{7}$ECより，

FH＝IG…②

①，②より，HJ＝JIとなるから，

△EJI＝△EJH

よって，△EHI＝2△EJI

したがって，求める面積の比は，

16：(9×2)＝8：9

2

(1) **ウ**

(2) 例 **正方形PBQRの1辺の長さをx cmとすると，AB$=2+x$ (cm)，PR$=x$ cm**
(1)より，AP：AB＝PR：BC
よって，$2：(2+x)=x：12$
$(2+x)x=24$
これを整理して解くと，$x=-6$，4
$0<x<12$であるから，$x=-6$は問題に合わない。$x=4$は問題に合っている。
よって，正方形PBQRの1辺の長さは4 cmである。

解説

(1) ∠APR＝∠ABC＝90°，共通な角であるから，
∠PAR＝∠BAC
よって，2組の角がそれぞれ等しいから，
△APR∽△ABCで，
AP：AB＝PR：BC
よって，☐に当てはまるものは**ウ**である。

3

(1) **9：4** (2) **135 cm^3**

解説

(1) 2つの正三角形は相似で相似比は3：2であるから，$S：T=3^2：2^2=9：4$

(2) 円錐(すい)A，Bの体積の比は，
$2^3：3^3=8：27$
円錐Bの体積をx cm^{3}とすると，
$40：x=8：27$，$x\times8=40\times27$，$x=135$
よって，円錐Bの体積は135 cm^3

4

(1) **9：16**

(2) (**ア**)

(説明) 例 **条件から，高さの比は5：8なので，容器Aと容器Bの体積の比は(9×5)：(16×8)＝45：128である。よって，AのセットとBのセットの総体積の比は(45×6)：(128×2)＝135：128となる。今，AのセットもBのセットも同じ3000円なので，総体積が大きいAのセットを買うほうが割安である。**

解説

(1) 容器Aと容器Bの底面の円は相似で，相似比は3：4であるから，底面積の比は$3^2：4^2=9：16$

5 例 △BCPと△EDPにおいて,
対頂角(たいちょうかく)は等しいから,
∠BPC＝∠EPD…①
仮定より，△ABC∽△CDEだから,
∠ACB＝∠CED
同位角(どういかく)が等しいから,
BC//DE
平行線の錯角(さっかく)は等しいから,
∠BCP＝∠EDP…②
①，②より，２組の角がそれぞれ等しいから,
△BCP∽△EDP

6 例 △PABと△PDCにおいて,
円周角の定理より,
∠BAP＝∠CDP…①
また，対頂角は等しいから,
∠APB＝∠DPC…②
①，②より，２組の角がそれぞれ等しいから,
△PAB∽△PDC
したがって,
PA：PD＝PB：PC

7 (1) $3\sqrt{3}$ **cm**
(2) 例 **△ACEと△BCDにおいて,**
△ABCは30°，60°，90°の直角三角形だから,
AC：BC＝$\sqrt{3}$：2
△CDEは30°，60°，90°の直角三角形だから,
CE：CD＝$\sqrt{3}$：2
よって，AC：BC＝CE：CD…①
また，共通な角だから,
∠ACE＝∠BCD…②
①，②より，２組の辺の比とその間の角がそれぞれが等しいから,
△ACE∽△BCD
(3) $\frac{30\sqrt{7}}{13}$ **cm**

解説

(1) △ABCは**30°，60°，90°の直角三角形**であるから,

$AC=12\times\frac{\sqrt{3}}{2}$
$=6\sqrt{3}$ (cm)

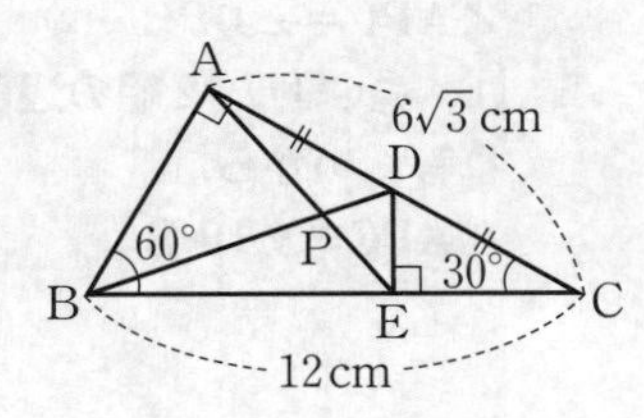

点Dは辺ACの中点(ちゅうてん)であるから,

$CD=6\sqrt{3}\times\frac{1}{2}=3\sqrt{3}$ (cm)

(3) △CDEは**30°，60°，90°の直角三角形**であるから,

$DE=3\sqrt{3}\times\frac{1}{2}=\frac{3\sqrt{3}}{2}$ (cm)

$CE=\frac{3\sqrt{3}}{2}\times\sqrt{3}=\frac{9}{2}$ (cm)

$BE=12-\frac{9}{2}=\frac{15}{2}$ (cm)

△BDEに三平方(さんへいほう)の定理を用いると,

$BD^2=BE^2+DE^2$
$=\left(\frac{15}{2}\right)^2+\left(\frac{3\sqrt{3}}{2}\right)^2=63$

BD＞0より，$BD=\sqrt{63}=3\sqrt{7}$ (cm)
また，△ACE∽△BCDで,
AE：BD＝AC：BC
AE：$3\sqrt{7}=\sqrt{3}$：2

$AE=\frac{3\sqrt{21}}{2}$ cm

また，∠PBE＝∠PAD
対頂角は等しいから，∠BPE＝∠APD
２組の角がそれぞれ等しいから,
△BPE∽△APD
よって，BP：AP＝BE：AD
$=\frac{15}{2}:3\sqrt{3}=5:2\sqrt{3}$

BP＝x cmとおくと，x：AP＝5：$2\sqrt{3}$

よって，$AP=\frac{2\sqrt{3}}{5}x$ cm

$PE=AE-AP=\frac{3\sqrt{21}}{2}-\frac{2\sqrt{3}}{5}x$ (cm)

また，$PD=BD-BP=3\sqrt{7}-x$ (cm)
したがって，PE：PD＝BE：ADより,

$\left(\frac{3\sqrt{21}}{2}-\frac{2\sqrt{3}}{5}x\right):(3\sqrt{7}-x)=5:2\sqrt{3}$

$5(3\sqrt{7}-x)=2\sqrt{3}\left(\frac{3\sqrt{21}}{2}-\frac{2\sqrt{3}}{5}x\right)$

$15\sqrt{7}-5x=9\sqrt{7}-\frac{12}{5}x$

$75\sqrt{7}-25x=45\sqrt{7}-12x$，$-13x=-30\sqrt{7}$

よって，$x=\frac{30\sqrt{7}}{13}$

したがって，$BP=\frac{30\sqrt{7}}{13}$ cm

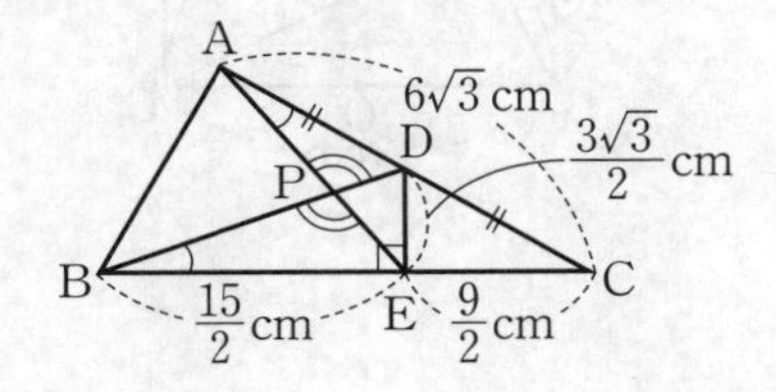

8 (1) **エ**

(2) ① **例** **△ABPと△QCBにおいて，**
四角形ABCDは長方形だから，
∠PAB＝90°
半円の弧に対する円周角は直角だから，
∠BQC＝90°
よって，
∠PAB＝∠BQC…①
長方形の対辺は平行だから，
AD∥BC
平行線の錯角は等しいから，
∠APB＝∠QBC…②
①，②より，2組の角がそれぞれ等しいから，
△ABP∽△QCB

②あ…3，い…5，う…5

解説

(1) おうぎ形QOCは，半径OC＝6cm，中心角∠QOC＝$2a°$であるから，

$\overset{\frown}{CQ}=2\pi\times6\times\frac{2a}{360}=\frac{1}{15}\pi a$ (cm)

$\overset{\frown}{CQ}$の長さを表す式は，**エ**である。

(2) ② BC＝12cm，AP：PD＝1：3より，

$AP=12\times\frac{1}{1+3}=3$ (cm)

△ABPに三平方の定理を用いて，

$BP^2=6^2+3^2=45$

BP＞0より，$BP=3\sqrt{5}$ cm

①より，△ABP∽△QCBで，相似比は，

$BP:CB=3\sqrt{5}:12=\sqrt{5}:4$

AP：QB＝BP：CBより，

$3:QB=\sqrt{5}:4$

よって，$QB=\frac{12}{\sqrt{5}}=\frac{12\sqrt{5}}{5}$ (cm)

したがって，

$PQ=PB-QB=3\sqrt{5}-\frac{12\sqrt{5}}{5}=\frac{3\sqrt{5}}{5}$ (cm)

「**あ**」，「**い**」，「**う**」に当てはまる数字は，それぞれ3，5，5である。

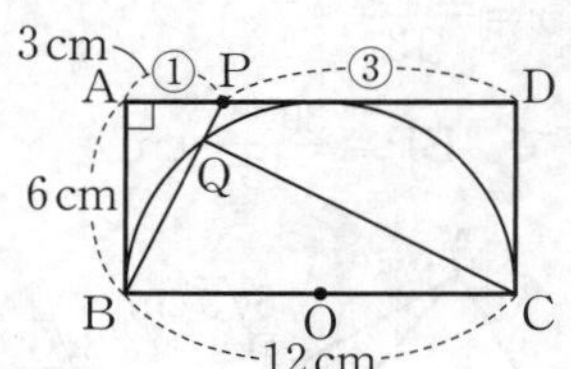

4 三角形

1 (1) **103°** (2) **47°** (3) **40°** (4) **56°**

解説

(1) 三角形の内角と外角の関係より，
∠x＝41°＋62°＝103°

(2) △ABCは正三角形より，
∠BAC＝∠ACB
＝60°
ACとFEの交点をHとする。 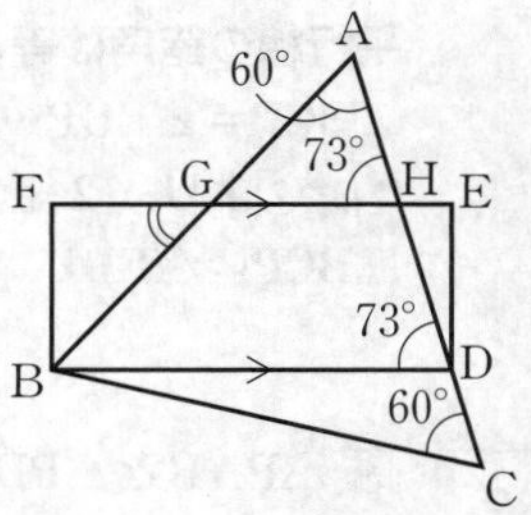
FE∥BDより，
∠AHG＝∠ADB＝73°
よって，∠FGB＝∠AGH
＝180°－(∠GAH＋∠AHG)
＝180°－(60°＋73°)
＝47°

(3) △ADEの内角と外角の関係より，
∠BDE＝20°＋37°＝57°
△BDFの内角と外角の関係より，
57°＋∠x＝97°
よって，∠x＝97°－57°＝40°

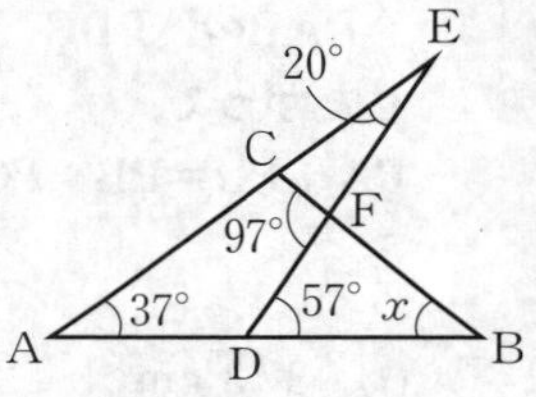

(4) △ABCはAB＝ACの二等辺三角形であるから，
∠ACB＝∠ABC
＝(180°－44°)÷2
＝68°
対頂角は等しいから，
∠DCE＝∠ACB＝68°
△CDEはCD＝CEの二等辺三角形であるから，
∠CDE＝(180°－68°)÷2＝56°

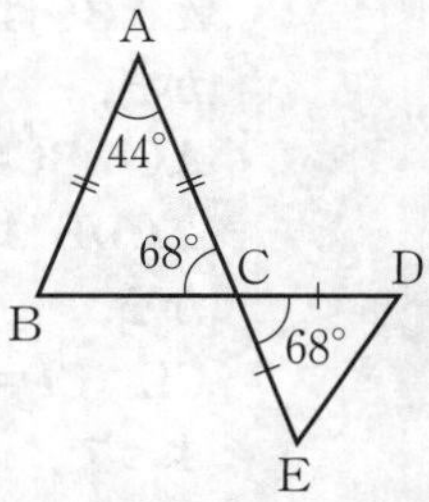

2 **例** **△APCと△DPBにおいて，**
仮定より，
AP＝DP，CP＝BP…①
また，対頂角は等しいから，
∠APC＝∠DPB…②
①，②より，2組の辺とその間の角がそれぞれ等しいから，
△APC≡△DPB

3 例 △ABEと△ACDにおいて，
仮定より，AB＝AC…①
△ABCはAB＝ACの二等辺三角形だから，
∠ABE＝∠ACD…②
仮定より，BD＝CE…③
ここで，BE＝BD＋DE…④
CD＝CE＋DE…⑤
③，④，⑤より，
BE＝CD…⑥
①，②，⑥より，2組の辺とその間の角がそれぞれ等しいから，
△ABE≡△ACD

4 例 辺ADは辺BCの垂線だから，
∠ADB＝∠ADC＝90°…①
仮定より，AB＝AC…②
また，ADは共通…③
①，②，③より，直角三角形の斜辺(しゃへん)と他の1辺がそれぞれ等しいから，
△ABD≡△ACD

5 例 △ABEと△ABFにおいて，
ABは共通…①
仮定より，
∠BAC＝∠BAD…②
半円の弧(こ)に対する円周角は90°であるから，
∠ACB＝∠ADB＝90°…③
△ABCと△ABDにおいて，三角形の内角の和は180°であり，②，③から残りの角も等しい。
したがって，
∠CBA＝∠DBA…④
対頂角(たいちょうかく)は等しいから，
∠CBE＝∠DBF…⑤
④，⑤より，
∠ABE＝∠ABF…⑥
①，②，⑥より，1組の辺とその両端(りょうたん)の角がそれぞれ等しいから，
△ABE≡△ABF
したがって，BE＝BF
(別解)
例 △BCEと△BDFにおいて，
対頂角は等しいから，
∠CBE＝∠DBF…①
半円の弧に対する円周角は90°であるから，
∠ACB＝∠ADB＝90°…②
②より，
∠BCE＝∠BDF＝90°…③
仮定より，∠BAC＝∠BAD…④
④より，1つの円で，等しい円周角に対する弧は等しいから，
$\overset{\frown}{BC}=\overset{\frown}{BD}$…⑤
⑤より，1つの円で，等しい弧に対する弦(げん)は等しいから，
BC＝BD…⑥
①，③，⑥より，1組の辺とその両端の角がそれぞれ等しいから，
△BCE≡△BDF
したがって，BE＝BF

6 (1) 例 △ADCと△EBCにおいて，
仮定より，DC＝BC…①
AC＝EC…②
∠BCD＝∠ECA＝60°…③
また，∠ACD＝∠ACB＋∠BCD…④
∠ECB＝∠ECA＋∠ACB…⑤
∠ACBは共通な角だから，
③，④，⑤より，
∠ACD＝∠ECB…⑥
①，②，⑥より，2組の辺とその間の角がそれぞれ等しいから，
△ADC≡△EBC

(2) ① $3\sqrt{3}$ cm　② $\sqrt{3}+\sqrt{7}$ (cm)

解説

(2) ① △ABC はAB＝AC＝4cmの二等辺三角形であることと，△BDC が正三角形であることから，直線ADは辺BCの垂直(すいちょく)二等分線(にとうぶんせん)となる。

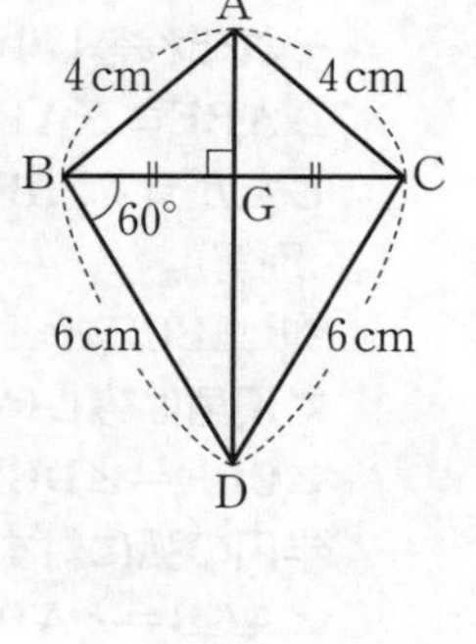

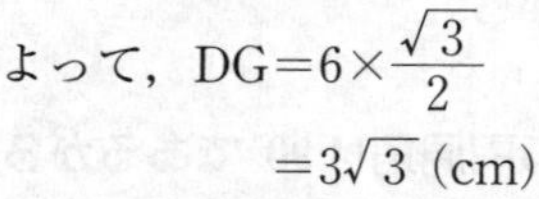
よって，$DG=6\times\frac{\sqrt{3}}{2}$
$=3\sqrt{3}$ (cm)

② ①より，
$BG=CG=6\times\frac{1}{2}=3$ (cm)
△ABGで三平方(さんへいほう)の定理より，
$4^2=3^2+AG^2$，$AG^2=16-9=7$
AG＞0より，$AG=\sqrt{7}$ cm
(1)より，△ADC≡△EBCであるから，
$EB=AD=AG+DG=\sqrt{7}+3\sqrt{3}$ (cm)
(1)と(2)の①より，等しい角の関係は右の図のようになり，△BDG∽△FBG（2組の角がそれぞれ等しい）から，
BD：FB＝DG：BG
6：FB＝$3\sqrt{3}$：3
よって，$FB=2\sqrt{3}$ cm
したがって，
$EF=EB-FB=\sqrt{7}+3\sqrt{3}-2\sqrt{3}$
$=\sqrt{3}+\sqrt{7}$ (cm)

7 (1) 120°
(2) 例 △BCDは正三角形だから，
∠CDB＝60°…①
$\overset{\frown}{BC}$に対する円周角は等しいから，
∠PAB＝∠CDB…②
①，②より，∠PAB＝60°…③
AP＝BPより△PABは二等辺三角形で，その底角(ていかく)は等しいから，
∠PBA＝∠PAB…④
△PABの内角(ないかく)の和は180°であるから，
③，④より，∠APB＝60°…⑤
③，④，⑤より，3つの角がすべて60°で等しいから，△PABは正三角形である。
(3) $16\sqrt{3}$ cm^2

解説

(1) △BCDは正三角形であるから，
BC＝CD
よって，$\overset{\frown}{BC}=\overset{\frown}{CD}$
1つの円で，等しい弧(こ)に対する円周角は等しいから，
∠BAC＝∠CAD＝∠CBD＝60°
よって，∠BAD＝∠BAC＋∠CAD
＝60°＋60°＝120°

(3) 点B，Dから線分ACにひいた垂線(すいせん)をそれぞれBH，DIとする。
△PABは1辺が5cmの正三角形であるから，
$BH=5\times\frac{\sqrt{3}}{2}=\frac{5\sqrt{3}}{2}$ (cm)
△ADIは**30°，60°，90°の直角三角形**であるから，
$AI=3\times\frac{1}{2}=\frac{3}{2}$ (cm)
$DI=3\times\frac{\sqrt{3}}{2}=\frac{3\sqrt{3}}{2}$ (cm)
△CDIに三平方の定理を用いると，
$CI^2+\left(\frac{3\sqrt{3}}{2}\right)^2=7^2$
$CI^2=49-\frac{27}{4}=\frac{169}{4}$
CI＞0より，$CI=\frac{13}{2}$ cm
よって，四角形ABCDの面積は△ABCと△ACDの面積の和だから，
$\frac{1}{2}\times AC\times BH+\frac{1}{2}\times AC\times DI$
$=\frac{1}{2}\times AC\times(BH+DI)$
$=\frac{1}{2}\times(AI+CI)\times(BH+DI)$

$=\frac{1}{2}\times\left(\frac{3}{2}+\frac{13}{2}\right)\times\left(\frac{5\sqrt{3}}{2}+\frac{3\sqrt{3}}{2}\right)$

$=\frac{1}{2}\times 8\times 4\sqrt{3}$

$=16\sqrt{3}\ (\text{cm}^2)$

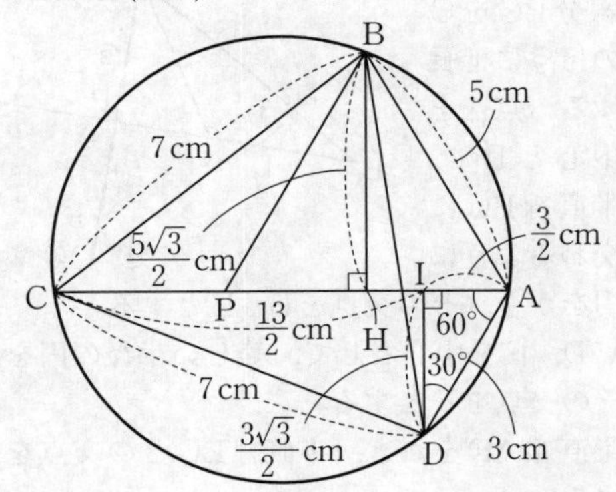

5 作図

1 例

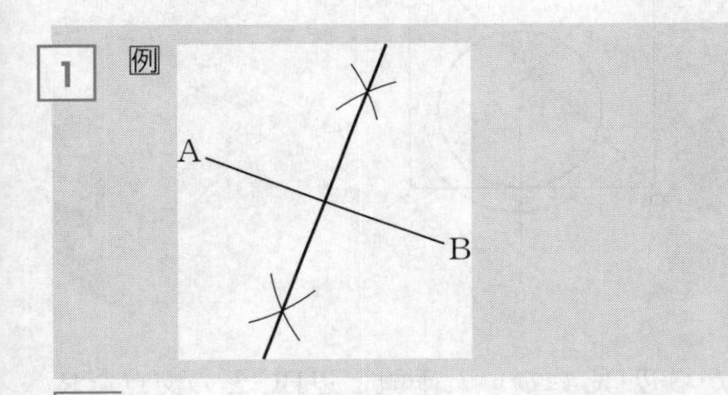

解説

次の手順で作図する。

① 点A，Bを中心として，等しい半径の円をかき，その交点をC，Dとする。

② 直線CDをひく。

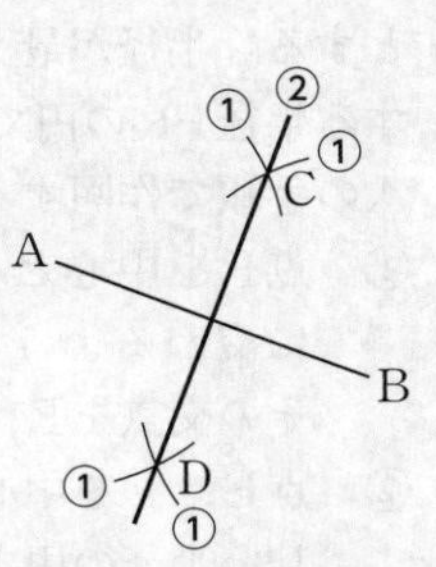

2 例

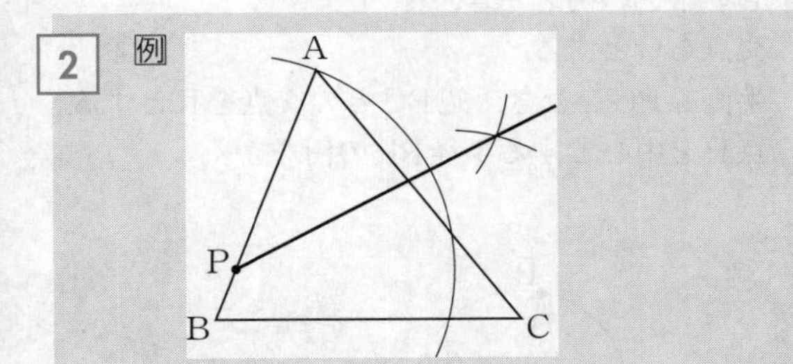

解説

点Aが重なる辺BC上の点をDとすると，右の図でAP＝DP，AQ＝DQとなる。したがって，折り目となる直線は**∠APDの二等分線**である。次の手順で作図する。

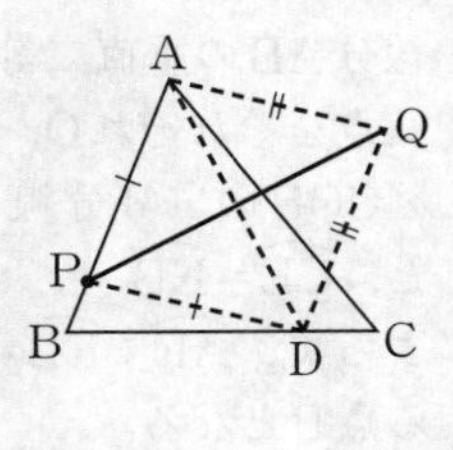

① 点Pを中心として，半径PAの円をかき，辺BCとの交点をDとする。

② 点A，Dを中心として，等しい半径の円をかき，その交点をEとする。

③ 半直線PEをひく。

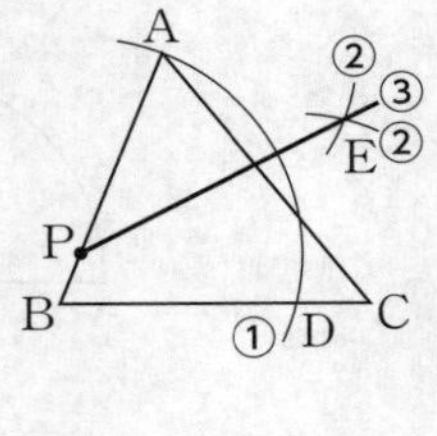

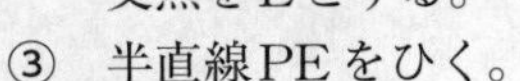

3 例

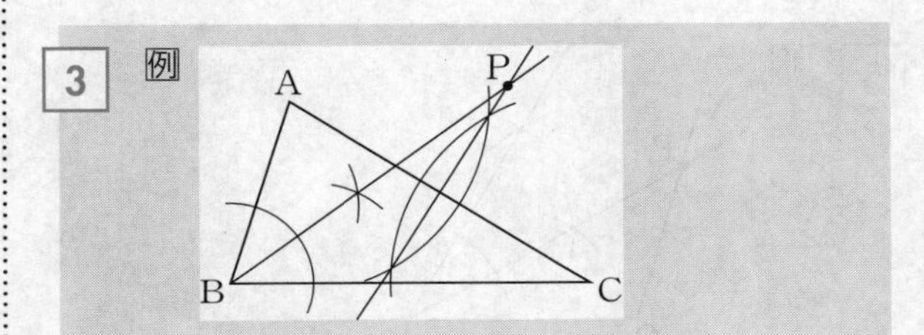

解説

2点A，Cから等しい距離にある点は線分ACの**垂直二等分線**上にある。よって，∠ABCの二等分線と線分ACの垂直二等分線をかき，その交点をPとすればよい。

∠ABCの二等分線は次の手順で作図する。

① 点Bを中心とする円をかき，2辺AB，BCとの交点をそれぞれD，Eとする。

② 点D，Eを中心として，等しい半径の円をかき，その交点をFとする。

③ 半直線BFをひく。

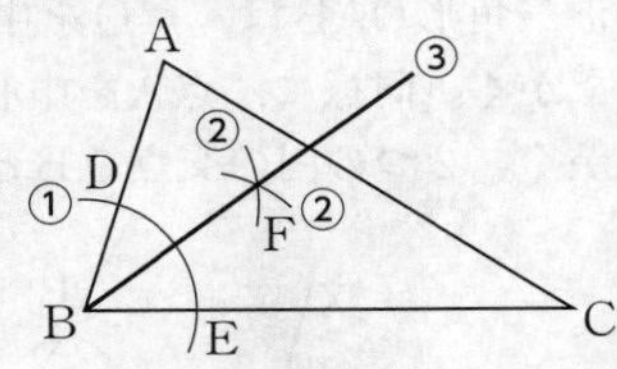

4 例

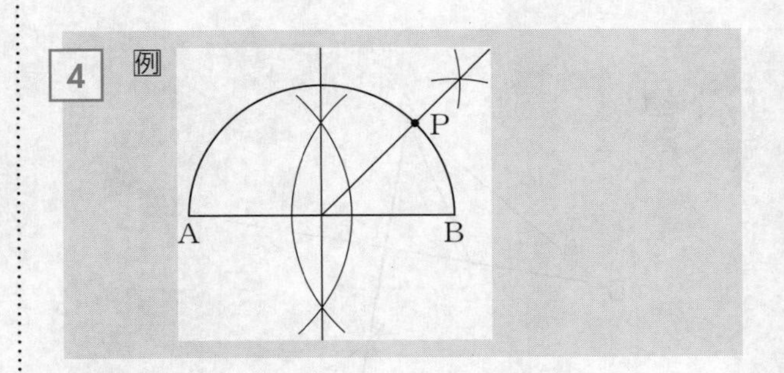

解説

線分ABの垂直二等分線と線分AB，半円の弧との交点をそれぞれO，Cとすると，$\overset{\frown}{AC}=\overset{\frown}{CB}$
∠COBの二等分線と半円の弧との交点をEとすると，$\overset{\frown}{CE}=\overset{\frown}{EB}$
よって，$\overset{\frown}{AE}:\overset{\frown}{EB}=3:1$となるから，点Eが求める点Pとなる。

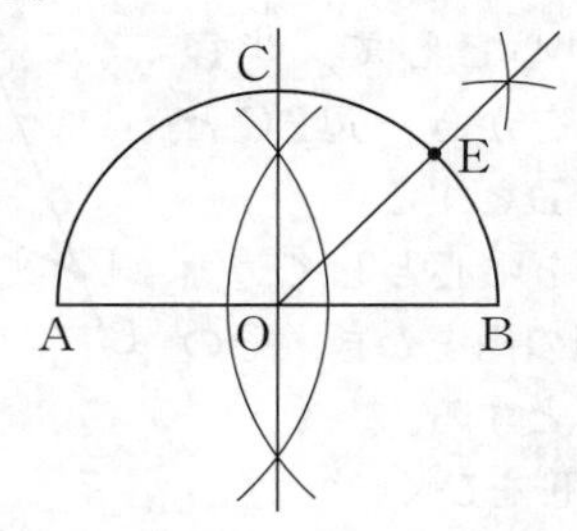

5 例

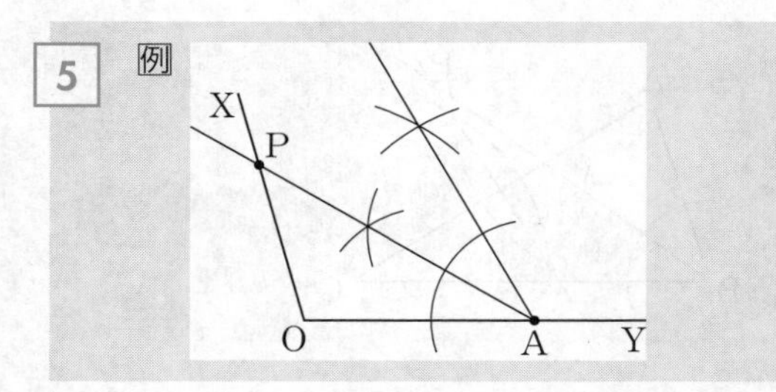

解説

線分OAを１辺とする正三角形をかき，O，A以外の頂点をBとすると，∠OAB＝60°であるから，∠OABの二等分線をかき，半直線OXとの交点をPとすればよい。
正三角形OABは，点Oを中心とする半径AOの円をかく。同様に，点Aを中心とする半径AOの円をかく。２つの円の交点をBとして作図すればよい。

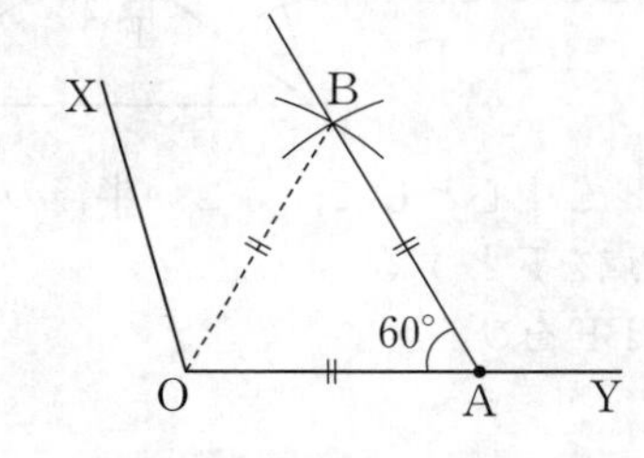

6 例

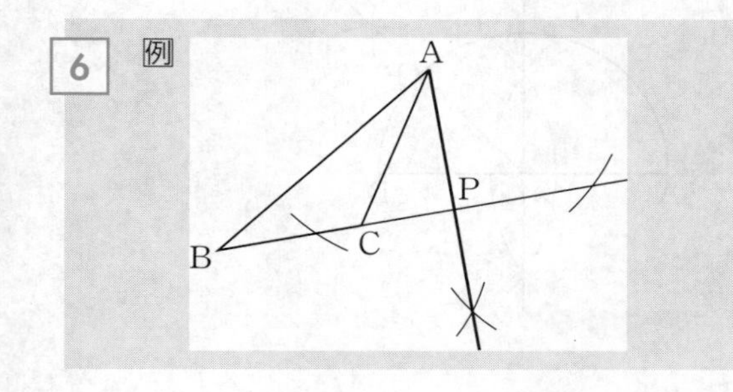

解説

線分BCをCのほうに延長した半直線BCに，点Aからひいた垂線（すいせん）と半直線BCとの交点がPである。
次の手順で作図する。

① 線分BCをCのほうに延長する。点Aを中心として，半直線BCに交わるように円をかき，その交点をD，Eとする。
② 点D，Eを中心として，等しい半径の円をかき，その交点をFとする。
③ 半直線AFをかき，半直線BCとの交点をPとする。

7 例

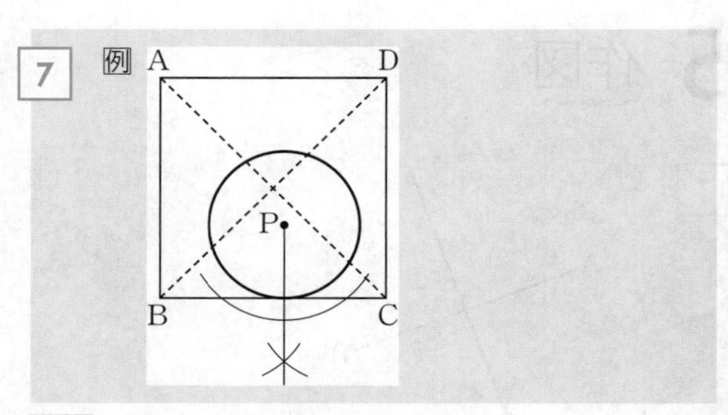

解説

点Pから辺BCにひいた垂線と辺BCとの交点をRとする。半径が最も大きくなる円は，点Pを中心とする半径PRの円である。
次の手順で作図する。

① 点Pを中心として，辺BCに交わるように円をかき，その交点をE，Fとする。
② 点E，Fを中心として，等しい半径の円をかき，その交点をGとする。
③ 半直線PGをひき，辺BCとの交点をRとする。
④ 点Pを中心とする半径PRの円をかく。

8 例

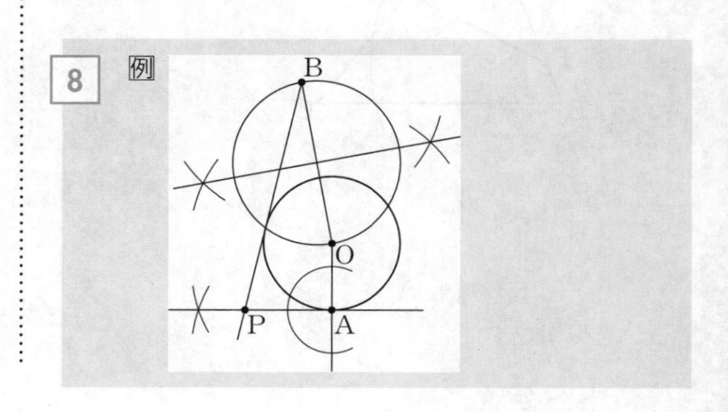

解説

線分BOを直径とする円と円Oとの交点をRとすると，∠BRO＝90°より，PRは円Oの接線となる。
△OPAと△OPRにおいて，
OPは共通
OA＝OR（円Oの半径より）
AP＝RP（円Oの接線より）
よって，3組の辺がそれぞれ等しく，
△OPA≡△OPRになる。
よって，∠OPA＝∠OPBとなる。
次の手順で作図する。

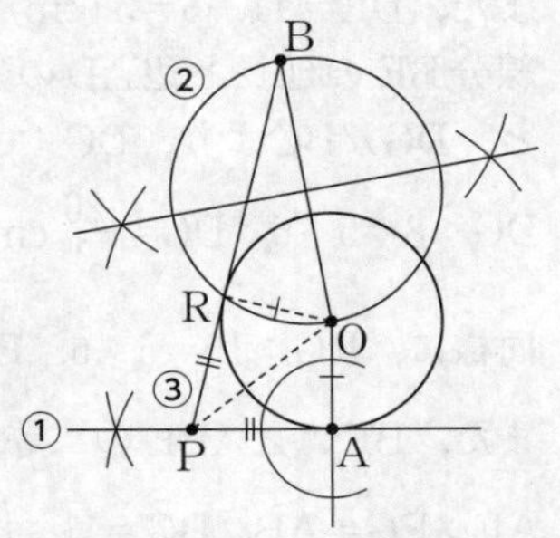

① 点Aを通る円Oの接線は半径OAに垂直であるから，直線OA上の点Aを通るOAの垂線をかく。
② 線分BOを直径とする円をかき，円Oとの交点の1つをRとする。
③ 2点B，Rを通る直線をかき，①の直線との交点をPとする。

9

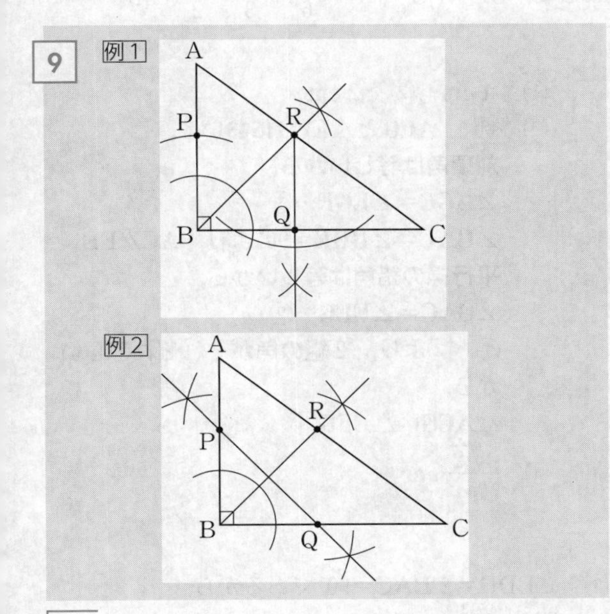

解説

∠ABC＝90°より，∠ABCの二等分線をかき，辺CAとの交点をR，点Rから辺BCにひいた垂線と辺BCとの交点をQとすると，△BQRはBQ＝QRの直角二等辺三角形となる。したがって，BQ（QR）を1辺とする正方形の残りの頂点Pを辺AB上にとればよい。
または，次のように作図してもよい。
∠ABCの二等分線をかき，辺CAとの交点をRとすると，正方形の対角線はそれぞれの中点で垂直に交わるから，線分BRの垂直二等分線をかき，辺AB，BCとの交点をそれぞれP，Qとすればよい。

10

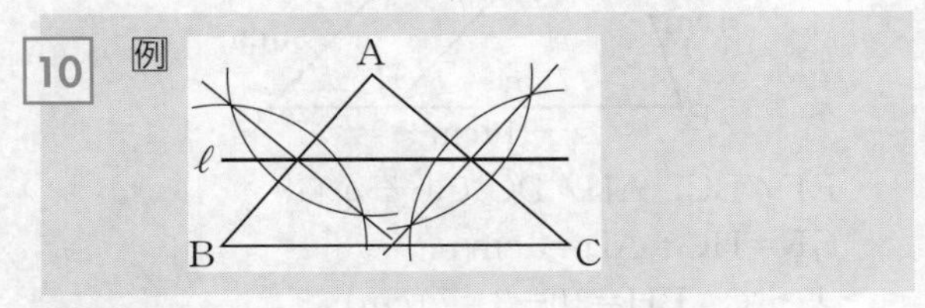

解説

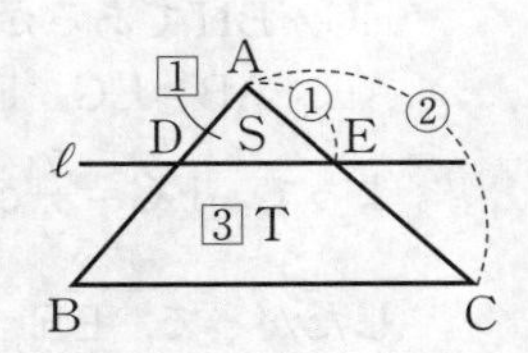

直線ℓと辺AB，ACとの交点をそれぞれD，Eとすると，SとTの面積比が1：3となるとき，相似な△ADEと△ABCの面積比は，
$1:(1+3)=1:4=1^2:2^2$となるから，
AD：AB＝AE：AC＝1：2となる。よって，点D，Eはそれぞれ辺AB，ACの中点となる。したがって，辺ABの垂直二等分線と辺ABの交点，辺ACの垂直二等分線と辺ACの交点をそれぞれ結べばよい。

6 平行線と比

1

(1) $x=\frac{27}{4}$　(2) x…3，y…$\frac{21}{2}$

(3) $x=9$　(4) $\frac{16}{3}$cm

解説

(1) $\ell /\!/ m$より，
$4:(4+5)=3:x$，$4x=27$
よって，$x=\frac{27}{4}$

(2) AD：DB＝AE：ECであるから，
$8:4=6:x$，$8x=24$
よって，$x=3$
また，DE//BCより，
AD：AB＝DE：BC，$8:(8+4)=7:y$
$8y=84$
よって，$y=\frac{21}{2}$

(3) 線分ACとBDの交点をEとすると，
AD//BCより，EA：EC＝ED：EB
$4:6=6:x$，$4x=36$
よって，$x=9$

(4)　点Aを通り線分DCに平行な直線をひき，線分EF，辺BCとの交点をそれぞれG，Hとする。

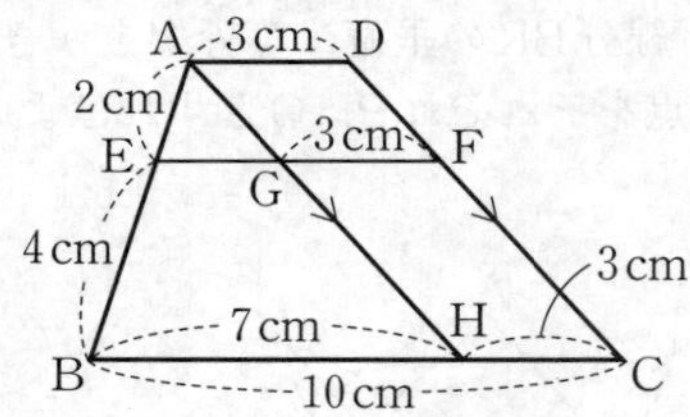

EF∥BC，AH∥DCであるから，

GF＝HC＝AD＝3 cm

よって，BH＝10－3＝7 (cm)

EG∥BHであるから，

AE：AB＝EG：BH，2：(2＋4)＝EG：7

よって，EG＝$\frac{7}{3}$ cm

したがって，EF＝$\frac{7}{3}+3=\frac{16}{3}$ (cm)

2　9：5

解説

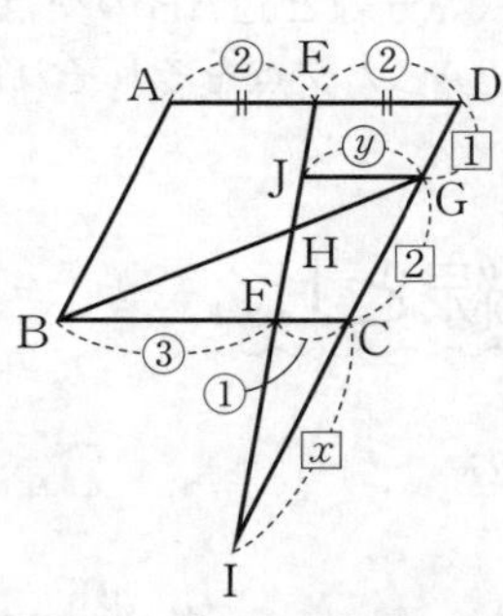

線分EFの延長と線分DCの延長との交点をIとする。

AD∥BCで，BF：FC＝3：1，

AE：ED＝1：1＝2：2より，FC：ED＝1：2

IC：GD＝x：1とおくと，FC∥EDより，

x：$(x+3)=1:2$，$2x=x+3$，$x=3$

点Gを通り辺ADに平行な直線をひき，線分EFとの交点をJとする。JG：FC＝y：1とおくと，

FC∥JGより，3：(3＋2)＝1：y，$3y=5$

よって，$y=\frac{5}{3}$

JG∥BFより，BH：HG＝3：$\frac{5}{3}$＝9：5

3　$\frac{5}{2}$ cm

解説

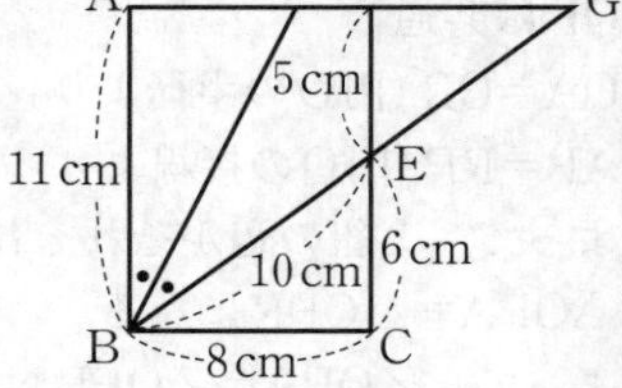

直角三角形BCEにおいて，三平方の定理より，

$BE^2=8^2+6^2=100$

BE＞0より，

BE＝10 cm

また，DE＝11－6＝5 (cm)

線分BEの延長と辺ADの延長との交点をGとすると，DG∥BCより，DG：CB＝DE：CE

DG：8＝5：6，DG＝$\frac{20}{3}$ cm

同様に，EG：10＝5：6，EG＝$\frac{25}{3}$ cm

また，BFは∠ABEの二等分線であるから，

AF：FG＝AB：BG＝$11:\left(10+\frac{25}{3}\right)=11:\frac{55}{3}=3:5$

FG＝$\frac{5}{8}$AG＝$\frac{5}{8}\times\left(8+\frac{20}{3}\right)=\frac{55}{6}$ (cm)

よって，DF＝FG－DG＝$\frac{55}{6}-\frac{20}{3}=\frac{5}{2}$ (cm)

4

(1)　1 cm　(2)　2 cm²

(3)　例　△ACGと△EFGにおいて，

対頂角は等しいから，

∠AGC＝∠EGF…①

∠BAC＝∠BDE＝90°より，AC∥FE

平行線の錯角は等しいから，

∠CAG＝∠FEG…②

①，②より，２組の角がそれぞれ等しいから，

△ACG∽△EFG

(4)　$\frac{4\sqrt{2}}{3}$ cm

解説

(1)　∠BDF＝∠BAC＝90°であるから，

DF∥AC

よって，DF：AC＝BD：BA

DF：2＝1：2

したがって，DF＝1 cm

(2)　線分AEは∠BACの二等分線で，∠A＝90°であるから，△ADEはAD＝EDの直角二等辺三角形となり，

ED＝AD＝$\frac{1}{2}\times4=2$ (cm)

よって，△ADEの面積は，

$\frac{1}{2}\times2\times2=2\,(\text{cm}^2)$

(4) △ADEで，三平方の定理より，

$AE^2=2^2+2^2=8$，$AE>0$ より，$AE=2\sqrt{2}$ cm

(1)，(2)より，$EF=ED-FD=2-1=1$ (cm)

AC∥FEより，

$AG:EG=AC:EF=2:1$

よって，$AG=\frac{2}{3}AE=\frac{2}{3}\times2\sqrt{2}=\frac{4\sqrt{2}}{3}$ (cm)

5

(1) ABの長さ…**5 cm**，EF：FH…**4：3**

(2) $\mathbf{\frac{135}{28}\,cm^2}$

解説

(1) △ABDで，三平方の定理より，

$13^2=AB^2+12^2$，$AB^2=169-144=25$

$AB>0$ より，$AB=5$ cm

点Gは対角線ACとBDの交点であるから，

点Gは対角線ACの中点である。

GH∥AEより，$GH:AE=CG:CA$

$GH:3=1:2$，$2GH=3$

$GH=\frac{3}{2}$ cm

したがって，

$EF:FH=BE:GH=2:\frac{3}{2}=4:3$

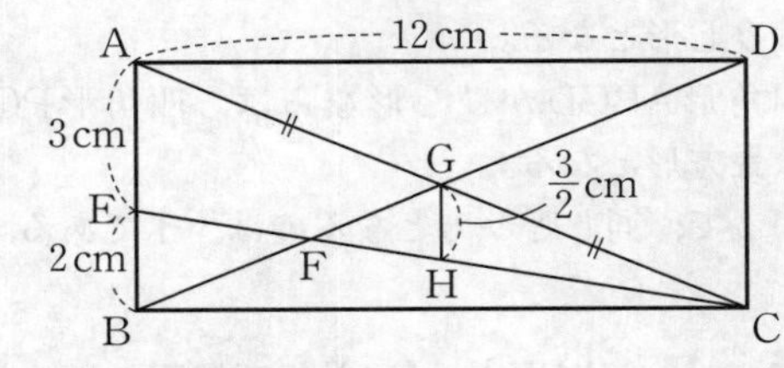

(2) AE∥CDより，

$EI:ID=AE:CD=3:5$

$\triangle CDE=\frac{1}{2}\times5\times12=30\,(\text{cm}^2)$

よって，

$\triangle CDI=\frac{5}{8}\triangle CDE=\frac{5}{8}\times30=\frac{75}{4}\,(\text{cm}^2)$

また，$\triangle BCG=\frac{1}{4}\times$(長方形ABCD)

$=\frac{1}{4}\times5\times12=15\,(\text{cm}^2)$

(1)より，$BF:FG=EF:FH=4:3$

よって，$\triangle CFG=\frac{3}{7}\triangle BCG$

$=\frac{3}{7}\times15=\frac{45}{7}\,(\text{cm}^2)$

したがって，

四角形EFGI

$=\triangle CDE-\triangle CDI-\triangle CFG$

$=30-\frac{75}{4}-\frac{45}{7}=\frac{135}{28}\,(\text{cm}^2)$

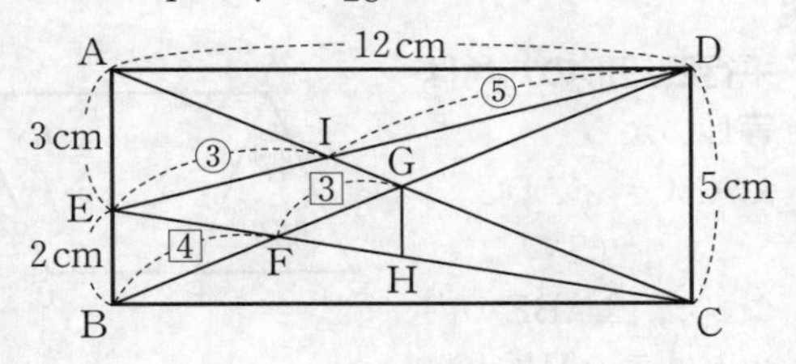

6

(1) **155°**

(2) **例 △BEDと△CBEにおいて，**

仮定AD：DB＝AE：ECより，

DE∥BC

よって，平行線の錯角は等しいから，

∠BED＝∠CBE…①

仮定より，

ED：EB＝1：2…②

また，DE∥BCだから，

仮定AD：DB＝1：3より，

DE：BC＝1：4…③

よって，②，③より

EB：BC＝2：4＝1：2…④

②，④より，ED：BE＝EB：BC…⑤

①，⑤より，2組の辺の比とその間の角がそれぞれが等しいから，

△BED∽△CBE

解説

(1) AD：DB＝AE：ECであるから，

DE∥BC

よって，**平行線の同位角は等しい**から，

∠AED＝∠ACB＝25°

したがって，

∠CED＝180°－∠AED

＝180°－25°

＝155°

(2) △BEDと△CBEにおいて，平行線の性質から，等しい角の組や等しい辺の比の組を見つけ，三角形の相似条件にあてはめればよい。

7 四角形

1 (1) **112°** (2) **40°** (3) **44°** (4) **100°**

解説

(1) **平行四辺形の対角は等しいから,**
$\angle ABC = \angle ADC$
$= 65°$
よって,$\triangle ABE$の内角と外角の関係から,
$\angle x = 47° + 65° = 112°$

(2) 平行四辺形の対辺ABとDCは平行であるから,錯角が等しく,

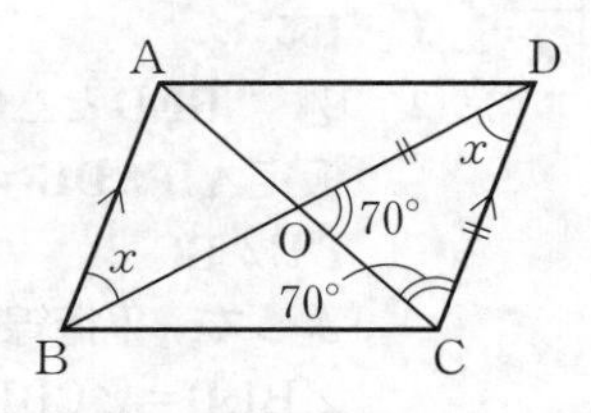

$\angle CDO = \angle ABO$
$= \angle x$

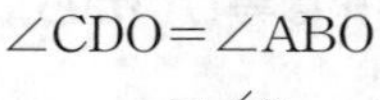

DO=DCより,$\triangle DOC$は二等辺三角形となり,
$\angle DCO = \angle DOC = 70°$
$\triangle DOC$の内角の和は180°であるから,
$\angle x = 180° - (70° + 70°) = 40°$

(3) 長方形の角は90°であるから,

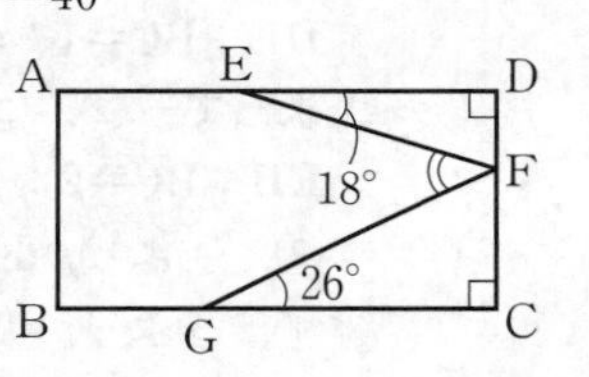

$\angle EDF = \angle GCF$
$= 90°$
$\triangle DEF$,$\triangle CGF$の内角の和は180°であるから,
$\angle EFD = 180° - (18° + 90°) = 72°$
$\angle GFC = 180° - (26° + 90°) = 64°$
よって,$\angle EFG = 180° - 72° - 64° = 44°$

(4) **平行四辺形の対角は等しいから,**

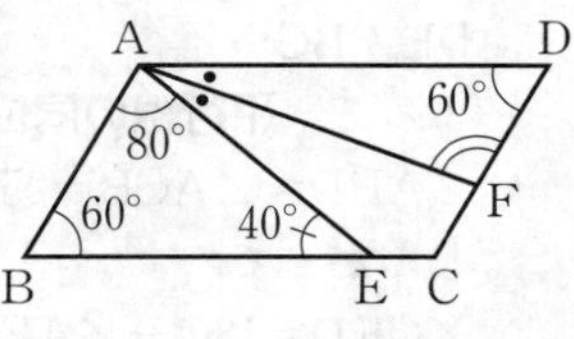

$\angle ADC = \angle ABC$
$= 60°$
$\triangle ABE$の内角の和は180°であるから,
$\angle BAE = 180° - (60° + 40°) = 80°$
よって,$\angle DAE = (180° - 60°) - 80° = 40°$
線分AFは$\angle DAE$の二等分線であるから,
$\angle DAF = 40° \div 2 = 20°$
$\triangle ADF$の内角の和は180°であるから,
$\angle AFD = 180° - (20° + 60°) = 100°$

2 **$\triangle ADE$,$\triangle ACF$,$\triangle DCF$**

解説

AE//DCより,
$\triangle ACE = \triangle ADE$…①
EF//ACより,
$\triangle ACE = \triangle ACF$…②
AD//FCより,
$\triangle ACF = \triangle DCF$…③
①,②,③より,
$\triangle ACE = \triangle ADE = \triangle ACF = \triangle DCF$

3 **イ**

解説

ア

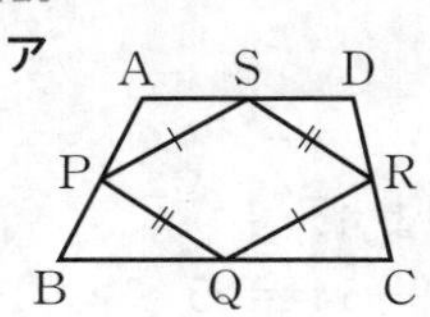

イ

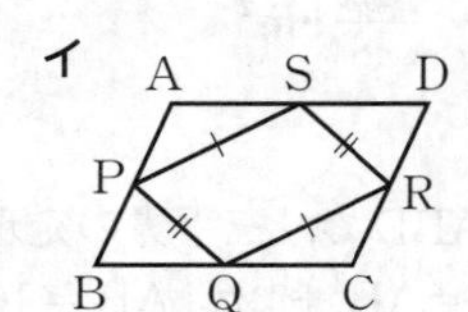

ウ

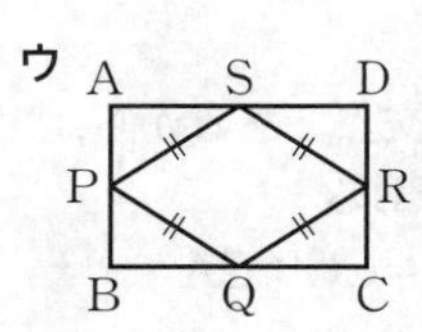

エ

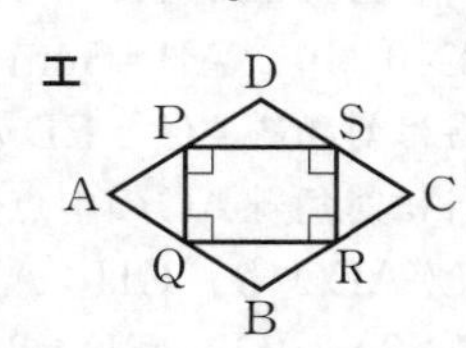

ア 四角形ABCDが台形ならば,四角形PQRSは平行四辺形となる。
イ 四角形ABCDが平行四辺形ならば,四角形PQRSも平行四辺形となる。
ウ 四角形ABCDが長方形ならば,四角形PQRSはひし形となる。
エ 四角形ABCDがひし形ならば,四角形PQRSは長方形となる。
したがって,同じ呼び方となるのは,イである。

4 (1) **例 $\triangle AEF$と$\triangle DAB$において,**
仮定より,$\angle EAF = \angle ADB$…①
AB=BE=4cm,$\angle ABE = 60°$より,
$\triangle ABE$は正三角形であるから,
$\angle AEB = 60°$
よって,
$\angle AEF = 180° - \angle AEB = 120°$…②
四角形ABCDは$\angle ABC = 60°$の平行四辺形だから,
$\angle DAB = 180° - \angle ABC = 120°$…③
②,③より,$\angle AEF = \angle DAB$…④
①,④より,2組の角がそれぞれ等しいから,$\triangle AEF \backsim \triangle DAB$

(2) **$2\sqrt{7}$ cm** (3) **$\dfrac{16\sqrt{3}}{21}$ cm²**

解説

(2) 辺BCを延長し，点Dから垂線をひき，その交点をIとすると，線分の長さの関係は，次の図のようになる。

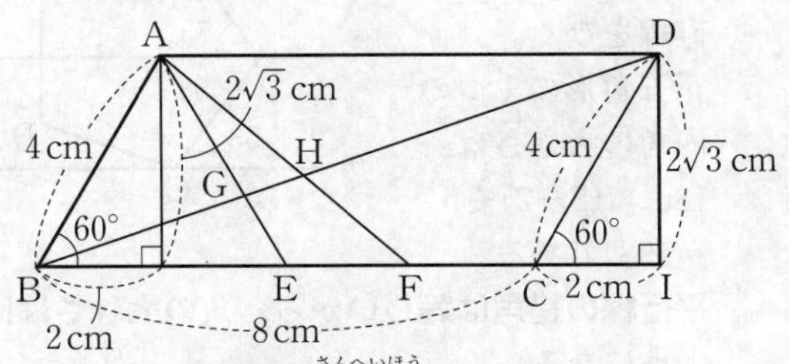

直角三角形BDIに三平方の定理を用いると，

$BD^2=10^2+(2\sqrt{3})^2=112$

$BD>0$より，$BD=4\sqrt{7}$ cm

(1)より，$\triangle AEF \backsim \triangle DAB$であるから，

$AF:DB=AE:DA$

$AF:4\sqrt{7}=4:8$，$AF\times 8=4\sqrt{7}\times 4$

よって，$AF=2\sqrt{7}$ cm

(3) 線分AEの延長と辺DCの延長との交点をJ，点Hから辺ADにひいた垂線をHK，点Aから辺BCにひいた垂線をALとすると，$\triangle ADJ$，$\triangle CEJ$はともに正三角形となるから，線分の長さの関係は，次の図のようになる。

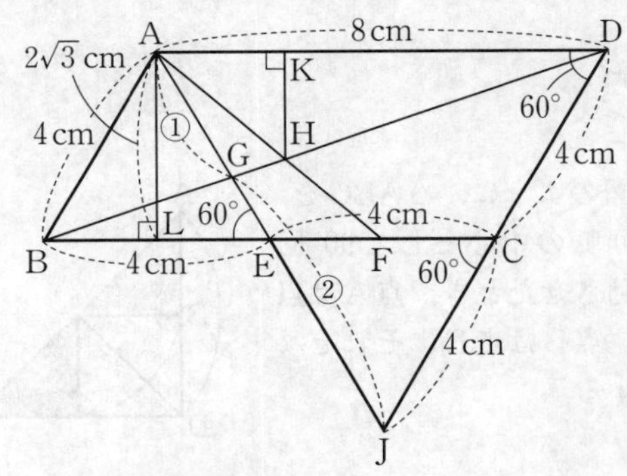

よって，$AJ=8$ cm

ここで，$\triangle ABG \backsim \triangle JDG$で，相似比は，

$AG:JG=AB:JD=4:8=1:2$

また，$AE=EJ$より，

$AG:GE=1:\left(\frac{3}{2}-1\right)=2:1$

したがって，

$\triangle ABG=\triangle ABE\times\frac{2}{3}$

$=\left(\frac{1}{2}\times 4\times 2\sqrt{3}\right)\times\frac{2}{3}$

$=\frac{8\sqrt{3}}{3}$ (cm²) …⑤

直角三角形ALFに三平方の定理を用いると，

$LF^2+AL^2=AF^2$

$LF^2=(2\sqrt{7})^2-(2\sqrt{3})^2=16$

$LF>0$より，$LF=4$ cm

$BL=2$ cmより，$BF=2+4=6$ (cm)

$\triangle AHD \backsim \triangle FHB$で，相似比は，

$AD:FB=8:6=4:3$

よって，$KH=2\sqrt{3}\times\frac{4}{7}=\frac{8\sqrt{3}}{7}$ (cm)

したがって，

$\triangle AHD=\frac{1}{2}\times 8\times\frac{8\sqrt{3}}{7}=\frac{32\sqrt{3}}{7}$ (cm²) …⑥

$\triangle ABD=\triangle BCD=\frac{1}{2}\times 8\times 2\sqrt{3}=8\sqrt{3}$ (cm²)

…⑦

よって，⑤，⑥，⑦より，

$\triangle AGH=\triangle ABD-\triangle ABG-\triangle AHD$

$=8\sqrt{3}-\frac{8\sqrt{3}}{3}-\frac{32\sqrt{3}}{7}$

$=\frac{16\sqrt{3}}{21}$ (cm²)

8 平面図形の基本性質

1 (1) **120°** (2) **71°** (3) **72°** (4) **65°** (5) **70°** (6) **106°**

解説

(1) 右の図の$\triangle ABC$で，対頂角は等しいから，

$\angle BAC=70°$

また，

$\angle ABC=180°-130°$

$=50°$

$\triangle ABC$の内角と外角の関係より，$\angle x=70°+50°=120°$

(2) $\angle x$の頂点を通り，直線ℓ，mに平行な直線をひく。**平行線の錯角は等しい**から，角の大きさは右の図のようになる。よって，$\angle x=33°+38°=71°$

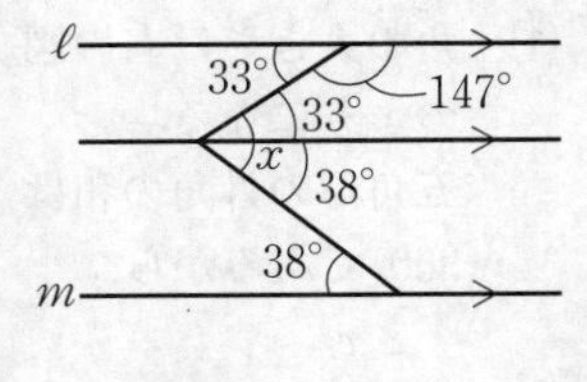

(3) **平行線の同位角は等しい**から，角の大きさは右の図のようになる。よって，三角形の内角と外角の関係より，

$\angle x=40°+32°=72°$

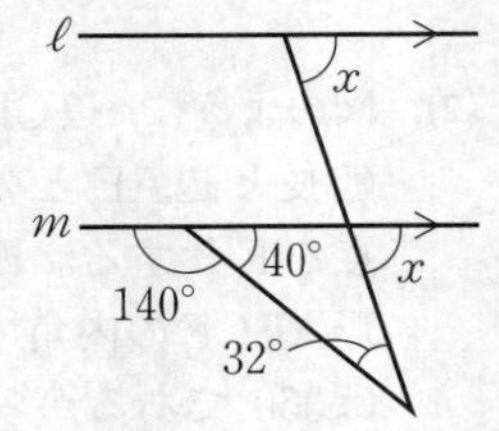

(4) 115°の角の頂点を通り，直線ℓ，mに平行な直線をひく。

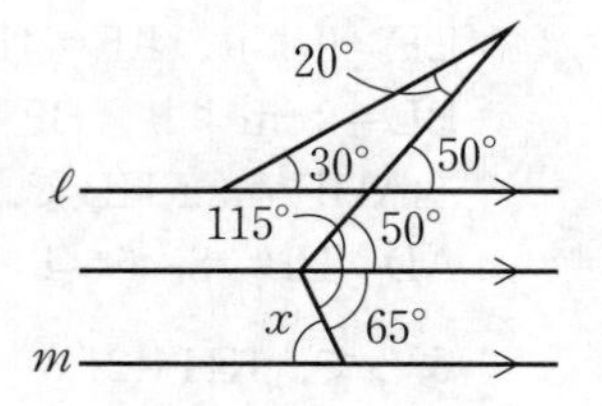

三角形の内角と外角の関係より，

$20°+30°=50°$

平行線の同位角，錯角は等しいから，角の大きさは図のようになる。

よって，$\angle x=115°-50°=65°$

(5) 頂点Bを通り，直線ℓ，mに平行な直線をひく。**平行線の同位角，錯角は等しい**から，

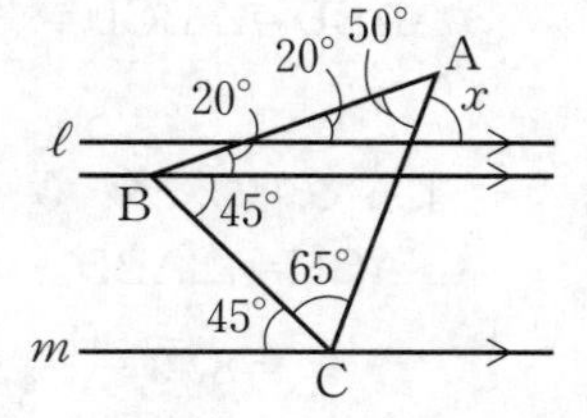

$\angle B=20°+45°=65°$

△ABCはAB＝ACの二等辺三角形であるから，

$\angle A=180°-(65°+65°)=50°$

頂点Aをふくむ三角形の内角と外角の関係より，

$\angle x=50°+20°=70°$

(6)

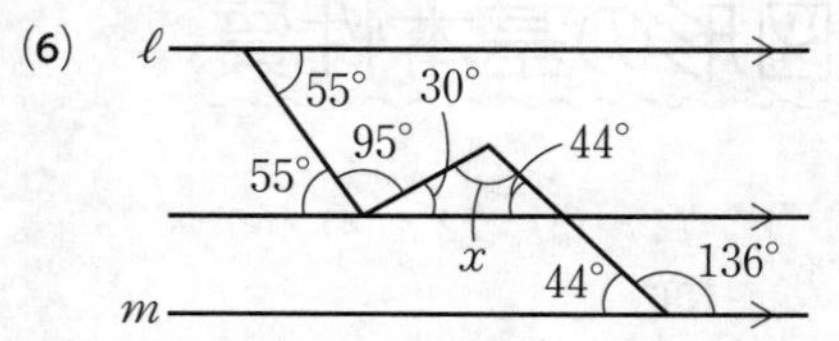

95°の角の頂点を通り，直線ℓ，mに平行な直線をひく。**平行線の同位角，錯角は等しい**から，角の大きさは図のようになる。

図の三角形において，内角の和は180°であるから，$\angle x=180°-(30°+44°)=106°$

2 (1) 73° (2) 80° (3) 17° (4) 138°

解説

(1) 角の大きさは右の図のようになる。

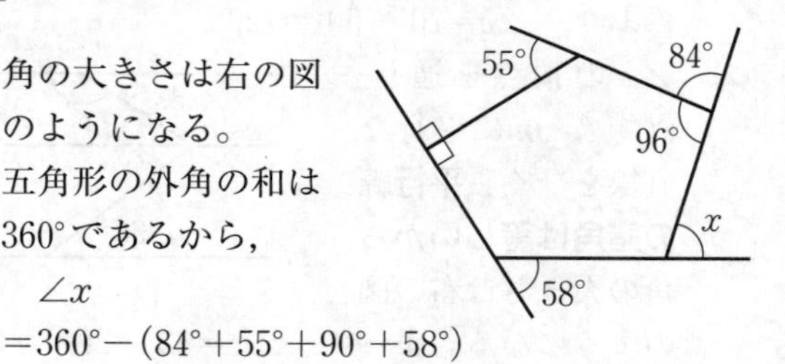

五角形の外角の和は360°であるから，

$\angle x$

$=360°-(84°+55°+90°+58°)$

$=73°$

(2) 図のように，辺CDの延長と辺AEとの交点をFとする。四角形ABCFの内角の和は360°であるから，

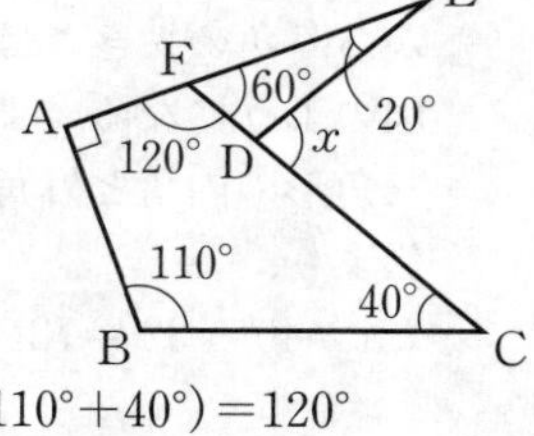

$\angle AFC=360°-(90°+110°+40°)=120°$

よって，$\angle DFE=180°-120°=60°$

△DEFの内角と外角の関係より，

$\angle x=60°+20°=80°$

(3) 頂点Bを通り，直線ℓ，mに平行な直線をひく。

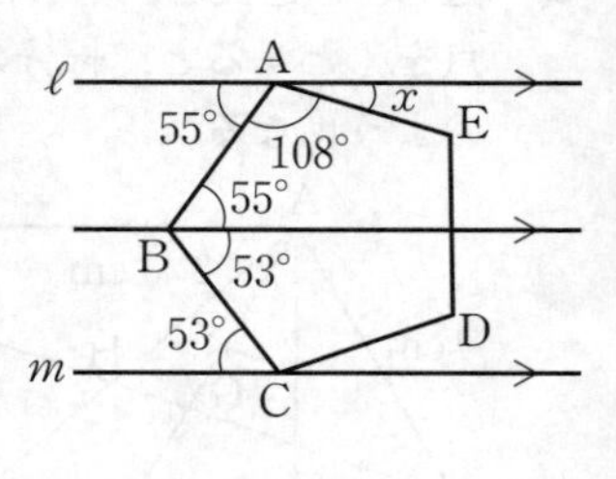

正五角形の１つの内角の大きさは，

$180°\times(5-2)\div5$

$=108°$である。

平行線の錯角は等しいから，角の大きさは図のようになる。

よって，$\angle x=180°-(55°+108°)=17°$

(4) 頂点Eを通り，直線ℓ，mに平行な直線をひく。

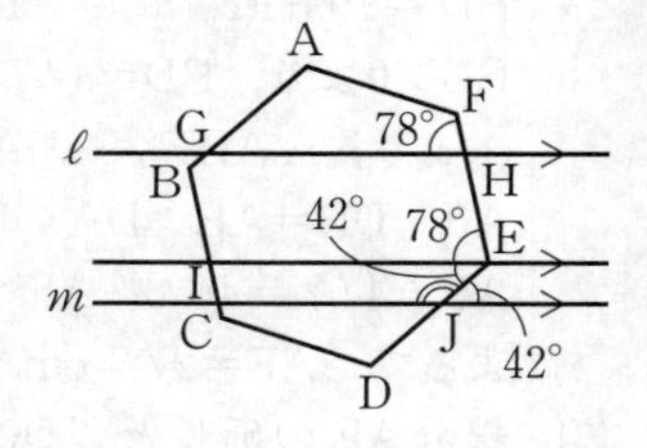

正六角形の１つの内角の大きさは，

$180°\times(6-2)\div6$

$=120°$である。

平行線の同位角，錯角は等しいから，角の大きさは図のようになる。

よって，$\angle IJE=180°-42°=138°$

3 イ

解説

右の図のように，△ABCを，Cを回転の中心として90°回転移動させたとき，点Aは点Dに，点Bは点Eにそれぞれ移動する。

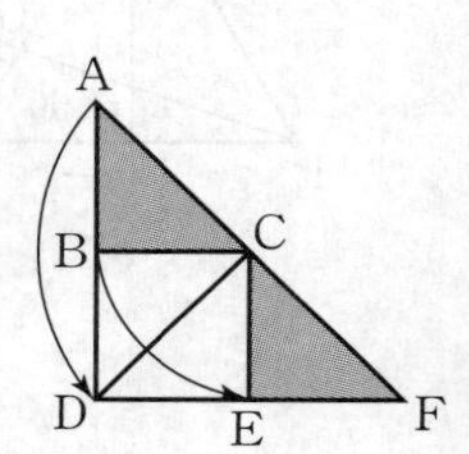

4 (1)

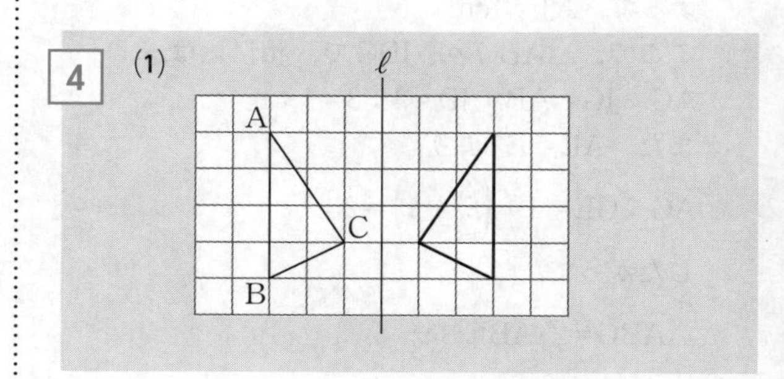

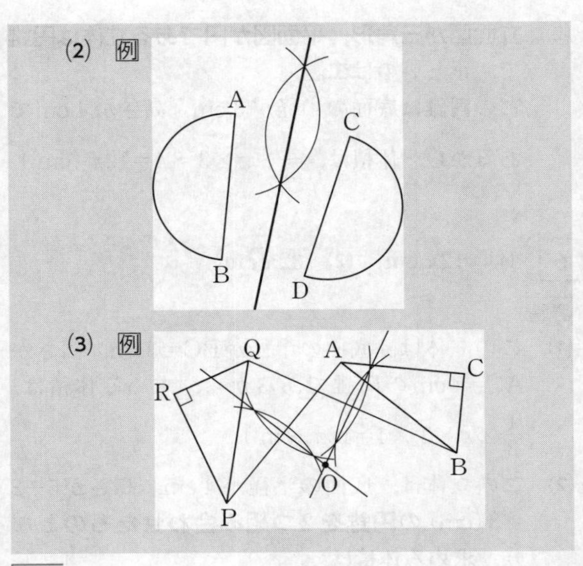

解説

(1) △ABCの各頂点に対応する点を，対称の軸ℓからの距離が等しくなるようにとり，それらを線分で結ぶ。

(2) 点Aと点C，点Bと点Dが対称の軸についてそれぞれ対称であるから，線分ACまたは線分BDの垂直二等分線を作図すればよい。

(3) 回転の中心から対応する2点までの距離は等しいから，点Oから点A，点Pまでの距離は等しく，点Oから点B，点Qまでの距離も等しく，点Oから点C，点Rまでの距離も等しい。よって，3組の対応する2点のうちのどれか2組の2点を結ぶ線分の垂直二等分線の交点が回転の中心Oである。

5 例 **△ABCと△GFEにおいて，**
仮定より，AC＝GE…①
BC//DFより，平行線の同位角は等しいから，
∠ACB＝∠AED…②
対頂角は等しいから，
∠AED＝∠GEF…③
②，③より，
∠ACB＝∠GEF…④
AD//FGより，平行線の錯角は等しいから，
∠BAC＝∠FGE…⑤
①，④，⑤より，1組の辺とその両端の角がそれぞれ等しいから，
△ABC≡△GFE

空間図形

空間図形の基礎

1 (1) **辺BC，辺FG，辺EH**
(2) **辺BC，辺EF** (3) **ウ，カ** (4) **オ**

解説

(1) 辺ADと辺BCは面ABCD上にあり，交わらないから，AD//BC
辺ADと辺FGは面AFGD上にあり，交わらないから，AD//FG
辺ADと辺EHは面AEHD上にあり，交わらないから，AD//EH
よって，辺ADと平行な辺は，辺BC，辺FG，辺EH

(2) 辺ADとねじれの位置にある辺は，ADと平行な辺と，辺ADと交わる辺を除いた辺であるから，辺BC，辺EF

(3) この展開図を組み立てて作られる立方体の見取図は右の図のようになる。
よって，辺ABと垂直な面は**ウ，カ**

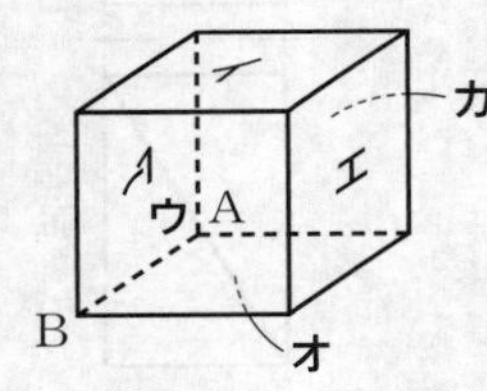

(4) 図1の見取図で，3辺OA，OB，BCを切り開いた展開図は，下の図のようになる。

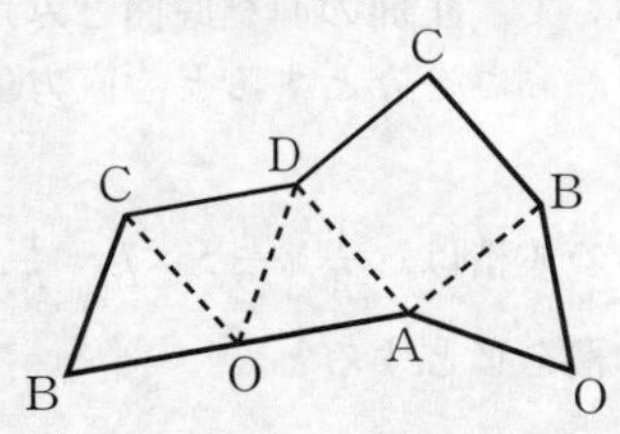

よって，これら3辺に加えて，辺CD(**オ**)を切り開けばよい。

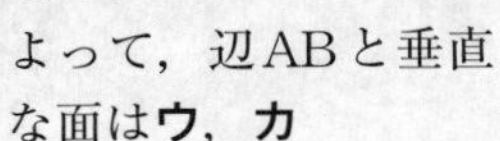

2 (1)

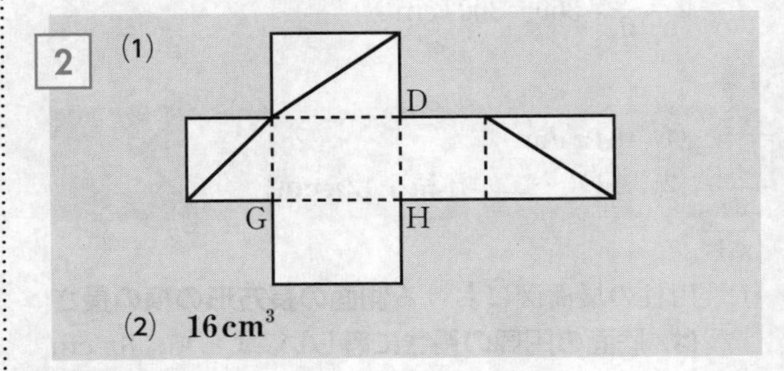

(2) **16cm³**

解説

(2) 三角錐ABCFの体積は，

$\frac{1}{3}\times\triangle ABC\times BF=\frac{1}{3}\times\left(\frac{1}{2}\times6\times4\right)\times4=16\,(cm^3)$

3 (1) **12 cm** (2) **72°**

解説

(1) 側面のおうぎ形の半径を r cmとすると，**側面のおうぎ形の弧の長さは底面の円周の長さに等しい**から，$2\pi\times r\times\frac{120}{360}=2\pi\times4$，$r=12$

よって，側面のおうぎ形の半径は12 cmである。

(2) 側面になるおうぎ形の中心角を a°とすると，**側面のおうぎ形の弧の長さは底面の円周の長さに等しい**から，$2\pi\times30\times\frac{a}{360}=2\pi\times6$，$a=72$

よって，側面になるおうぎ形の中心角は72°である。

4 (1) (2) **300 cm³**

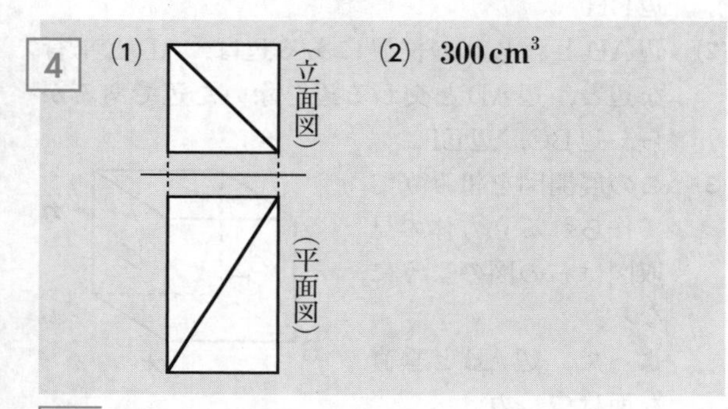

解説

(1) 正面，真上から見た形を考える。

(2) この直方体において，正面の面を底面とみたときの底面積を S，高さを h とすると，直方体の体積は，Sh

切り取った立体の体積は，$\frac{1}{3}\times\frac{1}{2}S\times h=\frac{1}{6}Sh$

図2の立体の体積を V とすると，

$V=Sh-\frac{1}{6}Sh=\frac{5}{6}Sh$

もとの直方体の体積が360 cm³であるから，

$V=\frac{5}{6}\times360=300\,(cm^3)$

5 (1) **64π cm²**
(2) 記号…**エ**，体積…**12π cm³**

解説

(1) 円柱の展開図における**側面の長方形の横の長さは，底面の円周の長さに等しい**。よって，8π cm。

したがって，円柱の側面積は，

$8\times8\pi=64\pi\,(cm^2)$

(2) **立面図が三角形，平面図が円である立体は円錐**で，正しいのは**エ**。

この円錐は底面の半径が3 cm，高さが4 cmであるから，体積は，$\frac{1}{3}\times\pi\times3^2\times4=12\pi\,(cm^3)$

6 (1) **12π cm³** (2) **32π cm³**

解説

(1) この立体は，底面の半径がBC＝3 cm，高さがAC＝4 cmの円錐であるから，求める体積は，

$\frac{1}{3}\times\pi\times3^2\times4=12\pi\,(cm^3)$

(2) この立体は，底面の半径が4 cm，高さが $6\div2=3$ (cm) の**円錐を2つ組み合わせたもの**となり，求める体積は，

$\frac{1}{3}\times\pi\times4^2\times3\times2=32\pi\,(cm^3)$

7 (1) **4 cm** (2) **16π cm²** (3) $\frac{52}{3}\pi$ **cm³**

解説

(1) 球の体積は，$\frac{4}{3}\times\pi\times3^3=36\pi\,(cm^3)$

円柱の高さを h cmとすると，その体積は，

$\pi\times3^2\times h=9\pi h\,(cm^3)$

球と円柱の体積が等しいから，

$36\pi=9\pi h$，$h=4$

よって，円柱の高さは4 cmである。

(2) $4\times\pi\times2^2=16\pi\,(cm^2)$

(3) この立体は，半径2 cmの**半球と**底面の半径が2 cm，高さが3 cmの**円柱を組み合わせたもの**となり，求める体積は，

$\frac{4}{3}\times\pi\times2^3\times\frac{1}{2}+\pi\times2^2\times3=\frac{52}{3}\pi\,(cm^3)$

8 (1) **6倍** (2) **300 cm²**

解説

(1) 三角柱Pの体積は，$\frac{1}{2}\times4\times3\times6=36\,(cm^3)$

三角錐Qの体積は，

$\frac{1}{3}\times\frac{1}{2}\times4\times3\times3=6\,(cm^3)$

よって，三角柱Pの体積は，三角錐Qの体積の $36\div6=6$ (倍) となる。

(2) この三角柱の底面積は，$\frac{1}{2}\times5\times12=30\,(cm^2)$

側面積は，$8\times(13+5+12)=240\,(\text{cm}^2)$
よって，求める表面積は$240+30\times2=300\,(\text{cm}^2)$

9 (1) **$72\pi\,\text{cm}^3$** (2) **4倍**

解説

(1) この立体は，底面の半径が3 cm，高さが9 cmの円柱から，底面の半径が3 cm，高さが3 cmの円錐を取り除いてできる立体となる。よって，求める体積は，

$\pi\times3^2\times9-\frac{1}{3}\times\pi\times3^2\times3=81\pi-9\pi=72\pi\,(\text{cm}^3)$

(2) おうぎ形を直線ℓを軸として1回転させてできる立体は，半径3 cmの半球で，その体積は，

$\frac{4}{3}\times\pi\times3^3\times\frac{1}{2}=18\pi\,(\text{cm}^3)$

よって，台形を1回転させてできる立体の体積は，おうぎ形を1回転させてできる立体の体積の，$72\pi\div18\pi=4$（倍）となる。

2 空間図形と三平方の定理

1 (1) **$16\pi\,\text{cm}^3$** (2) **$\sqrt{7}$ cm** (3) **$36\sqrt{7}\,\text{cm}^3$** (4) **$48\,\text{cm}^3$** (5) **$16\,\text{cm}^2$**

解説

(1) 直角三角形OABに三平方の定理を用いると，
$BO^2=5^2-4^2=9$
$BO>0$より，$BO=3$ cm
この立体は，底面の半径がOA＝4 cmで，高さがBO＝3 cmの円錐であるから，求める体積は，
$\frac{1}{3}\times\pi\times4^2\times3=16\pi\,(\text{cm}^3)$

(2) 右の図の正四角錐ABCDEにおいて，底面の正方形の対角線の交点をHとすると，点Hは対角線BDの中点であるから，

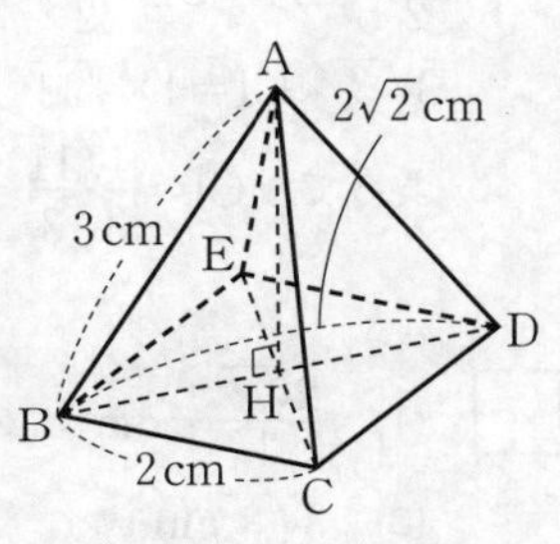

$BH=\frac{1}{2}BD=\frac{1}{2}\times2\sqrt{2}=\sqrt{2}\,(\text{cm})$
線分AHはこの正四角錐の高さになるから，直角三角形ABHに三平方の定理を用いると，
$AH^2=3^2-(\sqrt{2})^2=7$
$AH>0$より，$AH=\sqrt{7}$ cm

(3) この三角柱の見取図は右の図のようになる。
底面の直角三角形ABCに三平方の定理を用いると，

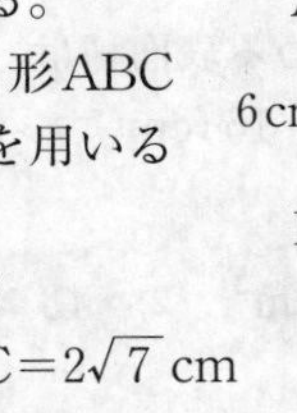

$BC^2=8^2-6^2=28$
$BC>0$より，$BC=2\sqrt{7}$ cm
よって，求める体積は，
$\frac{1}{2}\times6\times2\sqrt{7}\times6=36\sqrt{7}\,(\text{cm}^3)$

(4) この正四角錐の見取図は右のようになる。側面の直角三角形ABFに三平方の定理を用いると，

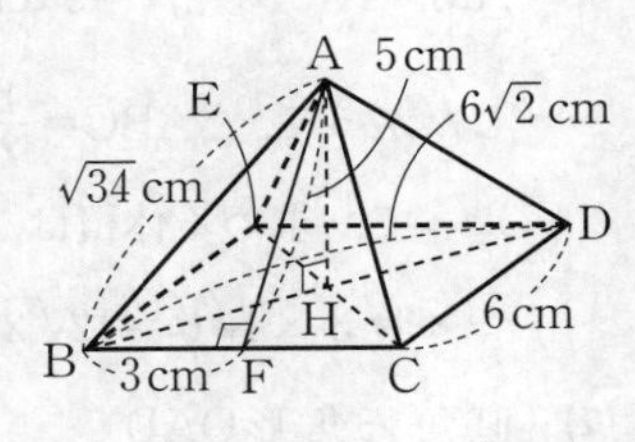

$AB^2=3^2+5^2=34$
$AB>0$より，$AB=\sqrt{34}$ cm
底面の正方形の対角線の交点Hとすると，
$BH=6\times\sqrt{2}\times\frac{1}{2}=3\sqrt{2}\,(\text{cm})$
直角三角形ABHに三平方の定理を用いると，
$AH^2=(\sqrt{34})^2-(3\sqrt{2})^2=16$
$AH>0$より，$AH=4$ cm
よって，求める体積は，
$\frac{1}{3}\times6\times6\times4=48\,(\text{cm}^3)$

(5) △ABCに三平方の定理を用いると，

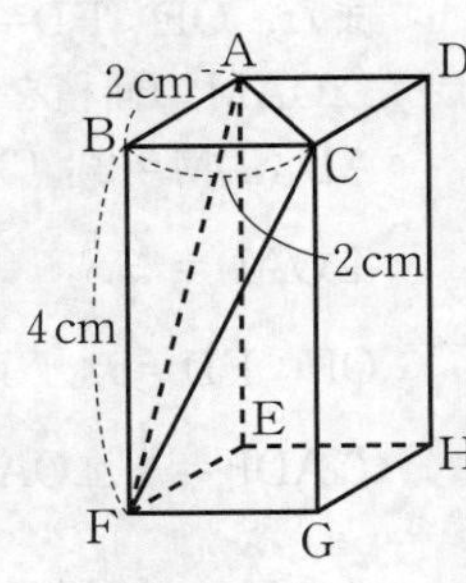

$AC^2=2^2+2^2=8$
$AC>0$より，
$AC=2\sqrt{2}$ cm
△ABFに三平方の定理を用いると，
$AF^2=2^2+4^2=20$
$AF>0$より，$AF=2\sqrt{5}$ cm
△ACFはAF＝CFの二等辺三角形である。
点Fから線分ACにひいた垂線をFIとし，△FAIに三平方の定理を用いると，

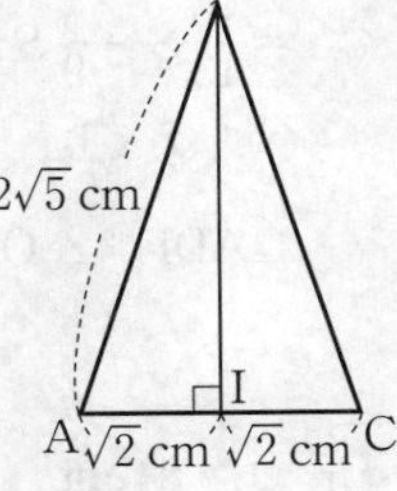

$FI^2=(2\sqrt{5})^2-(\sqrt{2})^2=18$
$FI>0$より，
$FI=3\sqrt{2}$ cm

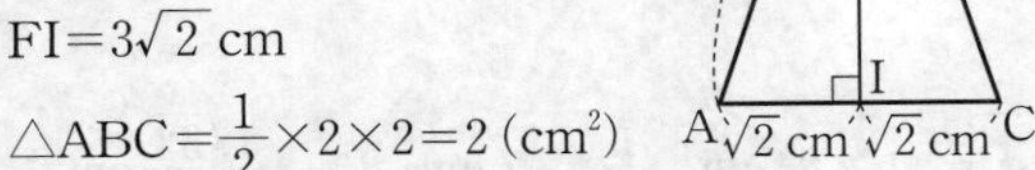

$\triangle ABC=\frac{1}{2}\times2\times2=2\,(\text{cm}^2)$

$\triangle ABF=\triangle CBF=\frac{1}{2}\times2\times4=4\,(\text{cm}^2)$

$\triangle ACF=\frac{1}{2}\times 2\sqrt{2}\times 3\sqrt{2}=6\,(cm^2)$

よって，求める表面積は，

$2+4+4+6=16\,(cm^2)$

2　(1)　$12\sqrt{2}$ cm^3　(2)　13：25

解説

(1)　△ABCは１辺が$2\sqrt{3}$ cmの正三角形であり，

$AM=2\sqrt{3}\times\frac{\sqrt{3}}{2}=3\,(cm)$

したがって，$\triangle ABC=\frac{1}{2}\times 2\sqrt{3}\times 3=3\sqrt{3}\,(cm^2)$

よって，求める体積は，

$\frac{1}{3}\times 3\sqrt{3}\times 4\sqrt{6}=12\sqrt{2}\,(cm^3)$

(2)　直角三角形OADに三平方（さんへいほう）の定理を用いると，

$AD^2=10^2-(4\sqrt{6})^2$

$=4$

AD>0より，

AD＝2cm

AEは∠OAMの二等分線であるから，

OE：EM＝OA：AM＝10：3

また，OF：FD＝OA：AD＝10：2＝5：1

△OAMの面積をSとおく。

AD：DM＝2：(3−2)＝2：1より，

$\triangle OAD=\frac{2}{3}S$

OF：FD＝5：1より，

$\triangle ADF=\frac{1}{6}\triangle OAD=\frac{1}{6}\times\frac{2}{3}S=\frac{1}{9}S$…①

$\triangle OAF=\triangle OAD-\triangle ADF=\frac{2}{3}S-\frac{1}{9}S=\frac{5}{9}S$

$\triangle OFE=\triangle OAE-\triangle OAF=S\times\frac{10}{10+3}-\frac{5}{9}S$

$=\frac{10}{13}S-\frac{5}{9}S=\frac{90-65}{117}S=\frac{25}{117}S$…②

①，②より，

$\triangle ADF:\triangle OFE=\frac{1}{9}S:\frac{25}{117}S=13:25$

3　(1)　84cm^2　(2)　7cm　(3)　$\frac{4\sqrt{33}}{9}$cm

解説

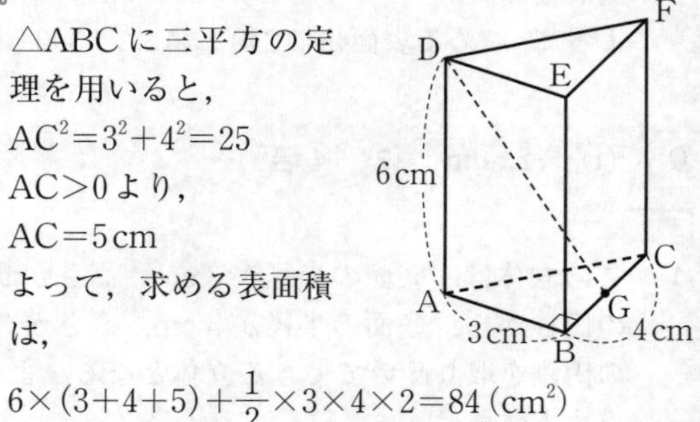

(1)　△ABCに三平方の定理を用いると，

$AC^2=3^2+4^2=25$

AC>0より，

AC＝5cm

よって，求める表面積は，

$6\times(3+4+5)+\frac{1}{2}\times 3\times 4\times 2=84\,(cm^2)$

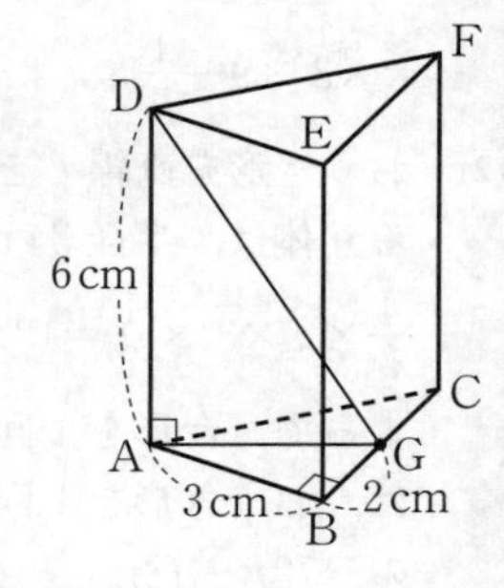

(2)　右の図で，△ABGは∠ABG＝90°の直角三角形となる。

三平方の定理より，

$AG^2=3^2+2^2=13$

△ADGに三平方の定理を用いると，

$DG^2=6^2+13=49$

DG>0より，DG＝7cm

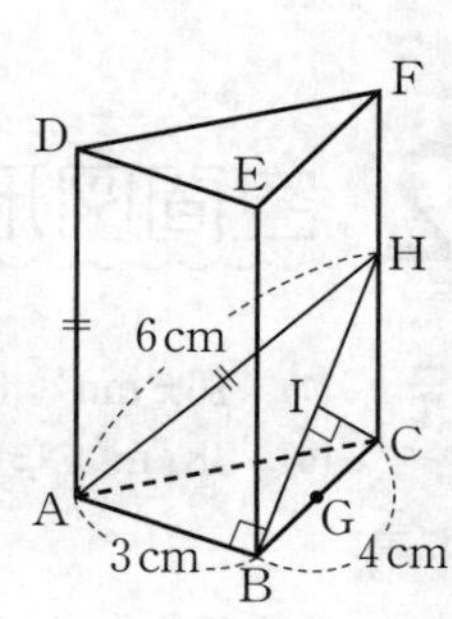

(3)　右の図で，△ABHは∠ABH＝90°の直角三角形となり，面ABHと点Cとの距離（きょり）は点Cから線分BHにひいた垂線CIの長さに等しい。

三平方の定理より，

$BH^2=6^2-3^2=27$

BH>0より，$BH=3\sqrt{3}$ cm

△BCHに三平方の定理を用いると，

$CH^2=27-4^2=11$

CH>0より，$CH=\sqrt{11}$ cm

△BCHの面積より，

$\frac{1}{2}\times BH\times CI=\frac{1}{2}\times BC\times CH$

$3\sqrt{3}\times CI=4\times\sqrt{11}$

よって，$CI=\frac{4\sqrt{11}}{3\sqrt{3}}=\frac{4\sqrt{33}}{9}\,(cm)$

4　(1)　$\frac{2\sqrt{2}}{3}\pi$ cm^3　(2)　4π cm^2　(3)　$3\sqrt{3}$ cm

解説

(1)　この円錐（すい）の高さを$h$cmとすると，三平方の定理より，$h^2=3^2-1^2=8$

$h>0$より，$h=2\sqrt{2}$

よって，求める体積は，

$\frac{1}{3}\times\pi\times1^2\times2\sqrt{2}=\frac{2\sqrt{2}}{3}\pi$ (cm³)

(2) **この円錐の側面の展開図はおうぎ形**であり，その中心角をa°とすると，

$2\pi\times3\times\frac{a}{360}=2\pi\times1$，$a=120$

よって，中心角は120°となり，側面積は，

$\pi\times3^2\times\frac{120}{360}=3\pi$ (cm²)

底面積は，$\pi\times1^2=\pi$ (cm²)

したがって，求める表面積は，

$3\pi+\pi=4\pi$ (cm²)

(3)

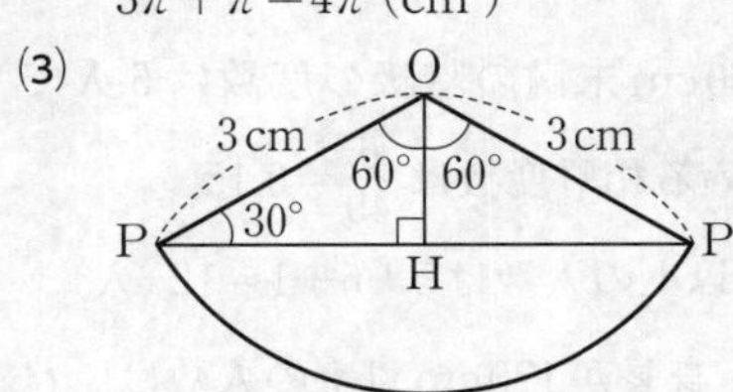

ひもをかけたときの最短の長さは，上の図の線分PP′で表される。点Oから線分PP′にひいた垂線をOHとすると，△OPHは**30°，60°，90°の直角三角形**となり，

$PH=3\times\frac{\sqrt{3}}{2}=\frac{3\sqrt{3}}{2}$ (cm)

よって，$PP'=\frac{3\sqrt{3}}{2}\times2=3\sqrt{3}$ (cm)

5 (1) **4倍** (2) **$18\sqrt{7}$ cm³**

解説

(1) △ODBの面積をSとおくと，

△ODB≡△OACであるから，△OAC$=S$

△OAH$=\frac{1}{2}$△OAC$=\frac{1}{2}S$

点Eは辺OAの中点であるから，

△EAH$=\frac{1}{2}$△OAH$=\frac{1}{2}\times\frac{1}{2}S=\frac{1}{4}S$

$\frac{\triangle ODB}{\triangle EAH}=S\div\frac{1}{4}S=4$となり，△ODBの面積は△EAHの面積の4倍である。

(2) 点Hは底面の正方形の対角線の交点であるから，

$AC=6\times\sqrt{2}$

$=6\sqrt{2}$ (cm)

$AH=6\sqrt{2}\times\frac{1}{2}$

$=3\sqrt{2}$ (cm)

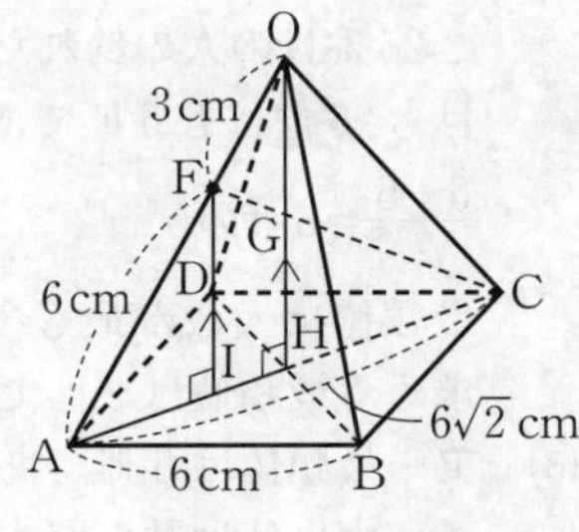

点Fから対角線ACにひいた垂線をFIとすると，FI∥OHより，

AI：IH＝AF：FO＝6：3＝2：1

よって，$AI=3\sqrt{2}\times\frac{2}{3}=2\sqrt{2}$ (cm)

△AFIに三平方の定理を用いると，

$FI^2=6^2-(2\sqrt{2})^2=28$

FI＞0より，$FI=2\sqrt{7}$ cm

$CI=AC-AI=6\sqrt{2}-2\sqrt{2}$

$=4\sqrt{2}$ (cm)

CH：CI＝GH：FIより，

$3\sqrt{2}:4\sqrt{2}=GH:2\sqrt{7}$

$GH=\frac{3\sqrt{2}\times2\sqrt{7}}{4\sqrt{2}}=\frac{3\sqrt{7}}{2}$ (cm)

よって，求める体積は，

$\frac{1}{3}\times6\times6\times\frac{3\sqrt{7}}{2}=18\sqrt{7}$ (cm³)

6 (1) **辺CG，辺DH，辺EH，辺FG**

(2) **例 点A，Bから辺EFに垂線AI，BI′をひくと，**

EI＝FI′＝(4−2)÷2＝1 (cm)

△AEIに三平方の定理を用いると，

$AI^2=3^2-1^2=8$

AI＞0より，$AI=2\sqrt{2}$ cm

△AFIに三平方の定理を用いると，

$AF^2=8+(4-1)^2=17$

AF＞0より，$AF=\sqrt{17}$ cm

(3) **例 4つの直線EA，FB，GC，HDの交点をOとすると，立体O−ABCD，O−EFGHは相似な正四角錐となり，相似比はAB：EF＝2：4＝1：2より，**

OA：OE＝1：2

よって，OA＝3cm

点Oから面ABCDにひいた垂線をOJとすると，$AJ=2\sqrt{2}\times\frac{1}{2}=\sqrt{2}$ (cm)で，

△OAJに三平方の定理を用いると，

$OJ^2=3^2-(\sqrt{2})^2=7$

OJ＞0より，$OJ=\sqrt{7}$ cm

立体ABCD−EFGH，正四角錐O−ABCDの体積をそれぞれV，V'とすると，

$V':V=1^3:(2^3-1^3)=1:7$

よって，$V=7V'=7\times\frac{1}{3}\times2\times2\times\sqrt{7}$

$=\frac{28\sqrt{7}}{3}$ (cm³)

解説

(1) 辺ABとねじれの位置にある辺は，ABと平行な辺と，辺ABと交わる辺を除いた辺であるから，辺CG，辺DH，辺EH，辺FG

(2) 台形AEFBの線分の長さは，右の図のようになる。

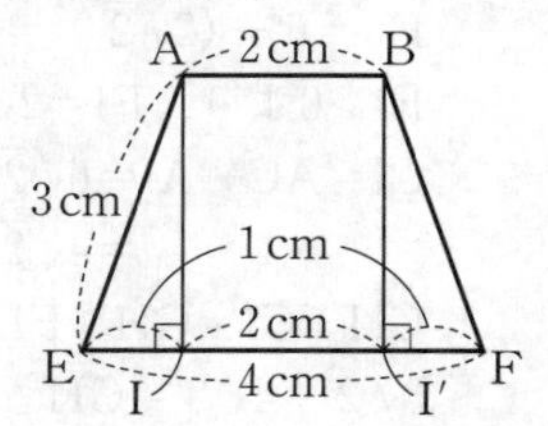

(3) 立体O–ABCD，O–EFGHの線分の長さは，右の図のようになる。

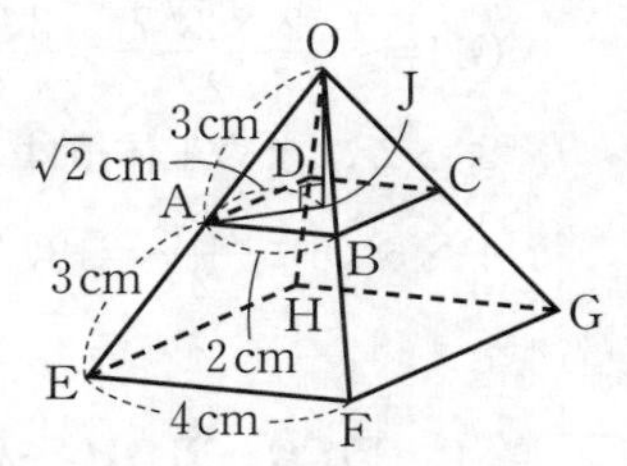

7 (1) **16π cm^2** (2) **$48\sqrt{3}$ cm^3**

解説

(1) $4\times\pi\times2^2=16\pi$ (cm^2)

(2) この正三角柱を真上から見た図を考える。

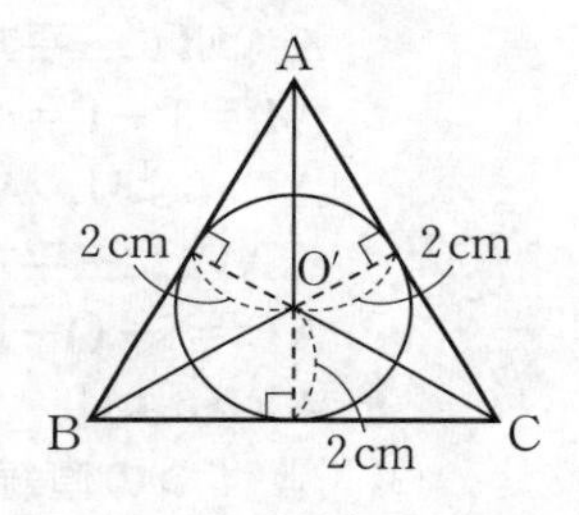

右の図において，

$\triangle ABC$

$=\triangle O'AB+\triangle O'BC$

$+\triangle O'CA$…①

$\triangle ABC$は正三角形であるから，１辺の長さをa cmとする。

$\triangle O'AB\equiv\triangle O'BC\equiv\triangle O'CA$であるから，

①より，

$\frac{1}{2}\times a\times\frac{\sqrt{3}}{2}a=\left(\frac{1}{2}\times a\times2\right)\times3$，$\frac{\sqrt{3}}{4}a^2-3a=0$

$a>0$より，$a=4\sqrt{3}$

したがって，この正三角柱は，底面の１辺の長さが$BC=4\sqrt{3}$ cmの正三角形，高さが$BE=2\times2=4$ (cm)であるから，求める体積は，

$\frac{1}{2}\times4\sqrt{3}\times(2\sqrt{3}\times\sqrt{3})\times4=48\sqrt{3}$ (cm^3)

データの活用と確率

データの活用と標本調査

1 (1) **0.15** (2) **40％**

(3) **相対度数（その階級の度数を度数の合計でわった値）**

(4) **0.24**

解説

(1) 330 cm以上360 cm未満の階級の度数は６人であるから，求める相対度数は$\frac{6}{40}=0.15$

(2) 身長が170 cm以上の人数は$5+6+1=12$（人）

$\frac{12}{30}=0.4$より，身長が170 cm以上の人数は，バレーボール部員30人の40％になる。

(4) 得点が２点の階級の度数は６試合，度数の合計は，$5+5+6+4+3+2=25$（試合）であるから，求める相対度数は，$\frac{6}{25}=0.24$

2 (1) **① 70点　② 55点**

(2) **中央値…６匹，最頻値（さいひんち）…２匹**

(3) **イ** (4) **23 m**

解説

(1) ① 10人の記録の最低点は20点，最高点は90点より，求める範囲（はんい）は，$90-20=70$（点）

② 10人の記録を得点の低いほうから順に並べると，

20　20　30　40　(50　60)　60　80　80　90

よって，中央値は得点の低いほうから５番目と６番目の得点の平均値である。

よって，求める中央値は，$\frac{50+60}{2}=55$（点）

(2) 中央値は釣（つ）れた魚の数が少ないほうから25番目と26番目の人の釣れた魚の数の平均値で，25番目も26番目も６匹であるから，求める中央値は，$\frac{6+6}{2}=6$（匹）

最頻値は人数が最も多い釣れた魚の数である。求める最頻値は２匹である。

(3) **ア**…最頻値は６冊であるから，正しくない。

イ…中央値は読んだ本の冊数の少ないほうから13番目の人の本の冊数で，５冊であるから，正しい。

ウ…分布の範囲は7−1＝6（冊）であるから，正しくない。

エ…全員の読んだ本の冊数の合計は，
$7\times2+6\times7+5\times4+4\times5+3\times4+2\times2+1\times1$
$=113$（冊）であるから，正しくない。

(4) 度数分布表から平均値を求める場合には，各階級に入っているデータの値（あたい）は，どの値もその階級の階級値とみなしてよい。
（階級値）×（度数）の合計は，
$5\times2+15\times6+25\times7+35\times4+45\times1=460$（m）
よって，求める平均値は $460\div20=23$（m）

3 **例 太郎さんはパス練習をする。**
中央値が入っている階級は4回以上6回未満であるから。

4 (1) **ア**
(2) **例 速いほうから4人がふくまれる階級は，2組が6.6秒以上7.0秒未満の階級であるのに対し，1組は7.0秒以上7.4秒未満の階級であるため，4人の記録の合計は2組のほうが少ないから速い。したがって，2組のほうが速そうであると判断できる。**

解説

(1) どちらの組が速そうかを判断するには，それぞれの組の記録の合計を比べ，少ないほうの組が速そうだと判断できる。すなわち，平均値で比べればよい。

5 (1) **50冊**
(2)

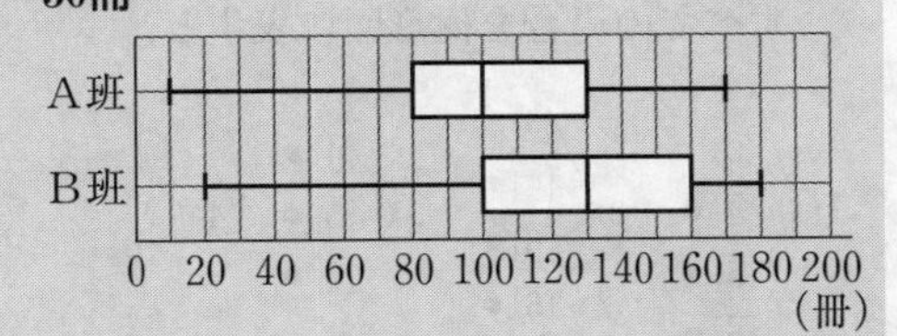

解説

(1) 第1四分位数（しぶんいすう）は80冊，第3四分位数は130冊だから，四分位範囲は，130−80＝50（冊）

(2) データの値は15個（奇数個）ある。最小値は20冊，最大値180冊，第2四分位数（中央値）はデータの値が小さいほうから数えて8番目の値で130冊，第1四分位数はデータの値が小さいほうから数えて4番目の値で100冊，第3四分位数はデータの値が小さいほうから数えて12番目の値で160冊。これらの値をもとにして箱ひげ図を作成する。

6 (1) **ウ** (2) **およそ600個**
(3) **およそ6000粒（つぶ）**

解説

(1) ア，イでは標本にかたよりが出てしまい，標本の選び方として適切ではない。ウは標本をかたよりのないように取り出しているといえ，標本の選び方として適切であるといえる。

(2) 袋（ふくろ）の中の1500個の球を母集団，取り出した30個の球を標本とすると，袋の中にふくまれる赤球の割合が，母集団と標本でほぼ等しいと考えられる。取り出した球にふくまれる赤球の割合は，$\frac{12}{30}=\frac{2}{5}$
よって，袋の中に入っている1500個の球のうち，赤球の数は，$1500\times\frac{2}{5}=600$ より，およそ600個である。

(3) 袋の中の白と赤の米粒の合計を母集団，取り出した336粒の米を標本とすると，取り出した米粒にふくまれる赤い米粒の割合は，
$16:336=1:21$
はじめの袋の中のコップ1杯分の米粒の数を x 粒とすると，米粒の中にふくまれる赤い米粒の割合が，母集団と標本でほぼ等しいと考えられるから，$300:(x+300)=1:21$，$x+300=6300$
よって，$x=6000$
したがって，最初に袋の中に入っていたコップ1杯分の米粒の数はおよそ6000粒である。

2 確率

1 (1) **12通り** (2) $\frac{4}{7}$ (3) $\frac{3}{5}$ (4) $\frac{5}{12}$

(5) $\frac{3}{8}$

解説

(1) マーガレット，チューリップ，パンジーをそれぞれ㋮，㋠，㋫として，すべての場合を樹形図に表すと，次のようになる。

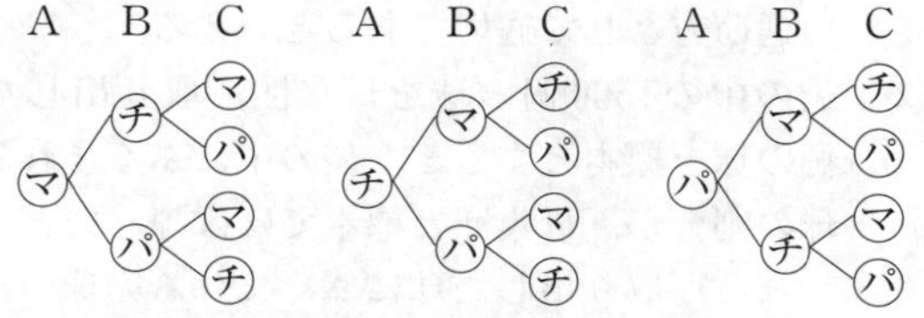

よって，植え方は全部で12通りある。

(2) ボールの取り出し方は全部で7通りあり，これらは同様に確からしい。このうち，奇数（きすう）は1，3，5，7の4通りある。よって，求める確率は，$\frac{4}{7}$

(3) できるすべての2けたの整数を樹形図に表すと，次のようになる。

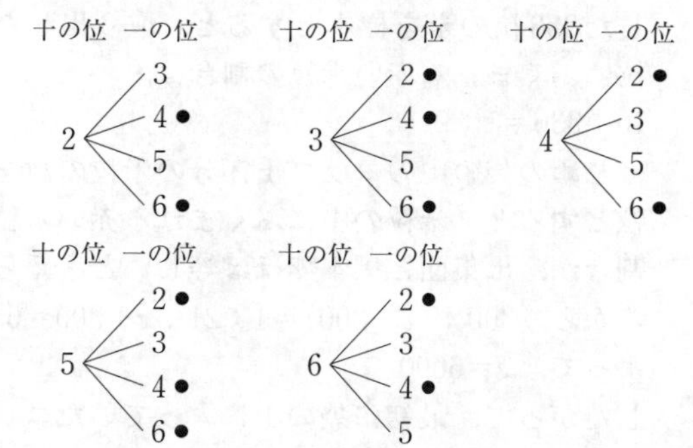

よって，すべての場合は20通りあり，これらは同様に確からしい。このうち，偶数（ぐうすう）となるのは●印をつけた12通りある。

したがって，求める確率は，$\frac{12}{20}=\frac{3}{5}$

(4) 大の目がa，小の目がbの場合を$(a,\ b)$と表す。大小2つのさいころの目の出方は全部で$6\times6=36$（通り）あり，これらは同様に確からしい。このうち，目の数の和が素数になる場合は，

目の数の和が2…(1，1)

目の数の和が3…(1，2)，(2，1)

目の数の和が5…(1，4)，(2，3)，(3，2)，(4，1)

目の数の和が7…(1，6)，(2，5)，(3，4)，(4，3)，(5，2)，(6，1)

目の数の和が11…(5，6)，(6，5)

の$1+2+4+6+2=15$（通り）ある。

よって，求める確率は，$\frac{15}{36}=\frac{5}{12}$

(5) 3枚の硬貨（こうか）をA，B，Cとし，表を㋔，裏を㋒として，すべての場合を樹形図に表すと，

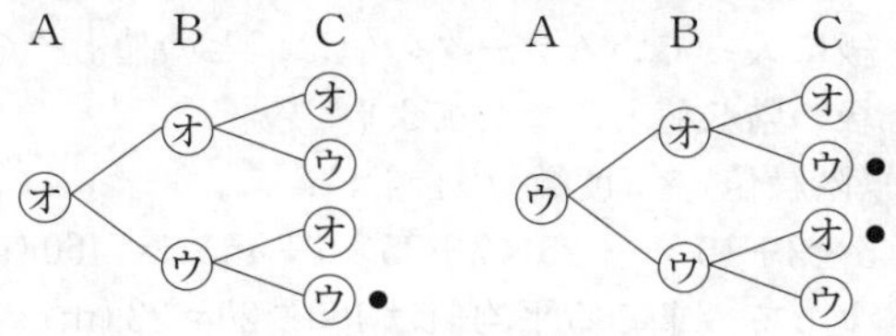

よって，すべての場合は8通りあり，これらは同様に確からしい。このうち，1枚が表で2枚が裏となるのは●印をつけた3通りある。したがって，求める確率は$\frac{3}{8}$

2 (1) $\frac{3}{5}$

(2) 例 **さいころを2回投げるときの目の出方は全部で36通りあり，これらは同様に確からしい。このうち，$\frac{2b}{a}$の値（あたい）が整数となるのは，目の出方を$(a,\ b)$と表すと，(1，1)，(1，2)，(1，3)，(1，4)，(1，5)，(1，6)，(2，1)，(2，2)，(2，3)，(2，4)，(2，5)，(2，6)，(3，3)，(3，6)，(4，2)，(4，4)，(4，6)，(5，5)，(6，3)，(6，6)の20通りある。**

よって，求める確率は$\frac{20}{36}=\frac{5}{9}$

解説

(1) 赤球を①，②，③，白球を④，⑤，⑥として，すべての場合を樹形図に表すと，

① ② ③ ④● ⑤● ⑥●
② ③ ④● ⑤● ⑥●
③ ④● ⑤● ⑥●
④ ⑤ ⑥
⑤ ⑥

よって，すべての場合は15通りあり，これらは同様に確からしい。このうち，赤球と白球が1個ずつとなるのは，●印をつけた9通りある。

よって，求める確率は，$\frac{9}{15}=\frac{3}{5}$

3 (1) $\frac{11}{12}$ (2) $\frac{4}{5}$

解説

(1) 大の目がa，小の目がbの場合を$(a,\ b)$と表す。大小2つのさいころの目の出方は全部で36通りあり，これらは同様に確からしい。このうち，出る目の数の和が10より大きくなるのは，
目の数の和が11…(5, 6)，(6, 5)
目の数の和が12…(6, 6)
の3通りある。

目の数の和が10より大きくなる確率は，$\frac{3}{36}=\frac{1}{12}$

よって，目の数の和が10以下となる確率は，
$1-\frac{1}{12}=\frac{11}{12}$

(2) 赤玉を赤，青玉を青1，青2，白玉を白1，白2，白3として，すべての場合を樹形図に表すと，次のようになる。

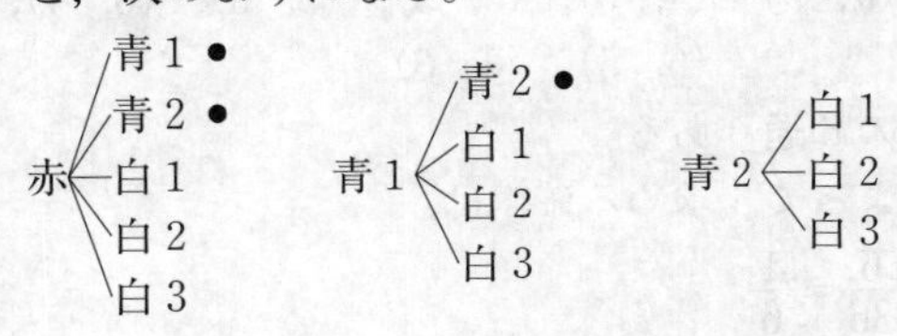

白1＜白2, 白3　　白2―白3

よって，すべての場合は15通りあり，これらは同様に確からしい。このうち，2個とも白玉でないのは，●印をつけた3通りある。よって，
2個とも白玉でない確率は，$\frac{3}{15}=\frac{1}{5}$
したがって，少なくとも1個は白玉である確率は，$1-\frac{1}{5}=\frac{4}{5}$

4 (1) $\frac{1}{5}$ (2) $\frac{8}{25}$

解説

(1) 点Pのとり方は，右の図のように全部で25通りあり，これらは同様に確からしい。このうち，点Pが直線$y=x$上にあるのは，
$(-2,\ -2)$，$(-1,\ -1)$，
(0, 0)，(1, 1)，(2, 2)で，5通りある。

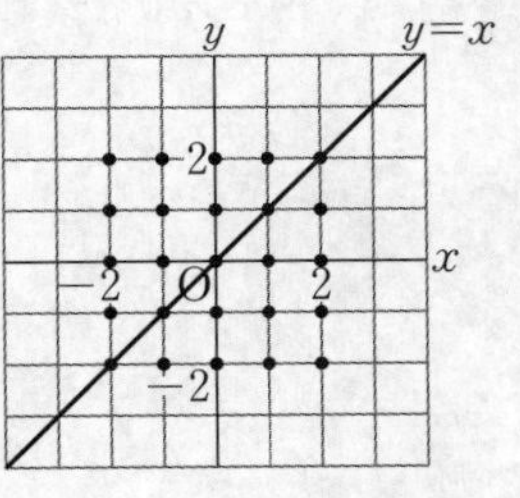

よって，求める確率は，$\frac{5}{25}=\frac{1}{5}$

(2) 原点Oから点Pまでの**距離**(きょり)**が$\sqrt{5}$となるのは，$a^2+b^2=5$の場合**であり，右の図の×印の
(1, 2)，$(1,\ -2)$，
(2, 1)，$(2,\ -1)$，
$(-1,\ 2)$，$(-1,\ -2)$，
$(-2,\ 1)$，$(-2,\ -1)$で，8通りある。

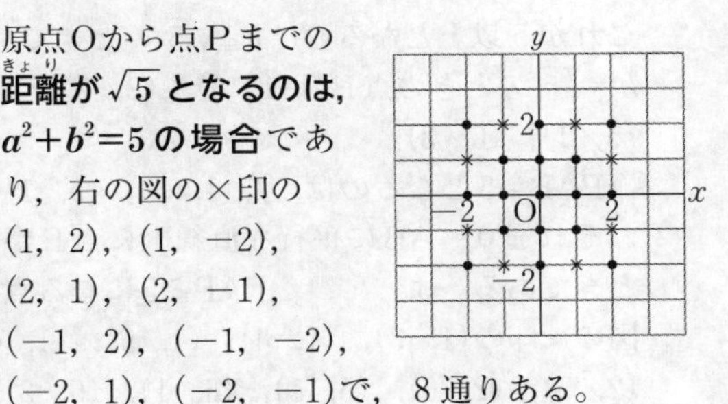

よって，求める確率は，$\frac{8}{25}$

5 (1) **4通り** (2) $\frac{5}{36}$ (3) $\frac{5}{18}$

解説

(1) 点Pが$y=\frac{6}{x}$のグラフ上にあるのは，右の図の(1, 6)，(2, 3)，(3, 2)，(6, 1)で，4通りある。

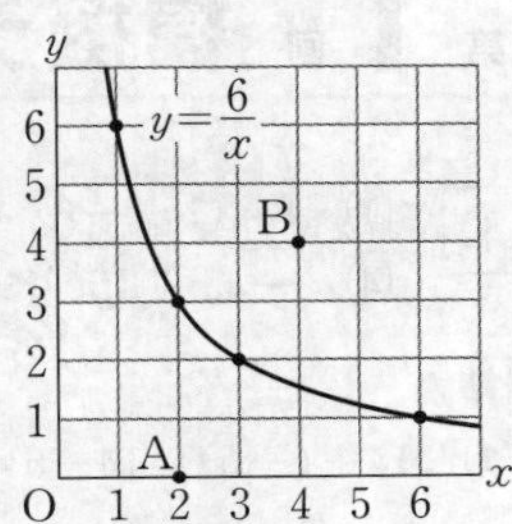

(2) 点Pのとり方は，右の図のように，全部で36通りあり，これらは同様に確からしい。

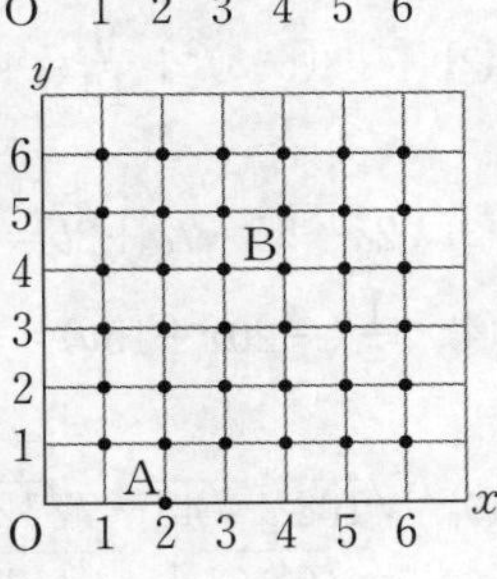

∠APB＝90°になるのは，ABを直径とする円周上（ただし，A，Bを除く）に点Pがある場合である。ABを直径とする円の中心をCとすると，C(3, 2)である。
$AC^2=(3-2)^2+(2-0)^2$
$=5$
よって，$CP^2=5$となる点Pを調べればよい。
$CP^2=5$となる点Pは，×印の(1, 1)，(1, 3)，(2, 4)，(5, 3)，(5, 1)で，5通りある。よって，求める確率は，$\frac{5}{36}$

(3) $AB=2\sqrt{5}$であるから，△PABで，ABを底辺とみたときの高さをhとすると，
$\triangle PAB=\frac{1}{2}\times2\sqrt{5}\times h$
$=\sqrt{5}h$

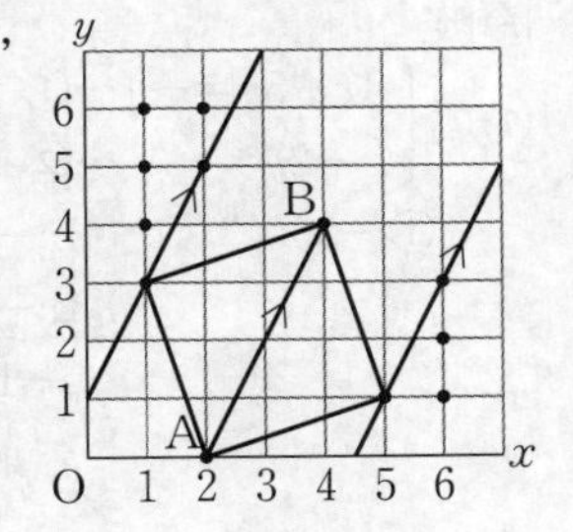

これが5以上となるのは$h \geqq \sqrt{5}$のときで，
$h=\sqrt{5}$のときの点Pは(1，3)，(2，5)，
(5，1)，(6，3)
△PAB=5となるのは，点(1，3)，(5，1)をそれぞれ通り，ABに平行な直線上に点Pがあるときである。よって，△PAB≧5になる点Pは図の●印の(1，3)，(1，4)，(1，5)，(1，6)，(2，5)，(2，6)，(5，1)，(6，1)，(6，2)，(6，3)の10通りある。

したがって，求める確率は，$\frac{10}{36}=\frac{5}{18}$

第1回 模擬テスト

1 (1) 8 (2) **−6** (3) $\boldsymbol{-5a-3b}$
(4) $\boldsymbol{-4x+3y}$ (5) $\boldsymbol{-4\sqrt{3}}$ (6) **11**

解説

(1) $14+(-6)=14-6=8$

(2) $4-(-3)^2\div\frac{9}{10}=4-9\div\frac{9}{10}=4-9\times\frac{10}{9}$
$=4-10=-6$

(3) $2a-5b-7a+2b=2a-7a-5b+2b=-5a-3b$

(4) $\frac{1}{5}(-20x+15y)=\frac{1}{5}\times(-20x)+\frac{1}{5}\times15y$
$=-4x+3y$

(5) $\sqrt{108}+\sqrt{48}-7\sqrt{12}$
$=\sqrt{6^2\times3}+\sqrt{4^2\times3}-7\times\sqrt{2^2\times3}$
$=6\sqrt{3}+4\sqrt{3}-14\sqrt{3}=-4\sqrt{3}$

(6) $(3-\sqrt{2})^2+\frac{12}{\sqrt{2}}=9-6\sqrt{2}+2+\frac{12\times\sqrt{2}}{\sqrt{2}\times\sqrt{2}}$
$=11-6\sqrt{2}+\frac{12\sqrt{2}}{2}$
$=11-6\sqrt{2}+6\sqrt{2}=11$

2 (1) $\boldsymbol{x=-2,\ y=-1}$ (2) $\boldsymbol{\ell=\frac{2S}{r^2}}$
(3) $\boldsymbol{(x-3)^2}$ (4) $\boldsymbol{\frac{1}{6}}$ (5) **128°** (6) $\boldsymbol{\frac{54}{7}}$

解説

(1) $\begin{cases} 3x-5y=-1 \cdots ① \\ x+2y=-4 \cdots ② \end{cases}$ とおく。

①−②×3
$$\begin{array}{rr} & 3x-5y=-1 \\ -) & 3x+6y=-12 \\ \hline & -11y=11 \\ & y=-1 \end{array}$$

$y=-1$を②に代入すると，$x-2=-4$，$x=-2$
よって，$x=-2$，$y=-1$

(2) $S=\frac{1}{2}\ell r^2$

両辺を入れかえると，$\frac{1}{2}\ell r^2=S$

両辺に2をかけると，$\ell r^2=2S$

両辺をr^2でわると，$\ell=\frac{2S}{r^2}$

(3) $x-1=A$とおくと，
$(x-1)^2-4(x-1)+4=A^2-4A+4=(A-2)^2$
Aを$x-1$に戻(もど)すと，
$(x-1)^2-4(x-1)+4=\{(x-1)-2\}^2=(x-3)^2$

(4) 大小2つのさいころの目の出方は全部で36通りあり，これらは同様に確からしい。そのうち，出る目の数の和が2けたの自然数となるのは，大のさいころの目がa，小のさいころの目がbであることを$(a,\ b)$で表すことにすると，
$(a,\ b)=(4,\ 6)$，$(5,\ 5)$，$(5,\ 6)$，$(6,\ 4)$，$(6,\ 5)$，$(6,\ 6)$
の6通りある。
よって，求める確率は，
$\frac{6}{36}=\frac{1}{6}$

(5) 右の図のように，補助線をひくと，
$\angle x=(28°+36°)\times2$
$=128°$

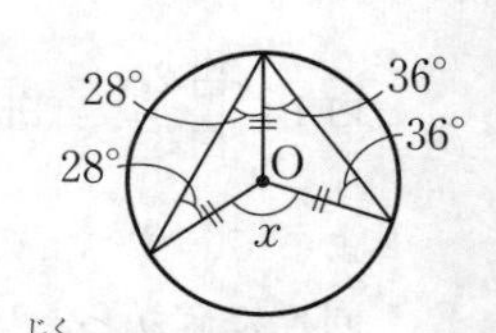

(6) 点Aは関数①のグラフとy軸(じく)の交点であるから，その座標は(0，6)
点Bのx座標は①と②の式を連立させると
$2x+6=-\frac{1}{3}x$，
$6x+18=-x$，
$7x=-18$
$x=-\frac{18}{7}$
よって，求める面積は，
$\frac{1}{2}\times6\times\frac{18}{7}=\frac{54}{7}$

3 (1) （証明） 例 △ABPと△DCPにおいて，
仮定より，四角形ABCDは正方形であるから，
AB＝DC…①
仮定より，△PBCは正三角形であるから，
BP＝CP…②
∠PBC＝∠PCB＝60°
また，∠ABP＝90°－∠PBC
＝90°－60°＝30°…③
∠DCP＝90°－∠PCB
＝90°－60°＝30°…④
③，④より，∠ABP＝∠DCP…⑤
①，②，⑤より，２組の辺とその間の角がそれぞれ等しいから，
△ABP≡△DCP
(2) 15°

解説

(2) △ABPはAB＝BPの二等辺三角形であるから，
∠BAP＝(180°－30°)÷2＝75°
よって，∠DAP＝90°－75°＝15°

4 (1) (－2, －1) (2) $a=\frac{8}{5}$

解説

(1) ABはy軸に平行であるから，点Bのx座標は点Aのx座標と等しく，$x=2$
点Bのy座標は，$y=-\frac{1}{4}\times2^2=-1$
BCはx軸に平行であるから，点Cのy座標は点Bのy座標と等しく，$y=-1$
点Cのx座標は，$-1=-\frac{1}{4}x^2$，$x^2=4$，$x=\pm2$
よって，点Cの座標は(－2, －1)

(2) 点Aのx座標がaのとき，点A, B, Cの座標はそれぞれ$(a,\ a^2)$，$\left(a,\ -\frac{1}{4}a^2\right)$，
$\left(-a,\ -\frac{1}{4}a^2\right)$
$AB=a^2-\left(-\frac{1}{4}a^2\right)=\frac{5}{4}a^2$
$BC=a-(-a)=2a$
四角形ABCDが正方形となるのは，AB＝BCのときで，$\frac{5}{4}a^2=2a$，$\frac{5}{4}a^2-2a=0$，$5a^2-8a=0$
$a(5a-8)=0$，$a=0,\ \frac{8}{5}$
$a>0$より，$a=\frac{8}{5}$

5 (1) $2\sqrt{3}$ cm² (2) $\frac{2\sqrt{3}}{3}$ cm

解説

(1) 三平方の定理より，$AC^2=2^2+2^2=8$
$AC>0$より，$AC=2\sqrt{2}$ cm
△ACDは１辺が$2\sqrt{2}$ cmの正三角形で，その高さは，$2\sqrt{2}\times\frac{\sqrt{3}}{2}=\sqrt{6}$ (cm)
よって，求める面積は，
$\frac{1}{2}\times2\sqrt{2}\times\sqrt{6}=2\sqrt{3}$ (cm²)

(2) 三角錐（すい）ABCDで，底面を△ABCとみたときの高さはBDとなる。一方，底面を△ACDとみたときの高さはBHとなるから，この三角錐の体積を２通りの式で考えると，
$\frac{1}{3}\times\left(\frac{1}{2}\times2\times2\right)\times2=\frac{1}{3}\times2\sqrt{3}\times BH$
$BH=\frac{2}{\sqrt{3}}=\frac{2\sqrt{3}}{3}$ (cm)

第2回 模擬テスト

1 (1) －27 (2) 10 (3) $-14x-4$
(4) $-4ab^2$ (5) $3\sqrt{6}$ (6) $3+2\sqrt{6}$

解説

(1) $-36\div\frac{4}{3}=-36\times\frac{3}{4}=-9\times3=-27$
(2) $7-(-5+2)=7-(-3)=7+3=10$
(3) $-5(x+2)+3(2-3x)=-5x-10+6-9x$
$=-14x-4$
(4) $(-2a^2b)\times6b^2\div3ab$
$=\frac{-2a^2b\times6b^2}{3ab}$
$=\frac{(-2)\times6\times a\times a\times b\times b\times b}{3\times a\times b}$
$=-4ab^2$
(5) $\sqrt{10}\times\sqrt{15}-\sqrt{24}=\sqrt{5\times2}\times\sqrt{5\times3}-\sqrt{2^2\times6}$
$=\sqrt{5\times5\times2\times3}-\sqrt{2^2\times6}$
$=\sqrt{5^2\times6}-\sqrt{2^2\times6}$
$=5\sqrt{6}-2\sqrt{6}$
$=3\sqrt{6}$
(6) $(3\sqrt{2}-\sqrt{3})(\sqrt{2}+\sqrt{3})$
$=3\sqrt{2}\times\sqrt{2}+3\sqrt{2}\times\sqrt{3}-\sqrt{3}\times\sqrt{2}-\sqrt{3}\times\sqrt{3}$
$=3\times2+3\sqrt{6}-\sqrt{6}-3=6+2\sqrt{6}-3=3+2\sqrt{6}$

2 (1) $x=-12$ (2) $4x<y$ (3) $x=\frac{-5\pm\sqrt{41}}{2}$

(4) イ，ウ (5) $12\pi\ \mathrm{cm}^3$

解説

(1) $\frac{1}{3}x-6=\frac{3}{4}x-1$

両辺に3と4の最小公倍数12をかけると，

$\left(\frac{1}{3}x-6\right)\times12=\left(\frac{3}{4}x-1\right)\times12$

$\frac{1}{3}x\times12-6\times12=\frac{3}{4}x\times12-1\times12$

$4x-72=9x-12$，$-5x=60$，$x=-12$

(2) 時速4 kmでx時間歩いたときの道のりは，

$4\times x=4x$ (km)

これがy km未満であることから，$4x<y$

(3) $x^2+5x-4=0$

解の公式より，

$x=\frac{-5\pm\sqrt{5^2-4\times1\times(-4)}}{2\times1}=\frac{-5\pm\sqrt{41}}{2}$

(4) ア…A組とB組において，箱ひげ図の左端から右端までの線（ひげ）の長さは等しくない。よって，A組とB組の範囲は同じ値ではないから，正しくない。

イ…A組の四分位範囲は30−15=15 (m)，B組の四分位範囲は35−20=15 (m) で，同じ値であるから，正しい。

ウ…A組とB組の中央値はともに25mで，同じ値であるから，正しい。

エ…A組の第3四分位数は30mで35mより短く，B組の第3四分位数は35mである。よって，35m以上の記録を出した人数は，A組よりB組のほうが多いから，正しくない。

オ…A組とB組において，中央値はどちらもデータの値が小さいほうから数えて16番目と17番目の値の平均値である。データの値が小さいほうから16番目と17番目の値がそれぞれa，bであることを(a, b)で表すと，例えばA組が(23, 27)でB組が(25, 25)の場合，どちらも中央値は同じ25mであるが，25m以上の記録を出した人数はBのほうが多いことになることになる。よって，正しいかどうかはわからない。

(5) この円錐の底面の半径は6÷2=3 (cm) である。円錐の高さをh cmとすると，三平方の定理より，

$5^2=3^2+h^2$，$h^2=25-9=16$，$h=\pm4$

$h>0$より，$h=4$

よって，$\frac{1}{3}\times\pi\times3^2\times4=12\pi$ (cm^3)

②

3 （答えを求める過程）

例 2年生の生徒数をx人，3年生の生徒数をy人とすると，2年生と3年生の生徒数について，$y=x+100$…①

環境美化活動に参加した生徒数について，

$250\times\frac{20}{100}+x\times\frac{35}{100}+y\times\frac{30}{100}=(250+x+y)\times\frac{28}{100}$…②

②の両辺に100をかけて整理すると，

$5000+35x+30y=7000+28x+28y$

$7x+2y=2000$…③ ①を③に代入すると

$7x+2(x+100)=2000$，$9x=1800$，$x=200$

$x=200$を①に代入すると，$y=200+100=300$

$x=200$，$y=300$は問題に合っている。

答え 2年生 200人，3年生 300人

4 (1) $y=x+12$ (2) $(-12, 0)$，$(12, 0)$

解説

(1) 点Aの座標は(2, 2)，点Bの座標は(6, 18)である。直線OAの傾きは$\frac{2}{2}=1$より，点Bを通り線分OAに平行な直線を$y=x+b$とする。この式に$x=6$，$y=18$を代入して，$18=6+b$，$b=12$

よって，求める直線の式は$y=x+12$

(2) △OABと△POAにおいて，OAを共通な底辺とみると，高さが等しいとき，面積が等しくなる。よって，直線OAについて，点Pと点Bが同じ側にあるとき，OA∥PBとなればよい。点Pはx軸上の点であるから，(1)で求めた直線の式で$y=0$とすると，$0=x+12$，$x=-12$

よって，点Pの座標の1つは(−12, 0)

このとき，OPを△POAの底辺とみて，もう1つの面積の等しい三角形を考える。もう1つの点はx軸上で，Oについて対称な点(12, 0)

5 (1) 7 cm (2) $\sqrt{61}$ cm

解説

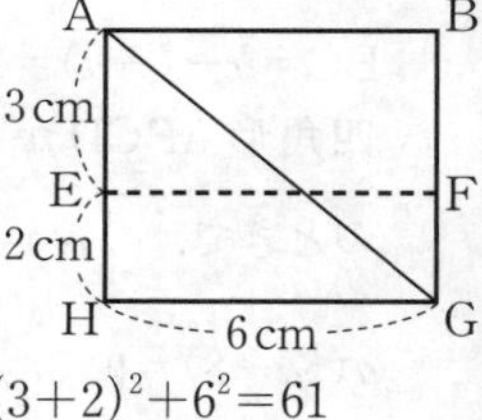

(1) $AG^2=3^2+6^2+2^2=49$

$AG>0$より，$AG=7$ cm

(2) 求める最短の長さは，右の展開図（の一部）における線分AGの長さである。よって，$AG^2=(3+2)^2+6^2=61$

$AG>0$より，$AG=\sqrt{61}$ cm